中国科学院大学研究生教材系列

新工科·普通高等教育机电类系列教材

机械设计运动学原理

王大志　胡　松　编著

机械工业出版社

本书共8章，主要内容包括绪论、平面约束与自由度、线矢量与旋量、约束与自由度代数分析方法、约束与自由度几何分析方法、挠性机构运动学设计、机械连接运动学设计、调平机构运动学设计。附录部分提供了一些实物图和线性代数的基本概念以帮助读者学习该课程。

本书可作为机械、仪器类高年级本科生、研究生教材，也可作为相关领域科技人员的参考用书。

图书在版编目（CIP）数据

机械设计运动学原理/王大志，胡松编著. —北京：机械工业出版社，2023.11

新工科·普通高等教育机电类系列教材

ISBN 978-7-111-74578-5

Ⅰ.①机…　Ⅱ.①王…　②胡…　Ⅲ.①机械设计-运动学-高等学校-教材

Ⅳ.①TH122

中国国家版本馆CIP数据核字（2024）第020616号

机械工业出版社（北京市百万庄大街22号　邮政编码100037）

策划编辑：丁昕祯　　　　责任编辑：丁昕祯

责任校对：景　飞　张雨霏　　封面设计：张　静

责任印制：刘　媛

涿州市般润文化传播有限公司印刷

2024年8月第1版第1次印刷

184mm×260mm · 13.25印张 · 326千字

标准书号：ISBN 978-7-111-74578-5

定价：48.00元

电话服务　　　　网络服务

客服电话：010-88361066　　机　工　官　网：www.cmpbook.com

010-88379833　　机　工　官　博：weibo.com/cmp1952

010-68326294　　金　书　网：www.golden-book.com

封底无防伪标均为盗版　　机工教育服务网：www.cmpedu.com

前 言

运动学原理主要研究物体的约束、自由度及其相互关系问题，兼具认知运动的科学意义和指导机械设计的应用价值。运动学设计可以理解为运动学原理在机械设计中的应用。它注重以理论最少的约束数目和正确的约束方式限制零件的运动，使其具有需要的自由度。符合这种原则的机械结构具有运动确定、重复精度高以及元件变形小等优点，如运动学轴系、运动学支撑以及光学调整架等。然而，传统机械类教材对运动学原理介绍较少，学生对此了解不多，设计师主要基于灵感和经验设计运动学结构，对其中的原理难与外人道。直觉思维对机械设计固然重要，但具有随机性，既难于处理复杂问题，又可能导致错误。有鉴于此，本书旨在系统介绍运动学原理的概念、方法及应用。在写作过程中，作者注重机械设计的理性思维，强调有的放矢，贴近应用，所用案例多取材于实际，同时尝试采取新的方法和思路处理一些问题：

1）采用3维数组分析平面约束和自由度，具有数学简单、便于理解的特点，同时为后续学习旋量理论提供铺垫，对传统机械原理教学具有借鉴意义。

2）对旋量概念追本溯源，从力系和运动特征量的角度引入力旋量和运动旋量，突出概念的由来和物理意义，体现知识的发展过程，避免使之成为无源之水、无根之木。

3）系统阐述串联连接和并联连接的约束和自由度分析方法，提供了丰富的运动学设计案例，特别是以调平机构为例，完整地介绍了运动学原理在机构分析和综合中的应用，展示其在机构优化和新机构创造方面的实用价值。

本书是中国科学院大学立项教材，面向的读者是机械工程、仪器科学与技术等专业的研究生、本科生以及相关领域的科技人员。希望读者通过本书系统掌握运动学原理的理论和方法，提高设计水平和创新能力。

全书成稿得益于师长、同事、朋友的帮助以及家人的支持，在此表示衷心的感谢。感谢中国科学院大学教材出版中心资助以及中国科学院大学光电学院、中国科学院光电技术研究所的大力支持。“冗繁削尽留清瘦，画到生时是熟时。”虽然几经修改，书中仍难免存在错误和不妥之处，恳请读者批评指正。

编著者

目　录

第1章

绪　论

机械设计是知识综合与技术集成的过程。它通过零件的有机组合构造满足功能和性能要求的产品，其中涉及结构型式、运动学、动力学、加工以及装配等方面的问题。运动学原理是机械设计的基础理论之一，具有重要的应用价值。正确的运动学是机械具有良好性能的必要条件。

本章主要介绍机构组成的基本概念、机械设计基本原理以及运动学原理的研究内容、意义以及发展现状等，对机械设计和运动学原理进行总体介绍。

1.1　机械与仪器

机械是机器与机构的总称。机器主要用于输出机械功或转换机械能，以代替人类的劳动，例如机床、汽车以及发电机等；机构是运动传递或变换的装置，是机器的运动单元，例如连杆机构、齿轮机构等。机器通常通过多种机构的组合实现所需的运动功能。可以说，机器是从做功和能量的角度看待机械，而机构是从运动的角度看待机械。

仪器是信息获取的装置，例如显微镜、干涉仪以及陀螺寻北仪等。它主要用于获取外界信息，而不是向外界做功或转换能量。这是它与机械的本质区别。

综上所述，机械侧重运动、力或者能量的传递，主要代替人类的劳动，是改造世界的工具。仪器侧重信息的传感和测量，拓展了人类的感官神经系统，是认识世界的工具。

图 1-1 所示为我国 500m 口径球面射电望远镜（Five-hundred-meter Aperture Spherical Telescope，FAST），被誉为“中国天眼”。它由我国科学家提出构想，历时 22 年建成，于 2016 年 9 月 25 日正式落成启用。截至 2019 年 8 月 28 日，它已经发现 132 颗优质脉冲星候选体，93 颗被确认为新发现的脉冲星。FAST 是观测和研究天体射电波的设备。从信息采集、探索和认识自然的角度，FAST 是一种仪器。

光学曝光光刻机简称为光刻机，是采用光学方法制造集成电路的装备。按照不同的光学曝光方式，光刻机主要分为接触式光刻机、接近式光刻机以及光学投影光刻机。简单地讲，光刻机是用光加工的机床。从代替人类劳动和改造自然的角度，它是一种机械。图 1-2 所示为光学投影光刻机的组成原理图。

图 1-1　我国 500m 口径球面射电望远镜（FAST）

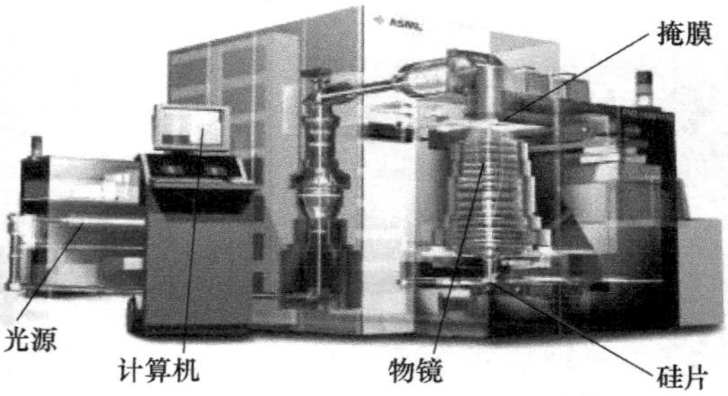

图 1-2　光学投影光刻机的组成原理图

1.2　机构组成的基本概念

机构的结构分析是机械原理研究的重要内容之一，它主要包括机构的组成、分类、自由度以及确定运动等问题。本节主要介绍机构组成的基本概念，为运动学设计的论述提供必要的术语。

1.2.1　构件

任何机构都由一系列运动单元体组合而成。机构中每个独立的运动单元体称为构件。构件可以是一个零件，也可以由多个零件组合而成。构件是机构中最小的运动单元，而零件是加工制造的最小单元。构件是机构学的概念，零件是机械设计与制造中的概念，两者属于不同的范畴。当不考虑构件变形时，构件可以视作刚体。

1.2.2　运动副

两个构件通过直接接触构成的可动连接称为运动副。转动副（R）、移动副（P）和螺旋副（H）是 3 种基本的运动副，分别如图 1-3~图 1-5 所示。

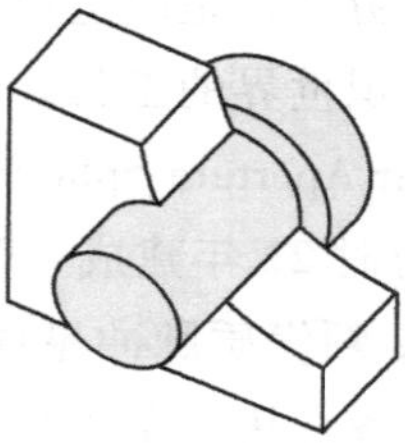

图 1-3　转动副

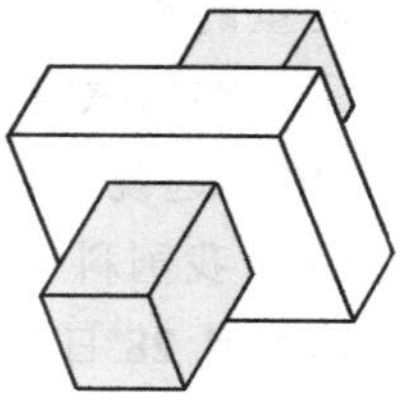

图 1-4　移动副

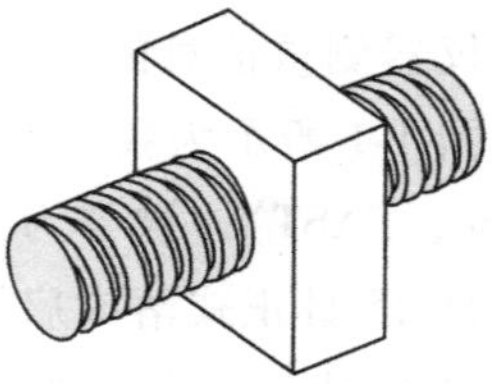

图 1-5　螺旋副

运动副中两构件的接触部分称为运动副元素。例如，图 1-3 中转动副的运动副元素分别为圆柱面和圆孔面，图 1-4 中移动副的运动副元素均为平面，图 1-5 中螺旋副的运动副元素为螺旋面。

两个构件未构成运动副之前，一个构件相对另一个构件具有 6 个自由度。两个构件接触构成运动副之后，它们之间的相对运动将受到约束。运动副的基本作用就是一个构件对另一个构件施加约束，导致其自由度减少。如图 1-6a 所示，构件 A 为参考物体，在两个构件未接触时，构件 B 相对构件 A 具有 6 个自由度。当两个构件接触构成运动副后，构件 A 对构件 B 施加约束，使其自由度减少，自由度的具体数目根据接触的类型而定，如图 1-6b 所示。

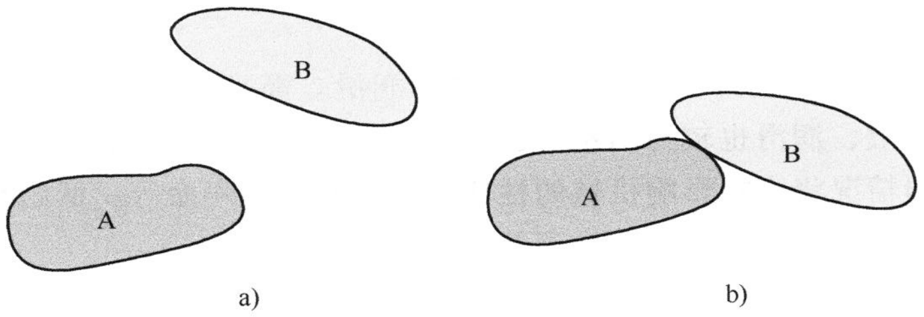

图 1-6　未接触的两个物体和接触的两个物体

a）未接触的两个物体　b）接触的两个物体

运动副通常只涉及两个构件，结构比较简单，自由度可以这样判定：在保持（或不破坏）两构件原有接触的情况下，一个构件相对另一个构件具有几个可能的独立运动，则该构件就具有几个自由度。它包括独立运动的数目和类型两个方面的内容。按照运动性质，自由度包括 3 种类型，即平动自由度、转动自由度和螺旋自由度。例如转动副具有 1 个转动自由度，移动副具有 1 个平动自由度。螺杆和螺母配合形成螺旋副，两者做螺旋运动。螺旋运动是指物体绕某一轴线转动的同时沿该轴线平动。由于螺旋副的转动和平动不是独立的，转动角度 φ 和沿轴向的平动距离 x 满足 $x=\dfrac{\varphi}{2\pi}p$，式中，p 表示螺距，因此，螺旋副仍具有 1 个自由度，称为螺旋自由度。

图 1-7 所示的圆柱副（C）具有两个自由度，即绕轴线的转动自由度和沿轴线的平动自由度。图 1-8 所示的平面副（E）具有 3 个自由度，分别为平面上的两个平动自由度和 1 个绕竖直方向的转动自由度。图 1-9 所示的球面副（S）具有绕球心的 3 个转动自由度。

图 1-7　圆柱副

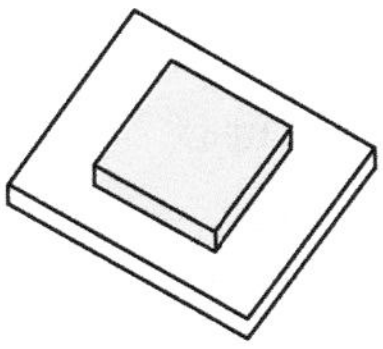

图 1-8　平面副

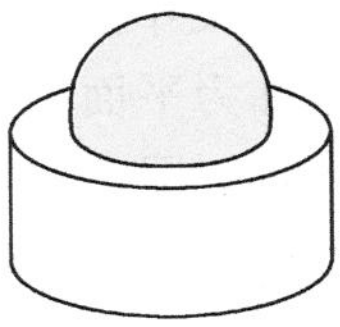

图 1-9　球面副

按照构件之间的接触情况，运动副可分为高副和低副。通过面接触构成的运动副称为低副，例如圆柱副、平面副以及球面副等。通过单一点或线接触构成的运动副称为高副，图 1-10 所示的球-平面副是点接触高副，图 1-11 所示的圆柱-平面副是线接触高副。

图 1-10 中的球-平面副有 5 个自由度，包括两个平动自由度和 3 个转动自由度；图 1-11 中的圆柱-平面副具有 4 个自由度，包括两个平动自由度和两个转动自由度。

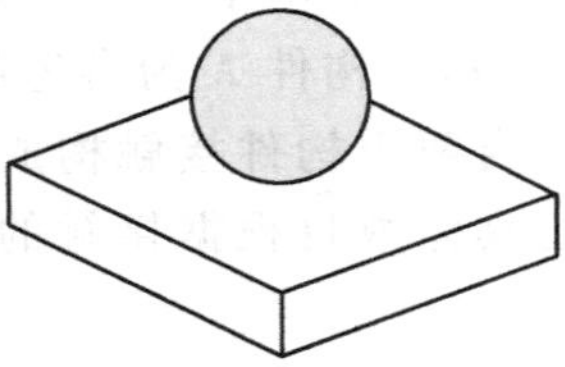

图 1-10　球-平面副

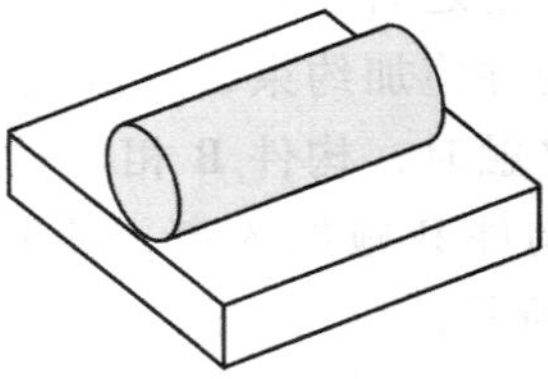

图 1-11　圆柱-平面副

低副是面接触，接触应力小，耐摩擦，便于润滑。高副是点接触或线接触，接触应力大，易于磨损和失效，润滑也较为困难。由于机构中的运动和力需通过运动副传递，因而运动副的承载和磨损情况将直接影响机械的性能、效率和使用寿命等。低副和高副的使用需综合考虑结构负载、材料性能及其表面处理等因素。

1.2.3　运动链

由运动副连接而成的具有相对运动的构件系统称为运动链。如果组成运动链的各构件构成一个开环系统，则为开式运动链，简称开链，如图 1-12 所示。如果组成运动链的各构件构成一个闭环系统，则为闭式运动链，简称闭链，如图 1-13 所示。

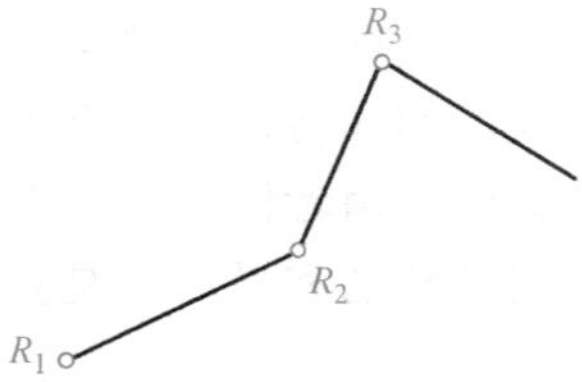

图 1-12　开式运动链

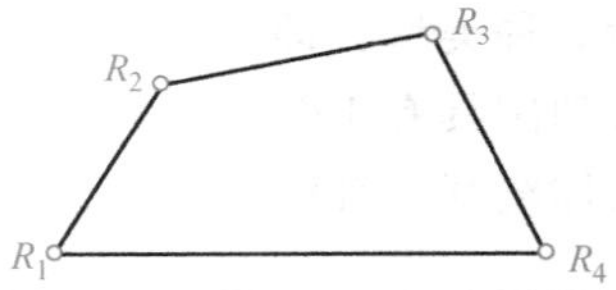

图 1-13　闭式运动链

如果一个构件系统中的各构件之间不能相对运动，这种构件系统就不是运动链，而称为结构。它是自由度为零的构件系统，主要用于承受载荷，在受力后具有保持几何形状不变的特点（在刚体力学层面）。桁架是工程中的一类典型结构，它由杆件在两端用铰链连接而成。如果桁架中所有的杆件都在一个平面内，这种桁架称为平面桁架。桁架中杆件的铰链接头称为节点。图 1-14 所示为两种平面桁架。

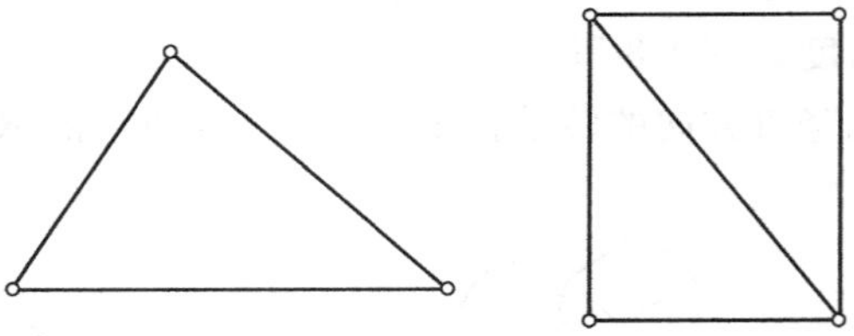

图 1-14　两种平面桁架

桁架的优点是：杆件主要承受拉力或压力，可以充分发挥材料的作用，节约材料，减轻结构的重量。

1.2.4　机架

在运动链中选定一个构件固定不动，则该运动链称为机构。机架是机构中固定不动的构件，是机构中其他构件运动的参考体。简而言之，机构就是选定了机架的运动链。

机构可以从不同的角度进行分类。例如，根据机构中各构件的运动情况，可将机构分为平面机构或空间机构。平面机构中各构件的运动平面互相平行，空间机构中至少有一个构件不在相互平行的平面上运动。根据运动链是否封闭，机构可以分为串联机构和并联机构。串联机构是开环的，如图 1-15 所示。并联机构是闭环的，如图 1-16 所示。

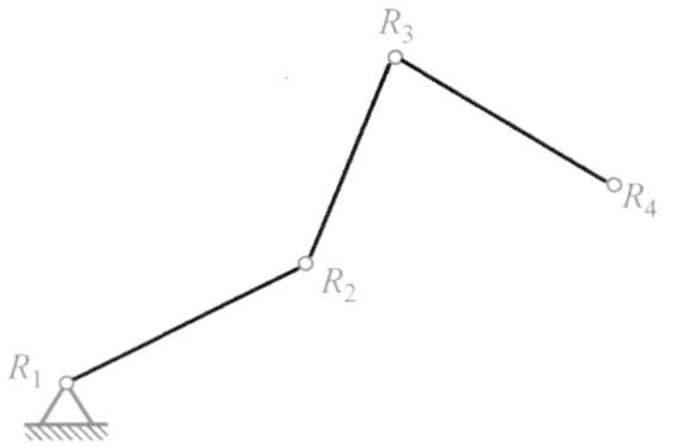

图 1-15　串联机构

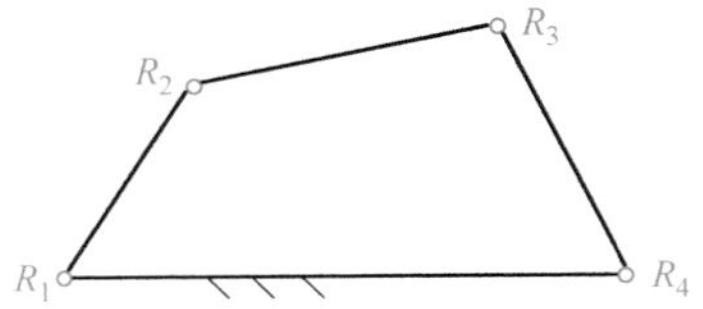

图 1-16　并联机构

并联机构的组成特点是终端构件和机架之间包括多个运动支链，其终端构件的运动是各个支链综合作用的结果。从这个角度认识并联机构是对其进行约束和自由度分析的关键。图 1-17a 所示为平面五杆机构，若选择构件 3 为终端构件，则 R_1-R_2-R_3 和 R_4-R_5 是两个分支运动链，如图 1-17b 所示。

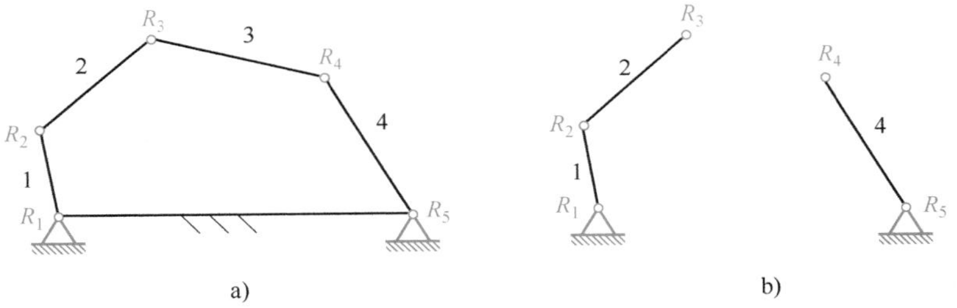

图 1-17　平面五杆机构和分支运动链

a）平面五杆机构　b）分支运动链

串联机构工作空间大，构造简单。并联机构结构紧凑、刚度高、累积误差小。两者优势互补，在不同场合各有应用。图 1-18、图 1-19 分别为 6 自由度 Hexapod 并联平台和 6 自由度串联机械臂。

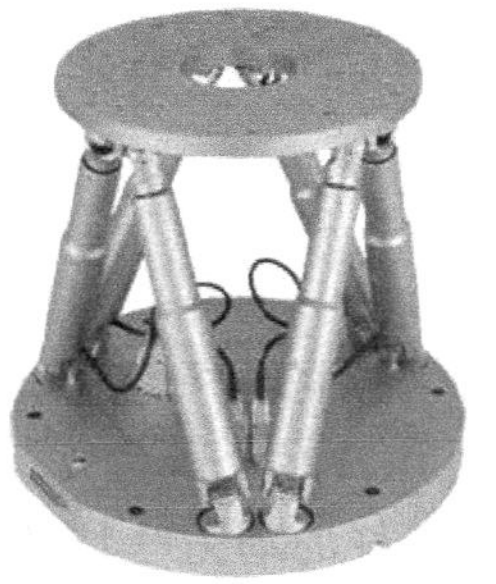

图 1-18　6 自由度 Hexapod 并联平台

图 1-19　6 自由度串联机械臂

机构中对外直接进行操作或做功的构件称为执行构件。串联机构的终端构件通常是执行构件，并联机构的动平台通常是执行构件。

1.3 机械设计基本原理

机械设计的基本原理是指对机械设计具有普遍指导意义的一些基本原则，主要包括确定性、对称性、独立性、简洁性、共线原理、结构环最短、3σ 原理以及运动学原理 8 项内容。主动、明确地应用这些原理有助于提高设计水平，培养从感性设计到理性设计的自觉性。本节介绍前面 7 项内容，运动学原理将在第 1.4~1.6 节单独介绍。

1.3.1 确定性

确定性是指机械行为具有确定的因果关系，可以利用科学原理进行解释。如同爱因斯坦信仰“上帝不会掷骰子”一样，表达的是一种确定性思想。它不是具体的技术和方法，而是一种设计观念，体现了经典力学的决定论思想。这一原理要求设计师相信机械的变化过程可以被认识和控制，机械中出现的问题均具有确定性、重复性和规律性，应尽量避免用随机性的观念解释机械的行为。

1.3.2 简洁性

简洁性是机械设计的“奥卡姆剃刀原理”。该原理由英国逻辑学家奥卡姆提出，它是指“如无必要，勿增实体”，即去除冗余和不必要的环节。一个设计任务通常有多种实现方案，机械设计应追求以简单、直接的方式来实现功能和性能需求。简洁意味着高效率、低成本以及高可靠性，体现了“简单即科学”“简单即美”的设计理念。机械设计中，一个要反复思考的问题就是：“机械结构型式可不可以再简单一点？零件可不可以再少一点？传动链可不可以再短一点？零件公差可不可以再降低一点？”此外，简洁性也包含有序的含义，即机械设计应具有内在的规律和原因，不能杂乱无章，也不是越复杂越高级。

1.3.3 独立性

独立性是指从总体设计角度，将产品分解成不同的功能部件，各部件之间最好功能独立、层次分明，减少相互干扰。这既体现了模块化的设计思想，又利于提高效率和查找问题，便于装配、集成和维护。例如在精密仪器设计中，通常使仪器的测量功能部件和承载功能部件相互独立，减少承载部件对测量功能部件的干扰，以利于提高测量精度。

1.3.4 对称性

对称性是指物体的一部分与另一部分在大小、形状以及位置等方面一一对应。既有机械总体上的对称，也有零部件层面的对称。机械制图的第一步通常就是画一条细点画线作为结构对称线，然后以此为基准进行零部件设计。对称意味着规则和秩序，既体现了设计美学，又具有技术上的优势。例如对称零件通常便于加工制造，具有更好的动力学特性和精度稳定性。因此，机械设计中应尽量采用对称结构。

1.3.5 结构环最短

物体受外力作用会发生变形，刚度是物体抵抗变形的能力。设结构在力 F 的作用下产

生的变形量为 X，定义刚度 $K=\frac{F}{X}$，它表示结构产生单位变形量所需要的力。K 值越大，结构刚度越大，该结构抵抗变形的能力越强。结构环与刚度具有密切的关系，相同条件下，结构环越短，结构刚度越大，变形越小，可能达到的精度也更高。此外，结构环短意味着“结构紧凑”，从而具有体积小、重量轻以及小型化等优点。在精密仪器及机械中，缩短结构环尤为重要，图 1-20 所示为加工中心的结构环。

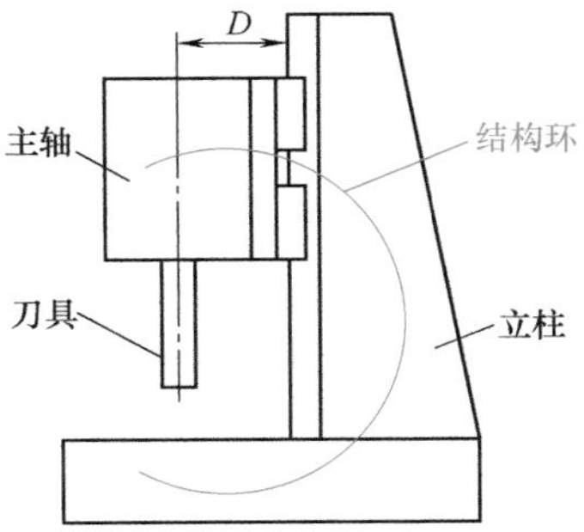

图 1-20 加工中心的结构环

如图 1-20 所示，偏距 D 是影响结构环的关键参数，偏距 D 越大，结构环越长，加工中心的刚度就越低。减小偏距 D 可以提高该加工中心的整体刚度，减小变形和振动，有利于提高加工质量和精度。

1.3.6 共线原理

共线原理又称为阿贝原理，是德国学者阿贝（Ernst Abbe）于 19 世纪 90 年代提出的一项长度测量原则。它是指长度测量时，被测尺寸线与测量仪器刻度线保持重合。图 1-21 所示为游标卡尺测量原理图。

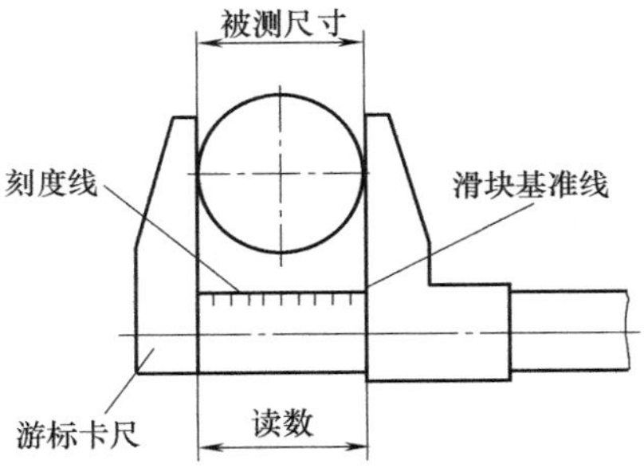

图 1-21 游标卡尺测量原理图

理想情况下，游标卡尺的刻度线与被测尺寸线平行，且滑块基准线与刻度线垂直，这样通过刻度线上的读数就可以得到被测尺寸。然而，实际测量很难达到这种理想情况，主要产生以下两类误差：

1）若滑块基准线与刻度线不严格垂直，而是存在一个偏差角 θ，则产生正切误差 $\delta_t=H\tan\theta\approx H\theta$，$H$ 表示被测尺寸线与游标卡尺刻度线之间的距离，如图 1-22 所示。

2）若被测尺寸线与刻度线不严格平行，而是存在一个偏差角 φ，则产生余弦误差 $\delta_c=L(1-\cos\varphi)\approx\frac{1}{2}L\varphi^2$，其中 L 表示读数尺寸，如图 1-23 所示。

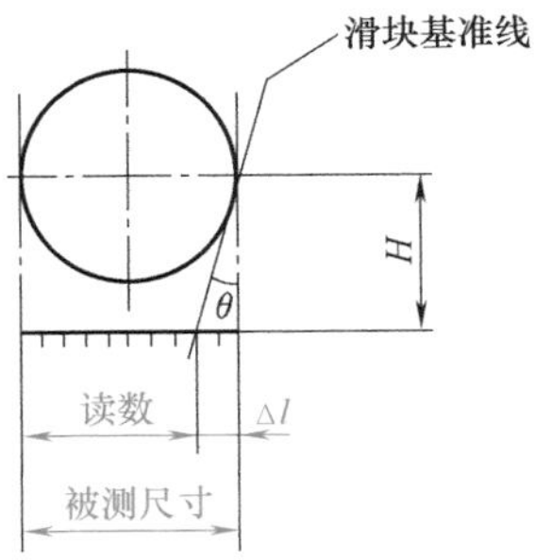

图 1-22 基准线与刻度线不垂直

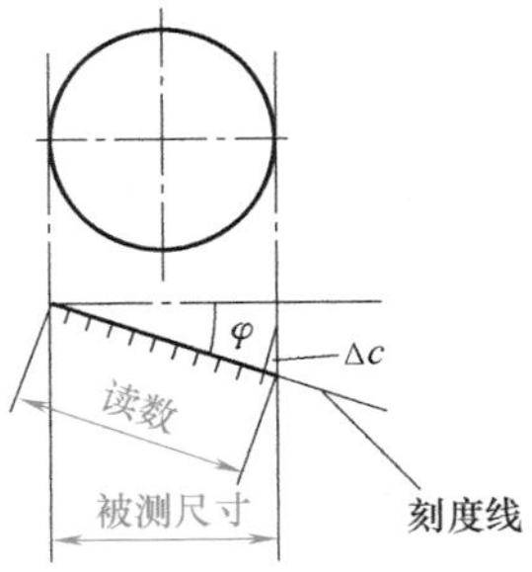

图 1-23 被测尺寸线与刻度线不平行

正切误差是一阶误差，余弦误差是二阶误差。实际测量中，既可能滑块基准线与刻度线不严格垂直，又可能被测尺寸线与刻度线不严格平行，因此这两种误差通常同时存在。如果测量仪器刻度线与被测尺寸线重合，此时 $H=0$，$\varphi=0°$，这样正切误差 $\delta_t=L\theta=0$，余弦误差

$\delta_c=\frac{1}{2}L\varphi^2=0$，从而可在原理上消除这两种误差，提高测量精度，这就是共线原理的基本思想。

共线原理的优点是利于提高仪器测量精度，缺点是增加仪器结构尺寸和重量，即符合共线原理的仪器长度至少是被测长度的两倍，从而加大仪器体积和重量。例如千分尺的设计符合共线原理，但其沿刻度线方向的尺寸至少是最大测量尺寸的 2 倍，如图 1-24 所示。

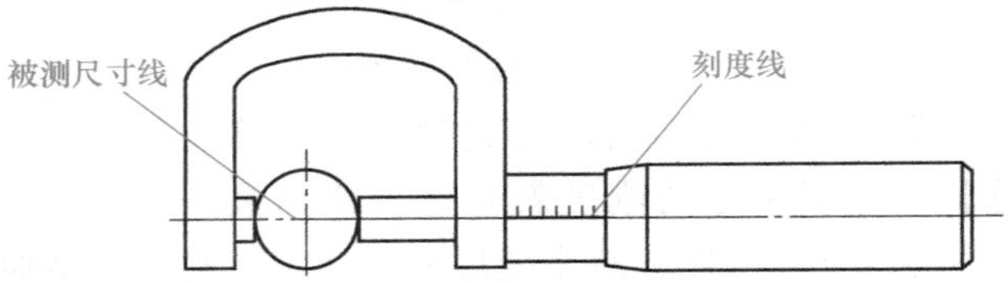

图 1-24　千分尺测量示意图

1.3.7　3σ 原理

3σ 原理是精度和误差评价的基本原理。误差是测量值与被测量真值之差，即

误差=测量值-真值

真值是指被测量的真实大小。真值是一个理想概念，只在某些特定情况下可知，例如三角形的内角和为 180°。在实际测量中，通常用更高精度等级仪器的测量值作为真值。

按照误差的性质和特点，误差可分为随机误差、系统误差和粗大误差 3 类。

1）随机误差。在同一测量条件下，多次测量同一量时，其大小和变化方向以不确定的方式变化。随机误差是各种因素综合影响的结果。就个体而言，随机误差的大小和方向没有规律，但在总体上，服从统计规律。

2）系统误差。误差的大小和变化方向在测量过程中恒定不变，或按一定规律变化。系统误差可以用计算或实验的方法确定，并加以消除或修正。

3）粗大误差。明显偏离真实情况的误差。此误差值较大，事实上已超出误差的范畴，属于错误结果。粗大误差在实验中应予以剔除。

图 1-25 所示为多次重复测量数据 x 服从正态分布。

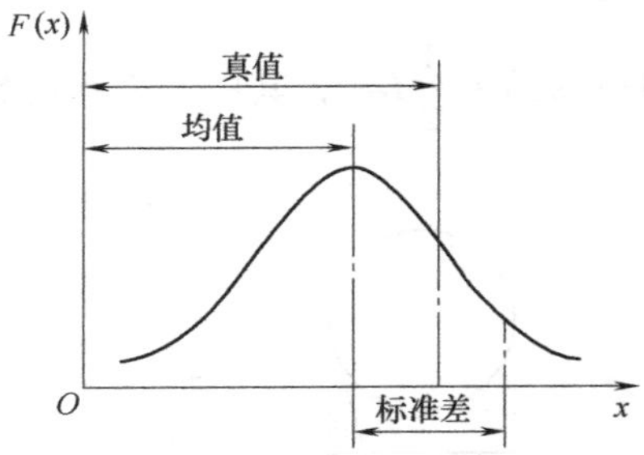

图 1-25　多次重复测量数据 x 服从正态分布

对于 N 次测量，每次的测量值记为 x_i，测量数据的均值可表示为

$$\mu=\frac{1}{N}\sum_{i=1}^{N}x_i$$

测量数据的标准差可表示为

$$\sigma=\sqrt{\frac{1}{N-1}\sum_{i=1}^{N}(x_i-\mu)^2}$$

精度是“精确度”的简称，精度包含准确度和精密度两层含义：

1）准确度（Accuracy）。用均值 μ 与被测量的真值 μ_0 之间的偏差 $\Delta=\mu-\mu_0$ 衡量。Δ 越小，测量数据的均值越接近真值，准确度就越高。它反映测量数据的均值偏离真值的程度。

2）精密度（Precision 或 Repeatability）。用测量值的标准差 σ 衡量。σ 越小，说明测量数据的离散程度越小，它反映测量数据的离散性。

图 1-26 所示为弹着点在靶心周围的分布情况，靶心表示真值。

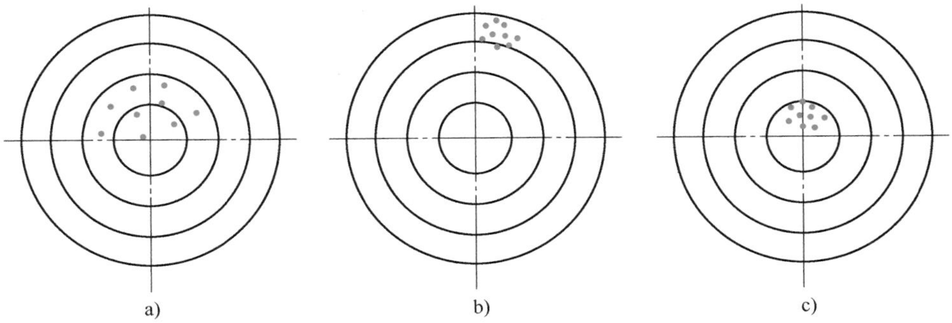

图 1-26 弹着点在靶心周围的分布情况

a）准确度高 b）精密度高 c）精度高

精密度高，准确度不一定高。反之，准确度高，精密度也不一定高。图 1-26a 所示的弹着点更接近靶心，但比较分散，而图 1-26b 所示的弹着点更远离靶心，但比较密集。这表明图 1-26a 所示的弹着点的准确度高，但精密度低，而图 1-26b 所示的弹着点准确度低，但精密度高。精度高要求准确度 Δ 和精密度 σ 都较高，图 1-26c 所示的弹着点既接近靶心，又比较密集，它的准确度和精密度均较高，即精度高。

综上所述，机械或仪器的精度本质上为概率解释，即根据大量重复测量数据，可以分别计算均值 μ 和标准差 σ，测量结果可写为 $\mu\pm3\sigma$。在测量数据服从正态分布的情况下，被测量的真值 μ_0 落在 $\pm3\sigma$ 范围内的概率是 99.7%。或者说，均值 μ 与被测量真值 μ_0 的最大偏差 Δ 以 99.7%的概率不超过 3σ，这就是精度评价的 3σ 原理。

1.4 运动学原理的内容

一个物体相对另一个物体所具有的可能的独立运动称为物体的自由度。物体之间具有几种可能的独立运动就表示具有几个自由度，可能运动的属性（转动、平动或者螺旋运动）表示自由度的类型，即转动自由度、平动自由度和螺旋自由度，可能运动的数目表示自由度的数目。自由物体是在空间可以做任意运动的自由物体，例如抛出的石块、飞行的炮弹等。如图 1-27 所示的自由物体 B 具有 6 个自由度，即沿 X，Y，Z 轴的 3 个平动自由度和绕 X，Y，Z 轴的 3 个转动自由度。

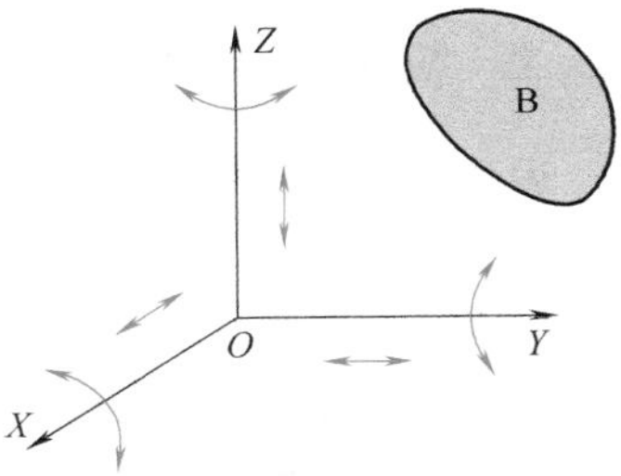

图 1-27 物体的自由度

如果一个物体与周围物体接触，其运动受到限制，相应的自由度减少，这种物体称为非自由物体或受约束物体。例如一个物体与机架连接构成转动副，这个物体的运动受到了机架的限制，而仅具有 1 个转动自由度。需要注意，判断自由度时，应始终保持（或不破坏）两物体之间的原有接触状态。因为接触状态的变化可能导致约束发生变化，从而使自由度发生变化。

一个点接触对物体产生一个约束，限制物体的一个自由度，如图 1-28 所示，平面对物体施加一个点接触约束，该物体具有 5 个自由度，即平面上的 2 个平动自由度和绕接触点的 3 个转动自由度。两个点接触对物体施加 2 个约束，限制物体的 2 个自由度，如图 1-29 所示，物体与平面通过两点接触，则物体具有 4 个自由度，即平面上的 2 个平动自由度、1 个绕竖直方向的转动自由度和 1 个绕两接触点连线的转动自由度。如图 1-30 所示，物体与平面形成 3 点接触，物体具有 3 个自由度，即平面上的 2 个平动自由度和 1 个绕竖直方向的转动自由度。

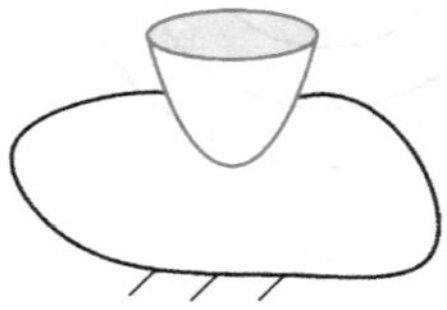

图 1-28　单点接触

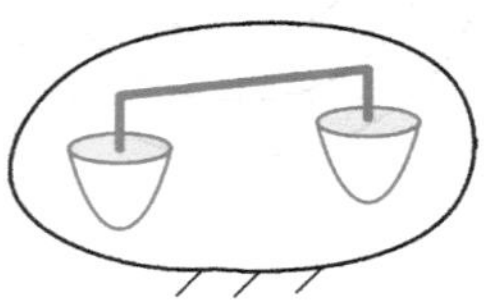

图 1-29　两点接触

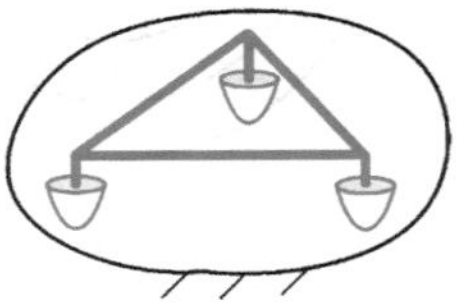

图 1-30　3 点接触

与机构运动学的位置分析、速度分析不同，运动学原理主要研究物体的约束、自由度及其相互关系问题。运动学设计可以理解为运动学原理在机械设计中的应用，它旨在以“合适”的约束数目和方式限制物体的自由度，而获得期望的运动。“合适”是指既不欠约束，也不过约束。满足这种要求的机械结构具有运动确定、重复精度高以及元件变形小等优点。由于约束和自由度概念的一般性，它对机械设计问题具有普遍的指导作用。

综上所述，运动学原理的研究内容主要包括以下几个方面：

1）约束和自由度的数学描述。

2）物体的约束与自由度分析，即已知约束如何确定自由度。反之，已知自由度如何确定约束。

3）通过施加约束，获得所需的物体自由度，即要使物体获得期望运动，必须对物体施加相应的约束，以限制物体不必要的自由度，而保留需要的自由度。

1.5　运动学原理的应用

运动学原理是机械设计的基本原理之一，对机械设计问题具有普遍的指导意义，其应用包括机械连接的自由度分析、机械连接的约束设计以及多自由度并联机构综合等。

1.5.1　机械连接的自由度分析

运动副和机构均可看成可动的机械连接。正确认识和分析这些连接的自由度具有理论和应用两方面的意义。理论方面，自由度是机构的基本运动学属性，对于机构，首先要了解它的自由度。在应用方面，物体的约束和自由度的关系是运动学设计的关键。如果不知道机械连接的约束和自由度，则难以进行正确的运动学设计。各种运动副属于比较简单的机械连接，可以通过自由度的概念直接确定它们的约束和自由度，但这种方法难于应用于复杂机械连接的自由度问题。例如图 1-31 所示的 *H-R* 运动链的约束以及图 1-32 所示反射镜架的自由度。

运动学原理提供了分析各种机械连接约束和自由度的通用方法，有助于认识和理解它们的运动，进行优化设计。

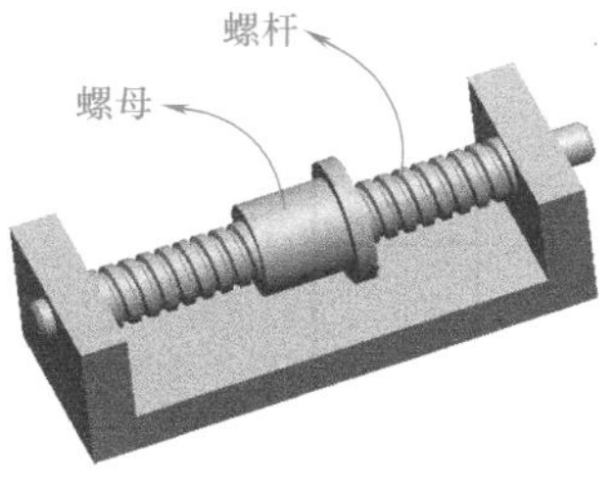

图 1-31 *H-R* 运动链的约束

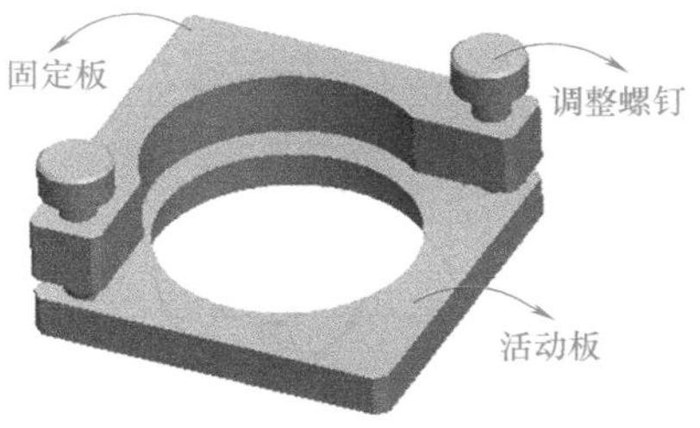

图 1-32 反射镜架的自由度

1.5.2 机械连接的约束设计

机械连接的设计既要考虑强度、刚度以及装配工艺等问题，又要在运动学层面进行合理的约束设计，即正确配置约束的数目和模式，避免欠约束和过约束，使其具有正确的运动学状态。它主要包括以下两方面的内容：

1）施加正确的约束数目和模式，设计运动学结构或半运动学结构。精确约束是指既没有欠约束，也没有过约束，而是使用理论最少的约束数限制物体的自由度，以获得期望运动。严格满足精确约束要求的机械结构称为运动学结构，例如图 1-33 所示的 Maxwell 支承，台体上的 3 个球头和底板上的 3 个 V 形槽接触，每个球头和 V 形槽通过两点接触，每个点接触可以约束台体的 1 个自由度，6 个点接触恰好约束台体的 6 个自由度，使其自由度为零。

运动学结构可以减少精加工表面，避免配合过紧或过松等问题，易获得较高的经济加工和装配精度，具有运动确定、重复定位精度高以及稳定性好等优点。这种结构的不足是，点接触的应力较大，易于磨损和破坏。因此，它通常用于小负载、低速度且精度要求高的场合。为改善运动学结构的不足，扩大运动学原理的应用范围，可以利用小面积接触或线接触来代替理想的点接触，而保持其自由度不变，满足这种要求的结构，称为“半运动学结构”。它既具有运动学结构的优点，又改善了其缺点，更适合实际应用。例如 Kelvin 支承中通常采用锥孔-V 形槽-平面结构，球头和锥孔之间是一个接触圆，从而改善了理想点接触的应力集中问题，并具有更好的结构工艺性，如图 1-34 所示。

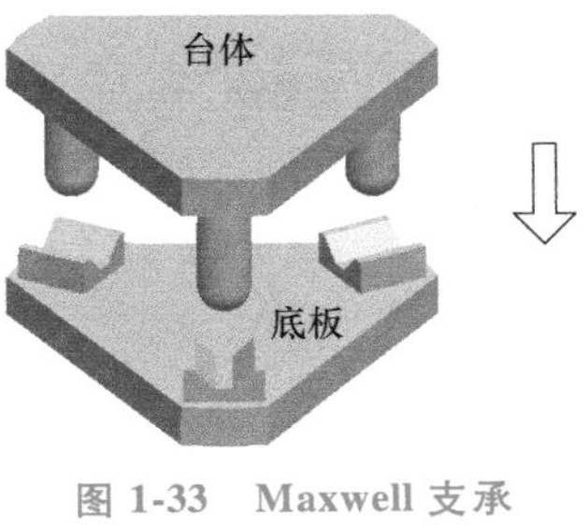

图 1-33 Maxwell 支承

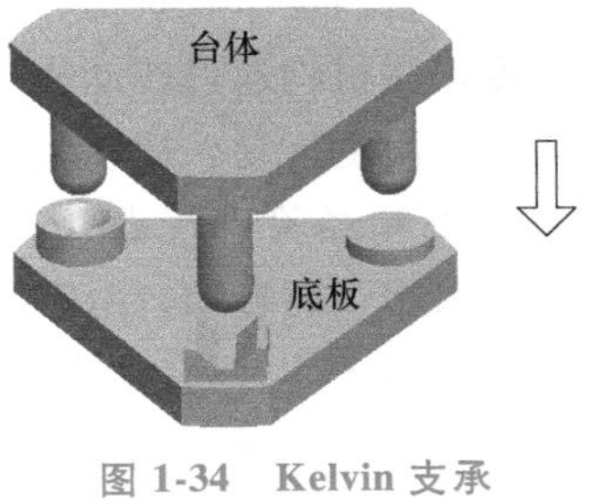

图 1-34 Kelvin 支承

2）合理应用过约束，提高结构强度、刚度以及动态性能。过约束具有两面性，其优缺点不可一概而论。图 1-35 所示为轴孔配合，孔对轴产生过约束，因此轴和孔必须具有较高的几何精度，才能保证良好的配合，否则容易产生配合过松或过紧的问题。配合过松会发生晃动，配合过紧又使装配困难，甚至造成零件变形或损坏。如图 1-36 所示，轴承外圈和钢球对内圈产生过约束，因此要求钢球、轴承内圈和外圈均具有较高的加工精度，否则不但装配困难，而且难以保证轴承转动良好。

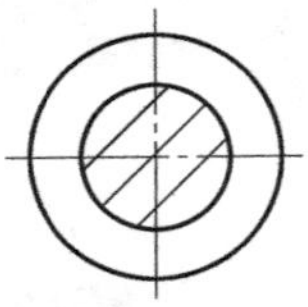

图 1-35　轴孔配合

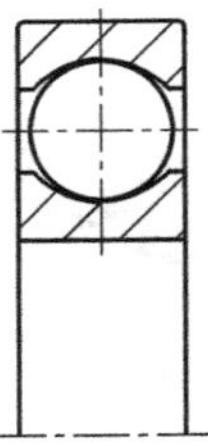

图 1-36　轴承

过约束的优点是可以提高结构强度、刚度以及改善结构的动态性能。如图 1-37 所示的 3 点支承虽不存在过约束，但当支承面较大时，其变形较大，且在重心较高时，整个结构易发生倾翻。如图 1-38 所示 4 点支承属于过约束结构，利于减小支承面变形，并提高支承的安全性，但同时又可能存在支承点与底面不能良好接触的问题，从而影响结构的稳定性。因此，需要在实际设计中根据支承的具体要求，考虑哪方面是主要矛盾，合理取舍。

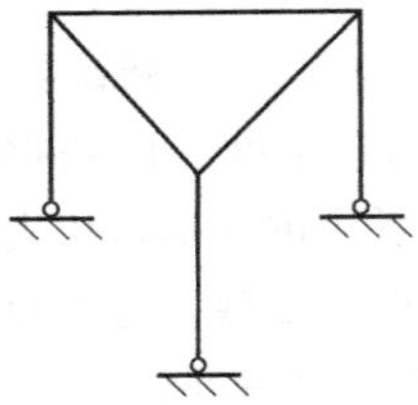

图 1-37　3 点支承

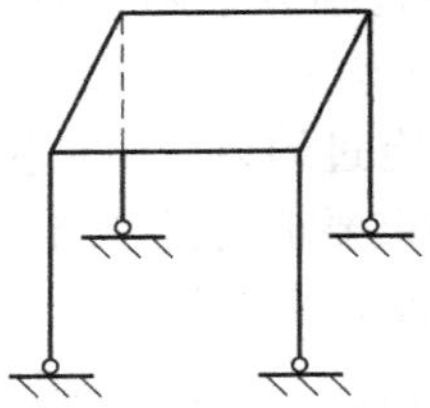

图 1-38　4 点支承

1.5.3　多自由度并联机构综合

多自由度机构是指自由度不小于 2 的机构，在实际中具有广泛应用。例如投影光刻机的精密工件台需要对硅片进行对准、调平调焦共 6 个自由度的调整。Scara 机器人可以进行平面上 3 个自由度的操作。光电跟踪中的快速反射镜通过两个转动自由度对光束进行指向控制。这类机构自由度多，运动复杂，是机构分析和设计的难点问题之一。按照结构是否封闭，多自由度机构可分为多自由度串联机构和多自由度并联机构。多自由度串联机构通过转动或平动的叠加获得执行构件的多自由度运动，运动生成方式简单、直观，易通过直觉和经验进行设计，图 1-39 所示的两轴反射镜就采用了两转动自由度串联机构。

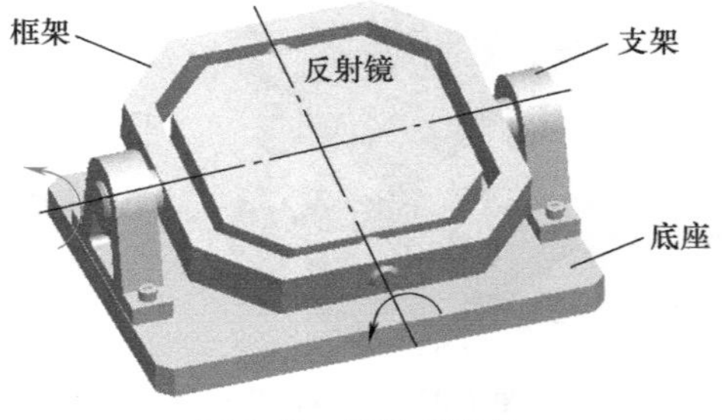

图 1-39　两轴反射镜

多自由度并联机构具有多支链和多闭环的特点，执行构件的运动是多个运动支链综合作用的结果，不能采用运动副叠加的方式进行直观的设计。正确地配置物体的约束，可获得期望的物体自由度，运动学原理为多自由度并联机构的设计提供了系统的方法。

1.6　运动学原理的发展

麦克斯韦为 19 世纪英国物理学家、数学家。他建立了麦克斯韦方程组，为电磁学奠定了理论基础，同时在力学领域也做出了重要贡献。他提出了求解超静定桁架内力的方法，研究了物体的确定位置问题，并指出物体的自由度数和约束数之和等于6[1]。在运动学上，一个物体具有确定位置是指它的自由度为零，即没有任何可能的运动。图1-40通过6点定位原理使物体具有确定位置。

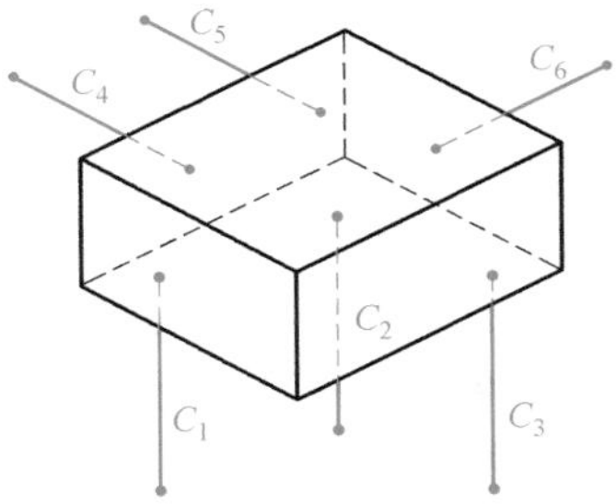

图1-40　6点定位原理

此外，他论述了机械设计的基本原则，其中心思想是机械或仪器中的精密零件应避免过约束，即我们应该设法消除机械连接中不必要的应力，保证固定零件具有确定位置，活动零件能够自由运动但不会发生晃动。

零件受到的约束多于6个，会由于内应力导致变形。对于一般精度的仪器，可以采用过约束保证零件不松动，但对于高精度仪器，仪器关键零件的约束数量和位置都应准确配置。

Whitehead在20世纪40年代阐述了约束、冗余约束以及自由度等基本概念，讨论了运动学结构和半运动学结构的特点和适用场合[2]。20世纪60年代，美国Eastman Kodak公司的McLeod定义了精确约束的概念，它是指机械结构既不存在欠约束，也不存在过约束，而是具有“运动学正确”的约束模式和期望的自由度。运动学正确是指以最少数目的约束，获得物体期望的自由度。后来，该公司的Morse应用运动学原理解决走带机构的过约束问题。20世纪90年代初，Lawrence提出与精确约束概念类似的最少约束设计概念[3]。Slocum和Hale对Maxwell运动学支承和Kelvin运动学支承的原理、结构以及稳定性进行了系统研究[4-8]。吴文凯、陈晓娟以及傅学农等人介绍了这两种支承在大口径反射镜组件中的应用[9-11]。从19世纪末到20世纪90年代初，这段时间可以称为运动学原理的早期发展阶段，主要阐述运动学原理的相关概念和一些具体应用，尚未形成系统方法，运动学结构设计主要依赖设计师的直觉、灵感和经验[12-15]。

20世纪90年代末，Blanding提出了约束线和自由度线的概念，通过这两种运动学直线的空间分布分析物体的约束和自由度，为机构运动提供了直观的理解方式，开辟了运动学设计的新思路，大大推进了运动学设计的系统化和实用化[16]。2007年，麻省理工学院的Hopkins提出了并联挠性机构设计的自由度与约束拓扑理论[17-19]。所谓自由度和约束拓扑是指物体约束线和自由度线在空间形成的几何模型。这和Blanding的约束模式和自由度模式的概念在本质上是一致的，但Hopkins从集合角度理解约束线和自由度线之间的相互关系，将Blanding的约束模式分析的几何思想提高到一个新层面，形成了挠性机构综合的系统方法。此后，苏海军[20-22]、于靖军、裴旭、李守忠等人从旋量系的角度进一步讨论了挠性机构构型综合问题[23-26]。这些是运动学设计近年来取得的重要进展。

从数学角度，约束和自由度可以采用旋量描述，旋量理论为运动学原理奠定了坚实的数学基础，但在发展之初，运动学原理并未与旋量理论结合，两者在各自领域独立发展。1900年，Ball完成了旋量的经典著作*A Treatise on the Theory of Screws*，系统阐述了旋量理论[27]。旋量是经典力学的静力学和运动学深入发展和一般化的结果，相关内容较为抽象，在很长一段时间未引起足够的重视。20世纪60年代，Waldron将其用于机构的自由度和约束分析，旋量在机构领域得到了应用[28]。1978年，Hunt出版了*Kinematic Geometry of Mechanisms*一书，结合旋量研究了机构运动学、几何学，拓展了旋量在机构学研究中的深度和广度[29]。

1982 年，Salisbury 应用旋量分析物体直接接触的自由度与约束[30]。Phillips 分别于 1984 年和 1990 年出版了 *Freedom in Machinery*，*Volume* 1：*Introducing Screw Theory* 和 *Freedom in Machinery*，*Volume* 2：*Screw Theory Exemplified* 两部著作，从几何视角分析了机构的约束和自由度[31,32]。1992 年，Kumar 提出了串联运动链约束与自由度旋量分析矩阵方程，为串联机构的约束分析提供了简洁的数学形式[33]。旋量于 20 世纪 80 年代引进到我国，张文祥通过齿轮的空间运动介绍了旋量二系、旋量三系的构造问题[34-36]。黄真介绍了旋量在机构自由度分析及机构综合中的应用，促进了旋量在我国的推广和应用[37-39]。赵景山提出了并联机构终端约束和自由度分析理论[40,41]，解决了多运动支链约束物体的自由度分析问题，这是机构学领域的一项重要研究成果。此外，李秦川[42,43]、戴建生[44,45] 等人应用旋量理论研究了并联机构综合、过约束并联机构活动度等问题。

综上所述，运动学原理的百年发展是代数和几何交叉融合的过程。它在最近 20 年取得突破，理论和方法逐步成熟。可以相信，随着精密仪器及精密机械技术的发展，运动学原理在未来会有更加广泛的应用。

思考与练习

1.1 简述机械、机构与仪器的特点。

1.2 简述机构组成的基本概念。

1.3 简述机械设计的基本原理，联系实际说明应用。

1.4 名词解释：准确度、精密度和精度。

1.5 简述运动学原理的研究内容和意义，它与机构的运动学分析有什么不同？

1.6 什么是运动学结构和半运动学结构？各有什么特点？

1.7 在运动学中，物体具有确定位置表示什么含义？一个静止的物体是否一定具有确定位置？试举例说明。

参考文献

[1] MAXWELL J C. General Considerations Concerning Scientific Apparatus [M]. New York：Dover Press，1890.

[2] WHITEHEAD T N. The Design and Use of Instruments and Accurate Mechanism [M]. New York：Dover Publications，1954.

[3] KAMM LAWRENCE. Designing Cost-efficient Mechanisms [M]. New York：McGraw-Hill，1990.

[4] SLOCUM A H. Kinematic Couplings for Precision Fixturing-Part Ⅰ：Formulation of Design Parameters [J]. Precision Engineering，1988，10 (2)：85-91.

[5] SLOCUM A H. Kinematic Couplings For Precision Fixturing-part Ⅱ：Experimental Determination of Repeatability and Stiffness [J]. Precision Engineering，1988，10 (2)：115-122.

[6] SLOCUM A H. Precision Machine Design [M]. Michigan：Prentice-Hall，1992.

[7] HALE L C. Principles and Techniques for Designing Precision Machines [D]. Boston：Massachusetts Institute of Technology，1999.

[8] HALE L C，SLOCUM A H. Optimal Design Techniques for Kinematic Couplings [J]. Precision Engineering，2001，25 (2)：114-127.

[9] 吴文凯，陈晓娟，符春渝，等. 反射镜用 Kelvin 支承定位精度研究 [J]. 机械设计与研究，2002，18

(6)：50-52.
[10] 傅学农，陈晓娟，吴文凯，等．大口径反射镜组件设计及稳定性研究［J］．光学精密工程，2008，16（2）：179-183.
[11] 陈晓娟，吴文凯，傅学农，等．精确约束支承结构在惯性约束聚变装置中的应用与研究［J］．机械科学与技术，2009，28（8）：1111-1114.
[12] 吴宗泽．机械结构设计准则与实例［M］．北京：机械工业出版社，1988.
[13] 盛鸿亮．精密机构与结构设计［M］．北京：北京理工大学出版社，1993.
[14] 李庆祥，王东生，李玉和．现代精密仪器设计［M］．北京：清华大学出版社，2004.
[15] 王大珩．现代仪器仪表技术与设计［M］．北京：科学出版社，2003.
[16] BLANDING D L. Exact Constraint：Machine Design Using Kinematic Principles［M］. New York：ASME Press，1999.
[17] HOPKINS J B. Design of Parallel Flexure Systems Via Freedom and Constraint Topologies (FACT)［D］. Boston：Massachusetts Institute of Technology，2007.
[18] HOPKINS J B，CULPEPPER M L. Synthesis of Multi-degree of Freedom，Parallel Flexure System Concepts Via Freedom and Constraint Topology (FACT)-part Ⅰ：Principles［J］. Precision Engineering，2010，34（2）：259-270.
[19] HOPKINS J B，CULPEPPER M L. Synthesis of Multi-degree of Freedom，Parallel Flexure System Concepts Via Freedom and Constraint Topology (FACT)-part Ⅱ：Practice［J］. Precision Engineering，2010，34（2）：271-278.
[20] SU H J，DOROZHKIN D V，VANCE J M. A Screw Theory Approach For the Conceptual Design of Flexible Joints For Compliant Mechanisms［J］. Journal of Mechanisms and Robotics，2009，1（4）：041009.
[21] SU H J，TARI H. On Line Screw Systems and Their Application to Flexure Synthesis［C］. 2010 ASME International Design Engineering Conference，Aug. 15-18，2010Montreal，Canada. New York：ASME，2010：DETC2010-28361.
[22] SU H J，TARI H. Realizing Orthogonal Motions With Wire Flexures Connection in Parallel［C］. 2010 ASME International Design Engineering Conference，Aug. 15-18，2010，Montreal，Canada. New York：ASME，2010：DETC2010-28517.
[23] YU J J，LI S Z，PEI X，et al. Type synthesis principle and practice of flexure systems in the framework of screw theory part Ⅰ：General methodology［C］. 2010 ASME International Design Engineering Conference，Aug. 15-18，2010，Montreal，Canada. New York：ASME，2010：DETC2010-28783.
[24] 于靖军，裴旭，宗光华，等．机械装置的图谱化创新设计［M］．北京：科学出版社，2014.
[25] 于靖军，李守忠，裴旭，等．一种刚柔统一的并联机构构型综合方法［J］．中国科学，2011（6）：760-773.
[26] 李守忠，于靖军，宗光华．基于旋量理论的并联柔性机构构型综合与主自由度分析［J］．机械工程学报，2010，46（13）：54-60.
[27] BALL R S. A Treatise on the Theory of Screws［M］. Cambridge：Cambridge University Press，1998.
[28] WALDRON K J. The Constraint Analysis of Mechanisms［J］. Journal of Mechanisms，1966，101-114.
[29] HUNT K H. Kinematic Geometry of Mechanisms［M］. London：Oxford University Press，1978.
[30] SALISBURY J K. Kinematics and Force Analysis of Articulated Hands［D］. Califor，Standford University，1982.
[31] PHILLIPS J. Freedom in Machinery. Vol. 1. Introducing Screw Theory［D］. Cambridge：Cambridge University Press，1984.
[32] PHILLIPS J. Freedom in Machinery［M］. Cambridge：Cambridge University Press，1990.

[33] KUMAR V. Instantaneous Kinematics of Parallel Chain Robotic Mechanisms [J]. ASME Journal of Mechanical Design, 1992, 114 (3): 349-358.

[34] 张文祥. 螺旋的 Plücker 坐标及其在齿轮研究上的应用 [J]. 机械传动, 1991, 11 (1): 86-97.

[35] 张文祥. 螺旋二系的代数法研究 [J]. 机械工程学报, 1996, 32 (4): 83-89.

[36] 张文祥. 螺旋三系的代数法研究 [J]. 机械工程学报, 1997, 33 (5): 25-30.

[37] 黄真, 孔令富, 方跃法. 并联机器人机构学理论及控制 [M]. 北京: 机械工业出版社, 1997.

[38] 黄真, 赵永生, 赵铁石. 高等空间机构学 [M]. 北京: 高等教育出版社, 2006.

[39] 黄真, 曾达幸. 机构自由度计算: 原理和方法 [M]. 北京: 高等教育出版社, 2016.

[40] 赵景山. 空间并联机构自由度的终端约束分析理论与数学描述方法 [D]. 北京: 清华大学, 2004.

[41] 赵景山, 冯之敬, 褚福磊. 机器人机构自由度分析理论 [M]. 北京: 科学出版社, 2009.

[42] 李秦川. 对称少自由度并联机器人型综合理论及新机型综合 [D]. 秦皇岛: 燕山大学, 2003.

[43] LI Q C, HUANG Z. Mobility Analysis of a Novel 3-5R Parallel Mechanism Family [J]. ASME Journal of Mechanical design, 2004, 126: 79-80.

[44] DAI J S, HUANG Z, LIPKIN H. Mobility of Overconstrained Parallel Mechanisms [J]. Transactions of the ASME, Journal of Mechanical Design, 2006, 128 (1): 220-229.

[45] 戴建生. 旋量代数与李群、李代数 [M]. 北京: 高等教育出版社, 2014.

第2章

平面约束与自由度

物体在运动过程中，如果其上任意一点与某一固定平面的距离始终相等，这种运动称为平面运动。能够做平面运动的物体，称为平面物体，例如平面连杆机构中各构件的运动均为平面运动，这些构件就为平面物体。平面上自由运动的物体具有 3 个自由度，包括平面上的 2 个平动自由度和绕垂直于该平面轴线的转动自由度。平面约束包括平面约束力和平面约束力偶。平面约束力与平面物体运动平面平行；平面约束力偶的力偶矩与平面物体运动平面垂直。

本章采用 3 维数组描述平面物体的约束和自由度，利用矢量的数量积建立平面约束和自由度分析方法，同时为后续旋量理论的学习奠定基础。

2.1　3 维矢量

2.1.1　定义与运算

自然界中有一些量只有大小而无方向，例如长度、体积以及密度等，这种量称为数量。有一些量，既有大小，又有方向，例如速度、加速度等，这种量称为矢量或向量。矢量可以用一条有向线段表示，例如以 O 为始点，以 M 为终点的有向线段所表示的矢量，记为 $\boldsymbol{OM}$。有时也可以用斜体字母表示矢量，例如矢量 $\boldsymbol{a}$、$\boldsymbol{b}$ 等，如图 2-1 所示。

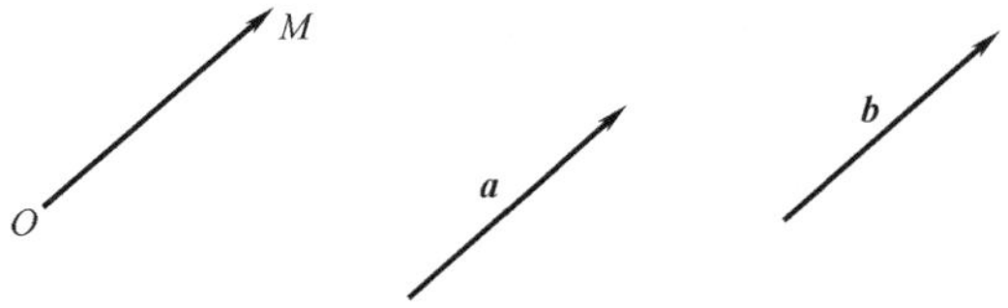

图 2-1　矢量的表示

有向线段的长度称为矢量的模，表示矢量的大小，例如矢量 $\boldsymbol{OM}$、$\boldsymbol{a}$ 的模可依次记为 $|\boldsymbol{OM}|$、$|\boldsymbol{a}|$。特别指出，模等于 1 的矢量称为单位矢量。模等于零的矢量称为零矢量。大小相等、方向相反的两个矢量互为反矢量，例如矢量 $\boldsymbol{a}$ 的反矢量记作 $-\boldsymbol{a}$。

1. 矢量的线性运算

矢量的线性运算，包括矢量的加法、减法和矢量的数乘。

（1）矢量加法　已知矢量 $\boldsymbol{a}$、$\boldsymbol{b}$，以任意点 O 为始点，作 $\boldsymbol{OA}=\boldsymbol{a}$，$\boldsymbol{OB}=\boldsymbol{b}$，再以 $\boldsymbol{OA}$，$\boldsymbol{OB}$ 为边作平行四边形 $OACB$，则对角线上的矢量 $\boldsymbol{OC}=\boldsymbol{c}$ 就是矢量 $\boldsymbol{a}$、$\boldsymbol{b}$ 的和，记作 $\boldsymbol{a}+\boldsymbol{b}=\boldsymbol{c}$。

由矢量 $\boldsymbol{a}$、$\boldsymbol{b}$ 求 $\boldsymbol{a}+\boldsymbol{b}$ 的运算称为矢量加法，上述求矢量和的方法叫作平行四边形法则，如图 2-2 所示。求矢量和还可以采用三角形法则，如图 2-3 所示。从空间一点 O 引矢量 $\boldsymbol{OA}=\boldsymbol{a}$，从 $\boldsymbol{a}$ 的终点 A 引矢量 $\boldsymbol{AB}=\boldsymbol{b}$，则矢量 $\boldsymbol{OB}=\boldsymbol{c}$，就是 $\boldsymbol{a}$、$\boldsymbol{b}$ 之和，即 $\boldsymbol{a}+\boldsymbol{b}=\boldsymbol{c}$。

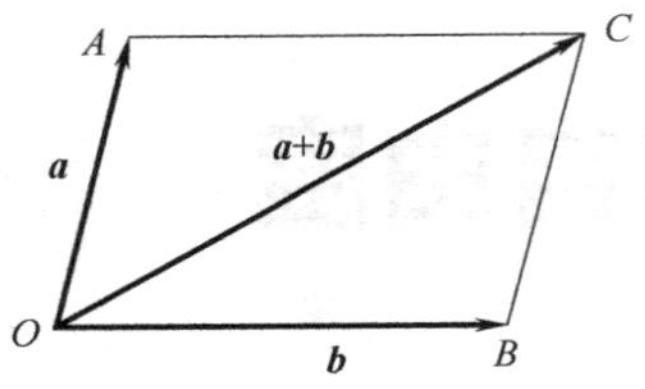

图 2-2　平行四边形法则

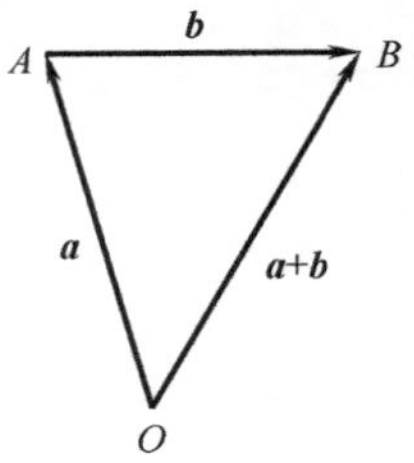

图 2-3　三角形法则

矢量加法满足：

a）交换律　$\boldsymbol{a}+\boldsymbol{b}=\boldsymbol{b}+\boldsymbol{a}$。

b）结合律（$\boldsymbol{a}+\boldsymbol{b}$）$+\boldsymbol{c}=\boldsymbol{a}+(\boldsymbol{b}+\boldsymbol{c})$。

（2）矢量减法　两个矢量 $\boldsymbol{a}$、$\boldsymbol{b}$ 的差 $\boldsymbol{a}-\boldsymbol{b}$ 是 $\boldsymbol{a}$ 与 $-\boldsymbol{b}$ 的和，即

$$\boldsymbol{a}-\boldsymbol{b}=\boldsymbol{a}+(-\boldsymbol{b})$$

按三角形法则，$\boldsymbol{a}-\boldsymbol{b}$ 是由 $\boldsymbol{b}$ 的终点到 $\boldsymbol{a}$ 的终点的矢量。

（3）矢量的数乘　一个实数与矢量的乘积，称为矢量的数乘。设 λ 是一个实数，$\boldsymbol{a}$ 是一个矢量，实数 λ 与矢量 $\boldsymbol{a}$ 的数乘为矢量，记作 $\lambda\boldsymbol{a}$。它的模 $|\lambda\boldsymbol{a}|$ 等于实数 λ 的绝对值与矢量 $\boldsymbol{a}$ 的模之积，即 $|\lambda\boldsymbol{a}|=|\lambda||\boldsymbol{a}|$。数乘 $\lambda\boldsymbol{a}$ 的方向：当 $\lambda>0$ 时，$\lambda\boldsymbol{a}$ 与 $\boldsymbol{a}$ 的方向相同；当 $\lambda<0$ 时，$\lambda\boldsymbol{a}$ 与 $\boldsymbol{a}$ 的方向相反。对于任意矢量 $\boldsymbol{a}$，若实数 $\lambda=0$，则 $\lambda\boldsymbol{a}=0$。

矢量的数乘满足：

a）$k(\lambda\boldsymbol{a})=(k\lambda)\boldsymbol{a}$，其中 k、λ 是实数。

b）$(k+\lambda)\boldsymbol{a}=k\boldsymbol{a}+\lambda\boldsymbol{a}$。

c）$\lambda(\boldsymbol{a}+\boldsymbol{b})=\lambda\boldsymbol{a}+\lambda\boldsymbol{b}$。

根据数乘的定义，对于矢量 $\boldsymbol{a}$，定义与 $\boldsymbol{a}$ 方向相同的单位矢量 $\boldsymbol{a}_0$，则矢量 $\boldsymbol{a}$ 总可以写成模 $|\boldsymbol{a}|$ 与单位矢量 $\boldsymbol{a}_0$ 的乘积，即

$$\boldsymbol{a}=|\boldsymbol{a}|\boldsymbol{a}_0$$

这里称 $\boldsymbol{a}_0$ 为 $\boldsymbol{a}$ 的单位矢量。

2. 数量积

两个矢量 $\boldsymbol{a}$、$\boldsymbol{b}$ 的数量积是一个实数，记作 $\boldsymbol{a}\cdot\boldsymbol{b}$，则

$$\boldsymbol{a}\cdot\boldsymbol{b}=|\boldsymbol{a}||\boldsymbol{b}|\cos\theta$$

式中，θ 是矢量 $\boldsymbol{a}$、$\boldsymbol{b}$ 的夹角，$0\leqslant\theta\leqslant\pi$。

特别指出，两个单位矢量 $\boldsymbol{a}_0$、$\boldsymbol{b}_0$ 的数量积 $\boldsymbol{a}_0\cdot\boldsymbol{b}_0=\cos\theta$，即两个单位矢量的数量积等于它们之间夹角的余弦。

数量积又称为点积或内积，具有以下性质：

a）$\boldsymbol{a}\cdot\boldsymbol{b}=\boldsymbol{b}\cdot\boldsymbol{a}$。

b）$(\boldsymbol{a}+\boldsymbol{b})\cdot\boldsymbol{c}=\boldsymbol{a}\cdot\boldsymbol{c}+\boldsymbol{b}\cdot\boldsymbol{c}$。

c）$(k\boldsymbol{a})\cdot\boldsymbol{b}=k(\boldsymbol{a}\cdot\boldsymbol{b})=\boldsymbol{a}\cdot(k\boldsymbol{b})$，其中 k 是一个实数。

d）$\boldsymbol{a}\cdot\boldsymbol{a}=\boldsymbol{a}^2=|\boldsymbol{a}|^2$。

3. 矢量积

两个矢量 $\boldsymbol{a}$、$\boldsymbol{b}$ 的矢量积 $\boldsymbol{a}\times\boldsymbol{b}$ 是一个矢量 $\boldsymbol{c}$，记作 $\boldsymbol{c}=\boldsymbol{a}\times\boldsymbol{b}$，令 θ 表示矢量 $\boldsymbol{a}$、$\boldsymbol{b}$ 的夹角，$0\leqslant\theta\leqslant\pi$，则 $\boldsymbol{c}$ 的模为

$$|\boldsymbol{c}|=|\boldsymbol{a}\times\boldsymbol{b}|=|\boldsymbol{a}||\boldsymbol{b}|\sin\theta$$

$\boldsymbol{c}$ 的方向垂直于 $\boldsymbol{a}$ 和 $\boldsymbol{b}$ 所确定的平面，且 $\boldsymbol{a}$、$\boldsymbol{b}$、$\boldsymbol{c}$ 符合右手规则，即用右手四指从 $\boldsymbol{a}$ 转到 $\boldsymbol{b}$，大拇指的指向为 $\boldsymbol{c}$ 的方向，如图 2-4 所示。

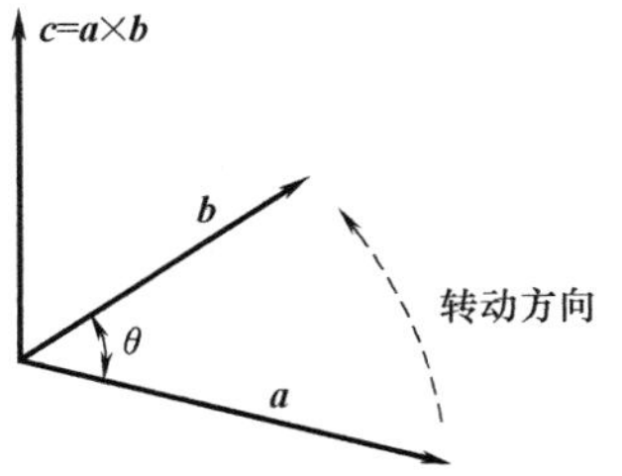

图 2-4　矢量积

若夹角 $\theta=0°$，则 $\boldsymbol{a}\times\boldsymbol{b}=0$，这表示矢量 $\boldsymbol{a}$、$\boldsymbol{b}$ 互相平行或重合。

矢量积又称为叉积或外积，具有以下性质：

a）$\boldsymbol{a}\times\boldsymbol{b}=-\boldsymbol{b}\times\boldsymbol{a}$。

b）$(k\boldsymbol{a})\times\boldsymbol{b}=\boldsymbol{a}\times(k\boldsymbol{b})=k(\boldsymbol{a}\times\boldsymbol{b})$，其中 k 为实数。

c）$\boldsymbol{a}\times(\boldsymbol{b}+\boldsymbol{c})=\boldsymbol{a}\times\boldsymbol{b}+\boldsymbol{a}\times\boldsymbol{c}$。

3 个矢量 $\boldsymbol{a}$、$\boldsymbol{b}$、$\boldsymbol{c}$ 的双重矢量积，记为 $(\boldsymbol{a}\times\boldsymbol{b})\times\boldsymbol{c}$，且

$$(\boldsymbol{a}\times\boldsymbol{b})\times\boldsymbol{c}=(\boldsymbol{a}\cdot\boldsymbol{c})\boldsymbol{b}-(\boldsymbol{b}\cdot\boldsymbol{c})\boldsymbol{a}$$

需要注意，双重矢量积不满足结合律，因为

$$\boldsymbol{a}\times(\boldsymbol{b}\times\boldsymbol{c})=-(\boldsymbol{b}\times\boldsymbol{c})\times\boldsymbol{a}=(\boldsymbol{c}\times\boldsymbol{b})\times\boldsymbol{a}=(\boldsymbol{a}\cdot\boldsymbol{c})\boldsymbol{b}-(\boldsymbol{a}\cdot\boldsymbol{b})\boldsymbol{c}\neq(\boldsymbol{a}\times\boldsymbol{b})\times\boldsymbol{c}$$

4. 混合积

3 个矢量 $\boldsymbol{a}$、$\boldsymbol{b}$、$\boldsymbol{c}$ 的混合积是一个数量，记作 $(\boldsymbol{a},\boldsymbol{b},\boldsymbol{c})=(\boldsymbol{a}\times\boldsymbol{b})\cdot\boldsymbol{c}$。

混合积具有以下性质：

a）$(\boldsymbol{a},\boldsymbol{b},\boldsymbol{c})=(\boldsymbol{b},\boldsymbol{c},\boldsymbol{a})=(\boldsymbol{c},\boldsymbol{a},\boldsymbol{b})$。

b）$(\boldsymbol{a},\boldsymbol{b},\boldsymbol{c})=-(\boldsymbol{b},\boldsymbol{a},\boldsymbol{c})$。

c）$(k\boldsymbol{a},\boldsymbol{b},\boldsymbol{c})=(\boldsymbol{a},k\boldsymbol{b},\boldsymbol{c})=(\boldsymbol{a},\boldsymbol{b},k\boldsymbol{c})$，其中 k 为实数。

d）$(\boldsymbol{a}_1+\boldsymbol{a}_2,\boldsymbol{b},\boldsymbol{c})=(\boldsymbol{a}_1,\boldsymbol{b},\boldsymbol{c})+(\boldsymbol{a}_2,\boldsymbol{b},\boldsymbol{c})$。

2.1.2　分量与坐标

如图 2-5 所示，直角坐标系 $OXYZ$，$\boldsymbol{i}$，$\boldsymbol{j}$，$\boldsymbol{k}$ 分别为沿 X 轴、Y 轴和 Z 轴正向的 3 个单位矢量。

根据矢量的数量积可得

$$\boldsymbol{i}^2=\boldsymbol{j}^2=\boldsymbol{k}^2=1$$

根据矢量的矢量积可得

$$\boldsymbol{i}\times\boldsymbol{j}=\boldsymbol{k},\boldsymbol{j}\times\boldsymbol{k}=\boldsymbol{i},\boldsymbol{k}\times\boldsymbol{i}=\boldsymbol{j}$$

1. 矢量的分量表达式

设点 M 的坐标为（x，y，z），则以坐标原点 O 为始点，以点 M 为终点的矢量 $\boldsymbol{r}$ 可以表示为

$$\boldsymbol{r}=x\boldsymbol{i}+y\boldsymbol{j}+z\boldsymbol{k}$$

该式称为矢量 $\boldsymbol{r}$ 的分量表达式。

矢量 $\boldsymbol{r}$ 的模

$$|\boldsymbol{r}|=\sqrt{\boldsymbol{r}\cdot\boldsymbol{r}}=\sqrt{x^2+y^2+z^2}$$

矢量 $\boldsymbol{r}$ 与单位矢量 $\boldsymbol{i}$、$\boldsymbol{j}$、$\boldsymbol{k}$ 的夹角分别为 α、β、γ，称为矢量 $\boldsymbol{r}$ 的方向角，方向角的余弦称为矢量 $\boldsymbol{r}$ 的方向余弦，如图 2-6 所示。

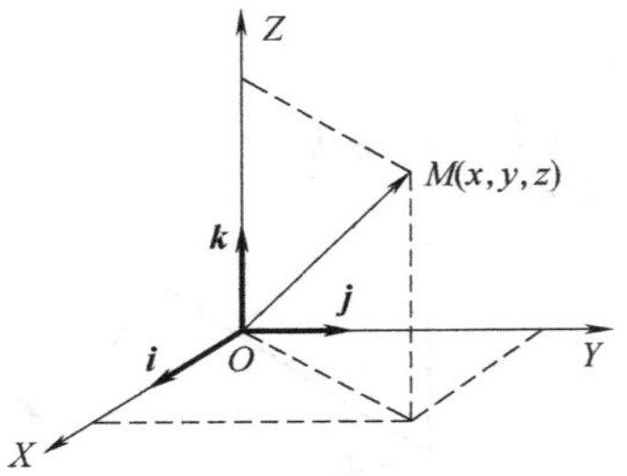

图 2-5　矢量在直角坐标系下的表示

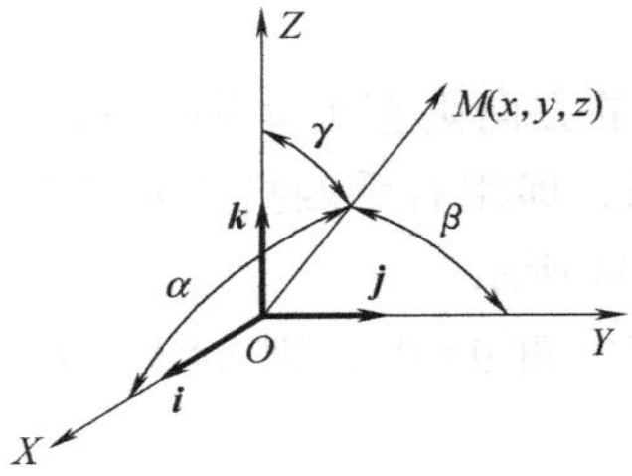

图 2-6　矢量的方向角

将矢量 $\boldsymbol{r}$ 的两边分别点乘单位矢量 $\boldsymbol{i}$、$\boldsymbol{j}$、$\boldsymbol{k}$，则矢量 $\boldsymbol{r}$ 的坐标分量可以表示为

$$x=\boldsymbol{r}\cdot\boldsymbol{i}=|\boldsymbol{r}|\cos\alpha,0\leqslant\alpha\leqslant\pi$$
$$y=\boldsymbol{r}\cdot\boldsymbol{j}=|\boldsymbol{r}|\cos\beta,0\leqslant\beta\leqslant\pi$$
$$z=\boldsymbol{r}\cdot\boldsymbol{k}=|\boldsymbol{r}|\cos\gamma,0\leqslant\gamma\leqslant\pi$$

显然，矢量 $\boldsymbol{r}$ 方向余弦的平方和等于 1，即

$$\cos^2\alpha+\cos^2\beta+\cos^2\gamma=1$$

特别指出，由于单位矢量的模 $|\boldsymbol{r}|$ 为 1，因此单位矢量可以表示为

$$\boldsymbol{r}=\cos\alpha\boldsymbol{i}+\cos\beta\boldsymbol{j}+\cos\gamma\boldsymbol{k}$$

下面采用矢量的分量表达式给出矢量的几个常用运算。

设矢量 $\boldsymbol{a}$、$\boldsymbol{b}$、$\boldsymbol{c}$ 的分量表达式为

$$\boldsymbol{a}=\boldsymbol{a}_x\boldsymbol{i}+\boldsymbol{a}_y\boldsymbol{j}+\boldsymbol{a}_z\boldsymbol{k}$$
$$\boldsymbol{b}=\boldsymbol{b}_x\boldsymbol{i}+\boldsymbol{b}_y\boldsymbol{j}+\boldsymbol{b}_z\boldsymbol{k}$$
$$\boldsymbol{c}=\boldsymbol{c}_x\boldsymbol{i}+\boldsymbol{c}_y\boldsymbol{j}+\boldsymbol{c}_z\boldsymbol{k}$$

a）矢量的加减法为

$$\boldsymbol{a}\pm\boldsymbol{b}=(\boldsymbol{a}_x\pm\boldsymbol{b}_x)\boldsymbol{i}+(\boldsymbol{a}_y\pm\boldsymbol{b}_y)\boldsymbol{j}+(\boldsymbol{a}_z\pm\boldsymbol{b}_z)\boldsymbol{k}$$

b）矢量的数量积为

$$\boldsymbol{a}\cdot\boldsymbol{b}=\boldsymbol{a}_x\boldsymbol{b}_x+\boldsymbol{a}_y\boldsymbol{b}_y+\boldsymbol{a}_z\boldsymbol{b}_z$$

c）矢量的矢量积为

$$\boldsymbol{a}\times\boldsymbol{b}=\begin{vmatrix}\boldsymbol{i}&\boldsymbol{j}&\boldsymbol{k}\\\boldsymbol{a}_x&\boldsymbol{a}_y&\boldsymbol{a}_z\\\boldsymbol{b}_x&\boldsymbol{b}_y&\boldsymbol{b}_z\end{vmatrix}=(\boldsymbol{a}_y\boldsymbol{b}_z-\boldsymbol{a}_z\boldsymbol{b}_y)\boldsymbol{i}+(\boldsymbol{a}_z\boldsymbol{b}_x-\boldsymbol{a}_x\boldsymbol{b}_z)\boldsymbol{j}+(\boldsymbol{a}_x\boldsymbol{b}_y-\boldsymbol{a}_y\boldsymbol{b}_x)\boldsymbol{k}$$

2. 矢量的矩阵表达式

如图 2-5 所示，将点 M 的 3 个坐标写成 3 维数组，得到矢量 $\boldsymbol{r}$ 的矩阵表达式，即

$$\boldsymbol{r}=\begin{bmatrix}x\\y\\z\end{bmatrix}=[x\quad y\quad z]^{\mathrm{T}}$$

等式右边的上标“T”表示矩阵的转置。

将矢量 $\boldsymbol{a}$ 和 $\boldsymbol{b}$ 写为矩阵形式

$$\boldsymbol{a}=\begin{bmatrix}\boldsymbol{a}_x\\ \boldsymbol{a}_y\\ \boldsymbol{a}_z\end{bmatrix},\boldsymbol{b}=\begin{bmatrix}\boldsymbol{b}_x\\ \boldsymbol{b}_y\\ \boldsymbol{b}_z\end{bmatrix}$$

a）矢量的加减法为

$$\boldsymbol{a}\pm\boldsymbol{b}=\begin{bmatrix}\boldsymbol{a}_x\\ \boldsymbol{a}_y\\ \boldsymbol{a}_z\end{bmatrix}\pm\begin{bmatrix}\boldsymbol{b}_x\\ \boldsymbol{b}_y\\ \boldsymbol{b}_z\end{bmatrix}=\begin{bmatrix}\boldsymbol{a}_x\pm\boldsymbol{b}_z\\ \boldsymbol{a}_y\pm\boldsymbol{b}_z\\ \boldsymbol{a}_z\pm\boldsymbol{b}_z\end{bmatrix}$$

b）矢量的数量积为

$$\boldsymbol{a}\cdot\boldsymbol{b}=\boldsymbol{a}^{\mathrm{T}}\boldsymbol{b}=\begin{bmatrix}\boldsymbol{a}_x & \boldsymbol{a}_y & \boldsymbol{a}_z\end{bmatrix}\begin{bmatrix}\boldsymbol{b}_x\\ \boldsymbol{b}_y\\ \boldsymbol{b}_z\end{bmatrix}=\boldsymbol{a}_x\boldsymbol{b}_x+\boldsymbol{a}_y\boldsymbol{b}_y+\boldsymbol{a}_z\boldsymbol{b}_z$$

c）矢量的矢量积为

$$\boldsymbol{a}\times\boldsymbol{b}=\hat{\boldsymbol{a}}\boldsymbol{b}=\begin{bmatrix}\boldsymbol{a}_y\boldsymbol{b}_z-\boldsymbol{a}_z\boldsymbol{b}_y\\ \boldsymbol{a}_z\boldsymbol{b}_x-\boldsymbol{a}_x\boldsymbol{b}_z\\ \boldsymbol{a}_x\boldsymbol{b}_y-\boldsymbol{a}_y\boldsymbol{b}_x\end{bmatrix}$$

这里定义了一个新矩阵 $\hat{\boldsymbol{a}}$，称 $\hat{\boldsymbol{a}}$ 为与矢量 $\boldsymbol{a}$ 对应的反对称矩阵，且

$$\hat{\boldsymbol{a}}=\begin{bmatrix}0 & -\boldsymbol{a}_z & \boldsymbol{a}_y\\ \boldsymbol{a}_z & 0 & -\boldsymbol{a}_x\\ -\boldsymbol{a}_y & \boldsymbol{a}_x & 0\end{bmatrix}$$

矢量的分量表达式和矢量的矩阵表达式都可以表示点 M 的位置，但两者的含义不同。前者是矢量表达式，后者是矩阵表达式。它们分别遵守矢量和矩阵的运算法则。

在实际中，有些矢量与始点有关，有些矢量与始点无关。与始点无关的矢量称为自由矢量。与始点有关的矢量称为定位矢量。例如研究空间某一点 M 的位置，为此需选择一个参考点 O，由点 O 指向点 M 的矢量 $\boldsymbol{OM}$ 称为位置矢量。它与始点 O 的位置有关，不能在空间平行移动，属于定位矢量。在力学上，位置矢量、力矩矢量属于定位矢量，而力偶矩、物体的平动速度属于自由矢量。一个 3 维矢量表示定位矢量还是自由矢量是由其物理意义决定的，在数学形式上并无差别，都可以用 3 维数组表示，即一个 3 维数组可以表示自由矢量，也可以表示定位矢量，至于它具体表示的是哪种矢量，则需要结合问题的物理意义确定。

2.2　力、力矩与力偶

2.2.1　力

力是物体之间的相互作用。这种相互作用可通过接触或者“场”产生。例如两个物体

之间接触产生压力，地球引力场对物体产生引力，电场对电荷产生引力或斥力等。本书仅研究接触物体之间产生的力。

力对物体产生的作用效果一般分为两类：①改变物体的运动状态，②改变物体的形状。通常把前者称为力的运动效应，后者称为力的变形效应。力的作用效果与力的大小、方向和作用点有关。因此，完整地描述一个力需要两个 3 维矢量，即表示力的大小和方向的矢量 $\boldsymbol{F}$ 和表示力的作用点的位置矢量 $\boldsymbol{r}$，如图 2-7 所示。

力的大小和方向相同的情况下，力的作用点不同是否一定影响力的作用效果？实践表明，力沿作用线移动不改变对物体的作用效果，这就是力的可传性。如图 2-8 所示，作用在物体上的力 $\boldsymbol{F}$，作用点由 P_1 移动到 P_2，不改变力 $\boldsymbol{F}$ 对物体的作用效果。

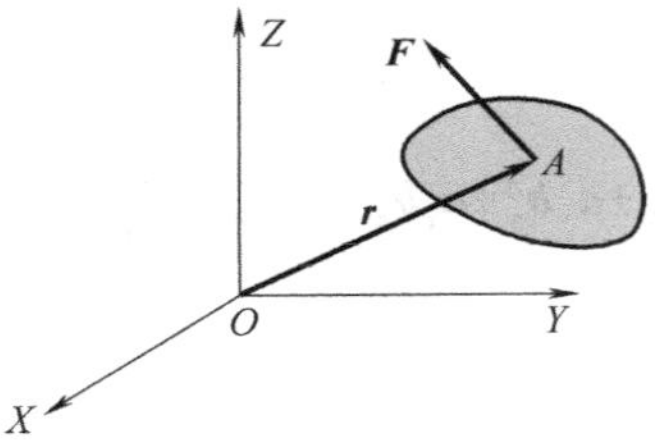

图 2-7　作用在物体上的力

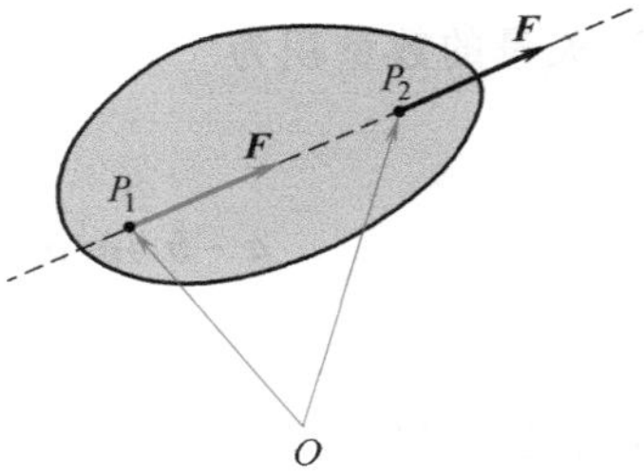

图 2-8　力沿作用线移动

力的可传性表明：力既不是定位矢量，也不是自由矢量，而称为滑动矢量或线矢量。

综上所述，作用在物体上的力的三要素是力的大小、方向和作用线。

2.2.2　力矩

力矩是描述力对物体转动效应的物理量。设作用在物体上的力为 $\boldsymbol{F}$，作用点为 A，点 A 的位置矢量为 $\boldsymbol{r}$，如图 2-9 所示。

定义力 $\boldsymbol{F}$ 对点 O 的力矩为位置矢量 $\boldsymbol{r}$ 和力 $\boldsymbol{F}$ 的矢量积，记作 $\boldsymbol{M}_O(\boldsymbol{F})=\boldsymbol{r}\times\boldsymbol{F}$。点 O 为矩心。由于力矩 $\boldsymbol{M}_O(\boldsymbol{F})$ 的大小和方向都与矩心 O 有关，故力矩矢量的始端必须选在矩心，不可任意移动，它是定位矢量。

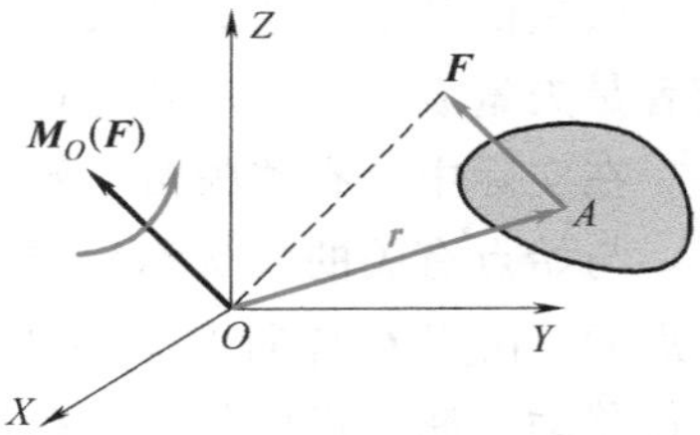

图 2-9　作用在物体上的力矩

力矩矢量垂直于 $\boldsymbol{r}$ 和 $\boldsymbol{F}$ 所确定的平面，方向按右手规则确定。令

$$\boldsymbol{r}=\begin{bmatrix}x\\y\\z\end{bmatrix},\ \boldsymbol{F}=\begin{bmatrix}f_1\\f_2\\f_3\end{bmatrix}$$

按照矢量积的矩阵形式，力矩 $\boldsymbol{M}_O(\boldsymbol{F})$ 为

$$\boldsymbol{M}_O(\boldsymbol{F})=\boldsymbol{r}\times\boldsymbol{F}=\hat{\boldsymbol{r}}\boldsymbol{F}=\begin{bmatrix}yf_3-zf_2\\zf_1-xf_3\\xf_2-yf_1\end{bmatrix}$$

式中，$\hat{\boldsymbol{r}}$ 是由位置矢量 $\boldsymbol{r}$ 确定的反对称矩阵，即

$$\hat{\boldsymbol{r}}=\begin{bmatrix}0 & -z & y\\ z & 0 & -x\\ -y & x & 0\end{bmatrix}$$

2.2.3　力偶

力偶是大小相等、方向相反、作用线平行的两个力构成的力系。力偶所在的平面称为力偶的作用面。如图 2-10 所示 $\boldsymbol{F}_1=-\boldsymbol{F}_2$，其中点 P_1 是力 $\boldsymbol{F}_1$ 的作用点，点 P_2 是力 $\boldsymbol{F}_2$ 的作用点。

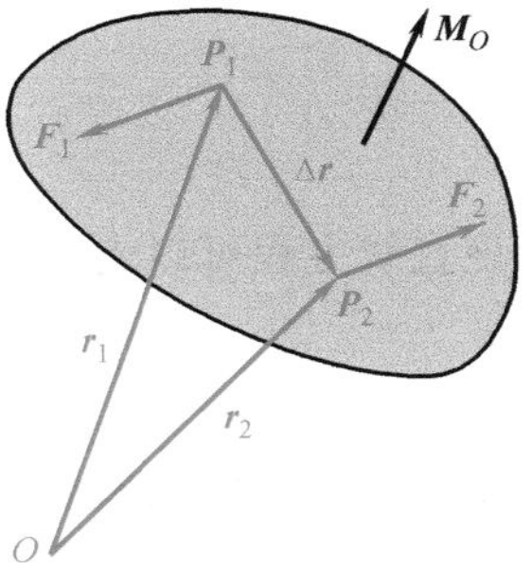

图 2-10　作用在物体上的力偶

选择空间某一点 O 为参考点，点 P_1 的位置矢量为 $\boldsymbol{r}_1$，点 P_2 的位置矢量为 $\boldsymbol{r}_2$，则力偶矩为

$$\boldsymbol{M}_O=\boldsymbol{r}_1\times\boldsymbol{F}_1+\boldsymbol{r}_2\times\boldsymbol{F}_2=-\boldsymbol{r}_1\times\boldsymbol{F}_2+\boldsymbol{r}_2\times\boldsymbol{F}_2=(\boldsymbol{r}_2-\boldsymbol{r}_1)\times\boldsymbol{F}_2=\Delta\boldsymbol{r}\times\boldsymbol{F}_2$$

式中，$\Delta\boldsymbol{r}=\boldsymbol{r}_2-\boldsymbol{r}_1$ 表示 P_2 相对 P_1 的位置矢量。

力偶矩是一个矢量，它垂直于力偶的作用面，方向由右手规则确定。由于 $\Delta\boldsymbol{r}$ 与点 O 的位置无关，因此力偶矩的大小和方向也与点 O 的位置无关。

作用在一个物体上的力偶可以在其作用面内任意移动，也可以从其作用面移动到一个与之平行的平面。这些操作不会改变力偶对物体的作用效果。即力偶矩可以在空间平行移动，是自由矢量。

2.3　直线的矢量方程

如图 2-11 所示，已知平面坐标系 OXY 上的点 $A(x_1,\ y_1)$ 和点 $B(x_2,\ y_2)$，写出过 A、B 两点直线的矢量方程。

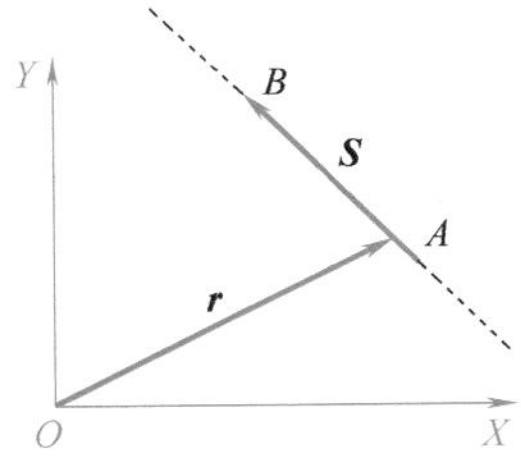

图 2-11　直线的位置矢量和方向矢量

点 A 的位置矢量为

$$\boldsymbol{r}_A=x_1\boldsymbol{i}+y_1\boldsymbol{j}$$

点 B 的位置矢量为

$$\boldsymbol{r}_B=x_2\boldsymbol{i}+y_2\boldsymbol{j}$$

由 $\boldsymbol{r}_A$ 和 $\boldsymbol{r}_B$ 可以确定直线的方向矢量为

$$\boldsymbol{S}=\boldsymbol{r}_B-\boldsymbol{r}_A$$

设直线上任意一点的位置矢量为 $\boldsymbol{r}$，则矢量 $\boldsymbol{r}-\boldsymbol{r}_A$ 与方向矢量 $\boldsymbol{S}$ 共线，两者的矢量积为零，即

$$(\boldsymbol{r}-\boldsymbol{r}_A)\times\boldsymbol{S}=0$$

进一步

$$\boldsymbol{r}\times\boldsymbol{S}=\boldsymbol{r}_A\times\boldsymbol{S}$$

由于 $\boldsymbol{r}_A$ 和 $\boldsymbol{S}$ 均在 XOY 平面上，因此 $\boldsymbol{r}_A\times\boldsymbol{S}$ 的方向沿 Z 轴，如图 2-12 所示。

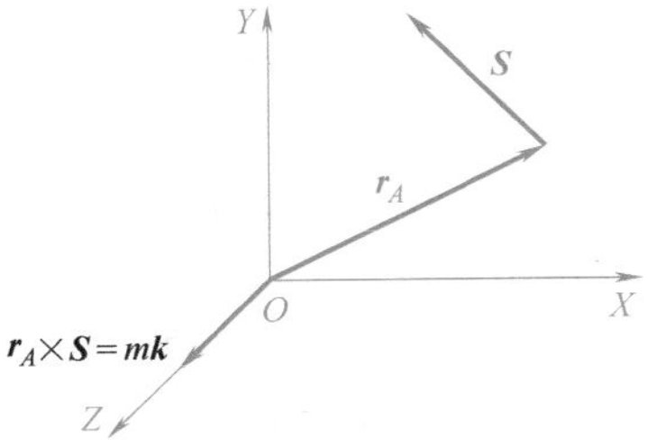

图 2-12　线矩

假设 $\boldsymbol{r}_A\times\boldsymbol{S}=m\boldsymbol{k}=\boldsymbol{S}_M$，$\boldsymbol{S}_M$ 称为方向矢量 $\boldsymbol{S}$ 的线矩，m 为实数，表示线矩的大小，$\boldsymbol{k}$ 为沿 Z 轴正向的单位矢量，则

$$\boldsymbol{r}\times\boldsymbol{S}=\boldsymbol{S}_M=m\boldsymbol{k}$$

该式称为 XOY 平面上的直线矢量方程，$\boldsymbol{r}$ 为未知矢量，$\boldsymbol{S}$ 和 $\boldsymbol{S}_M$ 为已知矢量。由该方程中矢量 $\boldsymbol{r}$ 确定的点构成一条直线。例如已知方向矢量 $\boldsymbol{S}=s_1\boldsymbol{i}+s_2\boldsymbol{j}$ 和线矩 $\boldsymbol{S}_M=m\boldsymbol{k}$，设位置矢量 $\boldsymbol{r}=x\boldsymbol{i}+y\boldsymbol{j}$，则

$$\boldsymbol{r}\times\boldsymbol{S}=\begin{vmatrix}\boldsymbol{i} & \boldsymbol{j} & \boldsymbol{k}\\ x & y & 0\\ s_1 & s_2 & 0\end{vmatrix}=(s_2x-s_1y)\boldsymbol{k}=m\boldsymbol{k}$$

进一步

$$s_2x-s_1y=m$$

该直线方程可以表示为

$$y=\frac{s_2}{s_1}x-\frac{m}{s_1}$$

对于不同的位置矢量，方向矢量 $\boldsymbol{S}$ 的线矩 $\boldsymbol{S}_M$ 总相等，如图 2-13 所示，$\boldsymbol{r}_1$、$\boldsymbol{r}_2$ 是直线上任意两点的位置矢量，$\boldsymbol{r}_\perp$ 表示与方向矢量 $\boldsymbol{S}$ 垂直的位置矢量。

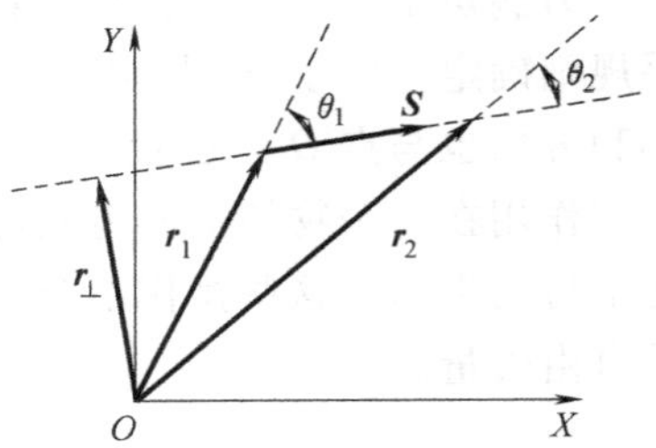

图 2-13　不同位置矢量的线矩

线矩 $\boldsymbol{r}_1\times\boldsymbol{S}$、$\boldsymbol{r}_2\times\boldsymbol{S}$ 和 $\boldsymbol{r}_\perp\times\boldsymbol{S}$ 的方向均垂直纸面向里，方向相同，其大小

$$|\boldsymbol{r}_1\times\boldsymbol{S}|=|\boldsymbol{r}_1||\boldsymbol{S}|\sin\theta_1=|\boldsymbol{r}_\perp||\boldsymbol{S}|$$
$$|\boldsymbol{r}_2\times\boldsymbol{S}|=|\boldsymbol{r}_2||\boldsymbol{S}|\sin\theta_2=|\boldsymbol{r}_\perp||\boldsymbol{S}|$$
$$|\boldsymbol{r}_\perp\times\boldsymbol{S}|=|\boldsymbol{r}_\perp||\boldsymbol{S}|\sin 90^\circ=|\boldsymbol{r}_\perp||\boldsymbol{S}|$$

因此

$$\boldsymbol{r}_1\times\boldsymbol{S}=\boldsymbol{r}_2\times\boldsymbol{S}=\boldsymbol{r}_\perp\times\boldsymbol{S}$$

计算时，用 $\boldsymbol{r}_\perp$ 表示直线的位置比较方便，将 $\boldsymbol{r}_\perp$ 称为垂直位置矢量。设线矩 $\boldsymbol{S}_M=\boldsymbol{r}_\perp\times\boldsymbol{S}$，将 $\boldsymbol{S}_M$ 两边同时叉乘方向矢量 $\boldsymbol{S}$，则

$$\boldsymbol{S}_M\times\boldsymbol{S}=(\boldsymbol{r}_\perp\times\boldsymbol{S})\times\boldsymbol{S}=(\boldsymbol{r}_\perp\cdot\boldsymbol{S})\boldsymbol{S}-(\boldsymbol{S}\cdot\boldsymbol{S})\boldsymbol{r}_\perp$$

由于 $\boldsymbol{r}_\perp$ 与 $\boldsymbol{S}$ 互相垂直，则 $\boldsymbol{r}_\perp\cdot\boldsymbol{S}=0$，那么

$$\boldsymbol{S}_M\times\boldsymbol{S}=(\boldsymbol{r}_\perp\cdot\boldsymbol{S})\boldsymbol{S}-(\boldsymbol{S}\cdot\boldsymbol{S})\boldsymbol{r}_\perp=-(\boldsymbol{S}\cdot\boldsymbol{S})\boldsymbol{r}_\perp$$

垂直位置矢量为

$$\boldsymbol{r}_\perp=\frac{\boldsymbol{S}\times\boldsymbol{S}_M}{\boldsymbol{S}\cdot\boldsymbol{S}}$$

综上所述，通过方向矢量 $\boldsymbol{S}$ 和线矩 $\boldsymbol{S}_M$ 总可以确定一条直线。即方向矢量 $\boldsymbol{S}$ 和线矩 $\boldsymbol{S}_M$ 对应一条直线，从这个角度，将方向矢量 $\boldsymbol{S}$ 和线矩 $\boldsymbol{S}_M$ 称为直线的特征量。通过方向矢量 $\boldsymbol{S}$ 和线矩 $\boldsymbol{S}_M$ 可以求出直线的垂直位置矢量 $\boldsymbol{r}_\perp$，这样利用 $\boldsymbol{S}$ 和垂直位置矢量 $\boldsymbol{r}_\perp$ 可以将直线直观表示出来。

例 2-1　已知直线的矢量方程 $\boldsymbol{r}\times\boldsymbol{S}=3\boldsymbol{k}$，方向矢量 $\boldsymbol{S}=2\boldsymbol{i}$，求该直线的垂直位置矢量，并将该直线的矢量方程化为 x、y 坐标形式。

解： 该直线的方向矢量 $\boldsymbol{S}=2\boldsymbol{i}$，线矩 $\boldsymbol{S}_M=3\boldsymbol{k}$，则

$$S \times S_M = \begin{vmatrix} i & j & k \\ 2 & 0 & 0 \\ 0 & 0 & 3 \end{vmatrix} = -6j$$

$$S \cdot S = |S|^2 = 4$$

该直线的垂直位置矢量为

$$r_\perp = \frac{S \times S_M}{S \cdot S} = -\frac{3}{2}j$$

设该直线上点的位置矢量为

$$r = xi + yj$$

则

$$r \times S = \begin{vmatrix} i & j & k \\ x & y & 0 \\ 2 & 0 & 0 \end{vmatrix} = -2yk = 3k$$

以 x、y 坐标表示的直线方程为

$$y = -\frac{3}{2}$$

例 2-2 如图 2-14 所示，XOY 平面上的力 F 作用在物体上点 A（$\sqrt{3}$，1），力 F 的大小为 10，方向与 X 轴正向的夹角为 60°，写出力 F 作用线的矢量方程、垂直位置矢量 $r_\perp$，并将该直线的矢量方程化为 x、y 坐标形式。

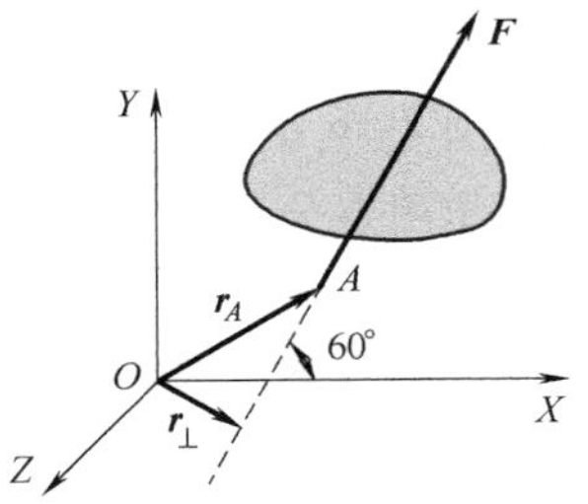

图 2-14 力的作用线的矢量方程

解：1）力 F 在 XOY 平面上，其大小和方向可采用 2 维矢量表示，即

$$F = 10\left(\frac{1}{2}i + \frac{\sqrt{3}}{2}j\right) = 5i + 5\sqrt{3}j$$

点 A 的位置矢量可以表示为

$$r_A = \sqrt{3}i + j$$

力的作用线的方向矢量可采用力 F 表示，线矩为力 F 相对点 O 的力矩

$$M_O = r_A \times F = \begin{vmatrix} i & j & k \\ \sqrt{3} & 1 & 0 \\ 5 & 5\sqrt{3} & 0 \end{vmatrix} = 10k$$

将力 F 作用线上的点用位置矢量 r 表示，力的作用线的矢量方程为

$$r \times F = M_O = 10k$$

2）力的作用线的方向矢量为力 F，线矩为力矩 M_O，则垂直位置矢量为

$$r_\perp = \frac{F \times M_O}{F \cdot F} = \frac{\sqrt{3}}{2}i - \frac{1}{2}j$$

3）设该直线上点的位置矢量为

$$r = xi + yj$$

则

$$\boldsymbol{r}\times\boldsymbol{F}=\begin{vmatrix}\boldsymbol{i} & \boldsymbol{j} & \boldsymbol{k}\\ x & y & 0\\ 5 & 5\sqrt{3} & 0\end{vmatrix}=(5\sqrt{3}x-5y)\boldsymbol{k}=10\boldsymbol{k}$$

以 x、y 坐标表示的力的作用线方程为

$$y=\sqrt{3}x-2$$

2.4 平面力系

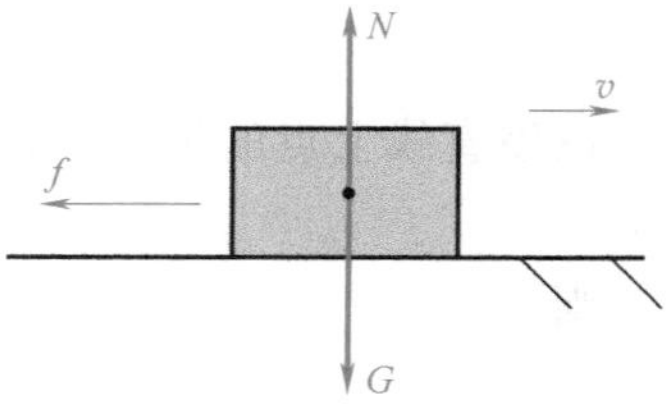

图 2-15 滑块的受力

力系是指作用在物体上的一组力。平面力系是指各个力的作用线分布在一个平面内的力系。如图 2-15 所示，以速度 v 在平面上做直线运动的滑块，受到重力 G、支承力 N 以及接触面之间的摩擦力 f，这三个力就构成了一个平面力系。

平面力系在实际比较常见，例如平面连杆机构、平面桁架结构的受力均可看作是平面力系。它既有独立的研究价值，又为研究空间力系提供一定的基础。本节主要介绍平面力系的主矢和主矩，讨论平面力系的描述方法。

2.4.1 特征量

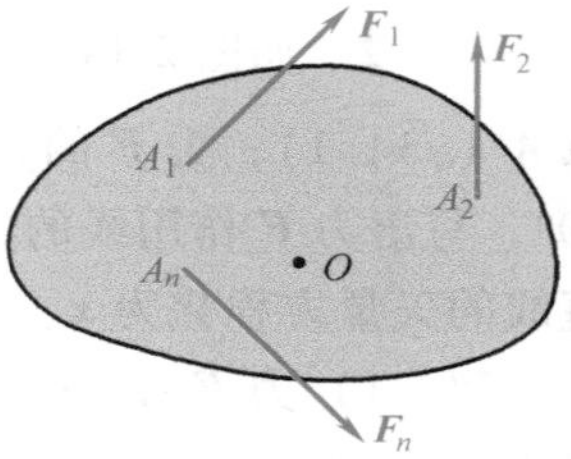

图 2-16 平面力系

如图 2-16 所示，作用于物体的平面力系 $\boldsymbol{F}_1$、$\boldsymbol{F}_2$、…、$\boldsymbol{F}_n$，各力的作用点分别为 A_1、A_2、…、A_n。

平面力系 $\boldsymbol{F}_1$、$\boldsymbol{F}_2$、…、$\boldsymbol{F}_n$ 的各个力的矢量和，称为该力系的主矢，记为 $\boldsymbol{F}$，则

$$\boldsymbol{F}=\sum_{i=1}^{n}\boldsymbol{F}_i=\boldsymbol{F}_1+\boldsymbol{F}_2+\cdots+\boldsymbol{F}_n$$

该平面力系中任意一个力记为 $\boldsymbol{F}_i(i=1,2,\cdots,n)$，设点 O 为平面上的任意一点，$\boldsymbol{r}_i$ 为 $\boldsymbol{F}_i$ 相对点 O 的位置矢量，则 $\boldsymbol{F}_i(i=1,2,\cdots,n)$ 对点 O 的力矩

$$m_O(\boldsymbol{F}_i)=\boldsymbol{r}_i\times\boldsymbol{F}_i$$

平面力系 $\boldsymbol{F}_1$、$\boldsymbol{F}_2$、…、$\boldsymbol{F}_n$ 的各个力对点 O 的力矩的矢量和，称为该力系的主矩，记为 $\boldsymbol{M}_O$，则

$$\boldsymbol{M}_O=\sum_{i=1}^{n}m_O(\boldsymbol{F}_i)=m_O(\boldsymbol{F}_1)+m_O(\boldsymbol{F}_2)+\cdots+m_O(\boldsymbol{F}_n)$$

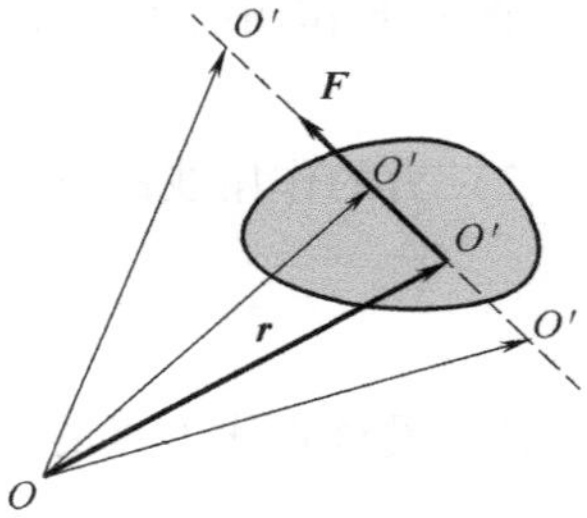

图 2-17 直线矢量方程

由于平面力系各个力 $\boldsymbol{F}_i$ 的作用线在一个平面上，并且各力的位置矢量 $\boldsymbol{r}_i$ 也在这个平面上，因此平面力系中各个力对点 O 的力矩 $m_O(\boldsymbol{F}_i)$ 都与平面力系所在平面垂直，相应力系的主矩 $\boldsymbol{M}_O$ 也与该平面垂直，那么该平面上存在相对点 O 的位置矢量为 $\boldsymbol{r}$ 的点 O'，使

$$\boldsymbol{r}\times\boldsymbol{F}=\boldsymbol{M}_O$$

这个矢量方程表示 XOY 平面上的一条直线，式中，$\boldsymbol{F}$ 表示直线的方向矢量，$\boldsymbol{M}_O$ 表示线矩。由这个矢量方程确定的点 O' 有无穷多个，均在该直线上，如图 2-17 所示。

主矢和主矩是力系的两个特征量，以简洁的方式综合描述了力系的作用效果。主矢 $\boldsymbol{F}$ 是力系中各个力的矢量和，与点 O 的位置无关，即无论点 O 取在平面上哪一点，都不影响主矢 $\boldsymbol{F}$ 的大小和方向。由于点 O 的位置影响力系中各力的位置矢量 $\boldsymbol{r}_i$，因此主矩与点 O 的位置有关，即点 O 的位置不同，主矩通常不同。

这里需要说明，力系的主矢和合力是两个不同的概念。合力是相对汇交力系而言的。对于非汇交力系，谈不上合力，进而也就谈不上合力矩。主矢是相对一般力系而言的。一个力系不一定有合力和合力矩，但总有主矢和主矩。它们是合力和合力矩概念的推广。

2.4.2 表示方法

作用在物体上某一点的力 $\boldsymbol{F}$ 可以平行移动到空间任一点 O，但必须同时附加一个力偶，这个附加力偶的矩等于原来的力对点 O 的矩，这就是力的平移定理。图 2-18 中力 $\boldsymbol{F}$ 作用在物体上的点 A。在物体上任取一点 O，并在点 O 加上两个等值反向的力 $\boldsymbol{F}'$ 和 $\boldsymbol{F}''$，使它们与力 $\boldsymbol{F}$ 平行，且 $\boldsymbol{F}'=-\boldsymbol{F}''=\boldsymbol{F}$，如图 2-19 所示。显然，3 个力 $\boldsymbol{F}$、$\boldsymbol{F}'$、$\boldsymbol{F}''$ 组成的新力系与原来的一个力 $\boldsymbol{F}$ 等效。但是，这 3 个力可以看作是一个作用在点 O 的力 $\boldsymbol{F}'$ 和一个力偶（$\boldsymbol{F}$、$\boldsymbol{F}''$）。把作用于点 A 的力 $\boldsymbol{F}$ 平移到另一点 O，但同时附加一个相应的力偶，这个力偶称为附加力偶，记为 $\boldsymbol{M}$，如图 2-20 所示。

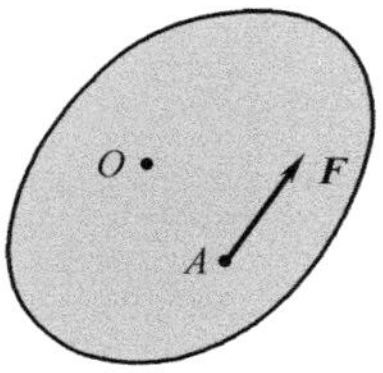

图 2-18 作用在点 A 的力

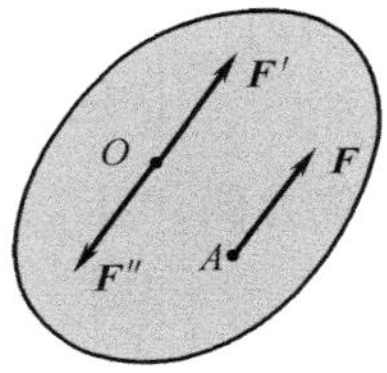

图 2-19 等效力系

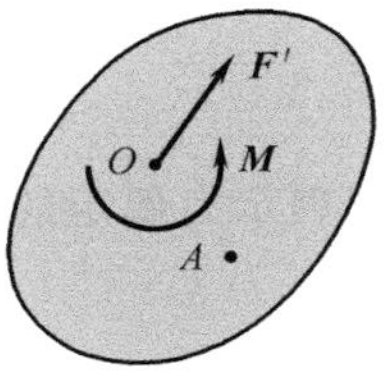

图 2-20 等效力和力偶

根据力的平移定理，可以将作用在物体上的力系向空间任意一点 O 进行简化，点 O 通常称为简化中心。一般情况下，平面力系向作用面内任意一点 O 简化，可得到一个力和力偶，这个力等于该力系的主矢，作用线通过简化中心，这个力偶的矩等于该力系的主矩。

根据主矢 $\boldsymbol{F}$ 和主矩 $\boldsymbol{M}_O$ 的特点，平面力系的简化结果可分为如下几种情况：

1）主矢 $\boldsymbol{F}=0$，主矩 $\boldsymbol{M}_O=0$，该力系简化为一个零力系，物体处于平衡状态。

2）主矢 $\boldsymbol{F}=0$，主矩 $\boldsymbol{M}_O\neq0$，该力系简化为一个力偶，该力偶矩等于主矩 $\boldsymbol{M}_O$。

3）主矢 $\boldsymbol{F}\neq0$，主矩 $\boldsymbol{M}_O=0$，该力系简化为一个力，该力等于主矢 $\boldsymbol{F}$。

4）主矢 $\boldsymbol{F}\neq0$，主矩 $\boldsymbol{M}_O\neq0$，则在 XOY 平面上存在相对点 O 的位置矢量 $\boldsymbol{r}$，使 $\boldsymbol{r}\times\boldsymbol{F}=\boldsymbol{M}_O$ 成立，这个矢量方程表示 XOY 平面上的一条直线。如果以该直线上的点为新的简化中心，该力系简化为一个力，该力等于主矢 $\boldsymbol{F}$，该力对点 O 的力矩为 $\boldsymbol{M}_O=\boldsymbol{r}\times\boldsymbol{F}$。

可以发现，3）和 4）可以归结为一种情况，即 $\boldsymbol{F}\neq0$，$\boldsymbol{M}_O\cdot\boldsymbol{F}=0$，该力系简化为一个力。在 3）中这个力通过简化中心 O，在 4）中这个力不通过简化中心 O。

综上所述，如果力系的主矢 $\boldsymbol{F}$ 和主矩 $\boldsymbol{M}_O$ 不同时为零，平面力系向平面上任意一点 O 简化可以得到一个力或一个力偶。这个力等于主矢 $\boldsymbol{F}$，这个力偶的矩等于主矩 $\boldsymbol{M}_O$。即一个平面力系等价于一个力或一个力偶。

将平面力系的主矢 $\boldsymbol{F}$ 和主矩 $\boldsymbol{M}_O$ 组合成一个 3 维数组，记为

$$C=\begin{bmatrix} \boldsymbol{F} \\ \boldsymbol{M}_O \end{bmatrix}=f\begin{bmatrix} c_X \\ c_Y \\ \cdots \\ c_Z \end{bmatrix}=f\boldsymbol{C}_0$$

这个3维数组 $\boldsymbol{C}$ 可以表示一个力或者一个力偶，将 $\boldsymbol{C}$ 称为广义力。这里 f 表示广义力的大小，$\boldsymbol{C}_0$ 表示单位广义力，且

$$\boldsymbol{C}_0=\begin{bmatrix} c_X \\ c_Y \\ \cdots \\ c_Z \end{bmatrix}$$

其中，c_X，c_Y，c_Z 表示单位广义力的3个坐标分量。用“…”将3个坐标分量分为两组，区分力和力矩这两个矢量。

1）若 $\boldsymbol{F}=0$，$\boldsymbol{M}_O\neq0$，$\boldsymbol{C}$ 表示力偶，则

$$\boldsymbol{C}=\begin{bmatrix} 0 \\ \boldsymbol{M}_O \end{bmatrix}=f\begin{bmatrix} 0 \\ 0 \\ \cdots \\ 1 \end{bmatrix}=f\boldsymbol{C}_0$$

式中，f 表示力偶矩的大小；$\boldsymbol{C}_0$ 表示单位力偶，且

$$\boldsymbol{C}_0=\begin{bmatrix} 0 \\ 0 \\ \cdots \\ 1 \end{bmatrix}$$

平面力偶矩的方向总垂直于平面力系所在平面，因此单位力偶矩 $\boldsymbol{C}_0$ 中，第3个坐标分量 c_Z 总等于1。图2-21表示物体受到平面力偶 $\boldsymbol{C}$。

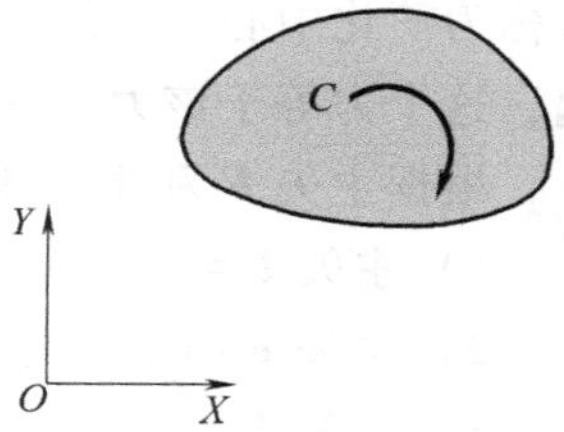

图2-21　力偶矩

2）若 $\boldsymbol{F}\neq0$，$\boldsymbol{C}$ 表示力，则

$$\boldsymbol{C}=\begin{bmatrix} \boldsymbol{F} \\ \boldsymbol{M}_O \end{bmatrix}=\begin{bmatrix} \boldsymbol{F} \\ \boldsymbol{r}_c\times\boldsymbol{F} \end{bmatrix}=f\begin{bmatrix} \boldsymbol{s}_c \\ \boldsymbol{r}_c\times\boldsymbol{s}_c \end{bmatrix}=f\begin{bmatrix} c_X \\ c_Y \\ \cdots \\ c_Z \end{bmatrix}=f\boldsymbol{C}_0$$

式中，f 表示力的大小；$\boldsymbol{s}_c$ 表示沿力方向的单位矢量；$\boldsymbol{r}_c$ 表示力的位置矢量；$\boldsymbol{C}_0$ 表示单位力，且

$$\boldsymbol{C}_0=\begin{bmatrix} \boldsymbol{s}_c \\ \boldsymbol{r}_c\times\boldsymbol{s}_c \end{bmatrix}=\begin{bmatrix} c_X \\ c_Y \\ \cdots \\ c_Z \end{bmatrix}$$

其中，$c_X^2+c_Y^2=1$。

如图 2-22 所示，物体 A 与平面物体在接触点处的单位力方向矢量 $\boldsymbol{S}=\boldsymbol{s}_c$，线矩 $\boldsymbol{S}_M=\boldsymbol{r}_c\times\boldsymbol{s}_c$。

单位力的垂直位置矢量为

$$\boldsymbol{r}_\perp=\frac{\boldsymbol{S}\times\boldsymbol{S}_M}{\boldsymbol{S}\cdot\boldsymbol{S}}=\frac{\boldsymbol{s}_c\times\boldsymbol{S}_M}{|\boldsymbol{s}_c|^2}=\boldsymbol{s}_c\times\boldsymbol{S}_M$$

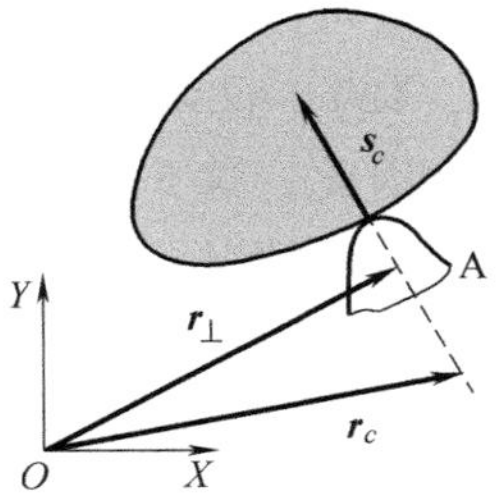

图 2-22　力

通过 $\boldsymbol{C}_0$ 可以判断广义力 C 的性质。若 $c_X=c_Y=0$，$c_Z\neq0$，则 $\boldsymbol{C}$ 表示力偶；若 c_X、c_Y 不同时为零，无论 c_Z 是否等于零，$\boldsymbol{C}_0$ 均表示力。在物体的约束分析中，用 $\boldsymbol{C}_0$ 表示约束力或约束力偶矩，分别称为单位约束力或单位约束力偶。

例 2-3　已知广义力

$$\boldsymbol{C}=\begin{bmatrix}-1\\1\\\cdots\\2\end{bmatrix}$$

判断 $\boldsymbol{C}$ 表示力还是力偶，并画出 $\boldsymbol{C}$ 表示的直线。

解：这里 $c_X=-1$，$c_Y=1$，二者不同时为零，因此 $\boldsymbol{C}$ 表示单位力。

$\boldsymbol{C}$ 的方向矢量 $\boldsymbol{s}_c=-\boldsymbol{i}+\boldsymbol{j}$，线矩 $\boldsymbol{S}_M=2\boldsymbol{k}$，$\boldsymbol{C}$ 的垂直位置矢量为

$$\boldsymbol{r}_\perp=\boldsymbol{s}_c\times\boldsymbol{S}_M=\begin{vmatrix}\boldsymbol{i}&\boldsymbol{j}&\boldsymbol{k}\\-1&1&0\\0&0&2\end{vmatrix}=2\boldsymbol{i}+2\boldsymbol{j}$$

$\boldsymbol{C}$ 表示的直线如图 2-23 所示。

一个平面力系总可以简化为一个力或一个力偶，进而采用广义力 3 维数组表示这个力或力偶。虽然广义力 3 维数组也由 3 个数组成，但它和通常的 3 维矢量不同。通常所说的 3 维矢量一般表示一个事物，或者说这个 3 维矢量中的 3 个数描述的是一个物理概念。例如 3 维矢量

$$\boldsymbol{OP}=\begin{bmatrix}7\\12\\10\end{bmatrix}$$

可以表示空间某一点 P 的位置。它的 3 个坐标 7、12、10 共同决定了点 P 的位置，可以用一条有向线段表示，如图 2-24 所示。

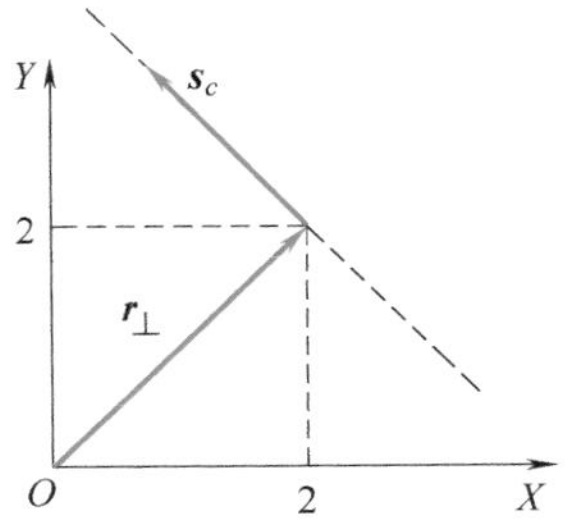

图 2-23　单位力的几何表示

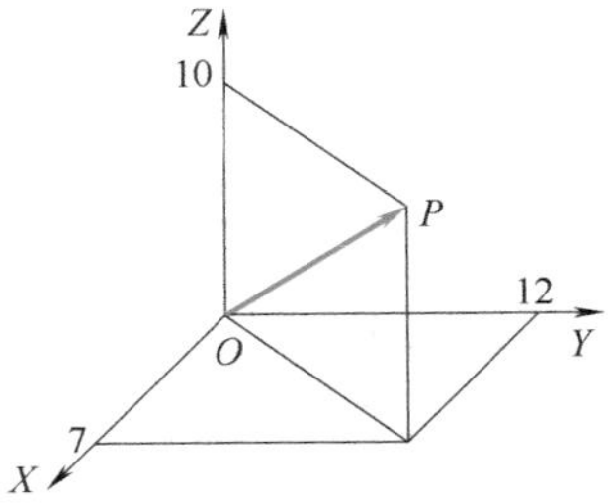

图 2-24　3 维矢量

也可以从另一个角度看待这 3 个数，将这 3 个数分为两组。第一组是前面两个数（7，12），这两个数描述一个物理概念；第二组是第三个数（10），它描述另一个物理概念。因此，这 3 个数包含两个物理概念。由平面力系的主矢和主矩组合而成的 3 维数组就属于这种情况。为了便于区分，将这种 3 维矢量的两组数之间标记…。例如将 3 维矢量 $\boldsymbol{OP}$ 写为

$$\boldsymbol{OP}=\begin{bmatrix}7\\12\\\cdots\\10\end{bmatrix}$$

将前面两个数（7，12）看作一组，它可以表示平面力系的主矢（一个物理概念）$\boldsymbol{F}=7\boldsymbol{i}+12\boldsymbol{j}$，第三个数（10）表示平面力系的主矩（一个物理概念）$\boldsymbol{M}_O=10\boldsymbol{k}$。这种 3 维矢量需要用两条有向线段表示，如图 2-25 所示。

为了便于区分，将具有这个特点的 3 个数，称为 3 维数组，而非 3 维矢量。本节讲述的广义力 3 维数组以及第 2.5 节的广义速度 3 维数组均属此类。

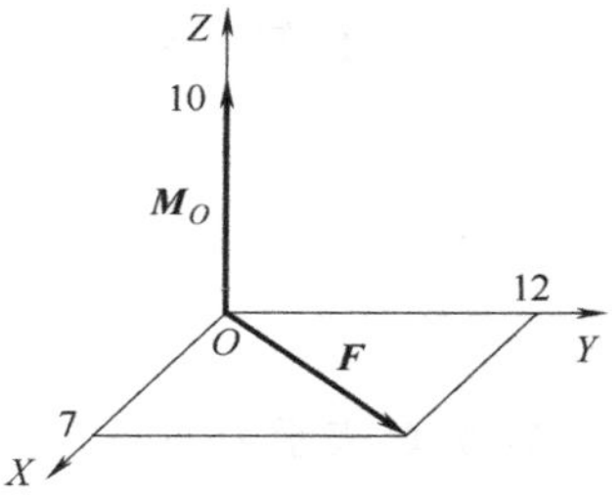

图 2-25　广义力 3 维数组

2.5　平面运动

物体的平动和定轴转动是两种最基本、最简单的运动，也是研究复杂运动的基础。

1）如果物体在运动过程中，它上面的任意一条直线始终保持和其初始位置平行，则这种运动称为平行移动，简称平动。如图 2-26 所示移动副，在滑块 B 相对导轨 A 的运动过程中，棱边 ab 始终保持平行，因此滑块 B 的运动为平动。

每一个瞬时，平动物体上各点的速度相同，加速度相同，但物体在整个平动过程中不一定是匀速的，可能是加速或减速的。

2）如果物体在运动过程中，它上面有一条直线始终保持不动，即刚体有一个固定轴，这种运动称为定轴转动。物体的转动速度采用角速度矢量描述，与转动轴线重合，方向按右手规则确定，即右手四指代表转动方向，拇指代表角速度的方向。如图 2-27 所示，物体绕 Z 轴做定轴转动，$\boldsymbol{\omega}$ 为角速度矢量，$\boldsymbol{r}$ 为点 P 的位置矢量。

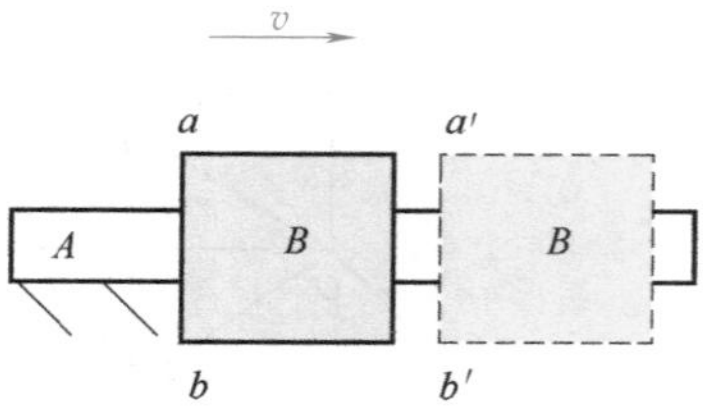

图 2-26　物体的平动

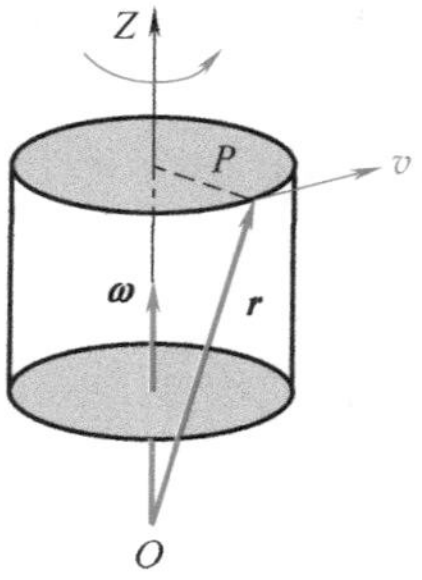

图 2-27　定轴转动

物体上任意一点 P 的速度可以表示为

$$v=\boldsymbol{\omega}\times\boldsymbol{r}$$

物体的复杂运动可以看成平动和定轴转动这两种简单运动的合成，其中平面运动是一种较为常见的复杂运动。例如地面上沿直线滚动的圆盘，曲柄连杆机构中连杆 AB 的运动，分别如图 2-28 和图 2-29 所示。

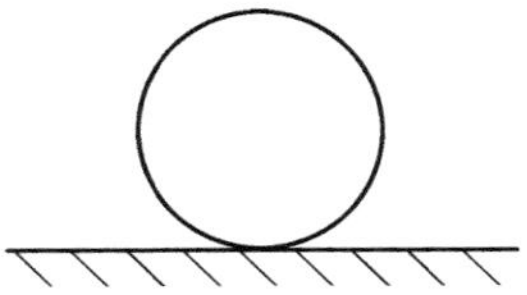

图 2-28 圆盘的平面运动

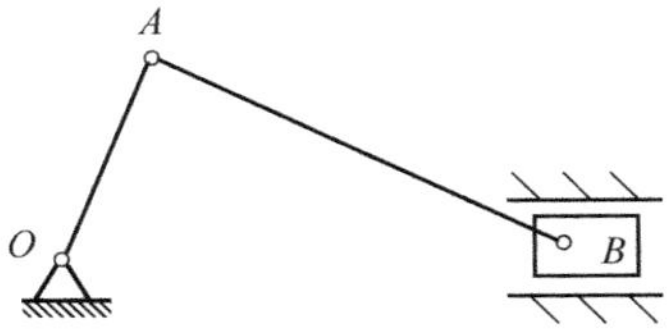

图 2-29 连杆的平面运动

这两个物体的运动既不是平动，也不是定轴转动，而是平面运动，在运动中，物体上任意一点与某一固定平面始终保持相等的距离。这个做平面运动的物体称为平面物体。研究平面运动具有两方面的意义：①很多机构的运动是平面运动，因而具有应用意义；②平面运动的理论和方法可以为处理更为复杂的运动提供借鉴，因而具有理论意义。

2.5.1 特征量

如图 2-30 所示的平面运动物体，在物体上任取一点 O 为坐标原点建立平动坐标系 OXY。它不与物体固连，是一个以点 O 为坐标原点的假想坐标系，其坐标轴的指向与参考坐标系 AX_AY_A 相应坐标轴的指向一致。点 O 称为基点，基点的选择是任意的，可以选为物体上的任意一点。该物体做平面运动时，平动坐标系 OXY 相对参考坐标系 AX_AY_A 始终保持平动，同时在平动坐标系 OXY 下观察，该物体绕点 O 转动。该平面物体的运动可以看成随基点 O 的平动和绕基点 O 的转动的合成。或者说，该物体的运动可以看成绕不断运动的轴（该轴过基点 O 且与 XY 平面垂直）的转动，即瞬时转动。

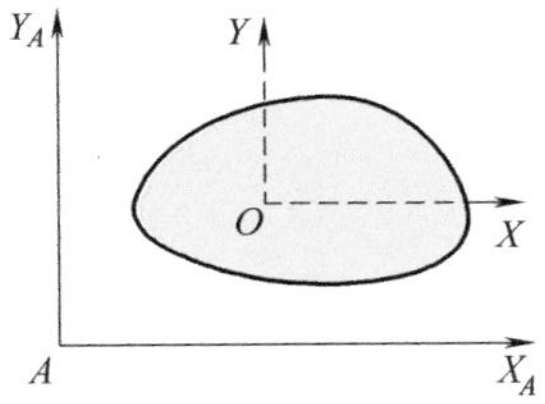

图 2-30 物体的平面运动

以沿直线轨道滚动的车轮为例，参考坐标系 AX_AY_A 与底面固连，以轮心 O 为坐标原点建立平动坐标系 OXY，它与车厢固连。因此，车轮的运动可以分解为随平动坐标系（车厢）的平动和绕轮心（基点 O）的转动。二者的合成就是车轮的平面运动，如图 2-31 所示。

平面运动物体上任意一点的速度等于基点的速度与该点随物体绕基点转动速度的矢量和。如图 2-32 所示，物体做平面运动，OXY 表示平动坐标系，物体（或其延拓）上任意一点 P 相对基点 O 的位置矢量为 $\boldsymbol{r}$，物体绕基点 O 转动的角速度矢量为 $\boldsymbol{\omega}$，基点速度为 $\boldsymbol{v}_O$。

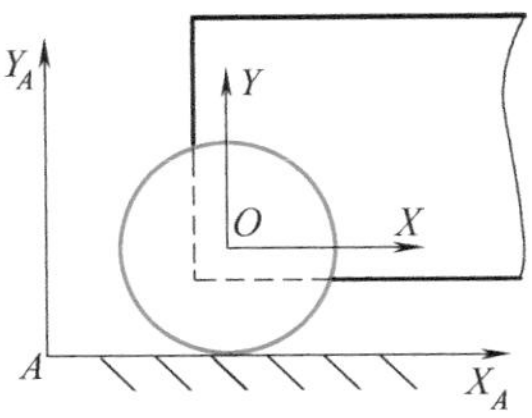

图 2-31 车轮的平面运动

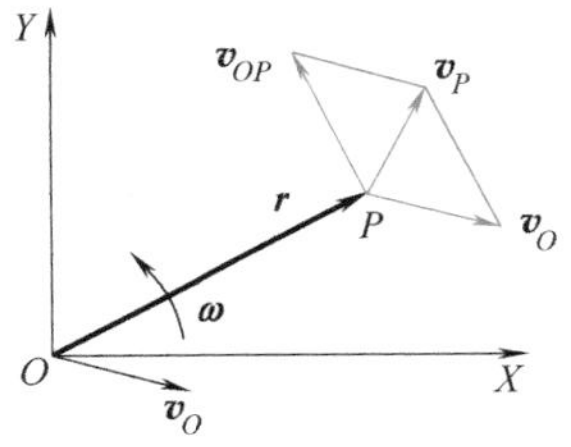

图 2-32 平面物体的速度分布

点 P 绕基点 O 的速度为 $\boldsymbol{v}_{OP}=\boldsymbol{\omega}\times\boldsymbol{r}$，则点 P 的速度可以表示为

$$\boldsymbol{v}_P=\boldsymbol{v}_O+\boldsymbol{v}_{OP}=\boldsymbol{v}_O+\boldsymbol{\omega}\times\boldsymbol{r}$$

由此可知，只要知道物体的角速度矢量 $\boldsymbol{\omega}$ 和某一瞬时基点 O 的速度 $\boldsymbol{v}_O$，就可以求出物体上任意一点的瞬时速度。因此，将角速度矢量 $\boldsymbol{\omega}$ 和基点速度 $\boldsymbol{v}_O$ 称为物体做平面运动的特征量。物体做平面运动时，角速度矢量 $\boldsymbol{\omega}$ 始终垂直于 XY 平面，而物体上任意一点的速度 $\boldsymbol{v}_P$ 始终在 XY 平面上，因此 $\boldsymbol{v}_P$ 与 $\boldsymbol{\omega}$ 垂直，则 $\boldsymbol{v}_P\cdot\boldsymbol{\omega}=0$。

2.5.2 表示方法

根据平面运动的特征量 $\boldsymbol{\omega}$ 和 $\boldsymbol{v}_O$，可以对物体的平面运动进行分类：

1）$\boldsymbol{\omega}=0$、$\boldsymbol{v}_O=0$，则物体上任意一点的速度 $\boldsymbol{v}_P=\boldsymbol{v}_O+\boldsymbol{\omega}\times\boldsymbol{r}=0$，物体静止。

2）$\boldsymbol{\omega}=0$、$\boldsymbol{v}_O\neq0$，则物体上任意一点的速度 $\boldsymbol{v}_P=\boldsymbol{v}_O+\boldsymbol{\omega}\times\boldsymbol{r}=\boldsymbol{v}_O$，物体上各点的速度相等，物体做平动。

3）$\boldsymbol{\omega}\neq0$、$\boldsymbol{v}_O=0$，则物体上任意一点的速度 $\boldsymbol{v}_P=\boldsymbol{v}_O+\boldsymbol{\omega}\times\boldsymbol{r}=\boldsymbol{\omega}\times\boldsymbol{r}$，物体做瞬时转动。

4）$\boldsymbol{\omega}\neq0$、$\boldsymbol{v}_O\neq0$，令物体上某一点的速度 $\boldsymbol{v}_P=\boldsymbol{v}_O+\boldsymbol{\omega}\times\boldsymbol{r}=0$，可得 $\boldsymbol{r}\times\boldsymbol{\omega}=\boldsymbol{v}_O$。由矢量方程 $\boldsymbol{r}\times\boldsymbol{\omega}=\boldsymbol{v}_O$ 确定的直线上的各点速度为零。这条直线表示该平面物体的转动轴线。

可以发现，3）和 4）可以归结为一种情况，即 $\boldsymbol{\omega}\neq0$，$\boldsymbol{v}_O\cdot\boldsymbol{\omega}=0$，物体做瞬时转动。

综上所述，如果角速度 $\boldsymbol{\omega}$ 和基点速度 $\boldsymbol{v}_O$ 不同时为零，即排除物体静止的情况，平面运动总可以看成平动或瞬时转动。

将平面运动的基点速度 $\boldsymbol{v}_O$ 和角速度矢量 $\boldsymbol{\omega}$ 组合成一个 3 维数组，记为

$$\boldsymbol{D}=\begin{bmatrix}\boldsymbol{v}_O\\\boldsymbol{\omega}\end{bmatrix}=v\begin{bmatrix}d_X\\d_Y\\\cdots\\d_Z\end{bmatrix}=v\boldsymbol{D}_0$$

由于平面物体的基点速度在 XOY 平面上，而角速度矢量垂直于 XOY 平面，因此用这个 3 维数组的前两个数表示基点速度，第三个数表示角速度。这个 3 维数组 $\boldsymbol{D}$ 可以表示平动速度或角速度，将 $\boldsymbol{D}$ 称为广义速度。这里 v 表示广义速度的大小，$\boldsymbol{D}_0$ 表示单位广义速度，且

$$\boldsymbol{D}_0=\begin{bmatrix}d_X\\d_Y\\\cdots\\d_Z\end{bmatrix}$$

其中 d_X、d_Y、d_Z 表示单位广义速度的 3 个坐标分量。用“…”将 3 个坐标分量分为两组，用以区分基点速度和角速度这两个概念。

1）若 $\boldsymbol{\omega}=0$、$\boldsymbol{v}_O\neq0$，物体做平动，则

$$\boldsymbol{D}=\begin{bmatrix}\boldsymbol{v}_O\\0\end{bmatrix}=V\begin{bmatrix}d_X\\d_Y\\\cdots\\0\end{bmatrix}=V\boldsymbol{D}_0$$

式中，V 表示物体平动速度的大小；$\boldsymbol{D}_0$ 表示单位平动速度，且

$$\boldsymbol{D}_0=\begin{bmatrix} d_X \\ d_Y \\ \cdots \\ 0 \end{bmatrix}$$

式中，$d_X^2+d_Y^2=1$。

2）若 $\boldsymbol{\omega}\neq 0$，物体做瞬时转动。由于平面物体的角速度矢量总垂直于 XOY 平面，假设 $\boldsymbol{\omega}=\Omega\boldsymbol{k}$，其中，$\Omega$ 表示角速度的大小；$\boldsymbol{k}$ 表示沿 Z 轴正向的单位矢量，则

$$\boldsymbol{D}=\begin{bmatrix} \boldsymbol{v}_O \\ \boldsymbol{\omega} \end{bmatrix}=\begin{bmatrix} \boldsymbol{r}\times\boldsymbol{\omega} \\ \boldsymbol{\omega} \end{bmatrix}=\Omega\begin{bmatrix} \boldsymbol{r}\times\boldsymbol{k} \\ \boldsymbol{k} \end{bmatrix}=\Omega\begin{bmatrix} d_X \\ d_Y \\ \cdots \\ 1 \end{bmatrix}=\Omega\boldsymbol{D}_0$$

其中，$\boldsymbol{r}$ 表示角速度矢量 $\boldsymbol{\omega}$ 的位置矢量；$\boldsymbol{D}_0$ 表示单位转动速度，且

$$\boldsymbol{D}_0=\begin{bmatrix} \boldsymbol{r}\times\boldsymbol{k} \\ \boldsymbol{k} \end{bmatrix}=\begin{bmatrix} d_X \\ d_Y \\ \cdots \\ 1 \end{bmatrix}$$

令角速度矢量 $\boldsymbol{\omega}$ 的方向矢量为 $\boldsymbol{S}=\boldsymbol{k}$，线矩 $\boldsymbol{S}_M=\boldsymbol{r}\times\boldsymbol{k}$，则位置矢量为

$$\boldsymbol{r}=\frac{\boldsymbol{S}\times\boldsymbol{S}_M}{\boldsymbol{S}\cdot\boldsymbol{S}}=\frac{\boldsymbol{k}\times\boldsymbol{S}_M}{|\boldsymbol{k}|^2}=\boldsymbol{k}\times\boldsymbol{S}_M$$

由于 $\boldsymbol{r}$ 在 XOY 平面上，而角速度矢量 $\boldsymbol{\omega}$ 与 XOY 平面垂直，因此 $\boldsymbol{r}$ 就是与角速度矢量垂直的位置矢量 $\boldsymbol{r}_\perp$。物体的自由度分析中，用单位平动速度表示平动自由度，用单位转动速度表示转动自由度。

通过 $\boldsymbol{D}_0$ 可以区分物体运动的性质。若 $d_Z=0$，$\boldsymbol{D}_0$ 表示平动速度；若 $d_Z=1$ 或 -1，$\boldsymbol{D}_0$ 表示转动速度。例如单位广义速度为

$$\boldsymbol{D}_0=\begin{bmatrix} 2 \\ -2 \\ \cdots \\ 1 \end{bmatrix}$$

由于 $d_Z=1$，则 $\boldsymbol{D}_0$ 表示单位转动速度。$\boldsymbol{D}_0$ 的方向矢量 $\boldsymbol{S}=\boldsymbol{k}$，线矩 $\boldsymbol{S}_M=2\boldsymbol{i}-2\boldsymbol{j}$，$\boldsymbol{D}_0$ 的垂直位置矢量为

$$\boldsymbol{r}=\boldsymbol{k}\times\boldsymbol{S}_M=\begin{vmatrix} \boldsymbol{i} & \boldsymbol{j} & \boldsymbol{k} \\ 0 & 0 & 1 \\ 2 & -2 & 0 \end{vmatrix}=2\boldsymbol{i}+2\boldsymbol{j}$$

$\boldsymbol{D}_0$ 表示一条垂直于 XOY 平面，位置矢量为 $\boldsymbol{r}=2\boldsymbol{i}+2\boldsymbol{j}$ 的直线，如图 2-33 所示，点 A 表示直线与 XOY 平面的交点。

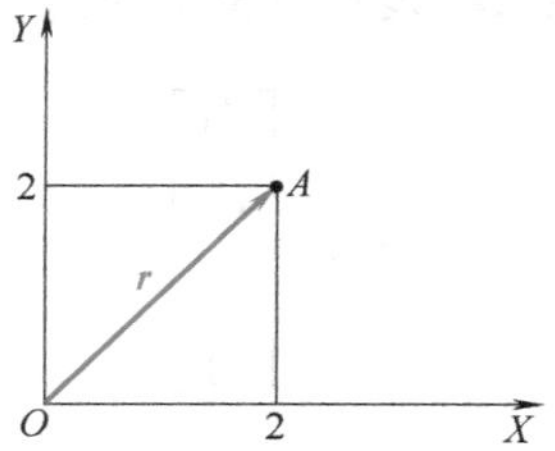

图 2-33 单位转动速度的几何表示

2.6 平面约束与自由度分析方程

自由度是指物体在某瞬时具有的可能的独立运动。一个平面物体具有 3 个自由度，包括沿 X 轴的平动自由度 Tx、沿 Y 轴的平动自由度 Ty 和一个绕竖直方向的转动自由度 Rz。将物体的这 3 个自由度称为平面自由度，如图 2-34 所示。

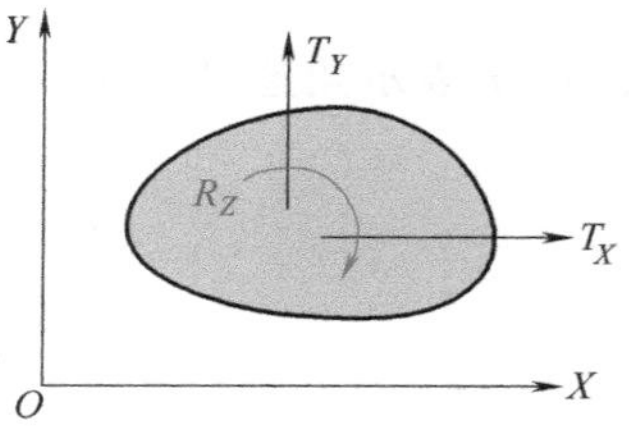

图 2-34 平面自由度

平面自由度可以采用广义速度 3 维数组统一表示为

$$\boldsymbol{D}=\begin{bmatrix}\boldsymbol{v}_O\\ \boldsymbol{\omega}\end{bmatrix}=v\boldsymbol{D}_0=v\begin{bmatrix}d_X\\ d_Y\\ \cdots\\ d_Z\end{bmatrix}$$

按照 $\boldsymbol{D}_0$ 的性质，$\boldsymbol{D}$ 分别表示平动自由度或转动自由度。

两个物体相互接触，一个物体对另一个物体的运动产生限制，使其自由度减少。约束是一个物体对另一个物体施加的力或力偶，分别称为约束力或约束力偶。平面约束可采用广义力 3 维数组统一表示为

$$\boldsymbol{C}=\begin{bmatrix}\boldsymbol{F}\\ \boldsymbol{M}_O\end{bmatrix}=f\boldsymbol{C}_0=f\begin{bmatrix}c_X\\ c_Y\\ \cdots\\ c_Z\end{bmatrix}$$

按照 $\boldsymbol{C}_0$ 的性质，$\boldsymbol{C}$ 分别表示约束力或约束力偶。

平面力系的功率可采用数量积表示

$$P=\boldsymbol{F}\cdot\boldsymbol{v}_{O'}+\boldsymbol{M}_O\cdot\boldsymbol{\omega}=\boldsymbol{C}^{\mathrm{T}}\boldsymbol{D}=fv\boldsymbol{C}_0^{\mathrm{T}}\boldsymbol{D}_0$$

约束做功为零，即

$$P=fv\boldsymbol{C}_0^{\mathrm{T}}\boldsymbol{D}_0=\boldsymbol{0}$$

进一步

$$\boldsymbol{C}_0^{\mathrm{T}}\boldsymbol{D}_0=c_Xd_X+c_Yd_Y+c_Zd_Z=\boldsymbol{0}$$

该式称为平面自由度分析方程。单位广义力 $\boldsymbol{C}_0$ 是已知量，表示约束。单位广义速度 $\boldsymbol{D}_0$ 是未知量，表示自由度。

类似地，若已知自由度 $\boldsymbol{D}_0$，约束 $\boldsymbol{C}_0$ 未知，则

$$\boldsymbol{D}_0^{\mathrm{T}}\boldsymbol{C}_0=d_Xc_X+d_Yc_Y+d_Zc_Z=\boldsymbol{0}$$

该式称为平面约束分析方程。

由于物体的约束和自由度分析主要关注约束和自由度的数目和类型，而不必考虑约束力或运动速度的大小。为了简便起见，今后用单位广义力 $\boldsymbol{C}_0$ 表示物体的约束，用单位广义速度 $\boldsymbol{D}_0$ 表示物体的自由度。

1. 已知约束 C_0，求自由度 D_0

例 2-4 如图 2-35 所示，平面物体通过圆柱销 1、2、3 定位，l_1、l_2 表示圆柱销的中心距。通过观察容易知道，该物体自由度为零。下面采用平面自由度分析方程计算该物体自由度。

解： 每个圆柱销对物体施加一个约束力，相应约束力的位置矢量表示为

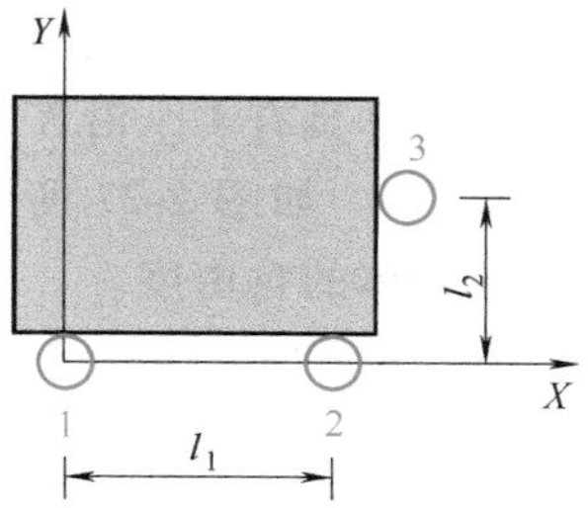

图 2-35 三点定位

$$\boldsymbol{r}_1=\begin{bmatrix}0\\0\end{bmatrix},\boldsymbol{r}_2=\begin{bmatrix}l_1\\0\end{bmatrix},\boldsymbol{r}_3=\begin{bmatrix}l_1\\l_2\end{bmatrix}$$

约束力的单位方向矢量可表示为

$$\boldsymbol{s}_1=\begin{bmatrix}0\\1\end{bmatrix},\boldsymbol{s}_2=\begin{bmatrix}0\\1\end{bmatrix},\boldsymbol{s}_3=\begin{bmatrix}-1\\0\end{bmatrix}$$

单位约束力分别表示为

$$\boldsymbol{C}_{01}=\begin{bmatrix}\boldsymbol{s}_1\\\boldsymbol{r}_1\times\boldsymbol{s}_1\end{bmatrix}=\begin{bmatrix}0\\1\\\cdots\\0\end{bmatrix},\boldsymbol{C}_{02}=\begin{bmatrix}\boldsymbol{s}_2\\\boldsymbol{r}_2\times\boldsymbol{s}_2\end{bmatrix}=\begin{bmatrix}0\\1\\\cdots\\l_1\end{bmatrix},\boldsymbol{C}_{03}=\begin{bmatrix}\boldsymbol{s}_3\\\boldsymbol{r}_3\times\boldsymbol{s}_3\end{bmatrix}=\begin{bmatrix}-1\\0\\\cdots\\l_2\end{bmatrix}$$

该平面物体的自由度采用单位广义速度表示为

$$\boldsymbol{D}_0=\begin{bmatrix}d_X\\d_Y\\\cdots\\d_Z\end{bmatrix}$$

根据平面自由度分析方程，则

$$\boldsymbol{C}_{01}^{\mathrm{T}}\boldsymbol{D}_0=d_Y=\boldsymbol{0}$$
$$\boldsymbol{C}_{02}^{\mathrm{T}}\boldsymbol{D}_0=d_Y+l_1d_Z=\boldsymbol{0}$$
$$\boldsymbol{C}_{03}^{\mathrm{T}}\boldsymbol{D}_0=-d_X+l_2d_Z=\boldsymbol{0}$$

得

$$\boldsymbol{D}_0=\begin{bmatrix}0\\0\\\cdots\\0\end{bmatrix}$$

即该平面物体的自由度为零。

例 2-5 如图 2-36 所示，平面物体通过两个圆柱销定位，分析该物体的自由度。

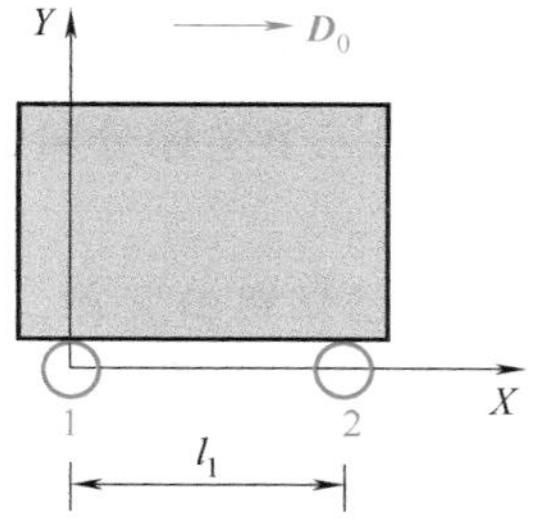

图 2-36 两点定位（1）

解： 根据平面约束分析方程可得

$$C_{01}^{\mathrm{T}}\boldsymbol{D}_0=d_Y=\boldsymbol{0}$$

$$C_{02}^{\mathrm{T}}\boldsymbol{D}_0=d_Y+l_1d_Z=\boldsymbol{0}$$

d_X 是自由变量，取 $d_X=1$，解得

$$\boldsymbol{D}_0=\begin{bmatrix}1\\0\\\cdots\\0\end{bmatrix}$$

因为 $d_Z=0$，$\boldsymbol{D}_0$ 表示单位平动速度，又因为 $d_X=1$，单位平动速度 $\boldsymbol{D}_0$ 沿 X 轴。这表示该平面物体具有 1 个沿 X 轴的平动自由度。

例 2-6　如图 2-37 所示，平面物体通过两个圆柱销定位，分析该物体的自由度。

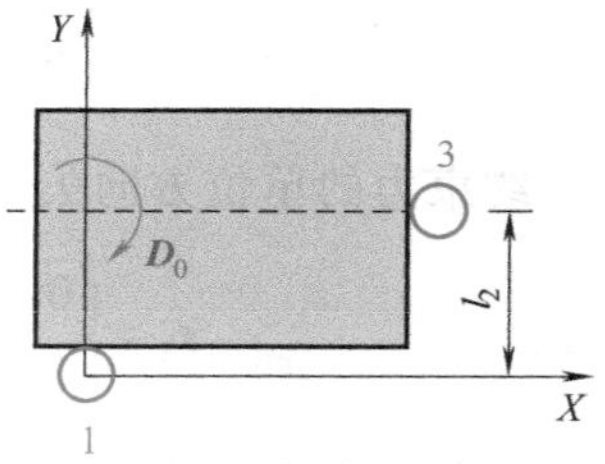

图 2-37　两点定位（2）

解：由平面约束分析方程可得

$$C_{01}^{\mathrm{T}}\boldsymbol{D}_0=d_Y=\boldsymbol{0}$$

$$C_{03}^{\mathrm{T}}\boldsymbol{D}_0=-d_X+l_2d_Z=\boldsymbol{0}$$

取 d_Z 为自由变量，令 $d_Z=1$，解得

$$\boldsymbol{D}_0=\begin{bmatrix}l_2\\0\\\cdots\\1\end{bmatrix}$$

因为 $d_Z=1\neq0$，$\boldsymbol{D}_0$ 表示单位转动速度，该平面物体具有 1 个转动自由度。

单位转动速度 $\boldsymbol{D}_0$ 的线矩 $\boldsymbol{S}_M=l_2\boldsymbol{i}$，则 $\boldsymbol{D}_0$ 的位置矢量

$$\boldsymbol{r}=\boldsymbol{k}\times\boldsymbol{S}_M=l_2\boldsymbol{j}$$

例 2-7　如图 2-38 所示，平面物体通过 1 个圆柱销定位，分析该物体的自由度。

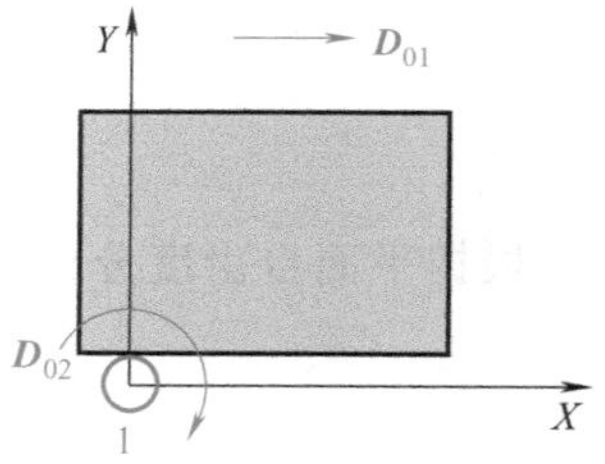

图 2-38　单点定位

解：根据平面自由度分析方程

$$C_{01}^{\mathrm{T}}\boldsymbol{D}_0=d_Y=\boldsymbol{0}$$

该方程的基础解系包括两个解向量，解得

$$\boldsymbol{D}_{01}=\begin{bmatrix}1\\0\\\cdots\\0\end{bmatrix},\boldsymbol{D}_{02}=\begin{bmatrix}0\\0\\\cdots\\1\end{bmatrix}$$

其中，$\boldsymbol{D}_{01}$ 的第三个坐标分量为零，$\boldsymbol{D}_{01}$ 是单位平动速度，表示沿 X 轴的平动自由度；$\boldsymbol{D}_{02}$ 的第三个坐标分量为 1，$\boldsymbol{D}_{02}$ 是单位转动速度，位置矢量 $\boldsymbol{r}=0$，表示绕 Z 轴的转动自由度。

2. 已知自由度 D_0，求约束 C_0

例 2-8　如图 2-39 所示，物体 B 通过转动副与物体 A 相连，物体 B 相对物体 A 具有 1 个转动自由度，分析物体 B 的约束。

解：建立如图 2-40 所示的坐标系，物体 B 单位转动速度的位置矢量为

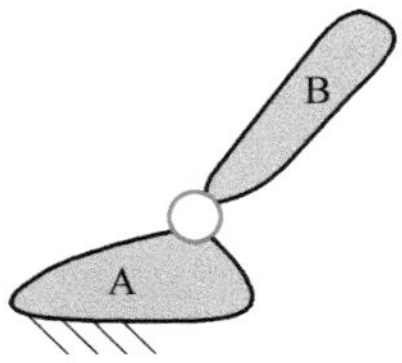

图 2-39　转动副

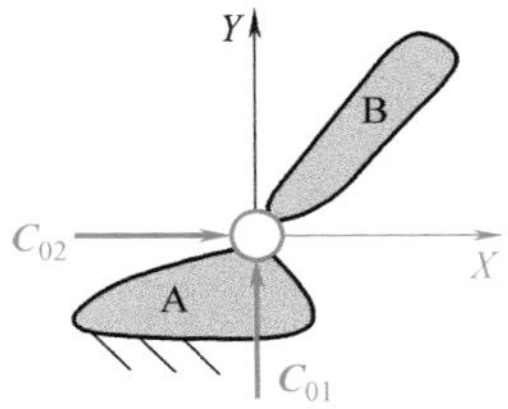

图 2-40　转动副的平面约束

$$\boldsymbol{r}=0$$

物体 B 单位转动速度的方向矢量 $\boldsymbol{s}=\boldsymbol{k}$，则

$$\boldsymbol{r}\times\boldsymbol{s}=\begin{vmatrix}\boldsymbol{i} & \boldsymbol{j} & \boldsymbol{k}\\ 0 & 0 & 0\\ 0 & 0 & 1\end{vmatrix}=0$$

物体 B 的转动自由度采用单位转动速度可以表示为

$$\boldsymbol{D}_0=\begin{bmatrix}\boldsymbol{r}\times\boldsymbol{s}\\ \boldsymbol{s}\end{bmatrix}=\begin{bmatrix}d_X\\ d_Y\\ \cdots\\ d_Z\end{bmatrix}=\begin{bmatrix}0\\ 0\\ \cdots\\ 1\end{bmatrix}$$

设物体 B 的约束采用单位广义力表示为

$$\boldsymbol{C}_0=\begin{bmatrix}c_X\\ c_Y\\ \cdots\\ c_Z\end{bmatrix}$$

根据平面约束分析方程 $\boldsymbol{D}_0^{\mathrm{T}}\boldsymbol{C}_0=\boldsymbol{0}$，则

$$c_Z=0$$

c_X 和 c_Y 是自由变量，取

$$\begin{bmatrix}c_X\\ c_Y\end{bmatrix}=\begin{bmatrix}1\\ 0\end{bmatrix},\begin{bmatrix}c_X\\ c_Y\end{bmatrix}=\begin{bmatrix}0\\ 1\end{bmatrix}$$

解得

$$\boldsymbol{C}_{01}=\begin{bmatrix}1\\ 0\\ \cdots\\ 0\end{bmatrix},\boldsymbol{C}_{02}=\begin{bmatrix}0\\ 1\\ \cdots\\ 0\end{bmatrix}$$

$\boldsymbol{C}_{01}$，$\boldsymbol{C}_{02}$ 分别表示沿 X 轴和 Y 轴的单位约束力，物体 B 受到两个非冗余约束力。

例 2-9　如图 2-41 所示的移动副，滑块 B 相对导轨 A 具有 1 个沿 X 轴的平动自由度，分析滑块 B 受到的约束。

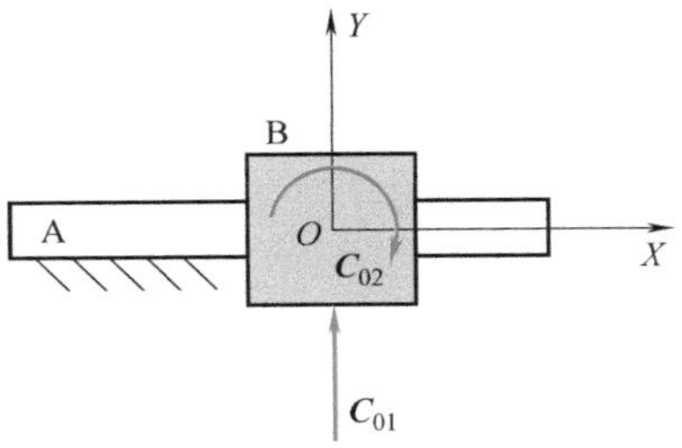

图 2-41　移动副

解：滑块 B 的平动自由度沿 X 轴方向，单位广义速

度可以表示为

$$\boldsymbol{D}_0=\begin{bmatrix}1\\0\\\cdots\\0\end{bmatrix}$$

根据平面约束分析方程 $\boldsymbol{D}_0^{\mathrm{T}}\boldsymbol{C}_0=\boldsymbol{0}$，解得

$$\boldsymbol{C}_{01}=\begin{bmatrix}0\\1\\\cdots\\0\end{bmatrix},\boldsymbol{C}_{02}=\begin{bmatrix}0\\0\\\cdots\\1\end{bmatrix}$$

式中，$\boldsymbol{C}_{01}$ 表示单位约束力；$\boldsymbol{C}_{02}$ 表示单位约束力偶，滑块受到两个约束。

2.7 平面机构中的约束和自由度

根据组成平面机构的运动链是否封闭，平面机构可以分为串联平面机构和并联平面机构。串联平面机构是开环的，并联平面机构是闭环的。下面分别讨论这两种机构中构件的约束和自由度。

2.7.1 串联平面机构

例 2-10 图 2-42 所示为平面 2R 串联机构，设 α 为杆件 1 与 X 轴的夹角，l 为转动副 R_1 和 R_2 的中心距，分析杆件 2 的约束。

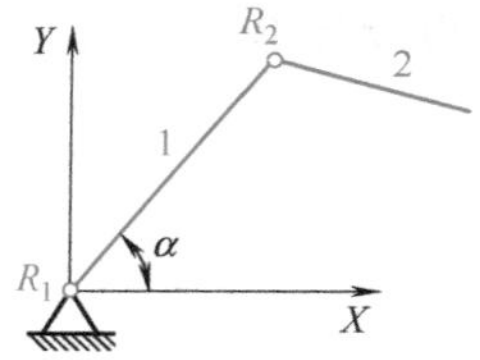

图 2-42 平面 2R 串联机构

解：转动副 R_1、R_2 的单位转动速度的位置矢量分别为

$$\boldsymbol{r}_1=\begin{bmatrix}0\\0\end{bmatrix},\boldsymbol{r}_2=\begin{bmatrix}l\cos\alpha\\l\sin\alpha\end{bmatrix}$$

转动副 R_1、R_2 的单位转动速度的方向矢量分别为

$$\boldsymbol{s}_1=\boldsymbol{k},\boldsymbol{s}_2=\boldsymbol{k}$$

转动副 R_1、R_2 的单位转动速度分别为

$$\boldsymbol{D}_{01}=\begin{bmatrix}\boldsymbol{r}_1\times\boldsymbol{s}_1\\\boldsymbol{s}_1\end{bmatrix}=\begin{bmatrix}0\\0\\\cdots\\1\end{bmatrix},\boldsymbol{D}_{02}=\begin{bmatrix}\boldsymbol{r}_2\times\boldsymbol{s}_2\\\boldsymbol{s}_2\end{bmatrix}=\begin{bmatrix}l\sin\alpha\\-l\cos\alpha\\\cdots\\1\end{bmatrix}$$

设杆件 2 的单位广义约束力为

$$\boldsymbol{C}_0=\begin{bmatrix}c_X\\c_Y\\\cdots\\c_Z\end{bmatrix}$$

根据平面约束分析方程

$$D_{01}^{\mathrm{T}}C_0=c_Z=\mathbf{0}$$

$$D_{02}^{\mathrm{T}}C_0=l\sin\alpha c_X-l\cos\alpha c_Y=\mathbf{0}$$

取 $c_Y=\sin\alpha$，解得

$$C_0=\begin{bmatrix}\cos\alpha\\ \sin\alpha\\ \cdots\\ 0\end{bmatrix}$$

C_0 表示沿杆件 1 轴线方向的单位约束力，杆件 2 受到一个约束。

例 2-11　图 2-43 所示为平面 3R 串联机构，R_1、R_2、R_3 表示转动副，分析杆件 3 的约束。

解：转动副 R_1、R_2、R_3 的单位转动速度的位置矢量分别为

$$r_1=\begin{bmatrix}0\\0\end{bmatrix},r_2=\begin{bmatrix}l_1\cos\alpha\\ l_1\sin\alpha\end{bmatrix},r_3=\begin{bmatrix}l_1\cos\beta\\ l_2\sin\beta\end{bmatrix}$$

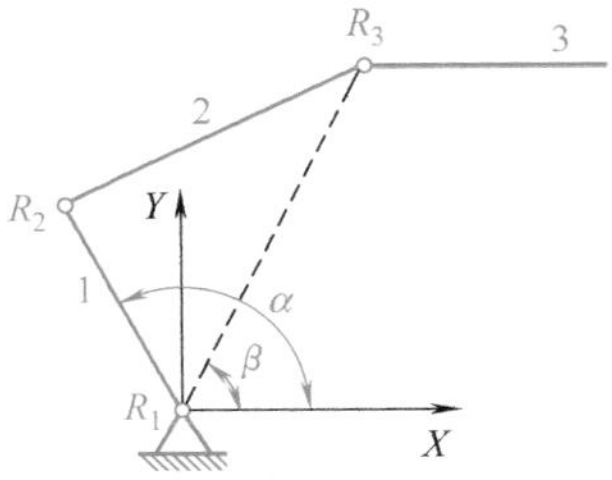

图 2-43　平面 3R 串联机构

转动副 R_1、R_2、R_3 的单位转动速度的方向矢量分别为

$$s_1=k,s_2=k,s_3=k$$

转动副 R_1、R_2、R_3 的单位转动速度分别为

$$D_{01}=\begin{bmatrix}r_1\times s_1\\ s_1\end{bmatrix}=\begin{bmatrix}0\\0\\ \cdots\\1\end{bmatrix},D_{02}=\begin{bmatrix}r_2\times s_2\\ s_2\end{bmatrix}=\begin{bmatrix}l_1\sin\alpha\\-l_1\cos\alpha\\ \cdots\\1\end{bmatrix},D_{03}=\begin{bmatrix}r_3\times s_3\\ s_3\end{bmatrix}=\begin{bmatrix}l_2\sin\beta\\-l_2\cos\beta\\ \cdots\\1\end{bmatrix}$$

式中，l_1 为转动副 R_1 和 R_2 的中心距；l_2 为转动副 R_1 和 R_3 的中心距；α 为杆件 1 轴线与 X 轴正向的夹角；β 为转动副 R_1 和 R_3 中心连线与 X 轴正向的夹角。

将单位转动速度 D_{01}、D_{02}、D_{03} 按列写为矩阵形式

$$D_0=[D_{01}\quad D_{02}\quad D_{03}]=\begin{bmatrix}0&l_1\sin\alpha&l_2\sin\beta\\0&-l_1\cos\alpha&-l_2\cos\beta\\ \cdots&\cdots&\cdots\\1&1&1\end{bmatrix}$$

若 $\alpha\neq\beta$，该矩阵的秩 $r(D_0)=3$，因此平面约束分析方程 $D_0^{\mathrm{T}}C_0=\mathbf{0}$ 只有零解，即

$$C_0=\begin{bmatrix}0\\0\\ \cdots\\0\end{bmatrix}$$

这表示杆件 3 在平面上不受约束。

2.7.2　并联平面机构

例 2-12　图 2-44 所示为平面四杆机构，分析杆件 2 的自由度。

解：杆件 2 通过 R_1-R_2 支链和 R_3-R_4 支链与机架相连，R_1-R_2 支链和 R_3-R_4 支链均属于

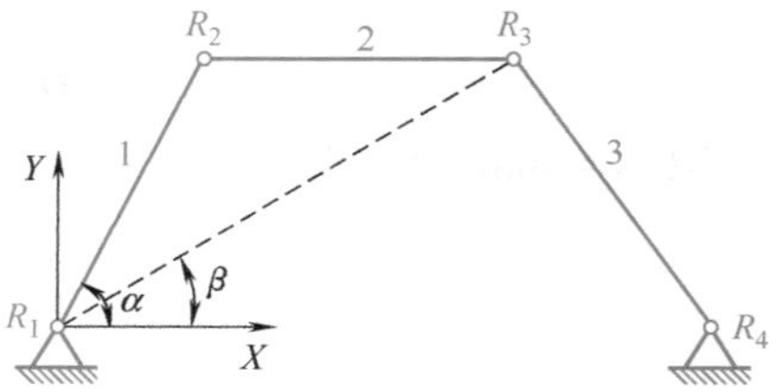

图 2-44　平面四杆机构

平面 2R 串联机构，由第 2.7.1 节可知，杆件 1 和杆件 3 分别对杆件 2 施加 1 个沿各自轴线的约束力。R_1-R_2 支链的单位约束力为

$$\boldsymbol{C}_0^{R_1\text{-}R_2}=\begin{bmatrix}\cos\alpha\\ \sin\alpha\\ \cdots\\ 0\end{bmatrix}$$

下面重点求 R_3-R_4 支链的约束。

1）转动副 R_3、R_4 的单位转动速度 $\boldsymbol{D}_{03}$、$\boldsymbol{D}_{04}$ 分别为

$$\boldsymbol{D}_{03}=\begin{bmatrix}\boldsymbol{r}_1\sin\beta\\ -\boldsymbol{r}_1\cos\beta\\ \cdots\\ 1\end{bmatrix},\boldsymbol{D}_{04}=\begin{bmatrix}0\\ -\boldsymbol{r}_2\\ \cdots\\ 1\end{bmatrix}$$

式中，$\boldsymbol{r}_1$ 为转动副 R_1 和 R_3 的中心距；$\boldsymbol{r}_2$ 为转动副 R_1 和 R_4 的中心距；β 为转动副 R_1 和 R_3 中心连线与 X 轴正向的夹角。

2）设 R_3-R_4 支链的单位约束力为

$$\boldsymbol{C}_0^{R_3\text{-}R_4}=\begin{bmatrix}c_X\\ c_Y\\ \cdots\\ c_Z\end{bmatrix}$$

根据平面约束分析方程

$$(\boldsymbol{D}_{03})^{\mathrm{T}}\boldsymbol{C}_0^{R_3\text{-}R_4}=\boldsymbol{r}_1\sin\beta c_X-\boldsymbol{r}_1\cos\beta c_Y+c_Z=\boldsymbol{0}$$
$$(\boldsymbol{D}_{04})^{\mathrm{T}}\boldsymbol{C}_0^{R_3\text{-}R_4}=-\boldsymbol{r}_2c_Y+c_Z=\boldsymbol{0}$$

取 $c_Z=1$，则 $c_Y=\dfrac{1}{\boldsymbol{r}_2}$，$c_X=\dfrac{\boldsymbol{r}_1\cos\beta-\boldsymbol{r}_2}{\boldsymbol{r}_1\boldsymbol{r}_2\sin\beta}$。由于 $\boldsymbol{C}_0^{R_3\text{-}R_4}$ 为单位约束力，需满足 $c_X^2+c_Y^2=1$。单位化处理后，解得 R_3-R_4 支链的单位约束力为

$$\boldsymbol{C}_0^{R_3\text{-}R_4}=\begin{bmatrix}\dfrac{\boldsymbol{r}_1\cos\beta-\boldsymbol{r}_2}{\sqrt{\boldsymbol{r}_1^2+\boldsymbol{r}_2^2-2\boldsymbol{r}_1\boldsymbol{r}_2\cos\beta}}\\ \dfrac{\boldsymbol{r}_1\sin\beta}{\sqrt{\boldsymbol{r}_1^2+\boldsymbol{r}_2^2-2\boldsymbol{r}_1\boldsymbol{r}_2\cos\beta}}\\ \cdots\\ \dfrac{\boldsymbol{r}_1\boldsymbol{r}_2\sin\beta}{\sqrt{\boldsymbol{r}_1^2+\boldsymbol{r}_2^2-2\boldsymbol{r}_1\boldsymbol{r}_2\cos\beta}}\end{bmatrix}$$

3）杆件 2 受到 $\boldsymbol{C}_0^{R_1\text{-}R_2}$，$\boldsymbol{C}_0^{R_3\text{-}R_4}$ 两个单位约束力。设杆件 2 的单位广义速度为

$$D_0=\begin{bmatrix} d_X \\ d_Y \\ \cdots \\ d_Z \end{bmatrix}$$

根据平面自由度分析方程，则

$$(\boldsymbol{C}_0^{R_1\text{-}R_2})^{\mathrm{T}}\boldsymbol{D}_0=\boldsymbol{0}$$
$$(\boldsymbol{C}_0^{R_3\text{-}R_4})^{\mathrm{T}}\boldsymbol{D}_0=\boldsymbol{0}$$

解得

$$\boldsymbol{D}_0=\begin{bmatrix} \dfrac{-\boldsymbol{r}_1\boldsymbol{r}_2\sin\alpha\sin\beta}{\boldsymbol{r}_1\sin(\alpha-\beta)-\boldsymbol{r}_2\sin\alpha} \\ \dfrac{\boldsymbol{r}_1\boldsymbol{r}_2\cos\alpha\sin\beta}{\boldsymbol{r}_1\sin(\alpha-\beta)-\boldsymbol{r}_2\sin\alpha} \\ \cdots \\ 1 \end{bmatrix}$$

由于 $d_Z=1$，则 $\boldsymbol{D}_0$ 表示单位转动速度。这表示杆件 2 具有 1 个转动自由度。

例 2-13　图 2-45 所示为平面五杆机构，分析杆件 3 的自由度。

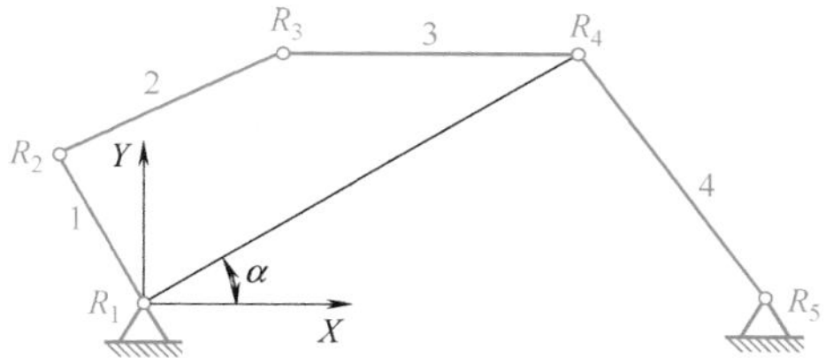

图 2-45　平面五杆机构

解：杆件 3 通过 R_1-R_2-R_3 支链和 R_4-R_5 支链与机架连接，由第 2.7.1 节可知，R_1-R_2-R_3 支链包括 3 个转动副，对杆件 3 不施加约束。R_4-R_5 支链对杆件 3 施加一个单位约束力，记为

$$\boldsymbol{C}_0^{R_4\text{-}R_5}=\begin{bmatrix} \dfrac{\boldsymbol{r}_1\cos\alpha-\boldsymbol{r}_2}{\sqrt{\boldsymbol{r}_1^2+\boldsymbol{r}_2^2-2\boldsymbol{r}_1\boldsymbol{r}_2\cos\alpha}} \\ \dfrac{\boldsymbol{r}_1\sin\alpha}{\sqrt{\boldsymbol{r}_1^2+\boldsymbol{r}_2^2-2\boldsymbol{r}_1\boldsymbol{r}_2\cos\alpha}} \\ \cdots \\ \dfrac{\boldsymbol{r}_1\boldsymbol{r}_2\sin\alpha}{\sqrt{\boldsymbol{r}_1^2+\boldsymbol{r}_2^2-2\boldsymbol{r}_1\boldsymbol{r}_2\cos\alpha}} \end{bmatrix}$$

式中，$\boldsymbol{r}_1$ 为转动副 R_1 和 R_4 的中心距；$\boldsymbol{r}_2$ 为转动副 R_1 和 R_5 的中心距；α 为转动副 R_1 和 R_4 中心的连线与 X 轴正向的夹角。

根据平面自由度分析方程，解得杆件 3 的单位广义速度为

$$\boldsymbol{D}_{01}=\begin{bmatrix} \boldsymbol{r}_1\sin\alpha \\ -\boldsymbol{r}_1\cos\alpha \\ \cdots \\ 1 \end{bmatrix},\boldsymbol{D}_{02}=\begin{bmatrix} 0 \\ -\boldsymbol{r}_2 \\ \cdots \\ 1 \end{bmatrix}$$

$\boldsymbol{D}_{01}$ 和 $\boldsymbol{D}_{02}$ 的第三个坐标分量均为 1，表示单位转动速度，因此杆件 3 具有两个转动自由度。这里 $\boldsymbol{D}_{01}$ 的线矩 $\boldsymbol{S}_{M1}=\boldsymbol{r}_1\sin\alpha\boldsymbol{i}-\boldsymbol{r}_1\cos\alpha\boldsymbol{j}$，位置矢量为

$$\boldsymbol{r}_{d1}=\boldsymbol{k}\times\boldsymbol{S}_{M1}=\boldsymbol{r}_1\cos\alpha\boldsymbol{i}+\boldsymbol{r}_1\sin\alpha\boldsymbol{j}$$

这表示转动自由度 $\boldsymbol{D}_{01}$ 过转动副 R_4 的中心。$\boldsymbol{D}_{02}$ 的线矩 $\boldsymbol{S}_{M2}=-\boldsymbol{r}_2\boldsymbol{j}$，位置矢量为

$$\boldsymbol{r}_{d2}=\boldsymbol{k}\times\boldsymbol{S}_{M2}=\boldsymbol{r}_2\boldsymbol{i}$$

这表示转动自由度 $\boldsymbol{D}_{02}$ 过转动副 R_5 的中心。

例 2-14　图 2-46 所示为平行四边形机构，设 $OF=\frac{1}{2}OD=l$，α 为杆件 1 与 X 轴正向的夹角，分析杆件 4 的自由度。

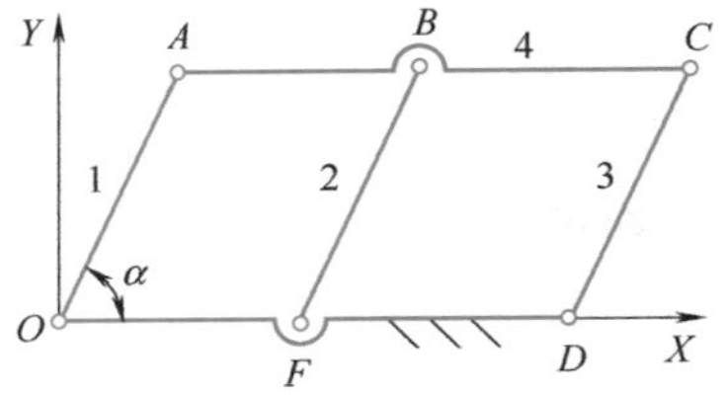

图 2-46　平行四边形机构

解：杆件 4 通过杆件 1、2、3 与机架连接，它们对杆件 4 施加的单位约束力分别为

$$\boldsymbol{C}_{01}=\begin{bmatrix}\cos\alpha\\ \sin\alpha\\ \cdots\\ 0\end{bmatrix},\boldsymbol{C}_{02}=\begin{bmatrix}\cos\alpha\\ \sin\alpha\\ \cdots\\ l\sin\alpha\end{bmatrix},\boldsymbol{C}_{03}=\begin{bmatrix}\cos\alpha\\ \sin\alpha\\ 2l\sin\alpha\end{bmatrix}$$

设杆件 4 的单位广义速度为

$$\boldsymbol{D}_0=\begin{bmatrix}d_X\\ d_Y\\ \cdots\\ d_Z\end{bmatrix}$$

根据平面自由度分析方程

$$\boldsymbol{C}_{01}^{\mathrm{T}}\boldsymbol{D}_0=\cos\alpha d_X+\sin\alpha d_Y=\boldsymbol{0}$$
$$\boldsymbol{C}_{02}^{\mathrm{T}}\boldsymbol{D}_0=\cos\alpha d_X+\sin\alpha d_Y+l\sin\alpha d_Z=\boldsymbol{0}$$
$$\boldsymbol{C}_{03}^{\mathrm{T}}\boldsymbol{D}_0=\cos\alpha d_X+\sin\alpha d_Y+2l\sin\alpha d_Z=\boldsymbol{0}$$

解得杆件 4 的单位广义速度为

$$\boldsymbol{D}_0=\begin{bmatrix}-\sin\alpha\\ \cos\alpha\\ \cdots\\ 0\end{bmatrix}$$

$\boldsymbol{D}_0$ 的第三个坐标分量为零，表示单位平动速度，因此杆件 4 具有 1 个平动自由度。这里需要说明，第 2.5 节所述的平动物体在运动过程中速度方向始终保持不变，其上各点的运动轨迹是直线。这里杆件 4 也做平动，但其上各点的运动轨迹不是直线。例如点 A 以 OA 为半径做圆周运动，这说明平动物体不一定做直线运动，物体做平动和其运动轨迹是否是直线无必然关系。

将杆件 4 的平面自由度分析方程写成矩阵形式

$$\begin{bmatrix} \cos\alpha & \sin\alpha & 0 \\ \cos\alpha & \sin\alpha & l\sin\alpha \\ \cos\alpha & \sin\alpha & 2l\sin\alpha \end{bmatrix} \begin{bmatrix} d_X \\ d_Y \\ d_Z \end{bmatrix} = \begin{bmatrix} 0 \\ 0 \\ 0 \end{bmatrix}$$

该齐次方程组系数矩阵的 3 个行向量线性相关，其最大线性无关数或者说系数矩阵的秩是 2，因此这 3 个方程中只有两个方程是独立的，去掉任何一个方程均不会影响该齐次线性方程组的解，即去掉任何一个单位约束力，均不影响杆件 4 的自由度。在运动学上，如果物体受到的单位广义约束力（单位约束力或单位约束力偶矩）线性相关，则物体受到冗余约束，否则受到非冗余约束。线性相关和线性无关的概念为判断冗余约束和非冗余约束提供了统一方法。

2.8　平面约束与自由度几何关系

图 2-47 所示为平面物体受 n 个单位广义约束力，分别记为 $\boldsymbol{C}_{01}$、$\boldsymbol{C}_{02}$、…、$\boldsymbol{C}_{0n}$。

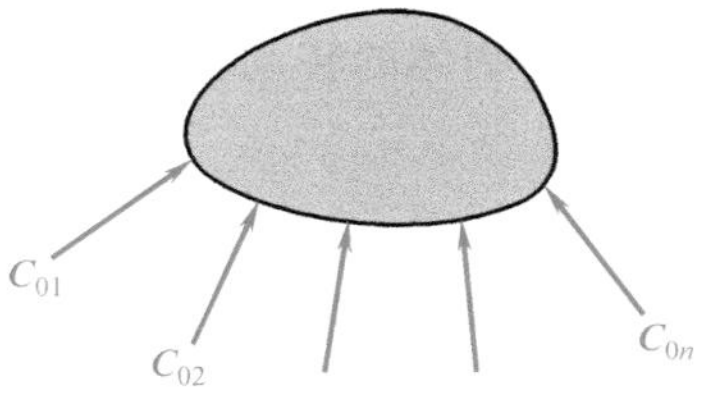

图 2-47　平面物体受到 n 个单位广义约束力

设物体的单位广义速度为 $\boldsymbol{D}_0$，根据约束做功为零，则

$$\boldsymbol{C}_{01}^{\mathrm{T}}\boldsymbol{D}_0 = c_{X1}d_X + c_{Y1}d_Y + c_{Z1}d_Z = 0$$
$$\boldsymbol{C}_{02}^{\mathrm{T}}\boldsymbol{D}_0 = c_{X2}d_X + c_{Y2}d_Y + c_{Z2}d_Z = 0$$
$$\vdots$$
$$\boldsymbol{C}_{0n}^{\mathrm{T}}\boldsymbol{D}_0 = c_{Xn}d_X + c_{Yn}d_Y + c_{Zn}d_Z = 0$$

那么

$$\begin{bmatrix} c_{X1} & c_{Y1} & c_{Z1} \\ c_{X2} & c_{Y2} & c_{Z2} \\ \vdots & \vdots & \vdots \\ c_{Xn} & c_{Yn} & c_{Zn} \end{bmatrix} \begin{bmatrix} d_X \\ d_Y \\ \cdots \\ d_Z \end{bmatrix} = \begin{bmatrix} c_{X1} & c_{X2} & \cdots & c_{Xn} \\ c_{Y1} & c_{Y2} & \cdots & c_{Yn} \\ \cdots & \cdots & \cdots & \cdots \\ c_{Z1} & c_{Z2} & \cdots & c_{Zn} \end{bmatrix}^{\mathrm{T}} \begin{bmatrix} d_X \\ d_Y \\ \cdots \\ d_Z \end{bmatrix} = \begin{bmatrix} 0 \\ 0 \\ \vdots \\ 0 \end{bmatrix}$$

令

$$\boldsymbol{C}_0 = [\boldsymbol{C}_{01} \quad \boldsymbol{C}_{02} \quad \cdots \quad \boldsymbol{C}_{0n}] = \begin{bmatrix} c_{X1} & c_{X2} & \cdots & c_{Xn} \\ c_{Y1} & c_{Y2} & \cdots & c_{Yn} \\ \cdots & \cdots & \cdots & \cdots \\ c_{Z1} & c_{Z2} & \cdots & c_{Zn} \end{bmatrix}$$

则

$$\boldsymbol{C}_0^{\mathrm{T}}\boldsymbol{D}_0 = \boldsymbol{0}$$

$\boldsymbol{C}_0$ 称为单位广义约束力矩阵。单位广义约束力矩阵 $\boldsymbol{C}_0$ 的秩 $r(\boldsymbol{C}_0)$ 表示平面物体受到的非冗余广义约束力数。如果单位广义约束力矩阵的列向量线性无关，物体受到非冗余约束，否则物体受到冗余约束。非冗余约束就是一组线性无关的广义约束力。为了简便起见，可以采用一组线性无关的单位广义约束力表示。

齐次线性方程组 $\boldsymbol{C}_0^{\mathrm{T}}\boldsymbol{D}_0 = \boldsymbol{0}$ 的基础解系表示物体的自由度。

设 $\boldsymbol{C}_0^{\mathrm{T}}$ 的秩 $r(\boldsymbol{C}_0^{\mathrm{T}})=r(\boldsymbol{C}_0)=c$，$\boldsymbol{C}_0^{\mathrm{T}}\boldsymbol{D}_0=\boldsymbol{0}$ 的基础解系包含 d 个解向量。由于 $\boldsymbol{C}_0^{\mathrm{T}}$ 是一个 $n\times 3$ 矩阵，根据线性方程组理论

$$c+d=3$$

即平面物体的非冗余约束数和自由度数之和等于 3。

1. 平面约束力和平面物体转动自由度的关系

如图 2-48 所示，力 $\boldsymbol{F}$ 为平面物体的约束力，$\boldsymbol{r}_c$ 为力 $\boldsymbol{F}$ 的位置矢量，$\boldsymbol{\omega}$ 表示平面物体的角速度矢量，$\boldsymbol{\omega}$ 与 XOY 平面垂直。令 $\boldsymbol{d}$ 为力 $\boldsymbol{F}$ 所在直线和角速度 $\boldsymbol{\omega}$ 所在直线的公垂线长，$\boldsymbol{d}_0$ 为沿公垂线的单位矢量。

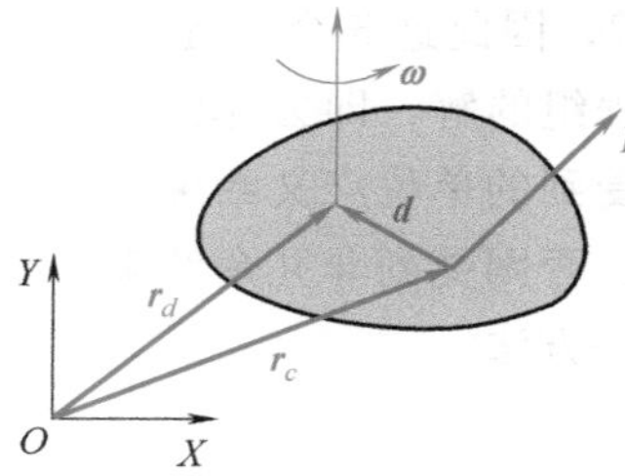

图 2-48　平面约束力与转动自由度

平面物体的约束力可以表示为

$$\boldsymbol{C}=\begin{bmatrix}\boldsymbol{F}\\ \boldsymbol{r}_c\times\boldsymbol{F}\end{bmatrix}$$

平面物体的转动自由度可以表示为

$$\boldsymbol{D}=\begin{bmatrix}\boldsymbol{r}_d\times\boldsymbol{\omega}\\ \boldsymbol{\omega}\end{bmatrix}$$

约束力的功率为

$$\boldsymbol{C}^{\mathrm{T}}\boldsymbol{D}=\boldsymbol{C}\cdot\boldsymbol{D}=\boldsymbol{F}\cdot(\boldsymbol{r}_d\times\boldsymbol{\omega})+(\boldsymbol{r}_c\times\boldsymbol{F})\cdot\boldsymbol{\omega}=(\boldsymbol{\omega}\times\boldsymbol{F})\cdot(\boldsymbol{r}_d-\boldsymbol{r}_c)$$

因为力 $\boldsymbol{F}$ 在 XOY 平面上，因此 $\boldsymbol{\omega}$ 与 $\boldsymbol{F}$ 互相垂直，则 $\boldsymbol{\omega}\times\boldsymbol{F}=|\boldsymbol{\omega}||\boldsymbol{F}|\sin 90°\boldsymbol{d}_0$，又 $\boldsymbol{r}_d-\boldsymbol{r}_c=d\boldsymbol{d}_0$。根据约束做功为零，则 $\boldsymbol{C}^{\mathrm{T}}\boldsymbol{D}=\boldsymbol{C}\cdot\boldsymbol{D}=|\boldsymbol{\omega}||\boldsymbol{F}|\boldsymbol{d}=0$，那么 $\boldsymbol{d}=0$，这表示平面约束力与平面物体的转动自由度相交。

2. 平面约束力和平面物体平动自由度的关系

如图 2-49 所示，力 $\boldsymbol{F}$ 为平面物体的约束力，$\boldsymbol{r}_c$ 为力 $\boldsymbol{F}$ 的位置矢量，$\boldsymbol{v}$ 表示平面物体的平动速度矢量。

设平面物体的平动自由度可以表示为

$$\boldsymbol{D}=\begin{bmatrix}\boldsymbol{v}\\ 0\end{bmatrix}$$

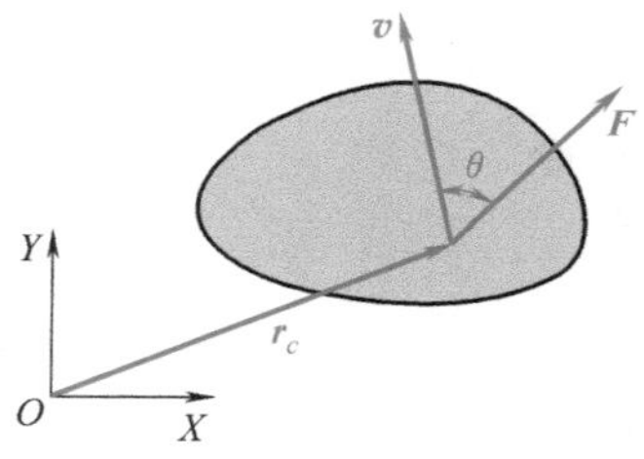

图 2-49　平面约束力与平动自由度

根据约束做功为零，则 $\boldsymbol{C}^{\mathrm{T}}\boldsymbol{D}=\boldsymbol{C}\cdot\boldsymbol{D}=\boldsymbol{F}\boldsymbol{v}=|\boldsymbol{F}||\boldsymbol{v}|\cos\theta=0$，即 $\theta=90°$。这表示平面约束力与平动自由度垂直。

综上所述，可得以下结论：

1）平面物体的非冗余约束数和自由度之和等于 3。

2）平面约束力与平面物体的转动自由度相交。

3）平面约束力与平面物体的平动自由度垂直。

图 2-50 所示为平面 2R 串联机构的约束，杆件 2 具有两个转动自由度 R_1、R_2，因此杆件 2 受到 1 个非冗余约束力。由于平面约束力与转动自由度相交，因此该非冗余约束力 $\boldsymbol{C}$ 沿杆件 1 的轴线。

图 2-51 所示为平面 3R 串联机构的约束，杆件 3 具有 3 个非冗余的转动自由度 R_1、R_2、R_3，杆件 3 的非冗余约束数为零，它在平面上是自由的，不受约束。

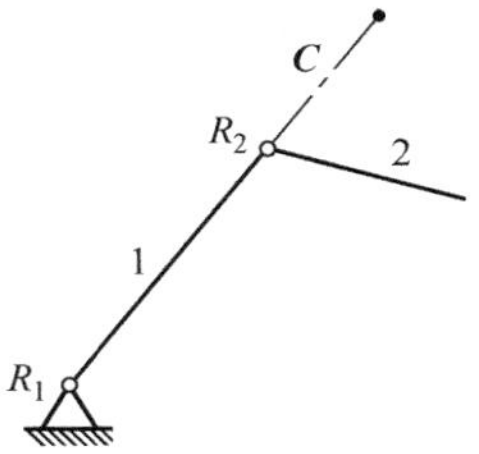

图 2-50　平面 2*R* 串联机构的约束

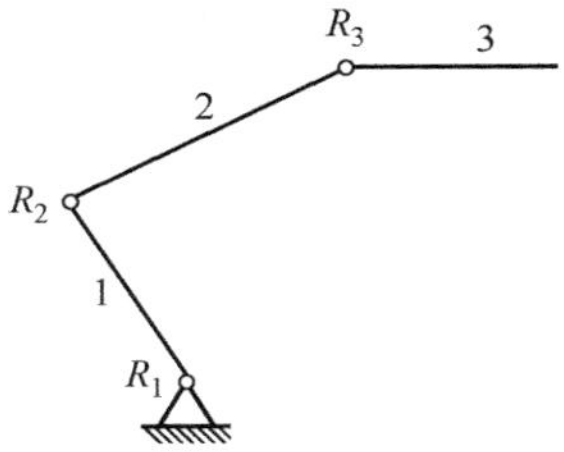

图 2-51　平面 3*R* 串联机构的约束

图 2-52 所示为平面四杆机构的自由度，R_1-R_2 支链对杆件 3 施加一个沿杆件 1 轴线的约束力 $\boldsymbol{C}_1$，R_3-R_4 支链对杆件 3 施加一个沿杆件 2 轴线的约束力 $\boldsymbol{C}_2$，杆件 3 受到两个非冗余约束，因此自由度数为 1，又转动自由度与约束力相交，因此杆件 3 具有一个绕 $\boldsymbol{C}_1$、$\boldsymbol{C}_2$ 交点的转动自由度 $\boldsymbol{R}$。

图 2-53 所示为平行四边形机构的自由度，杆件 3 受到两个平行的非冗余约束力 $\boldsymbol{C}_1$、$\boldsymbol{C}_2$，因此自由度数为 1，又平动自由度与约束力垂直，因此杆件 3 具有 1 个平动自由度 $\boldsymbol{T}$。

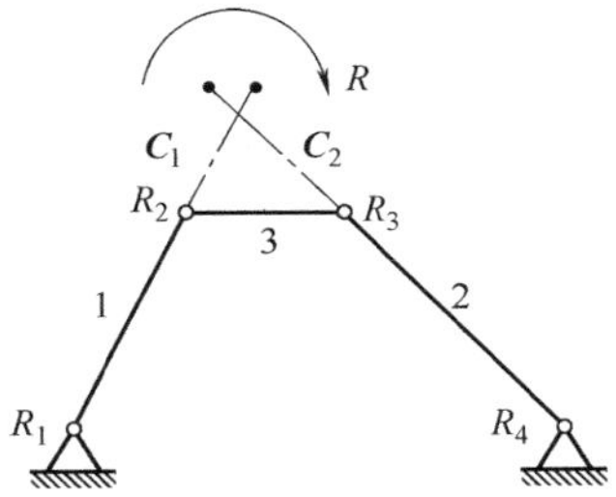

图 2-52　平面四杆机构中的自由度

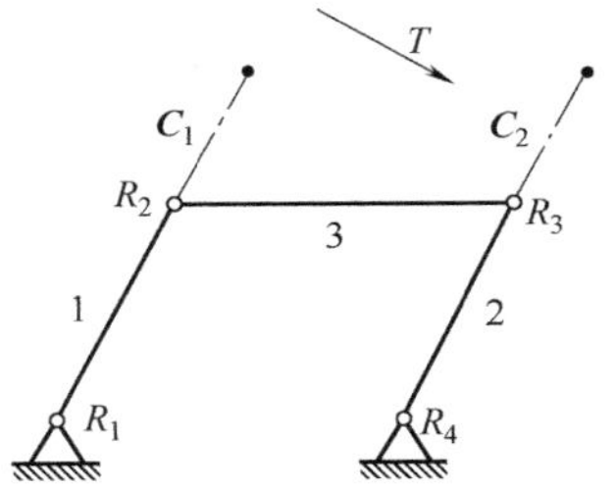

图 2-53　平行四边形机构中的自由度

2.9　平面机构自由度公式

按照国际机构与机器科学联合会的定义，机构自由度（Degree of Freedom）又称为机构活动度（Mobility），是指机构具有确定位形（Configuration）所需要的独立坐标数。**机构具有确定位形等价于机构中各构件具有的确定位置。即机构自由度是指使机构中各构件具有确定位置所需要的独立坐标数。不难看出，它是一个数字，不涉及转动、平动或螺旋运动等运动类型信息。**

图 2-54 所示为平面四杆机构，当杆件 1 的转角 φ 确定后，以转动副 R_2 的中心为圆心，以杆件 2 的长度为半径作圆弧 a_1，再以转动副 R_4 的中心为圆心，以杆件 3 的长度为半径作圆弧 a_2，两圆弧 a_1、a_2 的交点是转动副 R_3 的位置，这样就可确定杆件 2 和杆件 3 的位置。这说明只要确定杆件 1 的位置参数 φ，机构中其他杆件的位置就相应确定了。因此，该机构具有 1 个自由度。

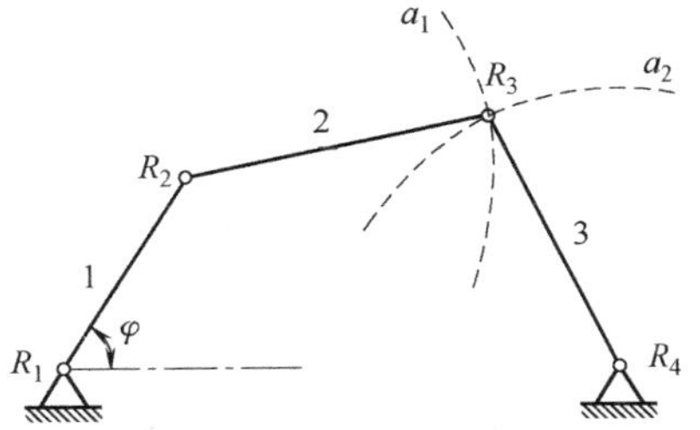

图 2-54　平面四杆机构

图 2-55 所示为平面五杆机构，如果仅给定杆 1 的转角 φ，杆件 2、3、4 可以位于 $BCDE$，也可以位于 $BC'D'E$，这些杆件的位置不是唯一的，即它们的位置是不确定的。如果同时给定杆 1 和杆件 4 的转角 φ 和 θ，那么其余杆件（杆件 2，3）的位置也就确定了，如图 2-56 所示。这表明平面五杆机构需要两个独立参数才能使机构中各杆件具有确定的位置，因此它的机构自由度为 2。

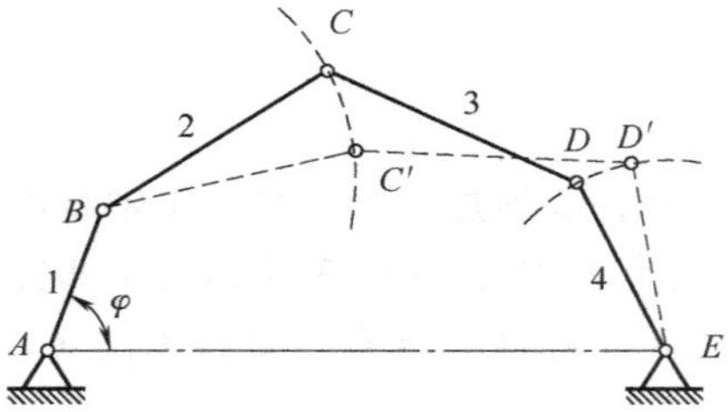

图 2-55　平面五杆机构

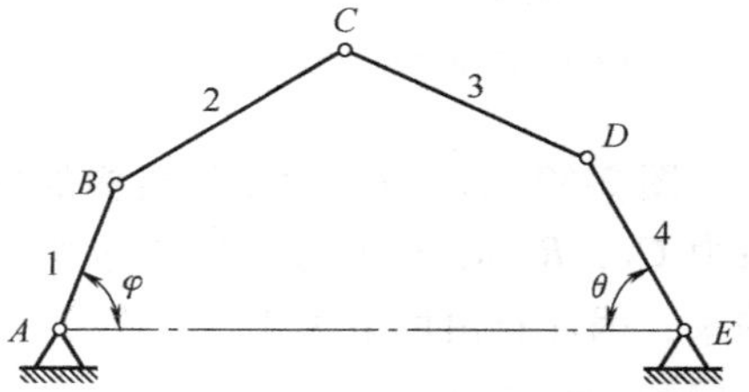

图 2-56　两个位置参数

上面两个机构的自由度是根据机构自由度的定义分析得到的，还可以采用平面机构自由度公式计算得到。设某一平面机构，除机架外具有 n 个构件，即机构的活动构件数为 n，又包含 p_L 个低副和 p_H 个高副。在未通过运动副连接之前这 n 个构件在平面上处于自由状态，每个构件具有 3 个自由度，因此它们共有 $3n$ 个自由度。这些构件通过连接构成运动副（低副或高副），每个低副可以提供两个约束，p_L 个低副可以提供 $2p_L$ 个约束。每个高副可以提供 1 个约束，p_H 个高副可以提供 p_H 个约束。将各构件通过这些运动副连接后余下的自由度认为是机构自由度 F，即

$$F=3n-2p_L-p_H$$

例如图 2-54 平面四杆机构，$n=3$，$p_L=4$，$p_H=0$，则平面四杆机构自由度为

$$F=3\times3-2\times4=1$$

例如图 2-55 平面五杆机构，$n=4$，$p_L=5$，$p_H=0$，则平面五杆机构自由度为

$$F=3\times4-2\times5=2$$

平面机构自由度公式计算的是机构自由度（使平面机构中各构件具有确定位置所需的独立参数的数目），而平面自由度分析方程（第 2.6 节）计算的是一个物体或一个构件的自由度，即物体在某瞬时具有的可能的独立运动数目和类型。对于“自由度”，要理解它指的是“机构自由度”还是“构件自由度”。两者虽然都用了“自由度”一词，但含义和计算方法均不同。下面对这两个概念做进一步分析。

1）构件是一个物体，构件自由度一定不大于 6，而机构自由度可能大于 6。特别指出，对于平面机构，由于各构件均在一个平面上运动，因此构件自由度不大于 3。如图 2-57 所示，平面十杆机构中，$n=9$，$p_L=10$，$p_H=0$，该机构自由度 $F=3\times9-2\times10=7>6$，但其中任何一个杆件的自由度均不大于 3。

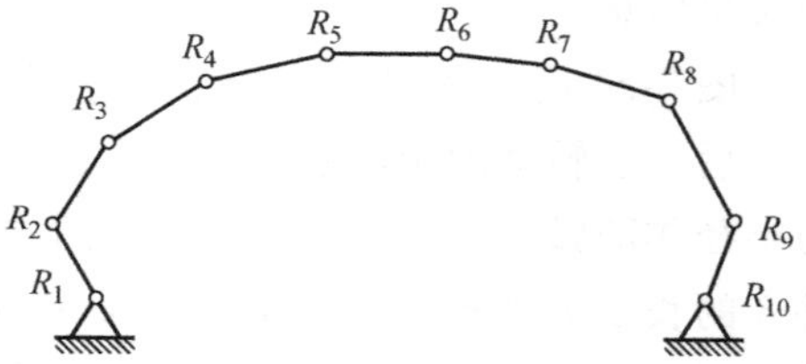

图 2-57　平面十杆机构

2）机构自由度是一个数字，不包含运动类型信息。构件自由度不但有数目，还有运动类型信息。因此提到构件自由度，既要说出数目，又要明确类型，即属于平动自由度、转动

自由度还是螺旋自由度。例如图 2-58 所示的曲柄滑块机构，曲柄 1 具有 1 个转动自由度，滑块具有 1 个平动自由度。

3）机构自由度数与构件自由度数不一定相等，两者并无直接关系。图 2-59 所示的机构自由度 $F=2$，而滑块具有 1 个平动自由度，连杆 1 具有 1 个转动自由度。这里的机构自由度与构件自由度不相等。

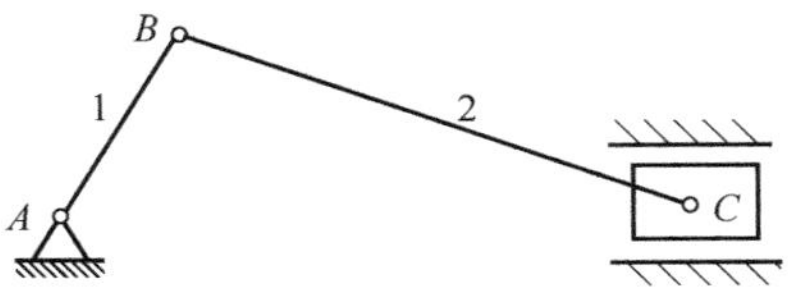

图 2-58　曲柄滑块机构

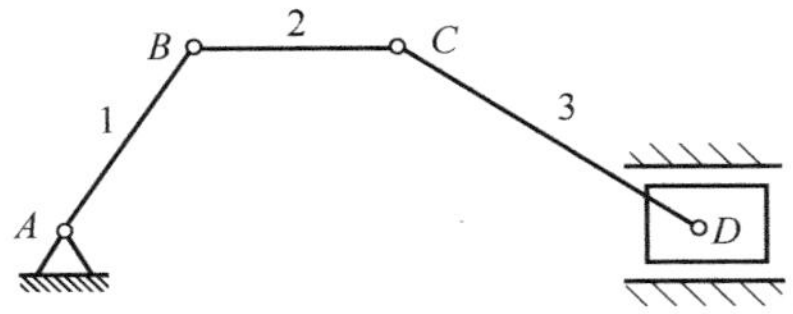

图 2-59　滑块机构

一个常见错误是采用平面机构自由度公式计算构件自由度，如图 2-60 所示的圆形滚子凸轮机构。

按照平面机构自由度公式，该凸轮机构的自由度为

$$F=3n-2p_1-p_h=3\times3-2\times3-1=2$$

然而，推杆 C 在移动副下运动，自由度显然为 1。这就出现了理论计算（$F=2$）与实际（推杆自由度为 1）不符的情况。为了解决这个问题，机械原理中引入了“局部自由度”的概念，它是指不影响机构中其他构件运动的自由度。由于滚子 B 的转动不影响推杆和凸轮的位置，因此属于局部自由度，减去局部自由度，使 $F=1$，理论计算结果与实际情况相符。实际上，问题的根源是混淆了机构自由度和构件自由度的概念，将机构自由度作为推杆 C 的自由度。如果区分这两个概念，理论计算结果（$F=2$）是指机构自由度，实际情况（推杆自由度为 1）是指构件自由度，两者不必相等，也不存在不合理之处。这样并不需要通过“局部自由度”的概念进行解释。

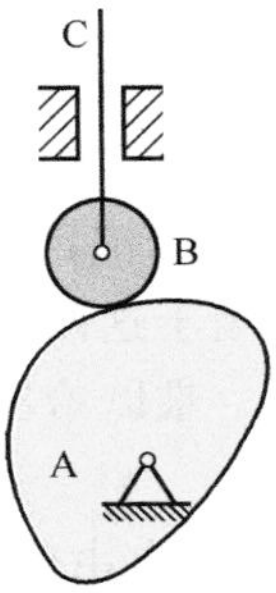

图 2-60　圆形滚子凸轮机构

下面进一步分析“局部自由度”这个概念的必要性。

平面机构自由度公式的计算结果 $F=2$ 是指机构自由度，表示使这个凸轮机构中各构件具有确定位置需要两个独立参数。通过观察知道，推杆 C 的位置由凸轮 A 的位置决定，即凸轮 A 的位置确定了，推杆 C 的位置就确定了，因此有一种观点认为该机构自由度应为 1，这就出现了理论计算与实际矛盾的情况。为此，减去滚子的局部自由度使机构自由度 $F=1$，使两者相符。这里需要注意，凸轮 A 和推杆 C 的位置确定了，是不是表示滚子 B 的位置也是确定的？前者潜在认为滚子 B 的位置也是确定的。为了便于说明，在滚子 B 上打一个孔 H，如图 2-61 所示。假如固定凸轮 A 的位置，此时推杆 C 的位置是确定的，但滚子 B 仍可以转动，其位置不确定，它既可以处于图 2-61 所示的位置，也可以处于图 2-62 所示的位置。因此还需要确定滚子 B 的位置，这样机构中各个构件的位置才是确定的。这说明该凸轮机构确实需要两个独立参数（1 个凸轮 A 的转角参数和 1 个滚子 B 的转角参数）才能使各构件具有确定位置，因此机构自由度等于 2，与理论计算结果 $F=2$ 不矛盾，因此也无需通过“局部自由度”的概念进行解释。

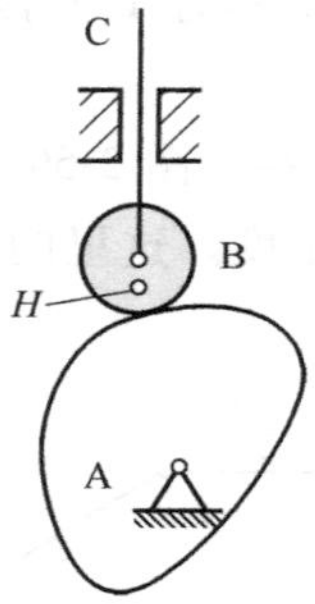

图 2-61　滚子位置 1

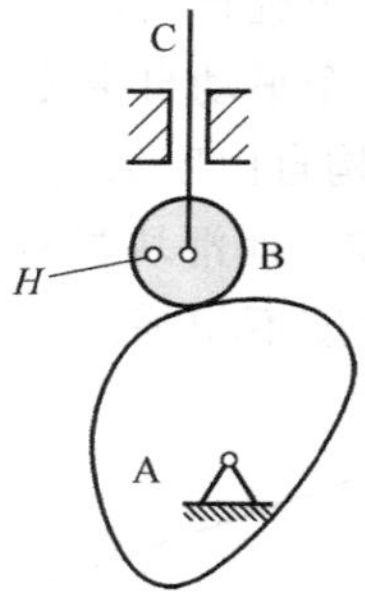

图 2-62　滚子位置 2

科学术语希望一词一义。用同一词语表示不同的概念，会导致一词多义。自由度的概念就属于这种情况。以机构自由度代替构件自由度，或者反之，均犯了概念混淆的错误，违反了逻辑学的同一律。自由度计算中的很多问题均与此有关，因此提到自由度就一定要明确指的是机构自由度还是构件自由度，避免张冠李戴。

按照国际机构与机器科学联合会的定义，机构自由度又称为机构活动度。如果用“活动度”命名机构自由度，而“自由度”一词专门用于构件自由度，或是解决这一问题的更好方法。至于这两个概念哪个更重要，这似乎是一个见仁见智的问题，或者说在不同领域重要性不同，难以给出一个绝对的答案。本书研究的主要是构件自由度，对机构自由度不过多进行讨论。

4）机构自由度不但与机构中活动构件数、运动副类型和数目有关，而且与构件的布局有关。图 2-63 所示的机构自由度等于零，图 2-64 所示的机构自由度等于 1。然而，如果按照平面机构自由度公式计算，其中 $n=4$，$p_L=6$，$p_H=0$，这两个机构的自由度均应等于零，即 $F=0$。这说明平面机构自由公式无法区分构件空间布局变化（构件 3 的不同布置方式）对机构自由度造成的影响

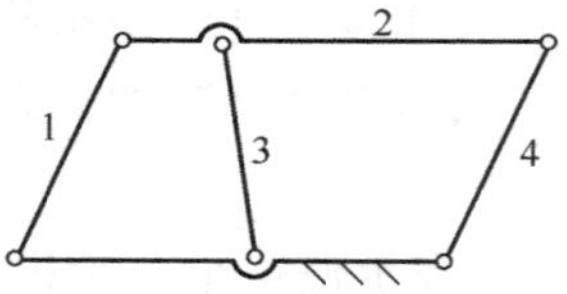

图 2-63　不同时平行

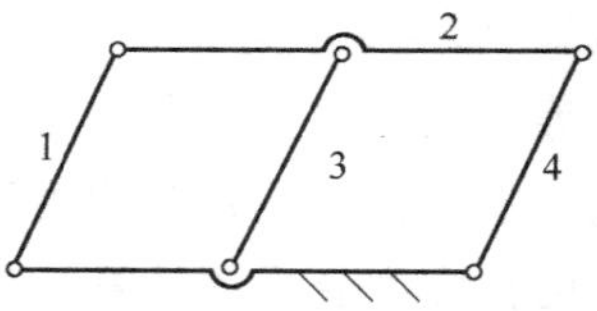

图 2-64　同时平行

为了解决这个矛盾，机械原理中引入了“虚约束”的概念，它是指对构件运动不起独立限制作用的约束。例如将图 2-63 中的杆 3 作为虚约束，计算机构自由度时将其去除不计，如图 2-65 所示，此时 $n=3$，$p_L=4$，$p_H=0$，按照平面机构自由度公式计算 $F=1$，和实际情况相符。

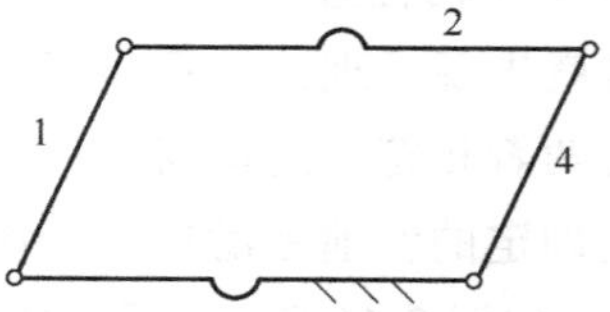

图 2-65　除去约束

这种解释虽然做到了理论自洽，但值得进一步讨论。自由度是表现机构运动最基本的方面。既然是计算机构自由度，那么潜在认为它是未知的，也是对机构运动不了解的。既然不知道机构的运动，又如何判断一个约束是否对其运动造成影响？因此虚约束的概念有循环定义之嫌。也就是，虽然知道虚约束对构件运动不起独立限制作用，但除了一些可以通过观察即可确定虚约束的简单机构，无法在理论上判断这个结果。

综上所述，平面机构自由度公式计算的是机构自由度，而平面自由度分析方程计算的是构件自由度，这是不同层面的两个问题。既不能以平面机构自由度公式计算构件自由度，也不能以平面自由度分析方程计算机构自由度。此外，平面机构自由度公式无法辨别构件布局对自由度的影响，因此其计算结果可能与实际不符。这种问题在空间机构自由度计算中同样存在。为此，人们引入了“虚约束”“局部自由度”等概念对该公式进行修正，使其符合实际情况，其代价是自由度计算的概念增多，理论愈加复杂，而一般性解释能力不足，使其成为一种特殊理论。

思考与练习

2.1　名词解释：自由矢量、定位矢量、滑动矢量。

2.2　名词解释：机构自由度、构件自由度。

2.3　求向量 $\boldsymbol{a}=\boldsymbol{i}+3\boldsymbol{j}-2\boldsymbol{k}$ 的模与方向余弦。

2.4　已知向量 $\boldsymbol{a}=2\boldsymbol{j}+\boldsymbol{k}$，向量 $\boldsymbol{b}=\boldsymbol{i}+\boldsymbol{j}+\boldsymbol{k}$，向量 $\boldsymbol{c}=-2\boldsymbol{i}+\boldsymbol{j}+2\boldsymbol{k}$，分别计算 $\boldsymbol{a}\cdot\boldsymbol{b}$，$\boldsymbol{a}\times\boldsymbol{b}$，$(\boldsymbol{a}\times\boldsymbol{b})\cdot\boldsymbol{c}$ 以及 $(\boldsymbol{a}\times\boldsymbol{b})\times\boldsymbol{c}$。

2.5　已知直角坐标系内三点 A（5，-1，1），B（0，-4，3），C（1，-3，7），试求三角形 $\triangle ABC$ 的面积和三条边上的高。

2.6　如图 2-66~图 2-68 所示，平面两杆结构在力 $\boldsymbol{F}$ 或力矩 $\boldsymbol{M}$ 的作用下处于平衡状态，画出各杆件的受力图，并计算受力。

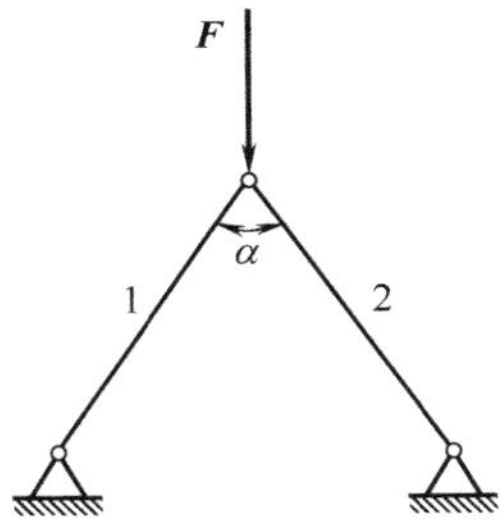

图 2-66　力作用在节点

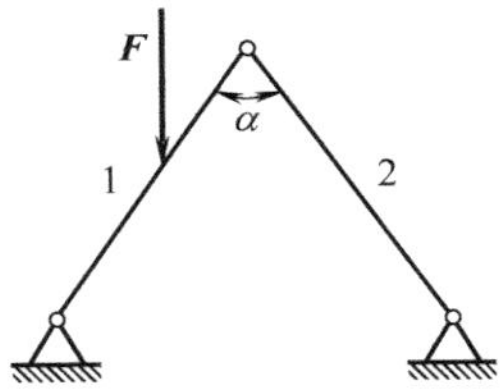

图 2-67　力作用在杆件上

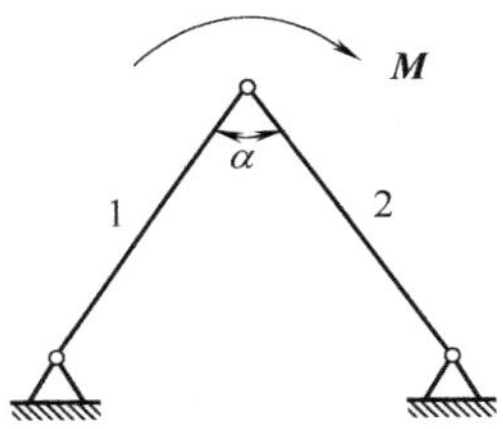

图 2-68　杆件受到力矩

2.7　分析图 2-69 和图 2-70 中平面物体 B 的自由度，其中 S 表示球头，P 表示移动副。

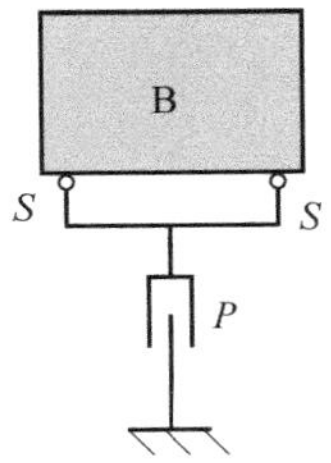

图 2-69　2S-P 结构

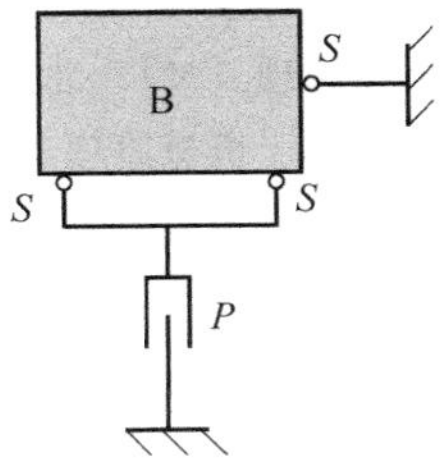

图 2-70　2S-P&S 结构

2.8　如图 2-71 所示的平面连杆机构，其中 R 表示转动副，P_1 和 P_2 表示移动副，分析终端构件 3 的约束和自由度。

2.9　分析图 2-72 曲柄滑块机构中连杆 AB 的自由度。

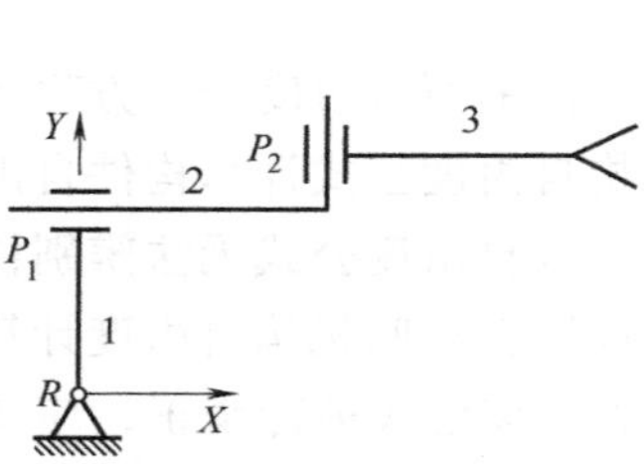

图 2-71 平面 R-P_1-P_2 串联连接

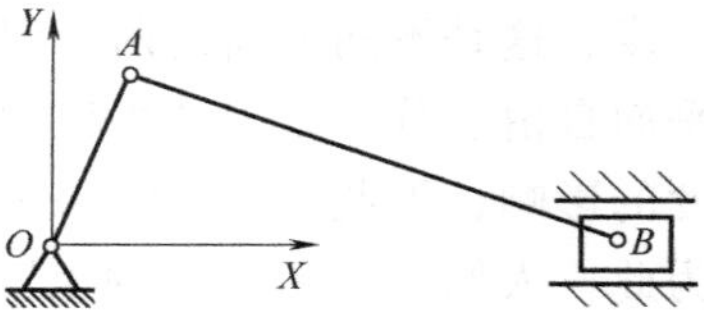

图 2-72 曲柄滑块机构

2.10 如图 2-73 所示，3-*RRR* 平面机构具有 3 个运动支链，每个运动支链均包含 3 个转动副，试分析平台 B 的自由度。

2.11 揉茶机，又叫作茶叶揉捻机，主要用于红茶、绿茶、乌龙茶等茶叶的揉捻加工。图 2-74 所示为揉茶机机构简图，揉桶 *ABC* 通过 3 个互相平行的支链和机架相连，每个支链均包含两个转动副。转动副 R_1、R_3、R_5 和转动副 R_2、R_4、R_6 均构成等边三角形，试分析揉桶 *ABC* 的自由度，并确定揉桶中心点 *O* 的运动轨迹方程。

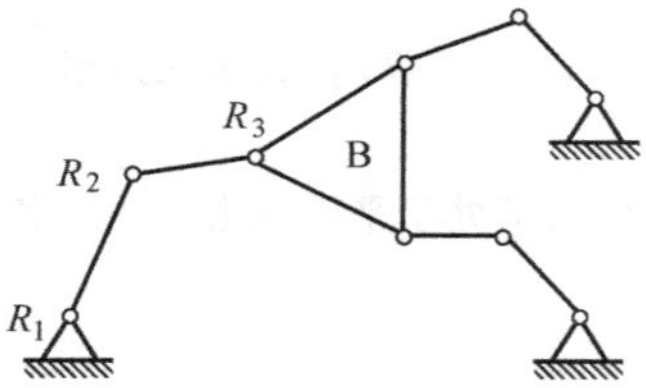

图 2-73 3-*RRR* 平面机构

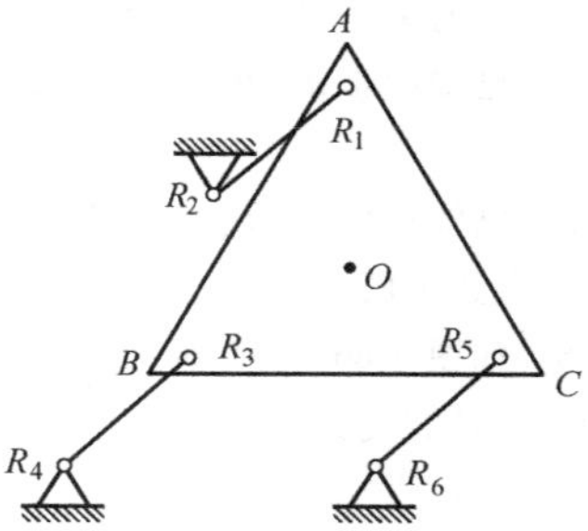

图 2-74 揉茶机机构简图

参 考 文 献

[1] 俞正光，鲁自群，林润亮. 线性代数与几何 [M]. 北京：清华大学出版社，2014.

[2] 朱鼎勋，陈绍菱. 空间解析几何学 [M]. 北京：北京师范大学出版社，1981.

[3] 朱照宣，周起钊，殷金生. 理论力学 [M]. 北京：北京大学出版社，2006.

[4] 哈尔滨工业大学理论力学教研室. 理论力学 [M]. 北京：高等教育出版社，1997.

[5] 孙桓，陈作模，葛文杰. 机械原理 [M]. 北京：高等教育出版社，2013.

[6] 申永胜. 机械原理教程 [M]. 北京：清华大学出版社，2015.

[7] 郭卫东. 机械原理 [M]. 北京：机械工业出版社，2020.

[8] 郑文纬，吴克坚. 机械原理 [M]. 北京：高等教育出版社，1997.

第3章 线矢量与旋量

力螺旋和运动螺旋的概念源于 19 世纪初 Poinsot 和 Chasles 关于物体受力和运动的研究。Poinsot 证明作用在物体上的力系可以简化为一个力和力偶，这个力和力偶矩的组合称为力螺旋。Chasles 证明物体的瞬时运动可以看成绕空间某条直线的转动，同时沿该直线的平动，转动和平动的组合称为运动螺旋。

线矢量和旋量均是六维数组。在几何上线矢量表示空间的一条直线，在物理上可以表示力或转动，分别称为力线矢量和转动线矢量。旋量在几何上表示空间的一条直线和与该直线共线的有向线段，在物理上可以表示力螺旋或运动螺旋，分别称为力旋量和运动旋量。

本章介绍线矢量和旋量的概念，重点阐述以下几方面内容：

1）线矢量、旋量的基本概念、描述方法以及几何意义。

2）力系的特征量、力螺旋的数学描述以及物体受力的分类。

3）物体运动的特征量、运动螺旋的数学描述以及运动的分类。

4）力系平衡与静定、超静定问题。

3.1 线矢量

如第 2.1 节所述，与始点无关的矢量，称为自由矢量。它的始点可以在空间任意位置。例如平动物体的速度，力偶矩均属于自由矢量。对于两个自由矢量 $\boldsymbol{a}$、$\boldsymbol{b}$，无论始点是否相同，只要它们的大小和方向相同，这两个矢量就相等。自由矢量可以在空间任意平行移动，其始点可以是空间任意一点。

如果一个矢量只能在一条直线上移动，而不能脱离这条直线，这种矢量称为线矢量或滑动矢量。相比自由矢量，线矢量就不那么“自由”了。作用在物体上的力就属于线矢量。按照力的可传性，它可以沿作用线移动，而对物体的作用效果不变。线矢量可以由直线的矢量方程引出。如图 3-1 所示的点 A（x_1，y_1，z_1）和点 B（x_2，y_2，z_2），写出过 A、B 两点直线的矢量方程。

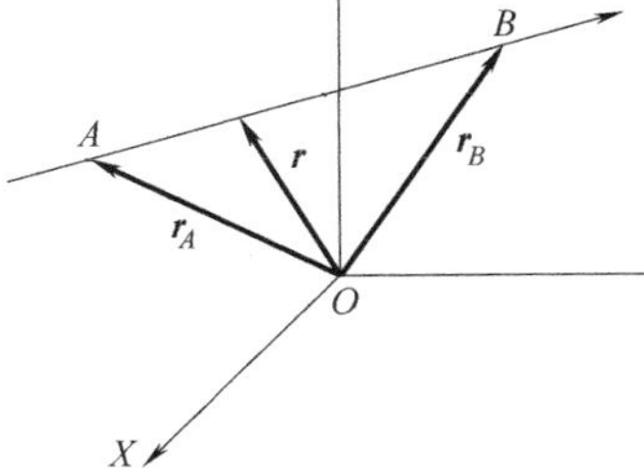

图 3-1　直线的矢量表示

点 A 的位置矢量为

$$\boldsymbol{r}_A = x_1\boldsymbol{i}+y_1\boldsymbol{j}+z_1\boldsymbol{k}$$

点 B 的位置矢量为

$$\boldsymbol{r}_B = x_2\boldsymbol{i}+y_2\boldsymbol{j}+z_2\boldsymbol{k}$$

由 $\boldsymbol{r}_A$ 和 $\boldsymbol{r}_B$ 可以确定直线的方向矢量

$$\boldsymbol{S} = \boldsymbol{r}_B-\boldsymbol{r}_A = (x_2-x_1)\boldsymbol{i}+(y_2-y_1)\boldsymbol{j}+(z_2-z_1)\boldsymbol{k}$$

设直线上任意一点的位置矢量为 $\boldsymbol{r}$，则矢量 $\boldsymbol{r}-\boldsymbol{r}_A$ 与方向矢量 $\boldsymbol{S}$ 重合，则矢量积

$$(\boldsymbol{r}-\boldsymbol{r}_A)\times\boldsymbol{S}=0$$

进一步

$$\boldsymbol{r}\times\boldsymbol{S}=\boldsymbol{r}_A\times\boldsymbol{S}$$

记 $\boldsymbol{S}_M=\boldsymbol{r}_A\times\boldsymbol{S}$，称 $\boldsymbol{S}_M$ 为方向矢量 $\boldsymbol{S}$ 对坐标原点 O 的线矩。线矩 $\boldsymbol{S}_M$ 也是矢量，它垂直于 $\boldsymbol{r}_A$ 和 $\boldsymbol{S}$ 所确定的平面，方向按右手规则确定，因此 $\boldsymbol{S}\cdot\boldsymbol{S}_M=\boldsymbol{0}$。

直线的矢量方程可以写为

$$\boldsymbol{r}\times\boldsymbol{S}=\boldsymbol{S}_M$$

已知直线的矢量方程，可通过平面的交线形式表示这条直线。

例 3-1 已知直线的矢量方程 $\boldsymbol{r}\times\boldsymbol{S}=\boldsymbol{S}_M$，其中方向矢量 $\boldsymbol{S}=[1\quad 1\quad 0]^{\mathrm{T}}$，线矩 $\boldsymbol{S}_M=\left[\frac{1}{2}\quad -\frac{1}{2}\quad 0\right]^{\mathrm{T}}$，将直线的矢量方程化为直角坐标形式。

解： 设直线上点的位置矢量 $\boldsymbol{r}=x\boldsymbol{i}+y\boldsymbol{j}+z\boldsymbol{k}$，则

$$\boldsymbol{r}\times\boldsymbol{S}=\begin{vmatrix}\boldsymbol{i} & \boldsymbol{j} & \boldsymbol{k}\\ x & y & z\\ 1 & 1 & 0\end{vmatrix}=-z\boldsymbol{i}+z\boldsymbol{j}+(x-y)\boldsymbol{k}=\frac{1}{2}\boldsymbol{i}-\frac{1}{2}\boldsymbol{j}$$

则

$$\begin{cases}z=-\dfrac{1}{2}\\ x-y=0\end{cases}$$

这两个平面 $z=-\frac{1}{2}$ 和 $x-y=0$ 交线就是直线矢量方程表示的直线。

不难发现，一条直线可由方向矢量 $\boldsymbol{S}$ 和线矩 $\boldsymbol{S}_M=\boldsymbol{r}\times\boldsymbol{S}$ 确定。与空间一点对应 3 个坐标类似，空间一条直线对应方向矢量 $\boldsymbol{S}$ 和线矩 $\boldsymbol{S}_M$。从这个角度，将 $\boldsymbol{S}$ 和 $\boldsymbol{S}_M$ 称为直线的线坐标或特征量。将 $\boldsymbol{S}$ 和 $\boldsymbol{S}_M$ 写为对偶矢量的形式，即

$$\boldsymbol{L}=\begin{bmatrix}\boldsymbol{S}\\ \boldsymbol{S}_M\end{bmatrix}=\begin{bmatrix}\boldsymbol{S}\\ \boldsymbol{r}\times\boldsymbol{S}\end{bmatrix}$$

式中，$\boldsymbol{S}$ 为原部矢量；$\boldsymbol{S}_M$ 为对偶部矢量。

从数学的角度，线矢量 $\boldsymbol{L}$ 是满足 $\boldsymbol{S}\neq 0$、$\boldsymbol{S}\cdot\boldsymbol{S}_M=\boldsymbol{0}$ 的六维数组。它表示空间的一条直线。这条直线称为线矢量的轴线。图 3-2 所示为直线位置矢量 $\boldsymbol{r}$ 和方向矢量 $\boldsymbol{S}$。

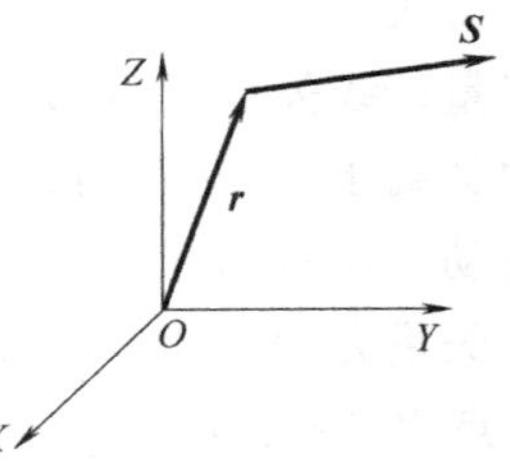

图 3-2 直线位置矢量 $\boldsymbol{r}$ 和方向矢量 $\boldsymbol{S}$

直线的位置矢量为

$$\boldsymbol{r}=r_1\boldsymbol{i}+r_2\boldsymbol{j}+r_3\boldsymbol{k}$$

直线的方向矢量为

$$\boldsymbol{S}=s_1\boldsymbol{i}+s_2\boldsymbol{j}+s_3\boldsymbol{k}$$

线矩为

$$\boldsymbol{S}_M=\boldsymbol{r}\times\boldsymbol{S}=\begin{vmatrix}\boldsymbol{i} & \boldsymbol{j} & \boldsymbol{k}\\ r_1 & r_2 & r_3\\ s_1 & s_2 & s_3\end{vmatrix}=s_{m1}\boldsymbol{i}+s_{m2}\boldsymbol{j}+s_{m3}\boldsymbol{k}$$

线矢量 $\boldsymbol{L}$ 可以进一步写成坐标分量的形式

$$\boldsymbol{L}=\begin{bmatrix}\boldsymbol{S}\\ \boldsymbol{S}_M\end{bmatrix}=\begin{bmatrix}\boldsymbol{S}\\ \boldsymbol{r}\times\boldsymbol{S}\end{bmatrix}=[s_1\quad s_2\quad s_3\quad s_{m1}\quad s_{m2}\quad s_{m3}]^{\mathrm{T}}$$

即线矢量 $\boldsymbol{L}$ 的 Plücker 坐标表示。

若线矢量的原部矢量大小为 1，该线矢量称为单位线矢量，记为 $\boldsymbol{L}_0$。任何一个线矢量 $\boldsymbol{L}$ 均可以写成一个实数与一个单位线矢量数乘的形式，即

$$\boldsymbol{L}=\begin{bmatrix}\boldsymbol{S}\\ \boldsymbol{S}_M\end{bmatrix}=\begin{bmatrix}\boldsymbol{S}\\ \boldsymbol{r}\times\boldsymbol{S}\end{bmatrix}=l\begin{bmatrix}\boldsymbol{S}_0\\ \boldsymbol{r}\times\boldsymbol{S}_0\end{bmatrix}=l\boldsymbol{L}_0$$

其中 $l=|\boldsymbol{S}|$ 表示原部矢量 $\boldsymbol{S}$ 的大小，称为线矢量的幅值；$\boldsymbol{S}_0$ 是原部矢量 $\boldsymbol{S}$ 的单位矢量。这里单位线矢量为

$$\boldsymbol{L}_0=\begin{bmatrix}\boldsymbol{S}_0\\ \boldsymbol{r}\times\boldsymbol{S}_0\end{bmatrix}$$

已知线矩 $\boldsymbol{S}_M=\boldsymbol{r}\times\boldsymbol{S}$，可以确定位置矢量 $\boldsymbol{r}$，将 $\boldsymbol{S}_M$ 两边同时叉乘方向矢量 $\boldsymbol{S}$，则

$$\boldsymbol{S}_M\times\boldsymbol{S}=(\boldsymbol{r}\times\boldsymbol{S})\times\boldsymbol{S}=(\boldsymbol{r}\cdot\boldsymbol{S})\boldsymbol{S}-(\boldsymbol{S}\cdot\boldsymbol{S})\boldsymbol{r}$$

直线的位置矢量 $\boldsymbol{r}$ 有无穷多个，如图 3-3 所示。

为了计算简便，取垂直位置矢量 $\boldsymbol{r}_\perp$，则 $\boldsymbol{r}_\perp\cdot\boldsymbol{S}=\boldsymbol{0}$，那么

$$\boldsymbol{S}_M\times\boldsymbol{S}=(\boldsymbol{r}_\perp\cdot\boldsymbol{S})\boldsymbol{S}-(\boldsymbol{S}\cdot\boldsymbol{S})\boldsymbol{r}_\perp=-(\boldsymbol{S}\cdot\boldsymbol{S})\boldsymbol{r}_\perp$$

则

$$\boldsymbol{r}_\perp=\frac{\boldsymbol{S}\times\boldsymbol{S}_M}{\boldsymbol{S}\cdot\boldsymbol{S}}$$

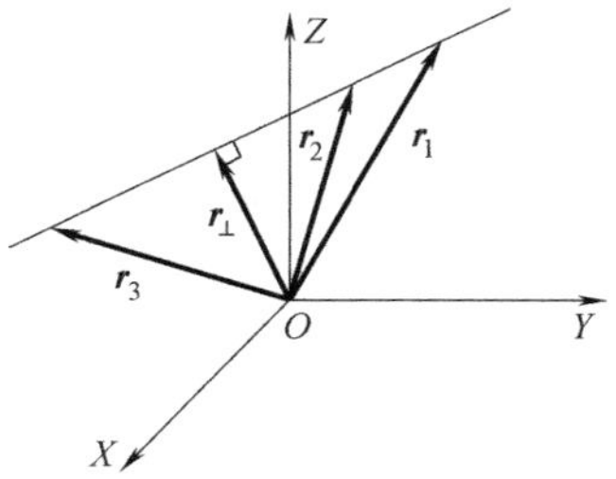

图 3-3　位置矢量与方向矢量的关系

该直线的任一位置矢量为

$$\boldsymbol{r}_i=\boldsymbol{r}_\perp+\lambda\boldsymbol{S}$$

式中，λ 为不等于零的常数。

例 3-2　设直线 L 过点 A（1，1，0）和点 B（2，1，3），求直线 L 的方向矢量、线矩以及线矢量表示。

解：点 A 的位置矢量为

$$\boldsymbol{r}_A=\boldsymbol{i}+\boldsymbol{j}$$

点 B 的位置矢量为

$$\boldsymbol{r}_B=2\boldsymbol{i}+\boldsymbol{j}+3\boldsymbol{k}$$

直线 L 的方向矢量为

$$\boldsymbol{S}=\boldsymbol{r}_B-\boldsymbol{r}_A=\boldsymbol{i}+3\boldsymbol{k}$$

假设选 $\boldsymbol{r}_A$ 为位置矢量，直线 L 的线矩 $\boldsymbol{S}_M$ 可表示为

$$\boldsymbol{S}_M=\boldsymbol{r}_A\times\boldsymbol{S}=\begin{vmatrix}\boldsymbol{i}&\boldsymbol{j}&\boldsymbol{k}\\1&1&0\\1&0&3\end{vmatrix}=3\boldsymbol{i}-3\boldsymbol{j}-\boldsymbol{k}$$

该直线采用线矢量表示为

$$\boldsymbol{L}=\begin{bmatrix}\boldsymbol{S}\\\boldsymbol{S}_M\end{bmatrix}=[1\quad 0\quad 3\quad 3\quad -3\quad -1]^{\mathrm{T}}$$

例 3-3 写出图 3-4 所示直线 $y=4$ 的线矢量。

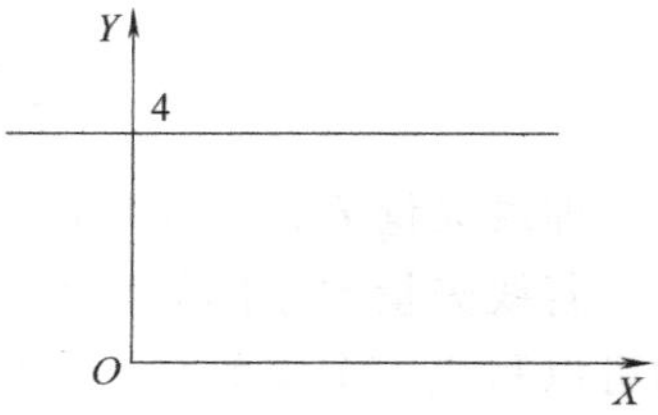

图 3-4 直线 $y=4$

解：直线的方向矢量为

$$\boldsymbol{S}=[1\quad 0\quad 0]^{\mathrm{T}}$$

垂直位置矢量为

$$\boldsymbol{r}_\perp=[0\quad 4\quad 0]^{\mathrm{T}}$$

线矩可表示为

$$\boldsymbol{S}_M=\boldsymbol{r}_\perp\times\boldsymbol{S}=\begin{vmatrix}\boldsymbol{i}&\boldsymbol{j}&\boldsymbol{k}\\0&4&0\\1&0&0\end{vmatrix}=-4\boldsymbol{k}$$

直线 $y=4$ 的线矢量表示为

$$\boldsymbol{L}=\begin{bmatrix}\boldsymbol{S}\\\boldsymbol{S}_M\end{bmatrix}=[1\quad 0\quad 0\quad 0\quad 0\quad -4]^{\mathrm{T}}$$

3.2 旋量

空间点的位置可以采用 3 维数组表示，空间直线采用线矢量表示。线矢量是满足 $\boldsymbol{S}\neq 0$、$\boldsymbol{S}\cdot\boldsymbol{S}_M=\boldsymbol{0}$ 的 6 维数组。若给定对偶矢量

$$\boldsymbol{H}=\begin{bmatrix}\boldsymbol{S}\\\boldsymbol{S}_p\end{bmatrix}$$

一般情况下，$\boldsymbol{S}\neq 0$，且 $\boldsymbol{S}$ 和 $\boldsymbol{S}_p$ 不垂直，即 $\boldsymbol{S}\cdot\boldsymbol{S}_p\neq\boldsymbol{0}$。如图 3-5 所示，矢量 $\boldsymbol{S}$ 和 $\boldsymbol{S}_p$ 不垂直，将 $\boldsymbol{S}_p$ 分解为沿 $\boldsymbol{S}$ 方向的矢量 $\boldsymbol{S}^*$ 和与 $\boldsymbol{S}$ 垂直的矢量 $\boldsymbol{S}_M$，则 $\boldsymbol{S}_p=\boldsymbol{S}_M+\boldsymbol{S}^*$。

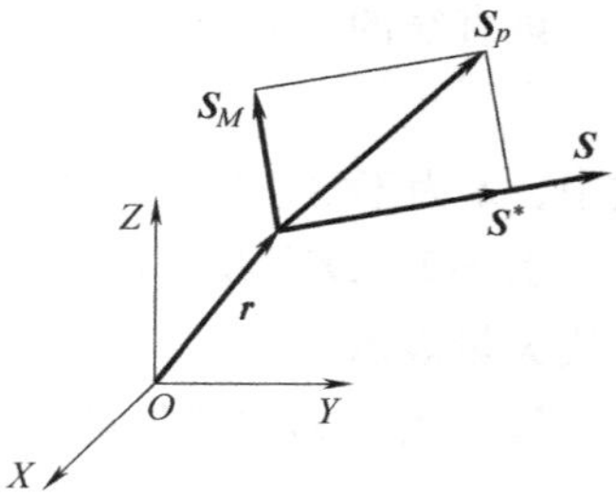

图 3-5 旋量的几何表示

由于 $\boldsymbol{S}^*$ 沿 $\boldsymbol{S}$ 方向，则存在常数 $p\neq 0$，使 $\boldsymbol{S}^*=p\boldsymbol{S}$。由于 $\boldsymbol{S}_M$ 与 $\boldsymbol{S}$ 垂直，则存在 $\boldsymbol{r}$，使 $\boldsymbol{S}_M=\boldsymbol{r}\times\boldsymbol{S}$，因此 $\boldsymbol{S}_M$ 表示线矩，则

$$\boldsymbol{S}_p=\boldsymbol{S}_M+\boldsymbol{S}^*=\boldsymbol{r}\times\boldsymbol{S}+p\boldsymbol{S}$$

将 $\boldsymbol{S}_p$ 两边叉乘 $\boldsymbol{S}$，则

$$\boldsymbol{S}\times\boldsymbol{S}_p=\boldsymbol{S}\times(\boldsymbol{r}\times\boldsymbol{S}+p\boldsymbol{S})=(\boldsymbol{S}\cdot\boldsymbol{S})\boldsymbol{r}-(\boldsymbol{S}\cdot\boldsymbol{r})\boldsymbol{S}$$

取与 $\boldsymbol{S}$ 垂直的位置矢量 $\boldsymbol{r}_\perp$，则 $\boldsymbol{S}\cdot\boldsymbol{r}_\perp=\boldsymbol{0}$，那么

$$\boldsymbol{S}\times\boldsymbol{S}_p=(\boldsymbol{S}\cdot\boldsymbol{S})\boldsymbol{r}_\perp$$

垂直位置矢量为

$$r_{\perp}=\frac{S\times S_p}{S\cdot S}$$

旋量是满足 $S\neq0$、$S\cdot S_p\neq\mathbf{0}$ 的 6 维数组，记为

$$H=\begin{bmatrix}S\\S_p\end{bmatrix}=\begin{bmatrix}S\\S_M+S^*\end{bmatrix}=\begin{bmatrix}S\\r\times S+pS\end{bmatrix}=[h_1\quad h_2\quad h_3\quad h_4\quad h_5\quad h_6]^{\mathrm{T}}$$

式中，S 称为旋量 H 的原部矢量；S_p 称为旋量 H 的对偶部矢量；常数 p 称为旋量的节距（Pitch），由 S 和 S_p 确定，将 S_p 两边点乘 S，则

$$S_p\cdot S=(r\times S+pS)\cdot S=pS\cdot S$$

节距可以表示为

$$p=\frac{S\cdot S_p}{S\cdot S}$$

已知旋量 H 的 S，S_p 可以确定节距 p 和与 S 共线的矢量 $S^*=pS$，进而得到直线的矢量方程 $r\times S=S_p-pS$。这条直线称为旋量 H 的轴线。从几何角度，旋量表示空间的一条直线 $r\times S=S_p-pS$ 和与该直线共线的有向线段 $S^*=pS$。

特别指出，若旋量的原部矢量的大小为 1，该旋量称为单位旋量，并记为 H_0。任何一个旋量 H 均可以写成一个常数 h 与单位旋量 H_0 数乘的形式，即

$$H=\begin{bmatrix}S\\S_p\end{bmatrix}=\begin{bmatrix}S\\r\times S+pS\end{bmatrix}=h\begin{bmatrix}S_0\\r\times S_0+pS_0\end{bmatrix}=hH_0$$

其中，$h=|S|$表示原部矢量 S 的大小，称为旋量的幅值；S_0 是原部矢量 S 的单位矢量。单位旋量为

$$H_0=\begin{bmatrix}S_0\\r\times S_0+pS_0\end{bmatrix}$$

根据幅值 h，可对旋量 H 赋予不同的物理意义。若 h 表示力的大小，则 H 称为力旋量；若 h 表示物体的角速度大小，则 H 称为运动旋量。

一般地，给定一个不全为零的对偶矢量

$$Q=\begin{bmatrix}S\\S_q\end{bmatrix}$$

1）若 $S\neq0$、$S\cdot S_q=0$，则 Q 表示线矢量，那么

$$Q=\begin{bmatrix}S\\S_q\end{bmatrix}=q\begin{bmatrix}S_0\\r\times S_0\end{bmatrix}$$

式中，$q=|S|$是原部矢量 S 的大小；S_0 是原部矢量 S 的单位矢量；r 是位置矢量。这里单位线矢量为

$$Q_0=\begin{bmatrix}S_0\\r\times S_0\end{bmatrix}$$

2）若 $S\neq0$、$S\cdot S_q\neq0$，则 Q 表示旋量，那么

$$Q=\begin{bmatrix}S\\S_q\end{bmatrix}=q\begin{bmatrix}S_0\\r\times S_0+pS_0\end{bmatrix}$$

式中，$q=|\boldsymbol{S}|$是原部矢量 $\boldsymbol{S}$ 的大小；$\boldsymbol{S}_0$ 是原部矢量 $\boldsymbol{S}$ 的单位矢量；$\boldsymbol{r}$ 是位置矢量；p 是旋量的节距。这里单位旋量为

$$\boldsymbol{Q}_0=\begin{bmatrix}\boldsymbol{S}_0\\ \boldsymbol{r}\times\boldsymbol{S}_0+p\boldsymbol{S}_0\end{bmatrix}$$

3）若 $\boldsymbol{S}=0$、$\boldsymbol{S}_q\neq0$，则 $\boldsymbol{Q}$ 是自由矢量，那么

$$\boldsymbol{Q}=\begin{bmatrix}0\\ \boldsymbol{S}_q\end{bmatrix}=q\begin{bmatrix}0\\ \boldsymbol{S}_0\end{bmatrix}$$

式中，$q=|\boldsymbol{S}_q|$是对偶部矢量 $\boldsymbol{S}_q$ 的大小；$\boldsymbol{S}_0$ 表示对偶部矢量 $\boldsymbol{S}_q$ 的单位矢量。这里单位自由矢量为

$$\boldsymbol{Q}_0=\begin{bmatrix}0\\ \boldsymbol{S}_0\end{bmatrix}$$

综上所述，线矢量、旋量和自由矢量均可采用非零 6 维数组 $\boldsymbol{Q}$ 表示，并统一记为 $\boldsymbol{Q}=q\boldsymbol{Q}_0$，其中 q 表示 6 维数组的大小；$\boldsymbol{Q}_0$ 称为单位 6 维数组，表示单位线矢量、单位旋量或单位自由矢量见表 3-1。

表 3-1 自由矢量、线矢量和旋量

对偶矢量	$\boldsymbol{S}$	$\boldsymbol{S}\cdot\boldsymbol{S}_q$	类型	几何意义
$\boldsymbol{Q}=\begin{bmatrix}\boldsymbol{S}\\ \boldsymbol{S}_q\end{bmatrix}$	$\boldsymbol{S}\neq0$	$\boldsymbol{S}\cdot\boldsymbol{S}_q=\boldsymbol{0}$	线矢量	直线
	$\boldsymbol{S}\neq0$	$\boldsymbol{S}\cdot\boldsymbol{S}_q\neq\boldsymbol{0}$	旋量	直线和有向线段
	$\boldsymbol{S}=0$	$\boldsymbol{S}_q\neq0$	自由矢量	有向线段

例 3-4 判定六维数组 $\boldsymbol{Q}=[1\quad 1\quad 1\quad 2\quad 2\quad 2]^{\mathrm{T}}$ 是自由矢量、线矢量还是旋量，并确定轴线方程。

解： 1）由题意可知，$\boldsymbol{S}=[1\quad 1\quad 1]^{\mathrm{T}}$，$\boldsymbol{S}_q=[2\quad 2\quad 2]^{\mathrm{T}}$，则

$$p=\frac{\boldsymbol{S}\cdot\boldsymbol{S}_q}{\boldsymbol{S}\cdot\boldsymbol{S}}=\frac{6}{3}=2\neq\boldsymbol{0}$$

因此，$\boldsymbol{Q}$ 是旋量。

2）旋量轴线矢量方程为

$$\boldsymbol{r}\times\boldsymbol{S}=\boldsymbol{S}_q-p\boldsymbol{S}=[2\quad 2\quad 2]^{\mathrm{T}}-[2\quad 2\quad 2]^{\mathrm{T}}=[0\quad 0\quad 0]^{\mathrm{T}}$$

进一步

$$\boldsymbol{r}\times\boldsymbol{S}=\begin{vmatrix}\boldsymbol{i}&\boldsymbol{j}&\boldsymbol{k}\\ x&y&z\\ 1&1&1\end{vmatrix}=(y-z)\boldsymbol{i}+(z-x)\boldsymbol{j}+(x-y)\boldsymbol{k}=\boldsymbol{0}$$

可得

$$\begin{cases}y-z=\boldsymbol{0}\\ z-x=\boldsymbol{0}\\ x-y=\boldsymbol{0}\end{cases}$$

这 3 个平面的交线就是轴线。它是一条过原点，方向矢量为 $\boldsymbol{S}=[1\quad 1\quad 1]^{\mathrm{T}}$ 的直线。

例 3-5　确定旋量 $\boldsymbol{H}=[1\quad 0\quad 0\quad 1\quad 1\quad 1]^{\mathrm{T}}$ 的方向矢量、节距和垂直位置矢量。

解：1）旋量 $\boldsymbol{H}$ 的原部矢量表示方向矢量，则

$$\boldsymbol{S}=[1\quad 0\quad 0]^{\mathrm{T}}$$

2）节距为

$$p=\frac{\boldsymbol{S}\cdot\boldsymbol{S}_p}{\boldsymbol{S}\cdot\boldsymbol{S}}=1$$

3）垂直位置矢量为

$$\boldsymbol{r}_{\perp}=\frac{\boldsymbol{S}\times\boldsymbol{S}_p}{\boldsymbol{S}\cdot\boldsymbol{S}}=\begin{vmatrix}\boldsymbol{i} & \boldsymbol{j} & \boldsymbol{k}\\ 1 & 0 & 0\\ 1 & 1 & 1\end{vmatrix}=-\boldsymbol{j}+\boldsymbol{k}$$

3.3　力旋量

力系是指作用在物体上的一组力，例如平面力系、汇交力系、平行力系以及空间任意力系等。力旋量是从力系简化中引出的概念，表示作用在物体上的力螺旋。

3.3.1　力系的特征量

设作用在物体上的力系 $\boldsymbol{F}_i$（$i=1,2,\cdots,n$），各个力的作用点为 P_i，点 O 为空间某一点，$\boldsymbol{r}_i$ 表示力的作用点 P_i 相对点 O 的位置矢量，如图 3-6 所示。

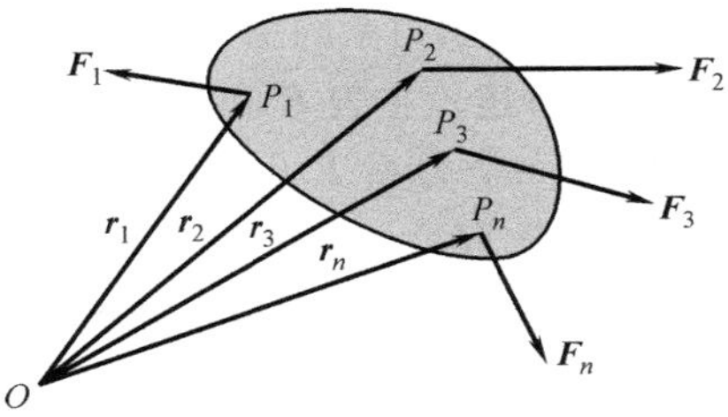

图 3-6　力系

力系 $\boldsymbol{F}_i$（$i=1,2,\cdots,n$）中各个力的矢量和，称为力系的主矢，记为 $\boldsymbol{F}$，则

$$\boldsymbol{F}=\sum_{i=1}^{n}\boldsymbol{F}_i=\boldsymbol{F}_1+\boldsymbol{F}_2+\cdots+\boldsymbol{F}_n \tag{3-1}$$

主矢是力系的一个特征量。力系中各个力的作用点不一定相同，力的作用线也不一定互相平行，但只要力系确定了，就可以通过矢量加法计算力系的主矢。定义 $I_1=\boldsymbol{F}\cdot\boldsymbol{F}$，其中 $\boldsymbol{F}$ 表示力系的主矢，I_1 为力系的第一不变量。

力系 $\boldsymbol{F}_i$（$i=1,2,\cdots,n$）中各个力相对空间某一点力矩的矢量和称为力系的主矩。在图 3-6 中，如以点 O 为矩心，设力系中各个力相对矩心 O 的力矩为 $m_O(\boldsymbol{F}_1)$、$m_O(\boldsymbol{F}_2)$、$\cdots$、$m_O(\boldsymbol{F}_n)$，主矩 $\boldsymbol{M}_O$ 为

$$\boldsymbol{M}_O=\sum_{i=1}^{n}m_O(\boldsymbol{F}_i)=m_O(\boldsymbol{F}_1)+m_O(\boldsymbol{F}_2)+\cdots+m_O(\boldsymbol{F}_n) \tag{3-2}$$

主矩是力系的另一个特征量。一般情况下，力系的主矩依赖矩心的选择，即相对不同的矩心，力系的主矩不同。设力系 $\boldsymbol{F}_i$（$i=1,2,\cdots,n$）中力的作用点为 P_i，$\boldsymbol{r}_i$ 表示点 P_i 相对点 O 的位置矢量，$\boldsymbol{r}'_i$表示点 P_i 相对点 A 的位置矢量，$\boldsymbol{r}$ 表示点 A 相对点 O 的位置矢量，如图 3-7 所示。

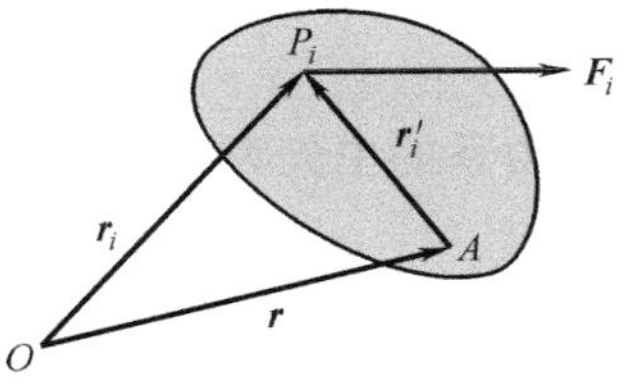

图 3-7　力系相对不同点的主矩

下面分析力系 $\boldsymbol{F}_i$（$i=1,2,\cdots,n$）对点 A 的主矩 $\boldsymbol{M}_A$ 和

对点 O 的主矩 $\boldsymbol{M}_O$ 之间的关系。

以点 A 为矩心，力系 $\boldsymbol{F}_i$ 对点 A 的主矩可表示为

$$\boldsymbol{M}_A = \sum_{i=1}^{n} \boldsymbol{r}'_i \times \boldsymbol{F}_i$$

以点 O 为矩心，力系 $\boldsymbol{F}_i$ 对点 O 的主矩可表示为

$$\boldsymbol{M}_O = \sum_{i=1}^{n} \boldsymbol{r}_i \times \boldsymbol{F}_i = \sum_{i=1}^{n} (\boldsymbol{r} + \boldsymbol{r}'_i) \times \boldsymbol{F}_i = \sum_{i=1}^{n} \boldsymbol{r} \times \boldsymbol{F}_i + \sum_{i=1}^{n} \boldsymbol{r}'_i \times \boldsymbol{F}_i = \boldsymbol{r} \times \sum_{i=1}^{n} \boldsymbol{F}_i + \boldsymbol{M}_A$$

令 $\boldsymbol{F} = \sum_{i=1}^{n} \boldsymbol{F}_i$，$\boldsymbol{F}$ 表示该力系的主矢，则力系相对不同矩心的主矩表达式为

$$\boldsymbol{M}_O = \boldsymbol{r} \times \boldsymbol{F} + \boldsymbol{M}_A \tag{3-3}$$

显然，只有在特殊情况下，$\boldsymbol{M}_O$ 和 $\boldsymbol{M}_A$ 才相等，即力系的主矢 $\boldsymbol{F}=0$ 或者矩心 A 的位置特殊，即点 A 相对点 O 的位置矢量 $\boldsymbol{r}$ 与主矢 $\boldsymbol{F}$ 平行，即 $\boldsymbol{r}\times\boldsymbol{F}=0$，则 $\boldsymbol{M}_O=\boldsymbol{M}_A$。除此之外，$\boldsymbol{M}_O \neq \boldsymbol{M}_A$，这说明力系相对不同矩心的主矩不同。当矩心位置变化后，力系的主矩也发生变化。因此，对于力系的主矩，必须明确矩心的位置，说明是相对哪一点的主矩。

虽然主矩随矩心的不同而变化，但主矩和主矢的数量积是一个不变量，不随矩心的不同而变化，即 $\boldsymbol{M}_O \cdot \boldsymbol{F} = (\boldsymbol{r}\times\boldsymbol{F}+\boldsymbol{M}_A) \cdot \boldsymbol{F} = \boldsymbol{M}_A \cdot \boldsymbol{F}$。定义 $I_2 = \boldsymbol{M}_O \cdot \boldsymbol{F}$，其中 $\boldsymbol{M}_O$ 表示力系相对点 O 的主矩，$\boldsymbol{F}$ 表示力系的主矢，称 I_2 为力系的第二不变量。

综上所述，主矢 $\boldsymbol{F}$ 和主矩 $\boldsymbol{M}_O$ 是力系的两个特征量，它们共同决定了物体的运动规律。对于任意一个力系 $\boldsymbol{F}_i(i=1, 2, \cdots, n)$，总可以求出它的主矢 $\boldsymbol{F}$ 和相对某一点 O 的主矩 $\boldsymbol{M}_O$。如果选取另一点 A 为矩心，相对点 A 的主矩为 $\boldsymbol{M}_A$，那么该力系的主矢 $\boldsymbol{F}$ 不变，但主矩发生变化，即 $\boldsymbol{M}_A \neq \boldsymbol{M}_O$，如图 3-8 所示。

例 3-6　如图 3-9 所示，平面力系作用在一个边长为 $2a$ 的正方形上，求该力系的主矢 $\boldsymbol{F}$ 和力系相对点 O 的主矩 $\boldsymbol{M}_O$。

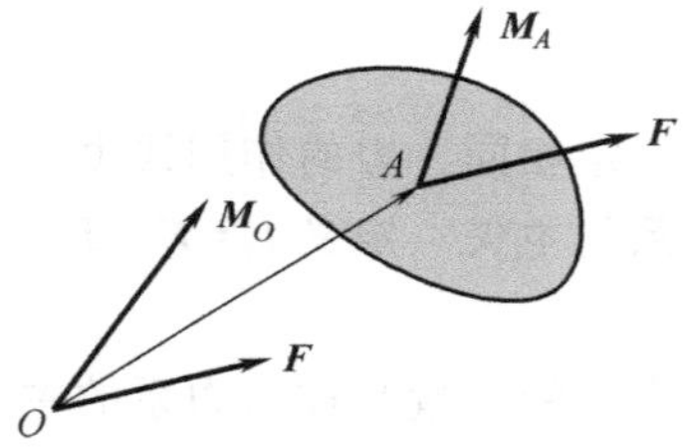

图 3-8　力系的主矢和主矩

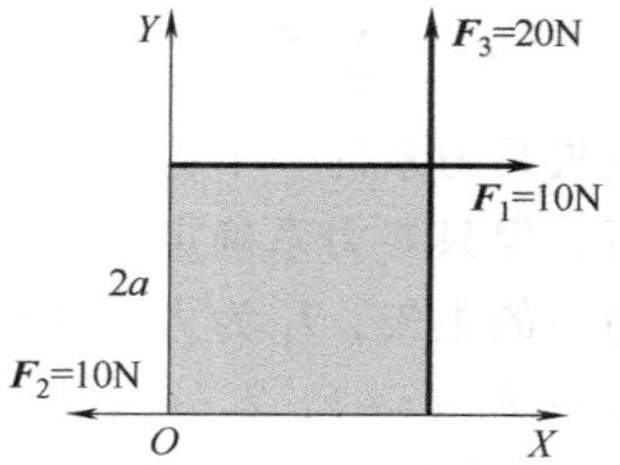

图 3-9　力系的主矢和主矩计算

解：力系中各个力可以表示为

$$\boldsymbol{F}_1 = \begin{bmatrix} 10 \\ 0 \\ 0 \end{bmatrix}; \boldsymbol{F}_2 = \begin{bmatrix} -10 \\ 0 \\ 0 \end{bmatrix}; \boldsymbol{F}_3 = \begin{bmatrix} 0 \\ 20 \\ 0 \end{bmatrix}$$

力系的主矢为

$$\boldsymbol{F} = \sum_{i=1}^{3} \boldsymbol{F}_i = \begin{bmatrix} 10 \\ 0 \\ 0 \end{bmatrix} + \begin{bmatrix} -10 \\ 0 \\ 0 \end{bmatrix} + \begin{bmatrix} 0 \\ 20 \\ 0 \end{bmatrix} = \begin{bmatrix} 0 \\ 20 \\ 0 \end{bmatrix}$$

假设力系 $\boldsymbol{F}_i$ 中各个力的位置矢量为 $\boldsymbol{r}_i(i=1,2,3)$，则

$$\boldsymbol{r}_1=\begin{bmatrix}0\\2a\\0\end{bmatrix},\boldsymbol{r}_2=\begin{bmatrix}0\\0\\0\end{bmatrix},\boldsymbol{r}_3=\begin{bmatrix}2a\\0\\0\end{bmatrix}$$

力系相对点 O 的主矩为

$$\boldsymbol{M}_O=\sum_{i=1}^{3}\boldsymbol{r}_i\times\boldsymbol{F}_i=\boldsymbol{r}_1\times\boldsymbol{F}_1+\boldsymbol{r}_2\times\boldsymbol{F}_2+\boldsymbol{r}_3\times\boldsymbol{F}_3=\begin{bmatrix}0\\0\\20a\end{bmatrix}$$

3.3.2 力螺旋、力与力偶矩

根据空间力系的主矢 $\boldsymbol{F}$ 和主矩 $\boldsymbol{M}_O$ 的特点，可将空间力系的简化结果分为以下几种情况：

1）主矢 $\boldsymbol{F}=0$、主矩 $\boldsymbol{M}_O=0$，该力系简化为一个零力系，物体处于平衡状态。

2）主矢 $\boldsymbol{F}=0$、主矩 $\boldsymbol{M}_O\neq0$，该力系简化为一个力偶，这个力偶的矩等于主矩 $\boldsymbol{M}_O$。

3）主矢 $\boldsymbol{F}\neq0$、主矩 $\boldsymbol{M}_O=0$，该力系简化为一个力，这个力等于主矢 $\boldsymbol{F}$。

4）主矢 $\boldsymbol{F}\neq0$、主矩 $\boldsymbol{M}_O\neq0$，但 $\boldsymbol{M}_O\cdot\boldsymbol{F}=\boldsymbol{0}$，即 $\boldsymbol{M}_O$ 与 $\boldsymbol{F}$ 垂直，那么可以在空间找到点 A，点 A 的位置矢量为 $\boldsymbol{r}$，使得 $\boldsymbol{r}\times\boldsymbol{F}=\boldsymbol{M}_O$。根据力系相对不同矩心主矩之间的关系，力系对点 O 的主矩和对点 A 的主矩满足

$$\boldsymbol{M}_O=\boldsymbol{r}\times\boldsymbol{F}+\boldsymbol{M}_A$$

则

$$\boldsymbol{M}_A=\boldsymbol{M}_O-\boldsymbol{r}\times\boldsymbol{F}=\boldsymbol{r}\times\boldsymbol{F}-\boldsymbol{r}\times\boldsymbol{F}=0$$

这里 $\boldsymbol{r}\times\boldsymbol{F}=\boldsymbol{M}_O$ 是直线的矢量方程，这条直线上的点均可作为点 A，因此将力系向该直线上的任意一点简化时，该力系简化为一个力，这个力等于主矢 $\boldsymbol{F}$，如图 3-10 所示。

5）主矢 $\boldsymbol{F}\neq0$、主矩 $\boldsymbol{M}_O\neq0$，且 $\boldsymbol{M}_O\cdot\boldsymbol{F}\neq\boldsymbol{0}$，即 $\boldsymbol{M}_O$ 与 $\boldsymbol{F}$ 不垂直。

下面重点研究情况 5)，引出力螺旋的概念。首先提出以下问题：由于矩心的选择是任意的，主矩相对不同的矩心而不同，那么是否存在这样的点，使力系相对该点的主矩恰好与主矢共线？为此，假设存在这样的点 A，使力系相对点 A 的主矩 $\boldsymbol{M}_A$ 与主矢 $\boldsymbol{F}$ 共线，如图 3-11 所示，其中 $\boldsymbol{M}_O$ 表示力系相对点 O 的主矩，$\boldsymbol{r}$ 为点 A 相对点 O 的位置矢量。

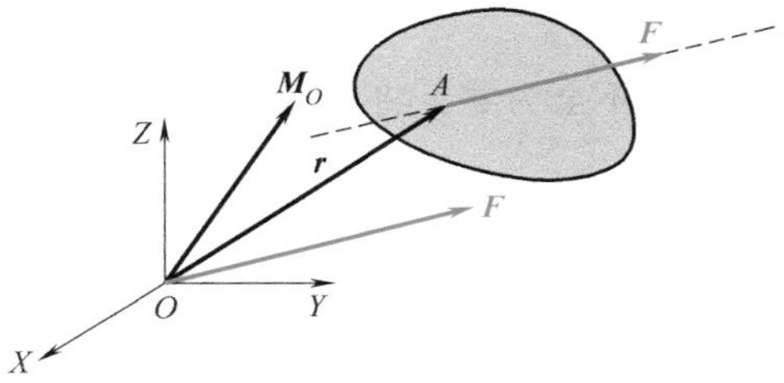

图 3-10 $F\neq0$、$M_O\neq0$、$M_O\cdot F=0$ 的情况

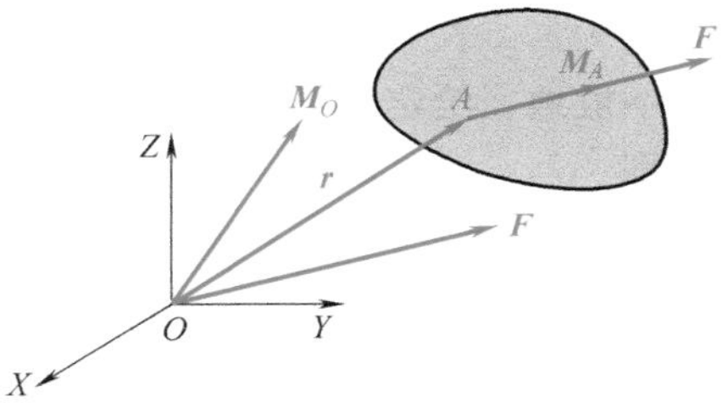

图 3-11 $F\neq0$、$M_O\neq0$、$M_O\cdot F\neq0$ 的情况

若主矩 $\boldsymbol{M}_A$ 与主矢 $\boldsymbol{F}$ 共线，则存在常数 $p_w\neq0$，使

$$\boldsymbol{M}_A=p_w\boldsymbol{F} \tag{3-4}$$

若 $p_w>0$，$\boldsymbol{M}_A$ 与 $\boldsymbol{F}$ 的方向相同；$p_w<0$，$\boldsymbol{M}_A$ 与 $\boldsymbol{F}$ 的方向相反。

根据力系相对不同矩心主矩之间的关系，力系对点 O 的主矩和对点 A 的主矩满足

$$\boldsymbol{M}_O=\boldsymbol{r}\times\boldsymbol{F}+\boldsymbol{M}_A=\boldsymbol{r}\times\boldsymbol{F}+p_w\boldsymbol{F} \tag{3-5}$$

进一步

$$\boldsymbol{r}\times\boldsymbol{F}=\boldsymbol{M}_O-p_w\boldsymbol{F} \tag{3-6}$$

式（3-6）表示以主矢 $\boldsymbol{F}$ 为方向矢量，以 $\boldsymbol{M}_O-p_w\boldsymbol{F}$ 为线矩的直线矢量方程，其中主矢 $\boldsymbol{F}$、主矩 $\boldsymbol{M}_O$ 以及常数 p_w 为已知量。当以这条直线上的点为矩心时，力系的主矩与主矢共线，由此得到 Poinsot 定理，即作用在物体上的任意力系总可以简化为一个力和与该力共线的力偶矩。

这个力和与该力共线的力偶矩构成的力系，称为力螺旋。力具有使物体沿力的作用线平动的效应，力偶矩具有使物体绕力的作用线转动的效应。它是力系简化的一般情况和最简形式，如图 3-12 所示。

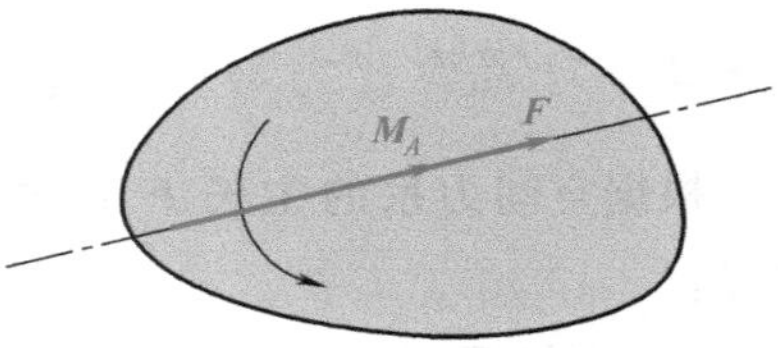

图 3-12　力螺旋

综上所述，情况 5）可以简化为一个力螺旋。

力旋量表示一个力螺旋。它是由力系的主矢 $\boldsymbol{F}$ 和主矩 $\boldsymbol{M}_O$ 构成的六维数组，其中 $\boldsymbol{M}_O\cdot\boldsymbol{F}\neq\boldsymbol{0}$，记为

$$\boldsymbol{W}=\begin{bmatrix}\boldsymbol{F}\\ \boldsymbol{M}_O\end{bmatrix}$$

将力系的主矢 $\boldsymbol{F}$ 进一步写为 $\boldsymbol{F}=f\boldsymbol{S}_0$，$f$ 表示主矢的大小，$\boldsymbol{S}_0$ 表示主矢的单位矢量；力系的主矩 $\boldsymbol{M}_O$ 可进一步写为 $\boldsymbol{M}_O=\boldsymbol{r}\times\boldsymbol{F}+\boldsymbol{M}_A=\boldsymbol{r}\times\boldsymbol{F}+p_w\boldsymbol{F}=f(\boldsymbol{r}\times\boldsymbol{S}_0+p_w\boldsymbol{S}_0)$，$p_w$ 称为力旋量的节距，那么力旋量 $\boldsymbol{W}$ 可进一步表示为

$$\boldsymbol{W}=\begin{bmatrix}\boldsymbol{F}\\ \boldsymbol{M}_O\end{bmatrix}=\begin{bmatrix}\boldsymbol{F}\\ \boldsymbol{r}\times\boldsymbol{F}+p_w\boldsymbol{F}\end{bmatrix}=f\begin{bmatrix}\boldsymbol{S}_0\\ \boldsymbol{r}\times\boldsymbol{S}_0+p_w\boldsymbol{S}_0\end{bmatrix}$$

力旋量的节距 p_w 由力系的第一不变量 I_1 和第二不变量 I_2 决定，将 $\boldsymbol{M}_O$ 两边点乘力系的主矢 $\boldsymbol{F}$

$$\boldsymbol{M}_O\cdot\boldsymbol{F}=(\boldsymbol{r}\times\boldsymbol{F}+p_w\boldsymbol{F})\cdot\boldsymbol{F}=p_w\boldsymbol{F}\cdot\boldsymbol{F}$$

那么

$$p_w=\frac{\boldsymbol{M}_O\cdot\boldsymbol{F}}{\boldsymbol{F}\cdot\boldsymbol{F}}=\frac{I_2}{I_1}$$

由矢量方程 $\boldsymbol{r}\times\boldsymbol{F}=\boldsymbol{M}_O-p_w\boldsymbol{F}$ 确定的直线称为力旋量的轴线。

一般地，给定力系的主矢 $\boldsymbol{F}$ 和主矩 $\boldsymbol{M}_O$，且 $\boldsymbol{F}$ 和 $\boldsymbol{M}_O$ 不全为零，将其写为对偶矢量的形式，即

$$\boldsymbol{W}=\begin{bmatrix}\boldsymbol{F}\\ \boldsymbol{M}_O\end{bmatrix}$$

1）若 $\boldsymbol{F}\neq0$、$\boldsymbol{M}_O\cdot\boldsymbol{F}=\boldsymbol{0}$，则 $\boldsymbol{W}$ 是线矢量，表示一个力，称为力线矢量。如图 3-13 所示，力的作用线的位置矢量为 $\boldsymbol{r}$，$\boldsymbol{S}_0$ 表示力的单位矢量，f 表示力的大小，则 $\boldsymbol{F}=f\boldsymbol{S}_0$。

力线矢量 $\boldsymbol{W}$ 可以表示为

$$\boldsymbol{W}=\begin{bmatrix}\boldsymbol{F}\\ \boldsymbol{r}\times\boldsymbol{F}\end{bmatrix}=f\begin{bmatrix}\boldsymbol{S}_0\\ \boldsymbol{r}\times\boldsymbol{S}_0\end{bmatrix}=f\boldsymbol{W}_0$$

其中，$\boldsymbol{W}_0$ 表示单位线矢量。

2）如果 $\boldsymbol{F}\neq 0$、$\boldsymbol{M}_O\cdot\boldsymbol{F}\neq\boldsymbol{0}$，则 $\boldsymbol{W}$ 是旋量，表示一个力螺旋，称为力旋量。如图 3-14 所示，力 $\boldsymbol{F}$ 的作用线的位置矢量 $\boldsymbol{r}$，$\boldsymbol{S}_0$ 表示力的单位矢量，f 表示力的大小，则 $\boldsymbol{F}=f\boldsymbol{S}_0$，$\boldsymbol{M}_A$ 表示与力 $\boldsymbol{F}$ 共线的力偶矩，则 $\boldsymbol{M}_A=p_w\boldsymbol{F}$。

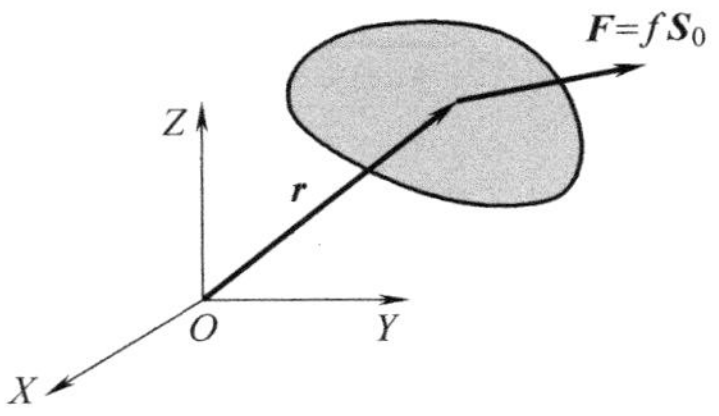

图 3-13　力线矢量

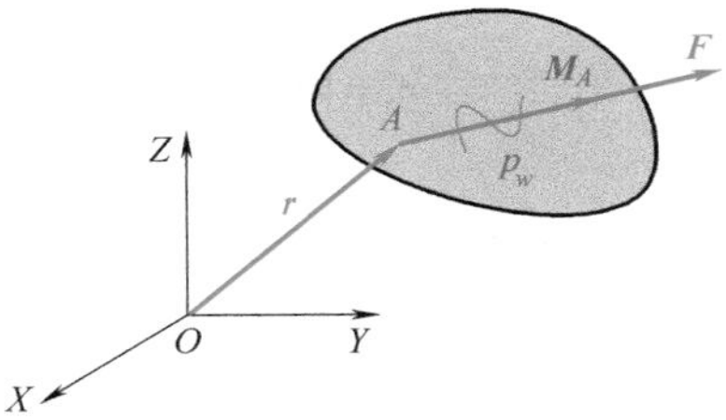

图 3-14　力旋量

力旋量 $\boldsymbol{W}$ 可以表示为

$$\boldsymbol{W}=\begin{bmatrix}\boldsymbol{F}\\ \boldsymbol{r}\times\boldsymbol{F}+p_w\boldsymbol{F}\end{bmatrix}=f\begin{bmatrix}\boldsymbol{S}_0\\ \boldsymbol{r}\times\boldsymbol{S}_0+p_w\boldsymbol{S}_0\end{bmatrix}=f\boldsymbol{W}_0$$

其中，$\boldsymbol{W}_0$ 表示单位旋量。

3）若 $\boldsymbol{F}=0$、$\boldsymbol{M}_O\neq 0$，则 $\boldsymbol{W}$ 是自由矢量，表示力偶，称为力偶自由矢量。令 $\boldsymbol{M}_O=f\boldsymbol{S}_0$，其中 f 表示力偶矩的大小，$\boldsymbol{S}_0$ 表示力偶矩的单位矢量，则力偶矩自由矢量为

$$\boldsymbol{W}=\begin{bmatrix}0\\ \boldsymbol{M}_O\end{bmatrix}=f\begin{bmatrix}0\\ \boldsymbol{S}_0\end{bmatrix}=f\boldsymbol{W}_0$$

其中，$\boldsymbol{W}_0$ 表示单位自由矢量。

综上所述，力是线矢量，力螺旋是旋量，力偶矩是自由矢量。它们均可以采用非零 6 维数组表示，并统一记为 $\boldsymbol{W}=f\boldsymbol{W}_0$，其中，$\boldsymbol{W}$ 称为广义力 6 维数组；f 称为广义力，表示力的大小或力偶矩的大小；$\boldsymbol{W}_0$ 是单位广义力 6 维数组，表示单位线矢量、单位旋量或单位自由矢量。表 3-2 所示为力的分类。

表 3-2　力、力螺旋和力偶矩

类型	数学含义	数学描述	f 含义	$\boldsymbol{W}_0$ 含义
力	线矢量	$\boldsymbol{W}=f\boldsymbol{W}_0$	力的大小	单位线矢量
力螺旋	旋量		力的大小	单位旋量
力偶矩	自由矢量		力偶矩的大小	单位自由矢量

例 3-7　图 3-15 所示为由 3 个力构成的力系，各力的作用线与相应坐标轴的距离均为 a，用力旋量表示该力系，并计算节距。

解： 力旋量是力系主矢和主矩的组合，因此首先要确定力系的主矢和主矩。根据题意，将各力的大小和方向表示为 3 维矢量

$$\boldsymbol{F}_1=\begin{bmatrix}-8\\0\\0\end{bmatrix},\boldsymbol{F}_2=\begin{bmatrix}0\\0\\5\end{bmatrix},\boldsymbol{F}_3=\begin{bmatrix}0\\4\\0\end{bmatrix}$$

力系的主矢为

$$F=\sum_{i=1}^{3}F_i=\begin{bmatrix}-8\\0\\0\end{bmatrix}+\begin{bmatrix}0\\0\\5\end{bmatrix}+\begin{bmatrix}0\\4\\0\end{bmatrix}=\begin{bmatrix}-8\\4\\5\end{bmatrix}$$

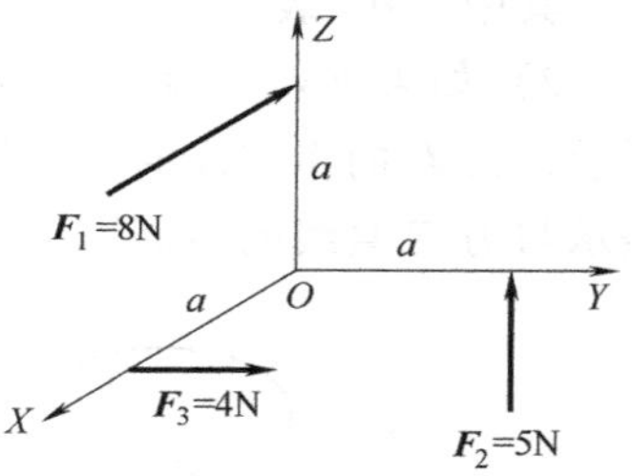

图 3-15　力的分布

设力系中各个力的位置矢量为 $\boldsymbol{r}_i(i=1,\ 2,\ 3)$，则

$$\boldsymbol{r}_1=\begin{bmatrix}0\\0\\a\end{bmatrix},\boldsymbol{r}_2=\begin{bmatrix}0\\a\\0\end{bmatrix},\boldsymbol{r}_3=\begin{bmatrix}a\\0\\0\end{bmatrix}$$

力系相对点 O 的主矩为

$$\boldsymbol{M}_O=\sum_{i=1}^{3}\boldsymbol{r}_i\times\boldsymbol{F}_i=\boldsymbol{r}_1\times\boldsymbol{F}_1+\boldsymbol{r}_2\times\boldsymbol{F}_2+\boldsymbol{r}_3\times\boldsymbol{F}_3=\begin{bmatrix}5a\\-8a\\4a\end{bmatrix}$$

力旋量可以表示为

$$\boldsymbol{W}=\begin{bmatrix}\boldsymbol{F}\\\boldsymbol{M}_O\end{bmatrix}=[-8\quad 4\quad 5\quad 5a\quad -8a\quad 4a]^{\mathrm{T}}$$

力旋量的节距为

$$p_w=\frac{\boldsymbol{M}_O\cdot\boldsymbol{F}}{\boldsymbol{F}\cdot\boldsymbol{F}}=-\frac{52a}{105}$$

3.4　运动旋量

不受任何约束的物体称为自由物体，它可以在空间做任意运动。这种运动称为一般运动或自由运动，例如抛出去的石块、海上航行的船舶以及空中飞行的飞机等。运动旋量包括物体做一般运动的两个特征量：角速度矢量和基点速度，用于描述物体的一般运动。

3.4.1　一般运动的特征量

研究物体的运动，首先必须选取参考系。选定了参考系，物体是静止还是运动，以及如何运动才有明确的意义。如图 3-16 所示，物体 B 相对参考坐标系 $AX_AY_AZ_A$ 做一般运动。在物体 B 上任取一点 O 为坐标原点建立平动坐标系 $OXYZ$。它不与物体固连，是一个以点 O 为坐标原点的假想坐标系，其坐标轴的指向与参考坐标系 $AX_AY_AZ_A$ 相应坐标轴的指向一致。点 O 称为基点，基点的选择是任意的，即可以选为物体上的任意一点。

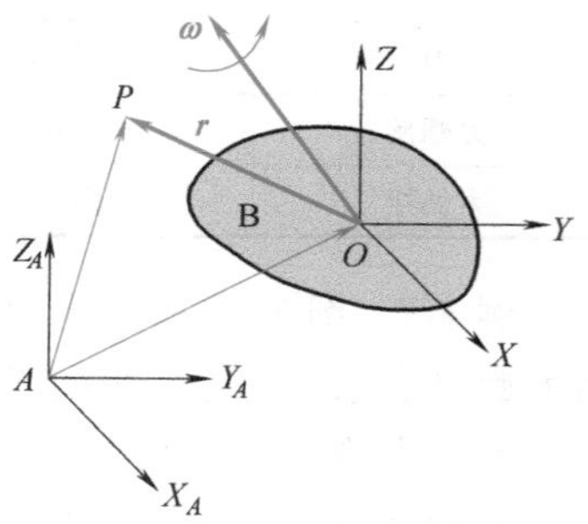

图 3-16　运动的描述

物体 B 在运动过程中，平动坐标系 $OXYZ$ 随基点 O 相对参考坐标系 $AX_AY_AZ_A$ 平动，同时在平动坐标系 $OXYZ$ 下观察，物体又绕基点 O 转动。因此物体 B 的运动可分解为随基点 O 的平动和绕基点 O 的转动。或者说，物体 B 的运动由随基点 O 的平动和绕基点 O 的转动复合而成。

下面研究物体上各点的速度分布，设物体 B 上某一点 P 相对基点 O 的位置矢量为 $\boldsymbol{r}$，则

$$\boldsymbol{AP}=\boldsymbol{AO}+\boldsymbol{r}$$

对该式求导

$$\frac{\mathrm{d}\boldsymbol{AP}}{\mathrm{d}t}=\frac{\mathrm{d}\boldsymbol{AO}}{\mathrm{d}t}+\frac{\mathrm{d}\boldsymbol{r}}{\mathrm{d}t}$$

令$\boldsymbol{v}_P=\dfrac{\mathrm{d}\boldsymbol{AP}}{\mathrm{d}t}$表示点 P 在参考坐标系中的速度矢量；$\boldsymbol{v}_O=\dfrac{\mathrm{d}\boldsymbol{AO}}{\mathrm{d}t}$表示基点 O 在参考坐标系中的速度矢量；$\dfrac{\mathrm{d}\boldsymbol{r}}{\mathrm{d}t}=\boldsymbol{\omega}\times\boldsymbol{r}$ 表示点 P 随物体转动的速度，$\boldsymbol{\omega}$ 为物体绕基点 O 转动的角速度矢量，则物体上各点的速度分布公式为

$$\boldsymbol{v}_P=\boldsymbol{v}_O+\boldsymbol{\omega}\times\boldsymbol{r}$$

由此可见，物体 B 上任意一点 P 的速度矢量$\boldsymbol{v}_P$ 等于基点 O 的速度矢量$\boldsymbol{v}_O$ 与点 P 随物体转动速度 $\boldsymbol{\omega}\times\boldsymbol{r}$ 的矢量和。只要知道基点 O 的速度矢量$\boldsymbol{v}_O$ 和物体的角速度矢量 $\boldsymbol{\omega}$，就可以求出物体上各点的速度。从这个角度，将角速度矢量 $\boldsymbol{\omega}$ 和基点速度矢量$\boldsymbol{v}_O$ 称为物体运动的两个特征量。

1）角速度矢量 $\boldsymbol{\omega}$ 不依赖基点的选择，即不随基点的不同而变化，记 $K_1=\boldsymbol{\omega}\cdot\boldsymbol{\omega}$，$K_1$ 称为物体的第一运动学不变量。

2）物体做一般运动时，其上各点的速度通常不同，但它们沿角速度矢量 $\boldsymbol{\omega}$ 方向的投影相等。例如物体上任意一点的速度矢量为$\boldsymbol{v}_P$，基点 O 的速度矢量为$\boldsymbol{v}_O$，则

$$\boldsymbol{v}_P\cdot\boldsymbol{\omega}=(\boldsymbol{v}_O+\boldsymbol{\omega}\times\boldsymbol{r})\cdot\boldsymbol{\omega}=\boldsymbol{v}_O\cdot\boldsymbol{\omega}$$

这说明物体上任意一点的速度$\boldsymbol{v}_P$ 在角速度矢量 $\boldsymbol{\omega}$ 方向的投影均等于基点速度矢量$\boldsymbol{v}_O$ 在相应方向的投影，记 $K_2=\boldsymbol{v}_O\cdot\boldsymbol{\omega}$，$K_2$ 称为物体的第二运动学不变量。

3.4.2　运动螺旋、转动与平动

通过角速度矢量 $\boldsymbol{\omega}$ 和基点速度矢量$\boldsymbol{v}_O$ 可以对物体的运动进行分类：

1）角速度矢量 $\boldsymbol{\omega}=0$，基点速度矢量$\boldsymbol{v}_O=0$，则物体上任意一点的速度$\boldsymbol{v}_P=\boldsymbol{v}_O+\boldsymbol{\omega}\times\boldsymbol{r}=0$，物体静止。

2）角速度矢量 $\boldsymbol{\omega}=0$，基点速度矢量$\boldsymbol{v}_O\neq0$，则物体上任意一点的速度$\boldsymbol{v}_P=\boldsymbol{v}_O+\boldsymbol{\omega}\times\boldsymbol{r}=\boldsymbol{v}_O$，各点的速度相等，物体做平动。

3）角速度矢量 $\boldsymbol{\omega}\neq0$，基点速度矢量$\boldsymbol{v}_O=0$，则物体上任意一点的速度$\boldsymbol{v}_P=\boldsymbol{v}_O+\boldsymbol{\omega}\times\boldsymbol{r}=\boldsymbol{\omega}\times\boldsymbol{r}$，物体做转动。

4）角速度矢量 $\boldsymbol{\omega}\neq0$，基点速度矢量$\boldsymbol{v}_O\neq0$，但$\boldsymbol{v}_O\cdot\boldsymbol{\omega}=0$，即 $\boldsymbol{\omega}$ 与$\boldsymbol{v}_O$ 垂直，设物体上存在速度为零的点 P，即$\boldsymbol{v}_P=0$，那么$\boldsymbol{v}_P=\boldsymbol{v}_O+\boldsymbol{\omega}\times\boldsymbol{r}=\boldsymbol{0}$，则点 P 的位置矢量 $\boldsymbol{r}$ 满足 $\boldsymbol{r}\times\boldsymbol{\omega}=\boldsymbol{v}_O$，这是直线的矢量方程，这条直线上的点均可作为点 P，其速度为零。以点 P 为新的基点，新的基点速度矢量$\boldsymbol{v}_P=\boldsymbol{0}$，又 $\boldsymbol{\omega}\neq0$，因此情况 4）转化为情况 3），即 $\boldsymbol{\omega}\neq0$、$\boldsymbol{v}_P=0$，物体做转动。

5）角速度矢量 $\boldsymbol{\omega}\neq0$，基点速度矢量$\boldsymbol{v}_O\neq0$，且$\boldsymbol{v}_O\cdot\boldsymbol{\omega}\neq\boldsymbol{0}$，即 $\boldsymbol{\omega}$ 与$\boldsymbol{v}_O$ 不垂直，如图 3-17 所示。

下面研究该情况物体的运动特点，为此提出以下问题：物体上是否存在这样的点？其速度矢量与物体的角速度矢量共线？假设点 P 是这样的点，其速度矢量$\boldsymbol{v}_P$ 与角速度矢量 $\boldsymbol{\omega}$ 平

行，那么存在常数 $p_t \neq 0$，使$\boldsymbol{v}_P = p_t\boldsymbol{\omega}$，如图 3-18 所示。

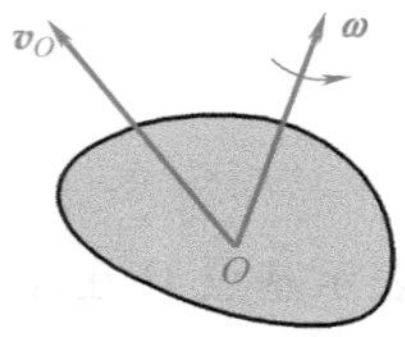

图 3-17　运动的特征量

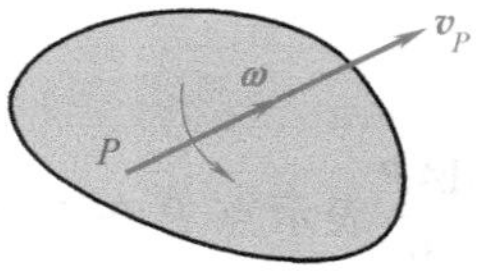

图 3-18　运动螺旋

根据物体运动时各点的速度分布公式，则

$$\boldsymbol{v}_P = p_t\boldsymbol{\omega} = \boldsymbol{v}_O + \boldsymbol{\omega} \times \boldsymbol{r}$$

进一步

$$\boldsymbol{r} \times \boldsymbol{\omega} = \boldsymbol{v}_O - p_t\boldsymbol{\omega}$$

若已知基点速度矢量$\boldsymbol{v}_O$ 和角速度矢量 $\boldsymbol{\omega}$，并给定参数 p_t，该式表示以 $\boldsymbol{\omega}$ 为方向矢量，以$\boldsymbol{v}_O - p_t\boldsymbol{\omega}$ 为线矩的直线矢量方程。物体在这条直线上点的速度矢量$\boldsymbol{v}_P$ 与角速度矢量 $\boldsymbol{\omega}$ 共线，由此得到 Chalses 定理：

物体的一般运动总可以看成沿空间一条直线的平动，同时绕该直线的转动。

这个平动与转动构成的复合运动称为运动螺旋或螺旋运动。若 $\boldsymbol{\omega}$ 与$\boldsymbol{v}_P$ 方向相同，则称为右手螺旋运动；若 $\boldsymbol{\omega}$ 与$\boldsymbol{v}_P$ 方向相反，则称为左手螺旋运动。

综上所述，在情况 5)，物体做螺旋运动。

螺旋运动可采用运动旋量描述。它是物体运动的角速度矢量 $\boldsymbol{\omega}$ 和基点速度矢量$\boldsymbol{v}_O$ 构成的一个 6 维数组，其中$\boldsymbol{v}_O \cdot \boldsymbol{\omega} \neq \boldsymbol{0}$，记为

$$\boldsymbol{T} = \begin{bmatrix} \boldsymbol{\omega} \\ \boldsymbol{v}_O \end{bmatrix}$$

将角速度矢量 $\boldsymbol{\omega}$ 进一步写为 $\boldsymbol{\omega} = \Omega \boldsymbol{S}_0$，其中，$\Omega$ 表示角速度矢量 $\boldsymbol{\omega}$ 的大小，$\boldsymbol{S}_0$ 表示角速度矢量 $\boldsymbol{\omega}$ 的单位矢量，基点的速度可以写为$\boldsymbol{v}_O = \boldsymbol{r} \times \boldsymbol{\omega} + \boldsymbol{v}_P = \boldsymbol{r} \times \boldsymbol{\omega} + p_t\boldsymbol{\omega}$，$p_t$ 称为运动旋量的节距，则运动旋量 $\boldsymbol{T}$ 可以进一步表示为

$$\boldsymbol{T} = \begin{bmatrix} \boldsymbol{\omega} \\ \boldsymbol{v}_O \end{bmatrix} = \begin{bmatrix} \boldsymbol{\omega} \\ \boldsymbol{r} \times \boldsymbol{\omega} + p_t\boldsymbol{\omega} \end{bmatrix} = \Omega \begin{bmatrix} \boldsymbol{S}_0 \\ \boldsymbol{r} \times \boldsymbol{S}_0 + p_t\boldsymbol{S}_0 \end{bmatrix}$$

运动旋量的节距 p_t 由物体的第一运动学不变量 K_1 和第二运动学不变量 K_2 决定，将基点速度矢量$\boldsymbol{v}_O$ 的两边同时点乘 $\boldsymbol{\omega}$，则

$$\boldsymbol{v}_O \cdot \boldsymbol{\omega} = (\boldsymbol{r} \times \boldsymbol{\omega} + p_t\boldsymbol{\omega}) \cdot \boldsymbol{\omega} = p_t\boldsymbol{\omega} \cdot \boldsymbol{\omega}$$

那么

$$p_t = \frac{\boldsymbol{v}_O \cdot \boldsymbol{\omega}}{\boldsymbol{\omega} \cdot \boldsymbol{\omega}} = \frac{K_2}{K_1}$$

由矢量方程 $\boldsymbol{r} \times \boldsymbol{\omega} = \boldsymbol{v}_O - p_t\boldsymbol{\omega}$ 确定的直线称为运动旋量的轴线，又称为瞬时螺旋轴。

一般地，给定物体运动的角速度矢量 $\boldsymbol{\omega}$ 和基点速度矢量$\boldsymbol{v}_O$，且 $\boldsymbol{\omega}$ 和$\boldsymbol{v}_O$ 不全为零，将其写为对偶矢量的形式，即

$$\boldsymbol{T} = \begin{bmatrix} \boldsymbol{\omega} \\ \boldsymbol{v}_O \end{bmatrix}$$

1）若角速度矢量 $\boldsymbol{\omega} \neq 0$，而 $\boldsymbol{v}_O \cdot \boldsymbol{\omega} = \boldsymbol{0}$，则物体做转动。$\boldsymbol{T}$ 是线矢量，称为转动线矢量。如图 3-19 所示，$\boldsymbol{r}$ 为物体转动轴线的位置矢量，$\boldsymbol{\omega} = \Omega \boldsymbol{S}_0$ 为物体转动的角速度矢量，其中，Ω 为角速度矢量 $\boldsymbol{\omega}$ 的大小，$\boldsymbol{S}_0$ 为角速度矢量 $\boldsymbol{\omega}$ 的单位矢量。

转动线矢量 $\boldsymbol{T}$ 可以表示为

$$\boldsymbol{T} = \begin{bmatrix} \boldsymbol{\omega} \\ \boldsymbol{r} \times \boldsymbol{\omega} \end{bmatrix} = \Omega \begin{bmatrix} \boldsymbol{S}_0 \\ \boldsymbol{r} \times \boldsymbol{S}_0 \end{bmatrix} = \Omega \boldsymbol{T}_0$$

式中，$\boldsymbol{T}_0$ 表示单位线矢量。

2）若角速度矢量 $\boldsymbol{\omega} \neq 0$，且 $\boldsymbol{v}_O \cdot \boldsymbol{\omega} \neq \boldsymbol{0}$，则物体做螺旋运动。$\boldsymbol{T}$ 是旋量，称为运动旋量。如图 3-20 所示，$\boldsymbol{r}$ 为物体螺旋运动轴线的位置矢量，$\boldsymbol{\omega} = \Omega \boldsymbol{S}_0$ 为物体绕瞬时螺旋轴转动的角速度矢量，其中 Ω 为角速度矢量的大小，$\boldsymbol{S}_0$ 为角速度矢量 $\boldsymbol{\omega}$ 的单位矢量，$\boldsymbol{v}_P$ 为物体沿瞬时螺旋轴平动的速度矢量，它与角速度矢量 $\boldsymbol{\omega}$ 共线，则 $\boldsymbol{v}_P = p_t \boldsymbol{\omega}$。

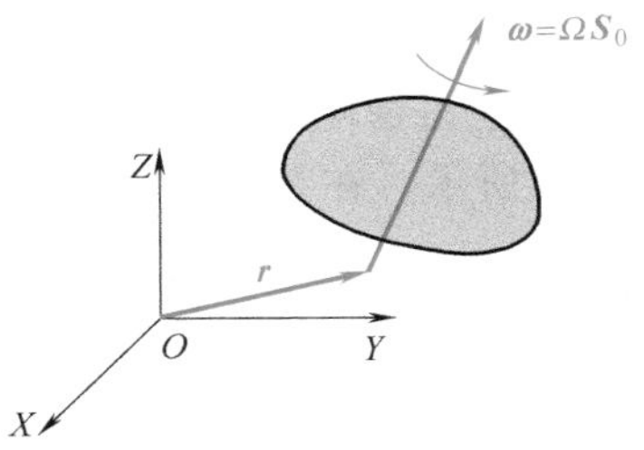

图 3-19 转动线矢量

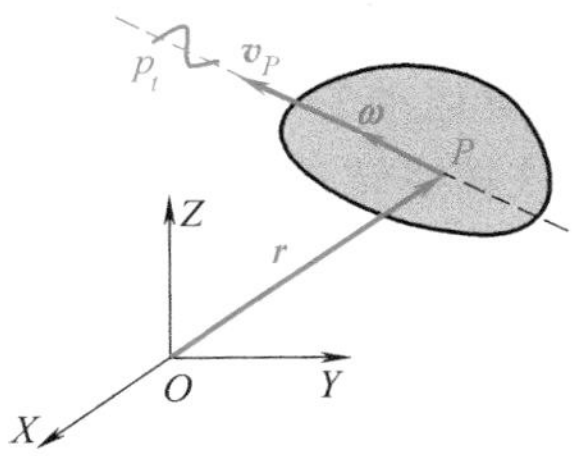

图 3-20 运动旋量

运动旋量 $\boldsymbol{T}$ 可以表示为

$$\boldsymbol{T} = \begin{bmatrix} \boldsymbol{\omega} \\ \boldsymbol{r} \times \boldsymbol{\omega} + p_t \boldsymbol{\omega} \end{bmatrix} = \Omega \begin{bmatrix} \boldsymbol{S}_0 \\ \boldsymbol{r} \times \boldsymbol{S}_0 + p_t \boldsymbol{S}_0 \end{bmatrix} = \Omega \boldsymbol{T}_0$$

式中，$\boldsymbol{T}_0$ 表示单位旋量。

3）若角速度矢量 $\boldsymbol{\omega} = 0$，则物体上任意一点 P 的速度 $\boldsymbol{v}_P = \boldsymbol{v}_O + \boldsymbol{\omega} \times \boldsymbol{r} = \boldsymbol{v}_O$，物体上各点的速度相等，物体做平动。$\boldsymbol{T}$ 是自由矢量，称为平动自由矢量。如图 3-21 所示，$\boldsymbol{v}_O$ 表示物体的平动速度矢量，Ω 表示平动速度矢量 $\boldsymbol{v}_O$ 的大小，$\boldsymbol{S}_0$ 表示平动速度矢量 $\boldsymbol{v}_O$ 的单位矢量，则 $\boldsymbol{v}_O = \Omega \boldsymbol{S}_0$。

平动自由矢量 $\boldsymbol{T}$ 可以表示为

$$\boldsymbol{T} = \begin{bmatrix} 0 \\ \boldsymbol{v}_O \end{bmatrix} = \boldsymbol{\Omega} \begin{bmatrix} 0 \\ \boldsymbol{S}_0 \end{bmatrix} = \Omega \boldsymbol{T}_0$$

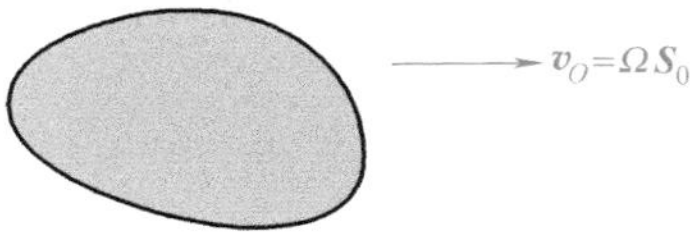

图 3-21 平动自由矢量

式中，$\boldsymbol{T}_0$ 表示单位自由矢量。

综上所述，物体的转动可以采用线矢量描述，螺旋运动可以采用旋量描述，平动可以采用自由矢量描述。它们均可以采用非零 6 维数组表示，并统一记为 $\boldsymbol{T} = \Omega \boldsymbol{T}_0$，其中，$\boldsymbol{T}$ 称为广义速度 6 维数组；Ω 称为广义速度，表示角速度矢量大小或平动速度矢量大小；$\boldsymbol{T}_0$ 是单位广义速度 6 维数组，表示单位线矢量、单位旋量或单位自由矢量。表 3-3 所示为运动分类。

表 3-3 转动、螺旋运动和平动

类型	数学含义	数学描述	Ω 含义	T_0 含义
转动	线矢量	$T=\Omega T_0$	角速度矢量大小	单位线矢量
螺旋运动	旋量		角速度矢量大小	单位旋量
平动	自由矢量		平动速度矢量大小	单位自由矢量

需要说明的是，螺旋运动的节距与螺纹的螺距和导程是不同的概念，图 3-22 所示为螺母-螺杆机构。

当固定螺杆，转动螺母时，螺母沿螺杆轴线移动，同时绕螺杆转动。

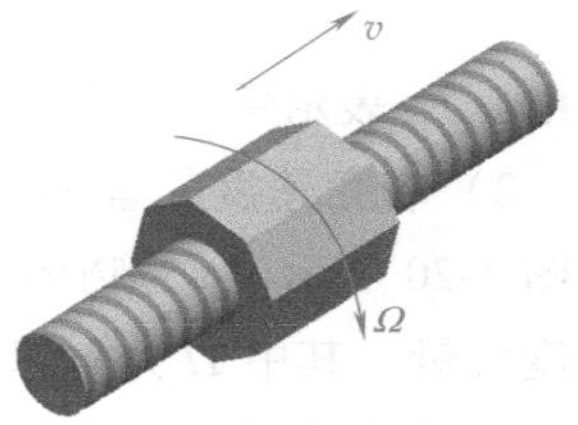

图 3-22 螺母-螺杆机构

1）螺纹的导程表示螺母绕螺杆转动一圈沿螺杆轴向移动的距离。例如图 3-22 中螺母的导程 $h=2\text{mm}$ 表示螺母绕螺杆转动一圈沿螺杆轴向移动 2mm。单头螺纹的导程等于螺距，双头螺纹的导程是螺距的 2 倍。

2）螺旋运动的节距 p_t 又称为螺旋率，是一个瞬时量。它是物体沿某一轴线平动的速度大小与绕该轴线转动的角速度大小的比值。例如如图 3-22 所示，在某瞬时，螺母沿螺杆轴向平动的速度大小为 v，绕螺杆转动的角速度大小为 Ω，则节距 $p_t=\dfrac{v}{\Omega}$。它表示螺母绕螺杆转动单位角度时，沿螺杆轴向移动的距离。

3）设螺母沿螺杆轴向匀速平动为 x，同时绕螺杆匀速转动 φ，则$\boldsymbol{v}=\dfrac{\mathrm{d}x}{\mathrm{d}t}$，$\boldsymbol{\omega}=\dfrac{\mathrm{d}\varphi}{\mathrm{d}t}$，螺杆的导程为 $h=2\text{mm}$，则螺母做螺旋运动的节距为

$$p_t=\frac{\boldsymbol{v}}{\boldsymbol{\omega}}=\frac{\mathrm{d}x}{\mathrm{d}\varphi}=\frac{h}{2\pi}=\frac{1}{\pi}$$

4）导程和螺距针对螺杆和螺母等机械零件，属于机械加工参数。节距针对螺旋运动，属于运动参数。

例 3-8 设某物体在空间做螺旋运动，角速度矢量 $\boldsymbol{\omega}=[3\quad 4\quad 0]^{\mathrm{T}}$，单位为 rad/s，物体上某点 O 的速度矢量$\boldsymbol{v}_O=[5\quad 0\quad 1]^{\mathrm{T}}$，单位为 m/s，写出物体的运动旋量、节距、垂直位置矢量 $\boldsymbol{r}_\perp$ 以及运动旋量的轴线方程。

解：1）物体上任意一点均可作为基点，因此假设点 O 为基点，已知角速度矢量 $\boldsymbol{\omega}$ 和基点速度矢量 $\boldsymbol{O}$，则物体的运动旋量可以表示为

$$\boldsymbol{T}=\begin{bmatrix}\boldsymbol{\omega}\\ \boldsymbol{v}_O\end{bmatrix}=[3\quad 4\quad 0\quad 5\quad 0\quad 1]^{\mathrm{T}}$$

2）运动旋量的节距为

$$p_t=\frac{\boldsymbol{v}_O\cdot\boldsymbol{\omega}}{\boldsymbol{\omega}\cdot\boldsymbol{\omega}}=\frac{3}{5}$$

3）垂直位置矢量为

$$\boldsymbol{r}_\perp=\frac{\boldsymbol{\omega}\times\boldsymbol{v}_O}{\boldsymbol{\omega}\cdot\boldsymbol{\omega}}=\begin{bmatrix}\dfrac{4}{25} & -\dfrac{3}{25} & -\dfrac{4}{5}\end{bmatrix}^{\mathrm{T}}$$

4）运动旋量的轴线方程为

$$\boldsymbol{r}\times\boldsymbol{\omega}=\boldsymbol{v}_O-p_t\boldsymbol{\omega}$$

设 $\boldsymbol{r}$ 表示直线上点的位置矢量，记 $\boldsymbol{r}=x\boldsymbol{i}+y\boldsymbol{j}+z\boldsymbol{k}$，则

$$\boldsymbol{r}\times\boldsymbol{\omega}=\begin{vmatrix}\boldsymbol{i} & \boldsymbol{j} & \boldsymbol{k}\\ x & y & z\\ 3 & 4 & 0\end{vmatrix}=5\boldsymbol{i}+\boldsymbol{k}-\frac{3}{5}(3\boldsymbol{i}+4\boldsymbol{j})$$

整理可得

$$-4z\boldsymbol{i}+3z\boldsymbol{j}+(4x-3y)\boldsymbol{k}=\frac{16}{5}\boldsymbol{i}-\frac{12}{5}\boldsymbol{j}+\boldsymbol{k}$$

运动旋量轴线方程可以表示为

$$\begin{cases}z=-\dfrac{4}{5}\\ 4x-3y=1\end{cases}$$

这两个平面的交线就是运动旋量的轴线。

3.5　力系的功率

如图 3-23 所示，力系中的某一力 $\boldsymbol{F}_i$ 作用在物体上的某一点 P_i，点 P_i 产生无限小位移 $\mathrm{d}\boldsymbol{r}_i$ 到点 P_i'，点 P_i 的位置矢量为 $\boldsymbol{r}_i$，点 P_i'的位置矢量为 $\boldsymbol{r}_i'$。

根据物体运动的速度分布公式，物体上任意一点 P_i 的速度为

$$\boldsymbol{v}_i=\boldsymbol{v}_O+\boldsymbol{\omega}\times\boldsymbol{r}_i$$

式中，$\boldsymbol{\omega}$ 为角速度矢量；$\boldsymbol{v}_O$ 是基点速度矢量。

点 P_i 的无限小位移 $\mathrm{d}\boldsymbol{r}_i=\boldsymbol{v}_i\mathrm{d}t$，力 $\boldsymbol{F}_i$ 在 $\mathrm{d}\boldsymbol{r}_i$ 上所做的功称为元功，记为 $\mathrm{d}A_i$，则

$$\mathrm{d}A_i=\boldsymbol{F}_i\cdot\boldsymbol{v}_i\mathrm{d}t=\boldsymbol{F}_i(\boldsymbol{v}_O+\boldsymbol{\omega}\times\boldsymbol{r}_i)\mathrm{d}t$$

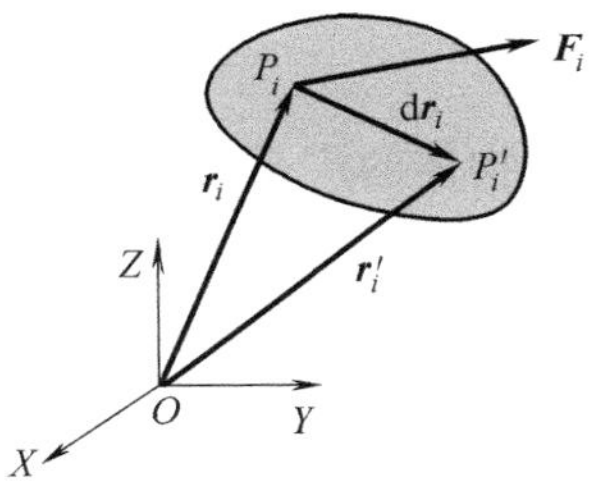

图 3-23　力的元功

将力系中各个力所做元功的和称为力系对物体做的总元功，记为

$$\mathrm{d}A=\sum_{i=1}^{n}\mathrm{d}A_i=\sum_{i=1}^{n}\boldsymbol{F}_i\cdot(\boldsymbol{v}_O+\boldsymbol{\omega}\times\boldsymbol{r}_i)\mathrm{d}t=\sum_{i=1}^{n}\boldsymbol{F}_i\cdot\boldsymbol{v}_O\mathrm{d}t+\sum_{i=1}^{n}\boldsymbol{F}_i\cdot(\boldsymbol{\omega}\times\boldsymbol{r}_i)\mathrm{d}t$$

利用矢量混合积的性质

$$\boldsymbol{F}_i\cdot(\boldsymbol{\omega}\times\boldsymbol{r}_i)=(\boldsymbol{r}_i\times\boldsymbol{F}_i)\cdot\boldsymbol{\omega}$$

则

$$\sum_{i=1}^{n}\boldsymbol{F}_i\cdot(\boldsymbol{\omega}\times\boldsymbol{r}_i)\mathrm{d}t=\sum_{i=1}^{n}(\boldsymbol{r}_i\times\boldsymbol{F}_i)\cdot\boldsymbol{\omega}\mathrm{d}t$$

那么

$$\mathrm{d}A=\left(\sum_{i=1}^{n}\boldsymbol{F}_i\right)\cdot\boldsymbol{v}_O\mathrm{d}t+\left(\sum_{i=1}^{n}\boldsymbol{r}_i\times\boldsymbol{F}_i\right)\cdot\boldsymbol{\omega}\mathrm{d}t$$

令 $\boldsymbol{F}=\sum_{i=1}^{n}\boldsymbol{F}_i$、$\boldsymbol{M}_O=\sum_{i=1}^{n}\boldsymbol{r}_i\times\boldsymbol{F}_i$，$\boldsymbol{F}$ 和 $\boldsymbol{M}_O$ 分别是力系的主矢和对点 O 的主矩，则

$$\mathrm{d}A=\boldsymbol{F}\cdot\boldsymbol{v}_O\mathrm{d}t+\boldsymbol{M}_O\cdot\boldsymbol{\omega}\mathrm{d}t$$

力系的功率为

$$\frac{\mathrm{d}A}{\mathrm{d}t}=\boldsymbol{F}\cdot\boldsymbol{v}_O+\boldsymbol{M}_O\cdot\boldsymbol{\omega}$$

该式包含力系的两个特征量：主矢 $\boldsymbol{F}$ 和主矩 $\boldsymbol{M}_O$，以及物体运动的两个特征量：角速度矢量 $\boldsymbol{\omega}$ 和基点速度矢量 $\boldsymbol{v}_O$。

3.6 互易积

本节通过互易积运算描述力系的功率。图 3-24 所示为物体的角速度矢量 $\boldsymbol{\omega}$ 和基点 O 的速度矢量 $\boldsymbol{v}_O$，力系的主矢 $\boldsymbol{F}$ 和对点 O 的主矩 $\boldsymbol{M}_O$。

设物体的广义速度 6 维数组为

$$\boldsymbol{T}=\begin{bmatrix}\boldsymbol{\omega}\\ \boldsymbol{v}_O\end{bmatrix}=\begin{bmatrix}t_1\\ t_2\\ t_3\\ t_4\\ t_5\\ t_6\end{bmatrix}$$

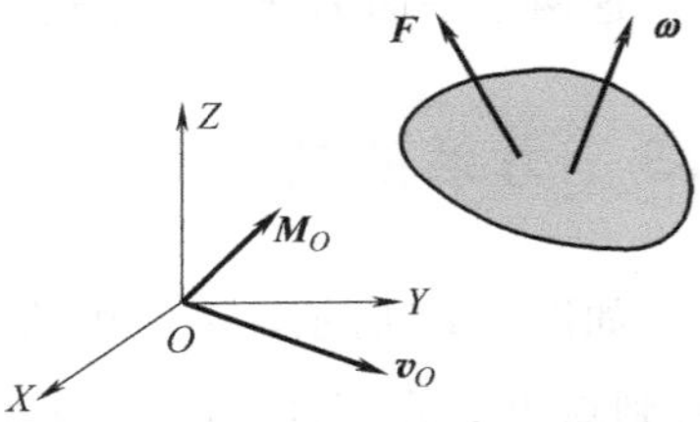

图 3-24 物体的运动和力

物体的广义力 6 维数组为

$$\boldsymbol{W}=\begin{bmatrix}\boldsymbol{F}\\ \boldsymbol{M}_O\end{bmatrix}=\begin{bmatrix}w_1\\ w_2\\ w_3\\ w_4\\ w_5\\ w_6\end{bmatrix}$$

定义广义力 6 维数组 $\boldsymbol{W}$ 与广义速度 6 维数组 $\boldsymbol{T}$ 的互易积

$$\boldsymbol{W}\otimes\boldsymbol{T}=\boldsymbol{F}\cdot\boldsymbol{v}_O+\boldsymbol{M}_O\cdot\boldsymbol{\omega}$$

式中，$\otimes$为互易积的运算符号。

不难看出，广义力 6 维数组 $\boldsymbol{W}$ 和广义速度 6 维数组 $\boldsymbol{T}$ 的互易积表示力系的功率。互易积运算还可以采用矩阵表示。定义 6 阶方阵 $\boldsymbol{E}=\begin{bmatrix}0 & \boldsymbol{I}\\ \boldsymbol{I} & 0\end{bmatrix}$，其中 0 和 $\boldsymbol{I}$ 分别表示 3 阶零矩阵和 3 阶单位矩阵，则

$$\boldsymbol{W}\otimes\boldsymbol{T}=\boldsymbol{F}\cdot\boldsymbol{v}_O+\boldsymbol{M}_O\cdot\boldsymbol{\omega}=\boldsymbol{F}^{\mathrm{T}}\boldsymbol{v}_O+\boldsymbol{M}_O^{\mathrm{T}}\boldsymbol{\omega}=\begin{bmatrix}\boldsymbol{F}^{\mathrm{T}} & \boldsymbol{M}_O^{\mathrm{T}}\end{bmatrix}\begin{bmatrix}0 & \boldsymbol{I}\\ \boldsymbol{I} & 0\end{bmatrix}\begin{bmatrix}\boldsymbol{\omega}\\ \boldsymbol{v}_O\end{bmatrix}=\boldsymbol{W}^{\mathrm{T}}\boldsymbol{E}\boldsymbol{T}$$

式中，上标“T”表示矩阵的转置。

一般情况下，力系的功率不等于零，因此互易积 $\boldsymbol{W}\otimes\boldsymbol{T}\neq\boldsymbol{0}$。若力系的功率等于零，称 $\boldsymbol{W}$ 和 $\boldsymbol{T}$ 为互易 6 维数组，即

$$\boldsymbol{W}\otimes\boldsymbol{T}=\boldsymbol{W}^{\mathrm{T}}\boldsymbol{E}\boldsymbol{T}=\boldsymbol{0}$$

进一步可得坐标展开式

$$\boldsymbol{W}\otimes\boldsymbol{T}=w_1t_4+w_2t_5+w_3t_6+w_4t_1+w_5t_2+w_6t_3=\boldsymbol{0}$$

例 3-9　已知广义力 6 维数组为

$$\boldsymbol{W}_1=\begin{bmatrix}0\\0\\1\\0\\0\\0\end{bmatrix},\boldsymbol{W}_2=\begin{bmatrix}0\\0\\1\\0\\-1\\0\end{bmatrix},\boldsymbol{W}_3=\begin{bmatrix}0\\0\\1\\1\\0\\0\end{bmatrix},\boldsymbol{W}_4=\begin{bmatrix}0\\1\\0\\-1\\0\\1\end{bmatrix},\boldsymbol{W}_5=\begin{bmatrix}0\\1\\0\\-1\\0\\0\end{bmatrix}$$

计算广义力 6 维数组 $\boldsymbol{W}_1\sim\boldsymbol{W}_5$ 的互易 6 维数组。

解：设广义力 6 维数组 $\boldsymbol{W}_1\sim\boldsymbol{W}_5$ 的互易 6 维数组为

$$\boldsymbol{T}=[t_1\quad t_2\quad t_3\quad t_4\quad t_5\quad t_6]^{\mathrm{T}}$$

根据互易积的坐标展开式，得

$$\boldsymbol{W}_1\otimes\boldsymbol{T}=t_6=0$$
$$\boldsymbol{W}_2\otimes\boldsymbol{T}=-t_2+t_6=0$$
$$\boldsymbol{W}_3\otimes\boldsymbol{T}=t_1+t_6=0$$
$$\boldsymbol{W}_4\otimes\boldsymbol{T}=-t_1+t_3+t_5=0$$
$$\boldsymbol{W}_5\otimes\boldsymbol{T}=-t_1+t_5=0$$

解得

$\boldsymbol{T}=[0\quad 0\quad 0\quad \lambda\quad 0\quad 0]^{\mathrm{T}}$，其中，$\lambda$ 为不等于零的常数。

由于 $\boldsymbol{T}$ 的原部矢量为零，因此 $\boldsymbol{T}$ 是自由矢量，表示沿 X 轴的平动。

3.7　力系平衡与静定、超静定

如果力系的主矢和主矩同时为零，则物体处于平衡状态。该节主要讨论空间力系的平衡问题，并介绍静定和超静定的概念。

3.7.1　力系平衡

空间任意力系的平衡条件是力系的主矢 $\boldsymbol{F}$ 和主矩 $\boldsymbol{M}_O$ 等于零，即

$$\boldsymbol{F}=0,\boldsymbol{M}_O=0$$

设主矢 $\boldsymbol{F}=\boldsymbol{F}_X\boldsymbol{i}+\boldsymbol{F}_Y\boldsymbol{j}+\boldsymbol{F}_Z\boldsymbol{k}$，主矩 $\boldsymbol{M}_O=\boldsymbol{M}_X\boldsymbol{i}+\boldsymbol{M}_Y\boldsymbol{j}+\boldsymbol{M}_Z\boldsymbol{k}$。根据空间任意力系的平衡条件可以列写 6 个独立的平衡方程，即

$$\boldsymbol{F}_X=0,\boldsymbol{F}_Y=0,\boldsymbol{F}_Z=0$$
$$\boldsymbol{M}_X=0,\boldsymbol{M}_Y=0,\boldsymbol{M}_Z=0$$

于是得出结论：空间任意力系平衡的充要条件是力系的主矢在各个坐标轴上的坐标分量等于零，力系的主矩在各个坐标轴上的坐标分量等于零。

空间任意力系包括6个平衡方程。根据空间任意力系的平衡条件可导出特殊力系的平衡条件。下面介绍平面任意力系和空间平行力系的平衡条件，其他力系可采用类似方法推导。

1）如图3-25所示，物体在平面任意力系的作用下处于平衡状态。

设该力系分布在XOY平面上，力系主矢在Z轴上的分量$\boldsymbol{F}_Z$恒等于零，主矩在X轴上的分量$\boldsymbol{M}_X$和在Y轴上的分量$\boldsymbol{M}_Y$恒等于零，则平面任意力系的主矢可以表示为$\boldsymbol{F}=\boldsymbol{F}_X\boldsymbol{i}+\boldsymbol{F}_Y\boldsymbol{j}$，主矩可以表示为$\boldsymbol{M}_O=\boldsymbol{M}_Z\boldsymbol{k}$，因此平面任意力系只有3个独立的平衡方程，即

$$\boldsymbol{F}_X=0,\quad \boldsymbol{F}_Y=0$$

$$\boldsymbol{M}_Z=0$$

2）如图3-26所示，物体在空间平行力系的作用下处于平衡状态。

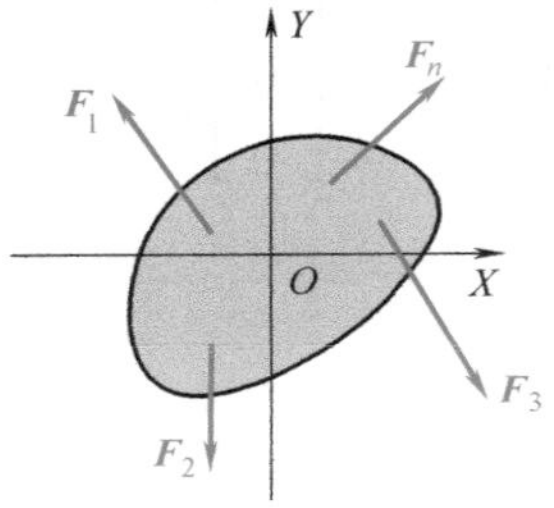

图3-25　平面任意力系

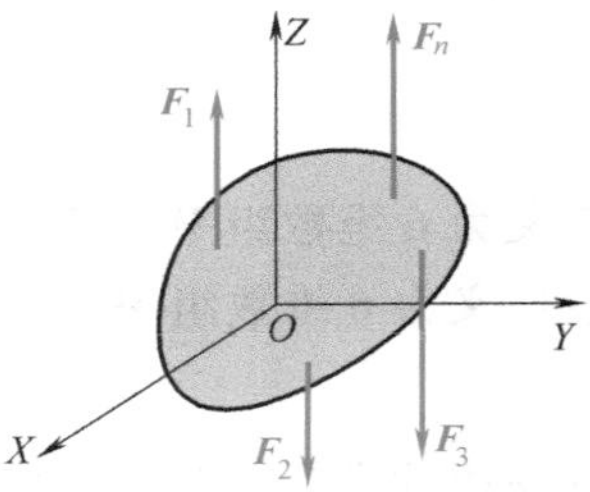

图3-26　空间平行力系

空间平行力系中的各个力与Z轴平行，与XOY平面垂直，因此力系主矢的$\boldsymbol{F}_X$、$\boldsymbol{F}_Y$分量以及主矩的$\boldsymbol{M}_Z$分量恒等于零，则空间平行力系的主矢可以表示为$\boldsymbol{F}=\boldsymbol{F}_Z\boldsymbol{k}$，主矩可以表示为$\boldsymbol{M}_O=\boldsymbol{M}_X\boldsymbol{i}+\boldsymbol{M}_Y\boldsymbol{j}$。因此空间平行力系只有3个独立的平衡方程，即

$$\boldsymbol{F}_Z=0$$

$$\boldsymbol{M}_X=0,\quad \boldsymbol{M}_Y=0$$

下面介绍反射镜支撑中的力系平衡问题：

反射镜的高精度、高稳定和高可靠支撑是高性能光学系统设计的重要内容。反射镜的运动学支撑是指精确约束反射镜的6个自由度，避免欠约束和过约束，使其正确定位。图3-27所示为反射镜的6个自由度，包括3个转动自由度R_X、R_Y、R_Z和3个平动自由度T_X、T_Y、T_Z。

如图3-28所示，反射镜采用6点运动学支撑，其中沿Z向的3个轴向支撑C_1、C_2、C_3限制反射镜沿Z轴的平动自由度、绕X轴和Y轴的转动自由度；侧面的3个切向支撑C_4、C_5、C_6限制反射镜沿X轴的平动自由度、沿Y轴的平动自由度和绕Z轴的转动自由度。反

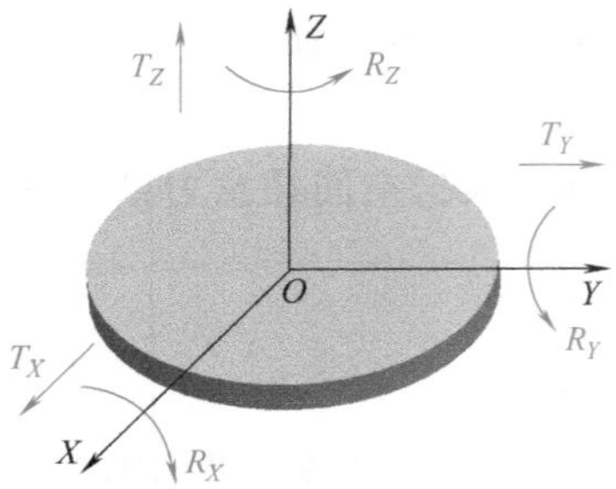

图3-27　反射镜的6个自由度

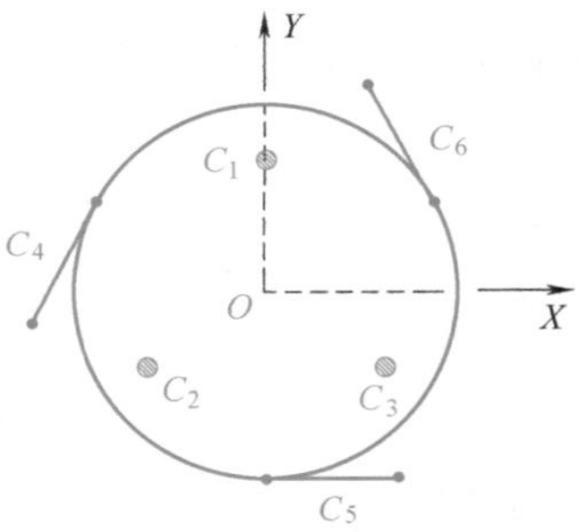

图3-28　反射镜的运动学支撑

射镜在这种支撑模式下自由度为零，同时不存在欠约束和过约束，因此属于运动学支撑。它具有位置确定、环境适应性好以及便于受力计算等优点。在已知外部载荷的情况下，各个支撑力可通过静力平衡方程完全确定。

3 点支撑是最简单的一种反射镜轴向支撑方式。它的 3 个支撑点通常按圆周均匀分布，若支撑负载为 G，则每个支撑点的作用力为 $G/3$。对于大口径反射镜，3 点支撑的局部受力过大，不利于保证面形精度。因此它通常用于中小型反射镜的轴向支撑。

Hindle 支撑是大口径反射镜的典型轴向支撑方式。它由 3 点支撑演化而来，通过支杆、等腰三角板以及横梁等增加了支撑点数目。这些支撑点与反射镜背部连接，共同承担反射镜的重力和其他载荷，起到了卸载的作用，从而减小局部受力。如图 3-29 所示，9 点 Hindle 支撑按圆周均匀分布 3 组支撑单元，每组支撑单元的 3 个支撑点通过等腰三角板连接，并且在距等腰三角板底边 1/3 高的位置处设置支杆。如图 3-30 所示，18 点 Hindle 支撑均匀分布 6 组支撑单元，每组支撑单元的 3 个支撑点通过等边三角板连接，每两个等边三角板由一个横梁支撑，横梁的两端位于等边三角形的质心，横梁的中间通过支杆支撑。

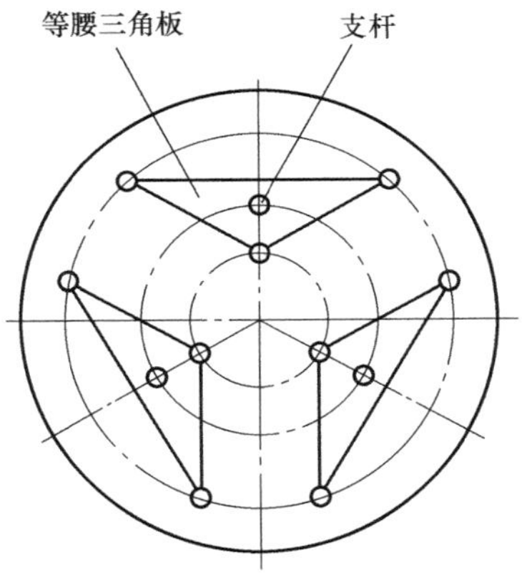

图 3-29　9 点 Hindle 支撑

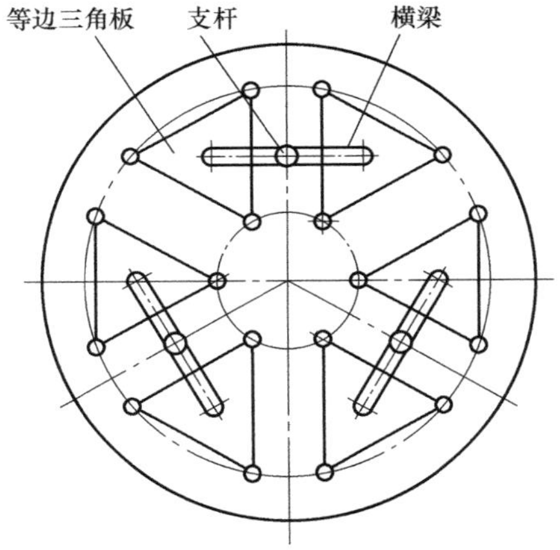

图 3-30　18 点 Hindle 支撑

等腰三角板是 Hindle 支撑的基本单元。首先分析其受力，然后计算 Hindle 支撑的受力。如图 3-31 所示，等腰三角板 ABC 的质量忽略不计，底边 $BC=2d$，高 $OA=h$。已知质心 D 距底边 BC 的长度 $OD=\frac{1}{3}h$，求点 A、B、C 处的支撑反力 $\boldsymbol{F}_1$、$\boldsymbol{F}_2$、$\boldsymbol{F}_3$。

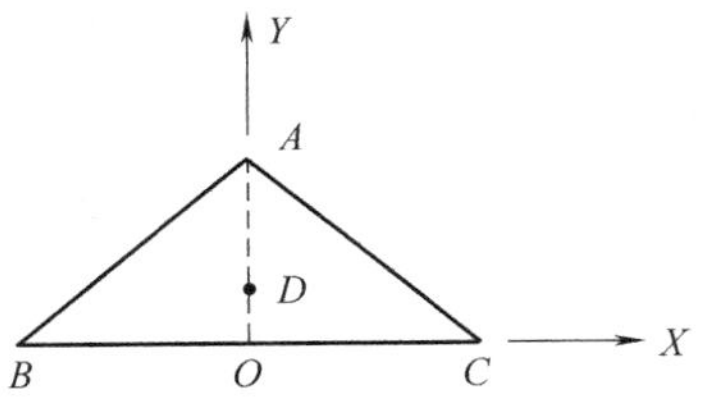

图 3-31　等腰三角板

解：设 $\boldsymbol{i}$、$\boldsymbol{j}$、$\boldsymbol{k}$ 分别为沿 X 轴、Y 轴和 Z 轴正向的 3 个单位矢量。

1）OA、OB、OC、OD 的位置矢量分别为

$$\boldsymbol{OA}=h\boldsymbol{j},\boldsymbol{OB}=-d\boldsymbol{i},\boldsymbol{OC}=d\boldsymbol{i},\boldsymbol{OD}=\frac{1}{3}h\boldsymbol{j}$$

2）设点 A、B、C 处的支撑反力 $\boldsymbol{F}_1$、$\boldsymbol{F}_2$、$\boldsymbol{F}_3$ 垂直纸面向外，则

$$\boldsymbol{F}_1=f_1\boldsymbol{k},\ \boldsymbol{F}_2=f_2\boldsymbol{k},\ \boldsymbol{F}_3=f_3\boldsymbol{k}$$

其中，f_1、f_2、f_3 分别表示点 A、B、C 处支撑反力的大小。

3）等腰三角板 ABC 质心 D 处的作用力 $\boldsymbol{N}$ 垂直纸面向里，则

$$\boldsymbol{N}=-n\boldsymbol{k}$$

其中，n 表示作用力 $\boldsymbol{N}$ 的大小。

4）支撑反力 $\boldsymbol{F}_1$、$\boldsymbol{F}_2$、$\boldsymbol{F}_3$、$\boldsymbol{N}$ 对点 O 的力矩分别为 $\boldsymbol{M}_1$、$\boldsymbol{M}_2$、$\boldsymbol{M}_3$、$\boldsymbol{M}_n$，则

$$\boldsymbol{M}_1=\boldsymbol{OA}\times\boldsymbol{F}_1=hf_1\boldsymbol{i}$$
$$\boldsymbol{M}_2=\boldsymbol{OB}\times\boldsymbol{F}_2=df_2\boldsymbol{j}$$
$$\boldsymbol{M}_3=\boldsymbol{OC}\times\boldsymbol{F}_3=-df_3\boldsymbol{j}$$
$$\boldsymbol{M}_n=\boldsymbol{OD}\times\boldsymbol{N}=-\frac{1}{3}hn\boldsymbol{i}$$

5）力系的主矢为

$$\boldsymbol{F}=\boldsymbol{F}_1+\boldsymbol{F}_2+\boldsymbol{F}_3+\boldsymbol{N}=(f_1+f_2+f_3-n)\boldsymbol{k}$$

6）力系的主矩为

$$\boldsymbol{M}=\boldsymbol{M}_1+\boldsymbol{M}_2+\boldsymbol{M}_3+\boldsymbol{M}_n=\left(hf_1-\frac{1}{3}hn\right)\boldsymbol{i}+(df_2-df_3)\boldsymbol{j}$$

7）空间平行力系的平衡方程为

$$f_1+f_2+f_3-n=0$$
$$hf_1-\frac{1}{3}hn=0$$
$$df_2-df_3=0$$

解得

$$f_1=f_2=f_3=\frac{1}{3}n$$

9 点 Hindle 支撑包含 3 组等腰三角板，每个等腰三角板通过 1 个支杆支撑。若支撑负载为 G，则每个支杆上的力（即等腰三角板质心 D 处的力）均为 $G/3$，通过等腰三角板 ABC 的 3 个支撑点均分之后，每个支撑点的受力为 $G/9$。类似地，在 18 点 Hindle 支撑中，每个支杆的受力为 $G/3$，通过横梁的两个端点均分后，横梁端点的支撑力为 $G/6$，然后进一步由等边三角板的 3 个支撑点均分，则每个支撑点的受力为 $G/18$。因此 Hindle 支撑具有卸载的作用，可以降低反射镜在支撑点的受力，并且属于等力支撑（每个支撑点的受力相等），反射镜受力均匀，利于保证面形精度。

A-Frame 支撑是反射镜的典型切向支撑方式。如图 3-32 所示，A-Frame 支撑按圆周均布 3 组切向支撑，杆 1、2、3 称为切向杆。如图 3-33 所示，在每组切向支撑中，除切向杆以外的另外两杆与圆盘构成三角桁架。切向杆 1、2、3 通过三角桁架对反射镜施加一个约束力，3 组切向支撑限制反射镜的 3 个自由度，即平面上的两个平动自由度和 1 个垂直于平面的转动自由度。

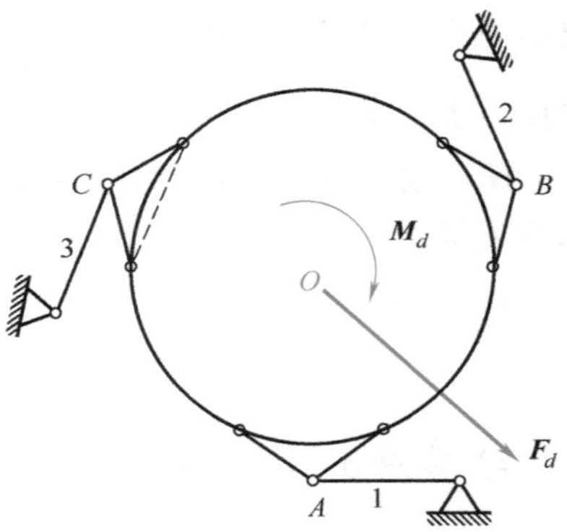

图 3-32 切向支撑

设铰接点 A、B、C 到圆盘中心 O 的距离均为 R，圆盘受到外力矩 $\boldsymbol{M}_d$ 和外力 $\boldsymbol{F}_d$ 的作用，且 $\boldsymbol{M}_d$ 和 $\boldsymbol{F}_d$ 均作用在圆盘平面上，分析切向杆 1、2、3 的受力。图 3-34

所示为圆盘切向支撑受力分析简图，切向杆 1、2、3 上的力 $\boldsymbol{F}_1$、$\boldsymbol{F}_2$、$\boldsymbol{F}_3$ 与外力矩 $\boldsymbol{M}_d$ 和外力 $\boldsymbol{F}_d$ 组成平面力系。

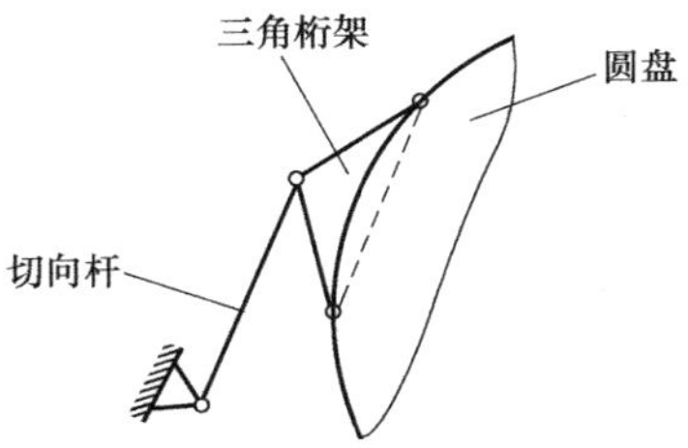

图 3-33　切向支撑的单元

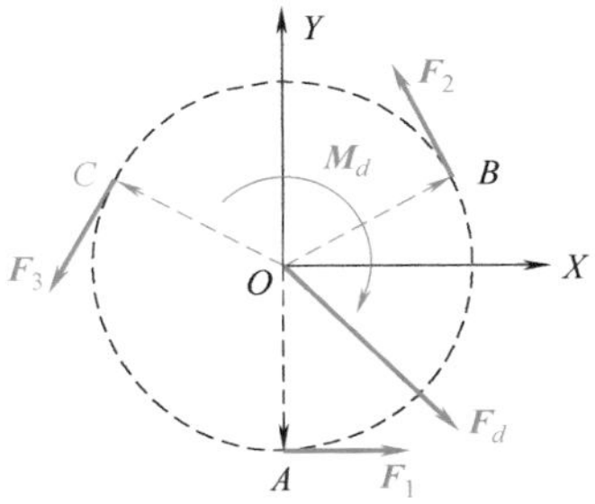

图 3-34　圆盘切向支撑受力分析简图

解：1）切向力 $\boldsymbol{F}_1$、$\boldsymbol{F}_2$、$\boldsymbol{F}_3$ 可以表示为

$$\boldsymbol{F}_1=f_1\boldsymbol{i}$$

$$\boldsymbol{F}_2=f_2\left(-\frac{1}{2}\boldsymbol{i}+\frac{\sqrt{3}}{2}\boldsymbol{j}\right)$$

$$\boldsymbol{F}_3=f_3\left(-\frac{1}{2}\boldsymbol{i}-\frac{\sqrt{3}}{2}\boldsymbol{j}\right)$$

其中，f_1、f_2、f_3 分别表示切向力 $\boldsymbol{F}_1$，$\boldsymbol{F}_2$，$\boldsymbol{F}_3$ 的大小。

2）切向力 $\boldsymbol{F}_1$、$\boldsymbol{F}_2$、$\boldsymbol{F}_3$ 对原点 O 的力矩分别为

$$\boldsymbol{M}_1=OA\times\boldsymbol{F}_1=f_1R\boldsymbol{k}$$

$$\boldsymbol{M}_2=OB\times\boldsymbol{F}_2=f_2R\boldsymbol{k}$$

$$\boldsymbol{M}_3=OC\times\boldsymbol{F}_3=f_3R\boldsymbol{k}$$

3）外力 $\boldsymbol{F}_d$ 和外力矩 $\boldsymbol{M}_d$ 分别表示为

$$\boldsymbol{F}_d=f_X^d\boldsymbol{i}+f_Y^d\boldsymbol{j}$$

$$\boldsymbol{M}_d=m_d\boldsymbol{k}$$

其中，f_X^d、f_Y^d 分别表示外力 $\boldsymbol{F}_d$ 沿 X 轴和 Y 轴的分量；m_d 表示外力矩 $\boldsymbol{M}_d$ 的大小。

4）力系的主矢为

$$\boldsymbol{F}=\boldsymbol{F}_1+\boldsymbol{F}_2+\boldsymbol{F}_3+\boldsymbol{F}_d=\left(f_1-\frac{1}{2}f_2-\frac{1}{2}f_3+f_X^d\right)\boldsymbol{i}+\left(\frac{\sqrt{3}}{2}f_2-\frac{\sqrt{3}}{2}f_3+f_Y^d\right)\boldsymbol{j}$$

5）力系的主矩为

$$\boldsymbol{M}=\boldsymbol{M}_1+\boldsymbol{M}_2+\boldsymbol{M}_3+\boldsymbol{M}_d=(f_1R+f_2R+f_3R+m_d)\boldsymbol{k}$$

6）根据平面任意力系平衡方程可得

$$f_1-\frac{1}{2}f_2-\frac{1}{2}f_3+f_X^d=0$$

$$\frac{\sqrt{3}}{2}f_2-\frac{\sqrt{3}}{2}f_3+f_Y^d=0$$

$$f_1R+f_2R+f_3R+m_d=0$$

解得

$$f_1=-\frac{2}{3}f_X^d-\frac{m_d}{3R}$$

$$f_2=\frac{1}{3}f_X^d-\frac{\sqrt{3}}{3}f_Y^d-\frac{m_d}{3R}$$

$$f_3=\frac{1}{3}f_X^d+\frac{\sqrt{3}}{3}f_Y^d-\frac{m_d}{3R}$$

这里简要介绍了反射镜支撑的运动学原理和受力计算。除此之外，反射镜的支撑设计还需考虑支撑连接结构、材料热膨胀的匹配以及支撑点布局优化等问题。本书对此不做介绍，希望深入了解的读者可查阅有关资料。

3.7.2 静定与超静定

一种平衡力系对应一定数目的独立平衡方程。例如空间任意力系有 6 个独立的平衡方程，空间平行力系、空间汇交力系和平面任意力系有 3 个独立的平衡方程，而平面平行力系和平面汇交力系有两个独立的平衡方程。如果已知作用在物体上的主动力，当未知约束力的个数等于独立的平衡方程数目时，通过平衡方程可以求得全部未知约束力，这类问题称为静定问题，这种结构称为静定结构。静定结构具有良好的环境适应性，外界温度变化和制造误差不会导致其产生内应力，精度稳定性好。工程实际中，有时通过增加约束提高结构刚度和负载能力，使得未知约束力的个数大于平衡方程的个数，根据力系的平衡方程不能解出全部未知约束力，这类问题称为超静定问题（或静不定问题），这种结构称为超静定结构。超静定结构对温度和制造误差敏感，容易产生内应力，精度稳定性差。

如图 3-35 所示，用两个轴承支撑一根轴，已知主动力 $\boldsymbol{F}$，未知约束力有两个 $\boldsymbol{F}_1$、$\boldsymbol{F}_2$，因轴受平面平行力系的作用，可列写两个独立的平衡方程，未知约束力个数等于平衡方程个数，因此属于静定问题。若用 3 个轴承支撑，如图 3-36 所示，未知约束力有 3 个 $\boldsymbol{F}_1$、$\boldsymbol{F}_2$、$\boldsymbol{F}_3$，而平衡方程只有两个，因此属于超静定问题。设未知约束力的个数为 i，独立平衡方程数目为 j，对超静定问题 $i>j$，记 $n=i-j$（n 为超静定次数）。这里 $i=3$、$j=2$，超静定次数 $n=i-j=1$。

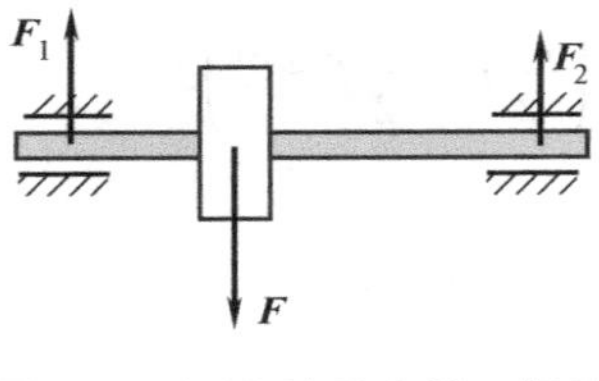

图 3-35　两个轴承支撑一根轴

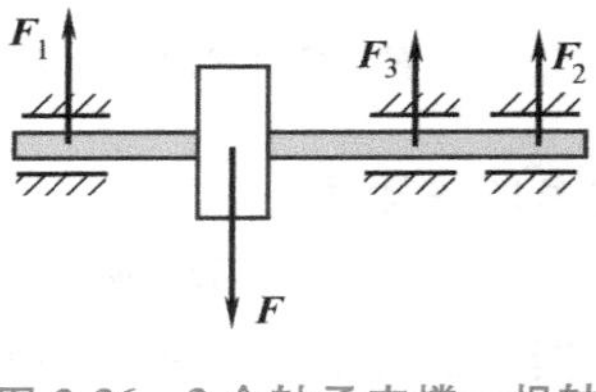

图 3-36　3 个轴承支撑一根轴

为了确定超静定问题的全部未知约束力，除应列出力系平衡方程外，还需根据物体的变形，建立与超静定次数相同的补充方程，最后联立求解平衡方程和补充方程得到全部未知约束力。超静定问题的一般解法和步骤如下：

1）根据结构受力，列出力系平衡方程。

2）根据结构变形的几何条件，列出变形协调方程。

3）根据结构变形与受力之间的关系，列出物理方程。

4）将平衡方程、变形协调方程和物理方程联立，求出全部未知约束力。

下面通过两个例题介绍超静定问题的解法：

例 3-10 如图 3-37 所示，杆组的杆件 AB 和 BC 在力 $\boldsymbol{F}$ 作用下的拉力分别为 $\boldsymbol{F}_1$ 和 $\boldsymbol{F}_2$，力 $\boldsymbol{F}$、$\boldsymbol{F}_1$、$\boldsymbol{F}_2$ 构成平面汇交力系，根据静力平衡条件可以列写两个独立方程，解出两个未知力 $\boldsymbol{F}_1$ 和 $\boldsymbol{F}_2$，属于静定问题。图 3-38 增加了一个杆件，此时有 3 个未知力 $\boldsymbol{F}_1$、$\boldsymbol{F}_2$、$\boldsymbol{F}_3$，未知力的个数（3 个）大于平衡方程（2 个）的个数，属于超静定问题。设杆长 $AB=l_1$，$AC=l_2$，$AD=l_3$，且 $AB=AC$，计算杆件 AB、AC、AD 的内力 $\boldsymbol{F}_1$、$\boldsymbol{F}_2$、$\boldsymbol{F}_3$。

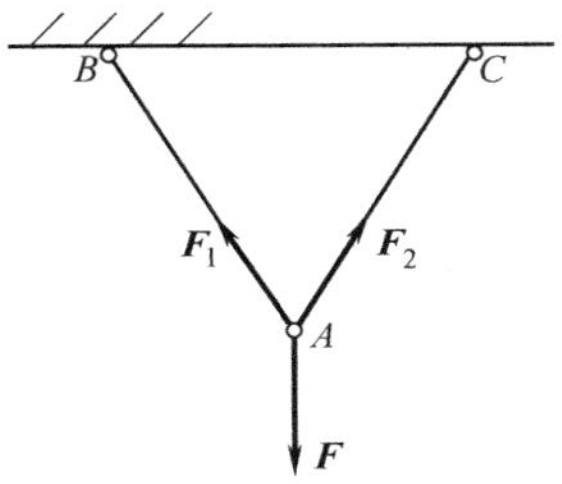

图 3-37 静定结构

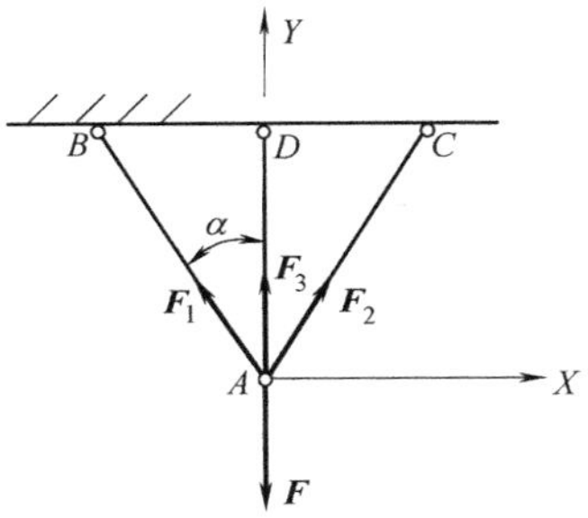

图 3-38 超静定结构

解：1）力系平衡方程为

$$\sum X=\boldsymbol{F}_2\sin\alpha-\boldsymbol{F}_1\sin\alpha=0$$

$$\sum Y=\boldsymbol{F}_1\cos\alpha+\boldsymbol{F}_2\cos\alpha+\boldsymbol{F}_3-\boldsymbol{F}=0$$

其中，包括 3 个未知力 $\boldsymbol{F}_1$、$\boldsymbol{F}_2$、$\boldsymbol{F}_3$，而平衡方程有两个，要解出这 3 个未知力，还必须建立 1 个补充方程。

2）3 个杆件受到拉力 $\boldsymbol{F}$ 作用后都伸长，始终在点 A 处铰接在一起，因此各个杆件的变形存在协调关系。容易知道，点 A 在力 $\boldsymbol{F}$ 作用下沿竖直方向下移到 A'，设杆件 AB 的伸长量为 Δl_1，杆件 AC 的伸长量为 Δl_2，由于结构对称，$\Delta l_1=\Delta l_2$，杆件 AD 的伸长量为 Δl_3，如图 3-39 所示。

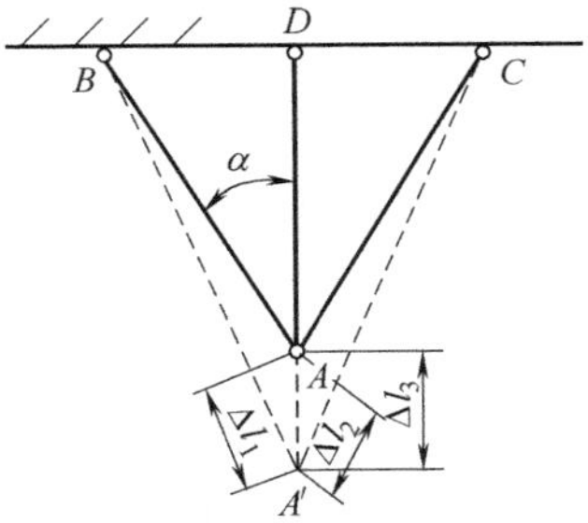

图 3-39 变形协调分析简图

由于杆件变形量与自身尺寸相比很小，所以 $\angle BAD\approx\alpha$，可得变形协调方程为

$$\Delta l_1=\Delta l_2=\Delta l_3\cos\alpha$$

3）设杆件的弹性系数为 k，其压缩量与拉力成正比，则力与变形之间的物理方程可以表示为

$$\boldsymbol{F}_1=k\Delta l_1$$

$$\boldsymbol{F}_2=k\Delta l_2$$

$$\boldsymbol{F}_3=k\Delta l_3$$

4）根据变形协调条件和物理条件，可得补充方程为

$$\boldsymbol{F}_1=\boldsymbol{F}_3\cos\alpha$$

5）将静力平衡方程和补充方程联立求解

$$F_1=F_2=\frac{F\cos\alpha}{1+2\cos^2\alpha}$$

$$F_3=\frac{F}{1+2\cos^2\alpha}$$

例 3-11 图 3-40 所示为 4 点支撑结构，底面硬度足够，变形可忽略。台体 $ABCD$ 为正方形，边长为 $2a$，且刚度足够，图 3-41 所示为台面俯视图。当台体加载重力 G 时，计算支撑反力 F_1、F_2、F_3、F_4，支杆重量可忽略。

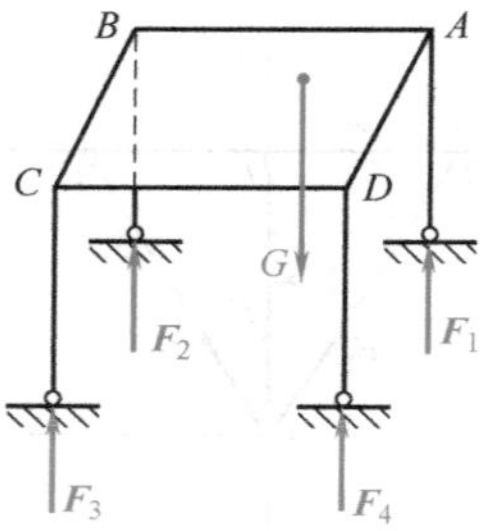

图 3-40　4 点支撑结构

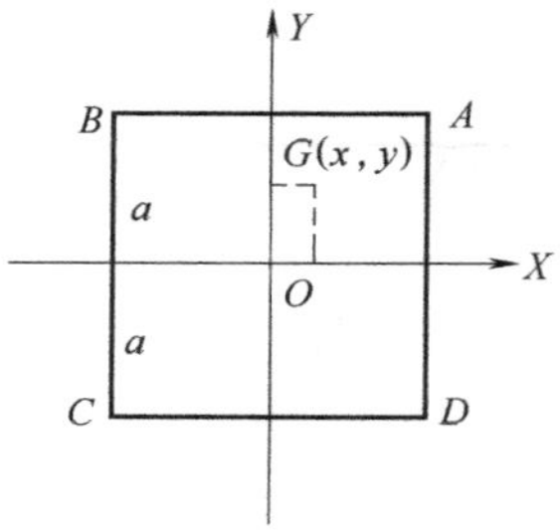

图 3-41　台面俯视图

解： 建立坐标系 $OXYZ$，坐标原点 O 取为台面加载重力 G 前的中心位置，OXY 平面与台面重合，Z 轴按右手规则确定。

1）该四点支撑结构在支撑反力 F_1、F_2、F_3、F_4 和重力 G 的作用下处于平衡状态。设重力 G 的作用点的坐标为（x，y），根据力系平衡方程可得

$$F_1+F_2+F_3+F_4=G$$

$$(F_1+F_2)a-(F_3+F_4)a-G\cdot y=0$$

$$(F_2+F_3)a-(F_1+F_4)a+G\cdot x=0$$

2）加载重力 G 前，支杆不发生压缩，台面上的点 A、B、C、D 的坐标分别为

$$A=(a\quad a\quad 0),\ B=(-a\quad a\quad 0)$$

$$C=(-a\quad -a\quad 0),\ D=(a\quad -a\quad 0)$$

3）加载重力 G 后，支杆受到压缩，点 A、B、C、D 这 4 点下降，压缩量与受到的压力成正比，令支杆的弹性系数为 k，支点 A、B、C、D 的压缩量为

$$\Delta_A=\frac{F_1}{k},\ \Delta_B=\frac{F_2}{k},\ \Delta_C=\frac{F_3}{k},\ \Delta_D=\frac{F_4}{k}$$

支杆受压后，点 A、B、C、D 的坐标分别为

$$A_1=(a\quad a\quad -\Delta_A)=\left(a\quad a\quad -\frac{F_1}{k}\right)$$

$$B_1=(-a\quad a\quad -\Delta_B)=\left(-a\quad a\quad -\frac{F_2}{k}\right)$$

$$C_1=(-a\quad -a\quad -\Delta_C)=\left(-a\quad -a\quad -\frac{F_3}{k}\right)$$

$$D_1 = (a \quad -a \quad -\Delta_D) = \left(a \quad -a \quad -\frac{\boldsymbol{F}_4}{k}\right)$$

因此，有

$$A_1B_1 = \left(-2a \quad 0 \quad -\frac{\boldsymbol{F}_2}{k} + \frac{\boldsymbol{F}_1}{k}\right)$$

$$A_1C_1 = \left(-2a \quad -2a \quad -\frac{\boldsymbol{F}_3}{k} + \frac{\boldsymbol{F}_1}{k}\right)$$

$$A_1D_1 = \left(0 \quad -2a \quad -\frac{\boldsymbol{F}_4}{k} + \frac{\boldsymbol{F}_1}{k}\right)$$

由于台体刚度足够，因此支杆压缩后，点 A、B、C、D 仍在同一平面上，这 4 点共面等价于 A_1B_1、A_1C_1、A_1D_1 线性相关，则

$$\begin{vmatrix} -2a & -2a & 0 \\ 0 & -2a & -2a \\ -\frac{\boldsymbol{F}_2}{k} + \frac{\boldsymbol{F}_1}{k} & -\frac{\boldsymbol{F}_3}{k} + \frac{\boldsymbol{F}_1}{k} & -\frac{\boldsymbol{F}_4}{k} + \frac{\boldsymbol{F}_1}{k} \end{vmatrix} = 0$$

由此可得变形协调方程为

$$\boldsymbol{F}_1 - \boldsymbol{F}_2 + \boldsymbol{F}_3 - \boldsymbol{F}_4 = 0$$

4）将变形协调方程与力系平衡方程联立，解得支撑反力为

$$\boldsymbol{F}_1 = \frac{G}{4}\left(1 + \frac{x}{a} + \frac{y}{a}\right),\ \boldsymbol{F}_2 = \frac{G}{4}\left(1 - \frac{x}{a} + \frac{y}{a}\right)$$

$$\boldsymbol{F}_3 = \frac{G}{4}\left(1 - \frac{x}{a} - \frac{y}{a}\right),\ \boldsymbol{F}_4 = \frac{G}{4}\left(1 + \frac{x}{a} - \frac{y}{a}\right)$$

5）如果其中的一个力小于零，例如 $\boldsymbol{F}_3$，即 $\boldsymbol{F}_3$ 的方向沿 Z 轴的负半轴，这表示这个支杆受到拉力，但由于底面不可能把支杆拉住，所以 $\boldsymbol{F}_3$ 只能等于零，因此这个支杆悬空不受力，从而产生“虚支撑”。如果 $\boldsymbol{F}_1$、$\boldsymbol{F}_2$、$\boldsymbol{F}_3$ 和 $\boldsymbol{F}_4$ 均大于零，则 4 个支杆均受到压力，这时 4 个支杆均起到支撑的作用，不存在“虚支撑”，即

$$\boldsymbol{F}_1 = \left(1 + \frac{x}{a} + \frac{y}{a}\right) > 0,\ \boldsymbol{F}_2 = \left(1 - \frac{x}{a} + \frac{y}{a}\right) > 0$$

$$\boldsymbol{F}_3 = \left(1 - \frac{x}{a} - \frac{y}{a}\right) > 0,\ \boldsymbol{F}_4 = \left(1 + \frac{x}{a} - \frac{y}{a}\right) > 0$$

因此，不发生虚支撑的条件为

$$|x| + |y| \leqslant a$$

这表示重力作用点在图 3-42 所示的阴影区域时，就可以保证 4 个支杆不出现虚支撑，而重力作用点在阴影区域以外时，出现虚支撑，即有 1 个支杆不受力。

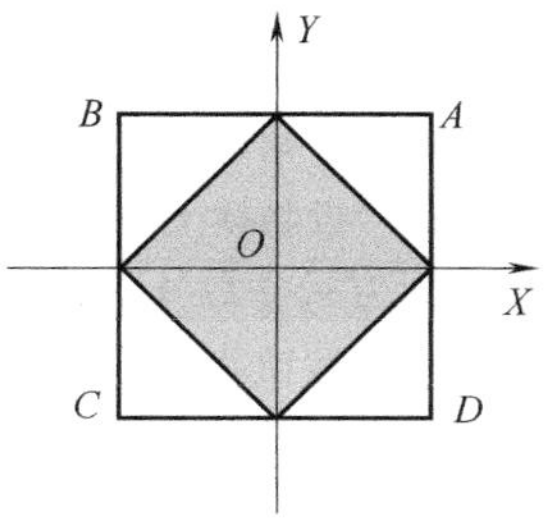

图 3-42 虚支撑区域

思考与练习

3.1 已知点 $A(0,\ 1,\ 0)$ 和点 $B(1,\ 1,\ 1)$，写出过点 A、B 的直线矢量方程和线矢量。

3.2 判断6维数组 $\boldsymbol{Q}=[1\quad 1\quad 0\quad 1\quad 3\quad 0]^{\mathrm{T}}$ 是线矢量还是旋量，并写出轴线方程。

3.3 试给出图3-43所示四面体6条棱边的线矢量。

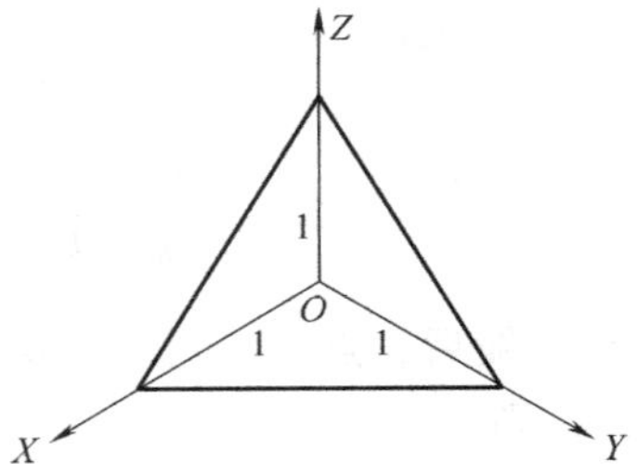

图3-43 四面体

3.4 力系的特征量是什么？如何理解力螺旋和力旋量？

3.5 运动的特征量是什么？如果理解运动螺旋和运动旋量。

3.6 如图3-44所示，长方体的长、宽、高分别为 a、b、c，沿这三边的作用力分别为 $\boldsymbol{F}_1=10\mathrm{N}$、$\boldsymbol{F}_2=8\mathrm{N}$、$\boldsymbol{F}_3=6\mathrm{N}$，求这力系的主矢、主矩和力旋量。

3.7 图3-45所示为异面垂直的两个力 $\boldsymbol{F}_1$ 和 $\boldsymbol{F}_2$，$\boldsymbol{F}_1=1\mathrm{N}$，方向沿 OZ 轴正向；$\boldsymbol{F}_2=1\mathrm{N}$，方向平行于 OY 轴，其中 $OA=1\mathrm{m}$，求这个力系的主矢、主矩和力旋量。

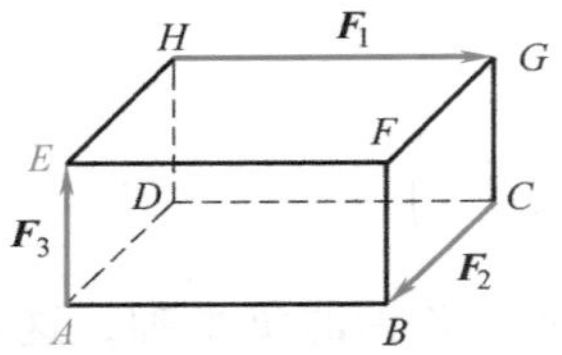

图3-44 长方体上的力

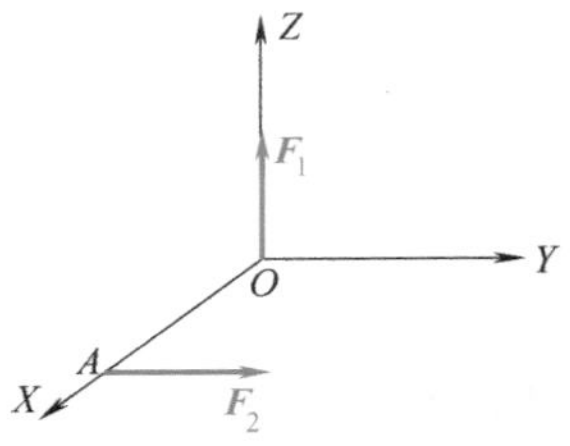

图3-45 异面垂直的两个力

3.8 名词解释：螺旋运动的节距、螺纹的螺距与导程。

3.9 一个螺母绕螺杆匀速运动，螺距 $p=2\mathrm{mm}$，螺母转动的角速度 $\Omega=2\mathrm{rad/s}$，螺杆轴线的单位矢量 $\boldsymbol{S}=\left(\dfrac{1}{2}\quad \dfrac{\sqrt{3}}{2}\quad 0\right)^{\mathrm{T}}$，位置矢量 $\boldsymbol{r}=(1\quad 0\quad 0)^{\mathrm{T}}$，试用旋量表示螺母的运动。

3.10 已知运动旋量 $\boldsymbol{T}=[1\quad 1\quad 0\quad 1\quad 3\quad 0]^{\mathrm{T}}$，求 $\boldsymbol{T}$ 的幅值、位置矢量和节距。

3.11 设物体上的点 A (0, 0, 0)、B (1, 1, 0)、C (1, 1, 1) 的速度分别为 v_A (2, 1, −3)、v_B (0, 3, −1)、v_C (−1, 2, −1)，求物体在该瞬时的运动旋量，并计算节距。

3.12 如图3-46所示，正方体的边长为 a，点 A 的速度大小是 $a\boldsymbol{\omega}_0$，方向沿 AG；点 B 的速度大小是 $\sqrt{2}\,a\boldsymbol{\omega}_0$，方向沿 BE；点 C 的速度大小是 $\sqrt{2}\,a\boldsymbol{\omega}_0$，方向沿 DF，求该正方体在该瞬时的运动旋量和点 D 的速度。

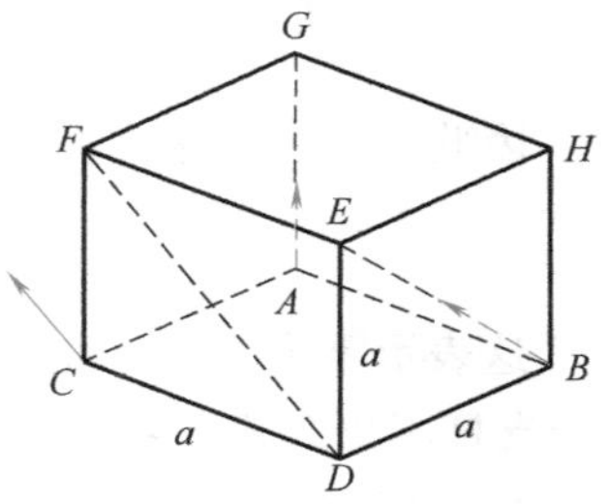

图3-46 正方体上的力

3.13 如图3-47和图3-48所示，边长为1的立方体受到5个约束力，设力的大小均为1，建立合适的坐标系，采用旋量表示这5个力，并计算与这 5 个力旋量互易的单位旋量。

3.14　怎样判断静定和超静定问题？图 3-49 中哪些是静定问题，哪些是超静定问题？

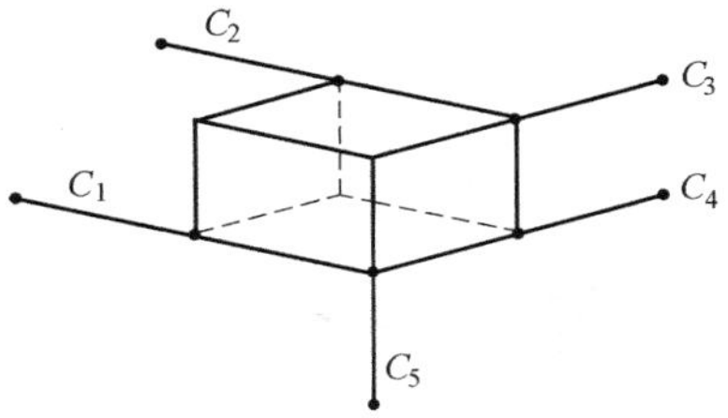

图 3-47　受力状态 1

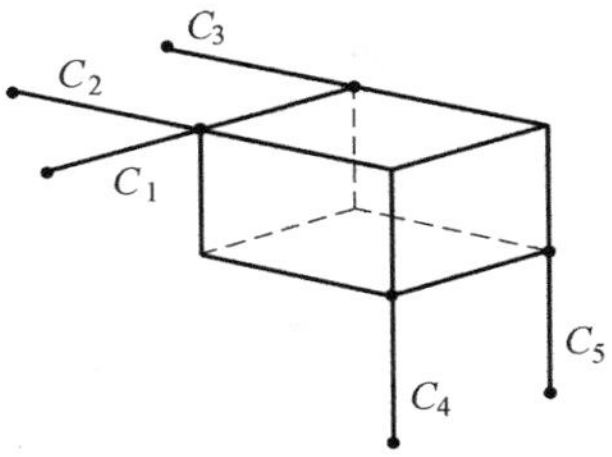

图 3-48　受力状态 2

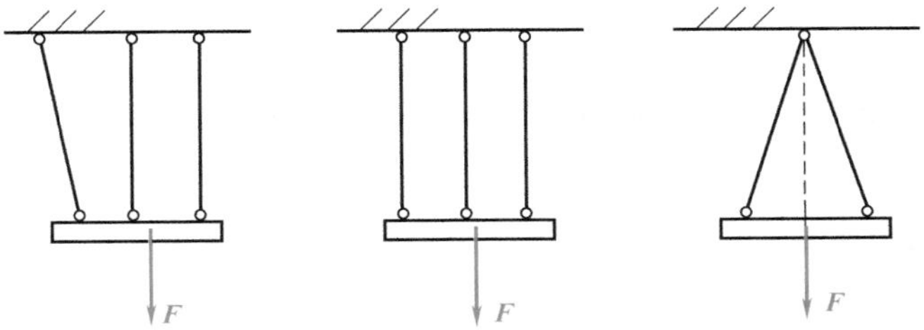

图 3-49　静定和超静定问题

参考文献

[1]　黄真，赵永生，赵铁石．高等空间机构学［M］．北京：高等教育出版社，2006．

[2]　戴建生．旋量代数与李群、李代数［M］．北京：高等教育出版社，2014．

[3]　BALL R S．A Treatise on the Theory of Screws［M］．Cambridge：Cambridge University Press，1998．

[4]　A．П．马尔契夫．理论力学［M］．李俊峰，译．北京：高等教育出版社，2006．

[5]　朱照宣，周起钊，殷金生．理论力学［M］．北京：北京大学出版社，2006．

[6]　小保罗·R．约德，丹尼尔·乌克布拉托维奇．光机系统设计［M］．周海宪，程云芳，等译．北京：机械工业出版社，2008．

[7]　张博文，王小勇，赵野．天基大口径反射镜支撑技术的发展［J］．红外与激光工程，2018，47（11）：1-9．

[8]　闫勇，贾继强，金光．新型轻质大口径空间反射镜支撑设计［J］．光学精密工程，2008，16（8）：1533-1539．

第4章

约束与自由度代数分析方法

从机构的结构组成角度分析，机构是一个多构件连接系统。按照结构是否封闭，机械连接可分为串联连接和并联连接。任何机械结构均可看成是由这两类连接组合而成。本章采用6维数组描述约束与自由度，利用互易积推导串联连接的约束分析方程和并联连接的自由度分析方程，建立约束与自由度分析的代数方法，据此分析各类机械连接的约束和自由度，讨论物体的位姿和机构位置分析等问题，最后简要评述空间机构自由度公式。

4.1　约束

自由物体是指可以在空间做任意运动的物体，例如抛出的石块、飞行的炮弹等。它具有6个自由度，包括3个平动自由度和3个转动自由度。如果一个物体与周围物体接触，其运动受到限制，相应的自由度减少，这种物体称为非自由物体或受约束物体。例如一个物体与机架连接构成转动副，这个物体的运动受机架的限制，而仅具有1个转动自由度，它就属于非自由物体。

对物体运动产生限制作用的其他物体，称为约束物体或约束元件。运动受到限制的物体称为被约束物体。约束物体与被约束物体是两个相对概念，一个物体对另一个物体有约束作用，反之亦然，至于选择哪个作为约束物体或被约束物体，通常根据问题的需要而定。例如对于转动副，轴通常是被约束物体，孔是对轴施加约束的物体，即约束物体。

物体通过相互接触产生作用力，从而使被约束物体的运动受到限制，这种力称为约束力。按照接触形式，物体之间的接触分为点接触、线接触和面接触。图4-1所示为球与平面形成的点接触，图4-2所示为圆柱与平面形成的线接触，图4-3所示为平面与平面形成的面接触。

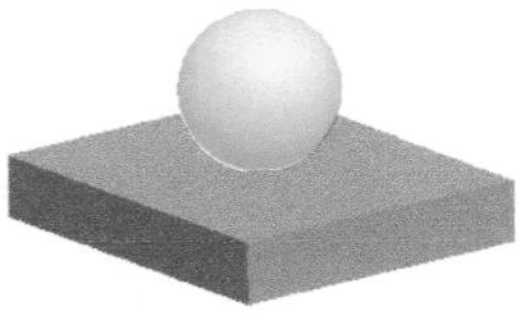

图 4-1　点接触

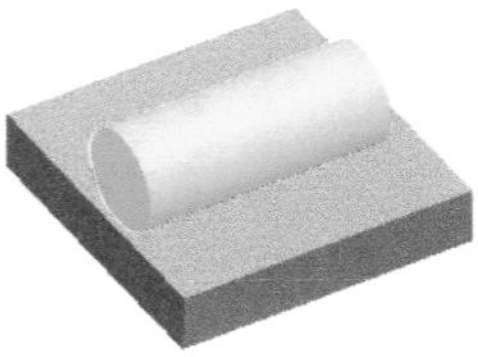

图 4-2　线接触

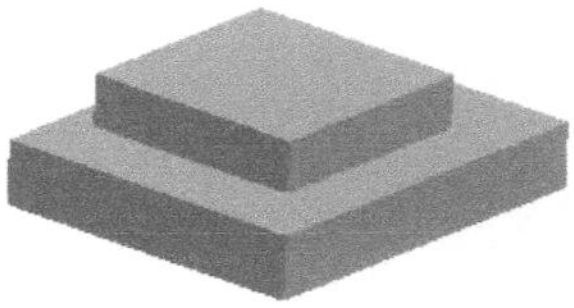

图 4-3　面接触

线接触和面接触均可看成由点接触构成，因此点接触是最基本的接触类型。一个点接触产生一个约束力。它沿两接触表面在接触点处的公法线，指向被约束物体，可采用线矢量表示，称为约束力线矢量。如图 4-4 所示，平面对物体 B 施加一个点接触约束力，其中，f 表示约束力的大小；$\boldsymbol{w}$ 是约束力的单位方向矢量；$\boldsymbol{r}$ 是约束力的位置矢量。

约束力线矢量 $\boldsymbol{W}$ 可以表示为

$$\boldsymbol{W}=f\boldsymbol{W}_0=f\begin{bmatrix}\boldsymbol{w}\\ \boldsymbol{r}\times\boldsymbol{w}\end{bmatrix}$$

式中，$\boldsymbol{W}_0$ 是单位线矢量。

如图 4-5 所示，物体 B 受到多个约束力，约束力线矢量分别记为 $\boldsymbol{W}_1$、$\boldsymbol{W}_2$、…、$\boldsymbol{W}_n$。

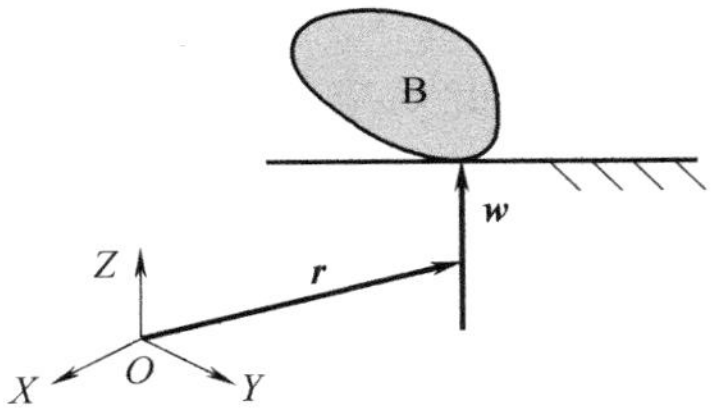

图 4-4　点接触约束力

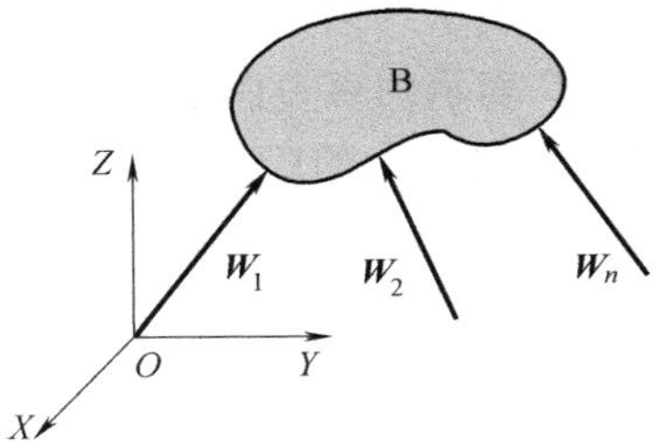

图 4-5　物体的约束旋量

第 i 个（$i=1, 2, \cdots, n$）约束力线矢量 $\boldsymbol{W}_i$ 可以表示为

$$\boldsymbol{W}_i=f_i\boldsymbol{W}_{0i}=f_i\begin{bmatrix}\boldsymbol{w}_i\\ \boldsymbol{r}_i\times\boldsymbol{w}_i\end{bmatrix}$$

式中，f_i 为第 i 个约束力的大小；$\boldsymbol{W}_{0i}$ 为第 i 约束力的单位线矢量；$\boldsymbol{w}_i$ 为第 i 个约束力的单位方向矢量；$\boldsymbol{r}_i$ 为第 i 个约束力的位置矢量。

这些约束力线矢量的线性组合 $\boldsymbol{W}$ 可以表示为

$$\boldsymbol{W}=\sum_{i=1}^{n}\boldsymbol{W}_i=\sum_{i=1}^{n}f_i\boldsymbol{W}_{0i}=[\boldsymbol{W}_{01}\quad \boldsymbol{W}_{02}\quad \cdots\quad \boldsymbol{W}_{0n}]\begin{bmatrix}f_1\\ f_2\\ \vdots\\ f_n\end{bmatrix}=\boldsymbol{W}_0\boldsymbol{F}$$

式中，$\boldsymbol{F}=[f_1\quad f_2\quad \cdots\quad f_n]^{\mathrm{T}}$ 是由约束力的大小 f_i 构成的列向量；$\boldsymbol{W}_0$ 是由单位约束力线矢量 $\boldsymbol{W}_{01}$，$\boldsymbol{W}_{02}$，…，$\boldsymbol{W}_{0n}$ 构成的矩阵，称为单位约束力矩阵，即

$$\boldsymbol{W}_0=[\boldsymbol{W}_{01}\quad \boldsymbol{W}_{02}\quad \cdots\quad \boldsymbol{W}_{0n}]$$

按照力系的简化结果，$\boldsymbol{W}$ 可能是力、力螺旋或力偶矩，它是一个广义力。

如果存在一组不全为零的数 λ_1、λ_2、…、λ_n，使单位约束力线矢量 $\boldsymbol{W}_{01}$、$\boldsymbol{W}_{02}$、…、$\boldsymbol{W}_{0n}$ 满足

$$\lambda_1\boldsymbol{W}_{01}+\lambda_2\boldsymbol{W}_{02}+\cdots+\lambda_n\boldsymbol{W}_{0n}=\boldsymbol{0}$$

则称 $\boldsymbol{W}_{01}$、$\boldsymbol{W}_{02}$、…、$\boldsymbol{W}_{0n}$ 线性相关，否则线性无关。

如果作用在物体上的单位约束力线矢量 $\boldsymbol{W}_{01}$、$\boldsymbol{W}_{02}$、…、$\boldsymbol{W}_{0n}$ 线性相关，则物体受到一组冗余约束力。如果线性无关，则物体受到一组非冗余约束力。非冗余约束力可以改变物体的自由度，而冗余约束力不改变物体的自由度。

单位约束力矩阵 $\boldsymbol{W}_0$ 的秩 $r(\boldsymbol{W}_0)$ 表示物体受到的非冗余约束力的数目，其列向量的最大线性无关组表示物体受到的一组非冗余约束力。

下面将冗余约束力和非冗余约束力的概念推广到广义约束力。

从力的分类角度分析，物体可能受到约束力、约束力螺旋或约束力偶的作用。可以统一采用广义力 6 维数组表示，称为广义约束力 6 维数组，记为 $\boldsymbol{C}$，且

$$\boldsymbol{C}=f\boldsymbol{C}_0$$

式中，f 称为广义约束力，表示约束力的大小或约束力偶矩的大小；$\boldsymbol{C}_0$ 称为单位广义约束力 6 维数组，可以是单位线矢量、单位旋量或单位自由矢量。

1）若 $\boldsymbol{C}$ 表示约束力线矢量，则 f 是约束力的大小，$\boldsymbol{C}_0$ 是单位线矢量。

2）若 $\boldsymbol{C}$ 表示约束力旋量，则 f 是约束力的大小，$\boldsymbol{C}_0$ 是单位旋量。

3）若 $\boldsymbol{C}$ 表示约束力偶矩自由矢量，则 f 是约束力偶矩的大小，$\boldsymbol{C}_0$ 是单位自由矢量。

设作用在物体上的广义约束力分别为 $\boldsymbol{C}_1$、$\boldsymbol{C}_2$、…、$\boldsymbol{C}_n$，与此对应的单位广义力 6 维数组分别为 $\boldsymbol{C}_{01}$、$\boldsymbol{C}_{02}$、…、$\boldsymbol{C}_{0n}$、则物体的单位广义约束力矩阵可表示为

$$\boldsymbol{C}_0=[\boldsymbol{C}_{01}\quad \boldsymbol{C}_{02}\quad \cdots\quad \boldsymbol{C}_{0n}]$$

单位广义约束力矩阵 $\boldsymbol{C}_0$ 的秩 $r(\boldsymbol{C}_0)$ 表示物体受到的非冗余广义约束力的数目。由 $\boldsymbol{C}_0$ 列向量的最大线性无关组构成的矩阵，称为约束矩阵，记为 $\tilde{\boldsymbol{C}}_0$，其表示物体受到的一组非冗余广义约束力。

需要说明，机械连接的约束分析主要关注约束的数目和类型，而不考虑广义约束力的大小，因此可以采用单位广义力 6 维数组表示约束。类似地，自由度分析中，采用单位广义速度 6 维数组表示自由度。

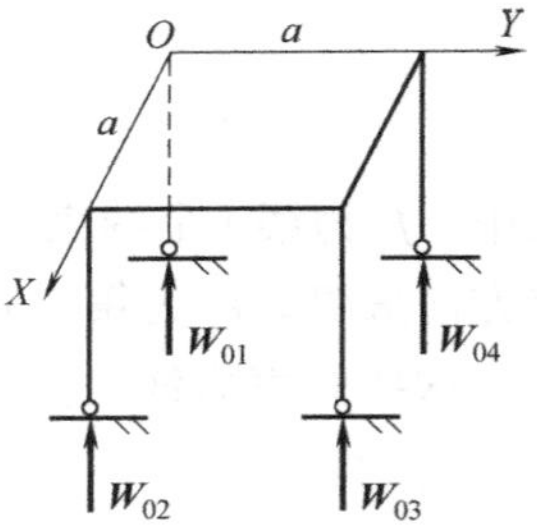

图 4-6　4 点支撑

例 4-1　如图 4-6 所示，4 点支撑结构的球头与平面点接触，这 4 个接触点的连线构成正方形，边长为 a，接触点处的支撑力为 1，写出该 4 点支撑结构的单位约束力矩阵，并判断这些约束力是否发生冗余。

解： 建立图 4-6 所示的坐标系，Z 轴按右手规则确定。

1）单位约束力线矢量 $\boldsymbol{W}_{01}$、$\boldsymbol{W}_{02}$、$\boldsymbol{W}_{03}$、$\boldsymbol{W}_{04}$ 的方向矢量 $\boldsymbol{w}_1$、$\boldsymbol{w}_2$、$\boldsymbol{w}_3$、$\boldsymbol{w}_4$ 均沿 Z 轴正向，则

$$\boldsymbol{w}_1=\boldsymbol{w}_2=\boldsymbol{w}_3=\boldsymbol{w}_4=\begin{bmatrix}0\\0\\1\end{bmatrix}$$

2）单位约束力线矢量 $\boldsymbol{W}_{01}$、$\boldsymbol{W}_{02}$、$\boldsymbol{W}_{03}$、$\boldsymbol{W}_{04}$ 的位置矢量 $\boldsymbol{r}_1$、$\boldsymbol{r}_2$、$\boldsymbol{r}_3$、$\boldsymbol{r}_4$ 分别取为

$$\boldsymbol{r}_1=\begin{bmatrix}0\\0\\0\end{bmatrix},\ \boldsymbol{r}_2=\begin{bmatrix}a\\0\\0\end{bmatrix},\boldsymbol{r}_3=\begin{bmatrix}a\\a\\0\end{bmatrix},\boldsymbol{r}_4=\begin{bmatrix}0\\a\\0\end{bmatrix}$$

3）单位约束力线矢量 $\boldsymbol{W}_{01}$、$\boldsymbol{W}_{02}$、$\boldsymbol{W}_{03}$、$\boldsymbol{W}_{04}$ 可以分别表示为

$$\boldsymbol{W}_{01}=\begin{bmatrix}\boldsymbol{w}_1\\ \boldsymbol{r}_1\times\boldsymbol{w}_1\end{bmatrix}=[0\quad 0\quad 1\quad 0\quad 0\quad 0]^{\mathrm{T}}$$

$$W_{02}=\begin{bmatrix} w_2 \\ r_2\times w_2 \end{bmatrix}=[0\quad 0\quad 1\quad 0\quad -a\quad 0]^{\mathrm{T}}$$

$$W_{03}=\begin{bmatrix} w_3 \\ r_3\times w_3 \end{bmatrix}=[0\quad 0\quad 1\quad a\quad -a\quad 0]^{\mathrm{T}}$$

$$W_{04}=\begin{bmatrix} w_4 \\ r_4\times w_4 \end{bmatrix}=[0\quad 0\quad 1\quad a\quad 0\quad 0]^{\mathrm{T}}$$

4）将单位约束力线矢量 W_{01}、W_{02}、W_{03}、W_{04} 按列写为矩阵形式，则 4 点支撑结构的单位约束力矩阵为

$$W_0=[W_{01}\quad W_{02}\quad W_{03}\quad W_{04}]=\begin{bmatrix} 0 & 0 & 0 & 0 \\ 0 & 0 & 0 & 0 \\ 1 & 1 & 1 & 1 \\ 0 & 0 & a & a \\ 0 & -a & -a & 0 \\ 0 & 0 & 0 & 0 \end{bmatrix}$$

5）由于存在一组不全为零的数 λ_1、λ_2、λ_3、λ_4，使

$$\lambda_1 W_{01}+\lambda_2 W_{02}+\lambda_3 W_{03}+\lambda_4 W_{04}=0$$

例如，取 $\lambda_1=-1$、$\lambda_2=1$、$\lambda_3=1$、$\lambda_4=-1$，因此这 4 个单位约束力线矢量 W_{01}、W_{02}、W_{03}、W_{04} 线性相关，表示一组冗余约束力。单位约束力矩阵 W_0 的秩 $r(W_0)=3$ 表示平面对该 4 点支撑施加 3 个非冗余约束力，可用 W_0 中的任意 3 个线性无关的列向量表示，例如可以选择 W_{01}、W_{02}、W_{03}。

4.2　自由度

如图 4-7 所示，物体 B 放在物体 A 上，物体 B 相对物体 A 静止，两者无相对运动，但物体 B 相对物体 A 可能产生沿 X 轴的平动 T_x、沿 Y 轴的平动 T_y 以及绕 Z 轴的转动 R_z。需要注意，物体 B 在产生这 3 种运动时，物体 B 和物体 A 仍保持原来的平面接触，两者的接触状态未发生改变或受到破坏。这里，T_x、T_y、R_z 表示物体 B 在该约束状态下的可能运动，而物体 B 绕 X 轴的转动 R_x，绕 Y 轴的转动 R_y 以及沿 Z 轴的平动 T_z 不是在该约束状态下的可能运动，如图 4-8 所示。因为物体 A 和物体 B 是刚性的，因此物体 A 不可能沿 Z 轴向下

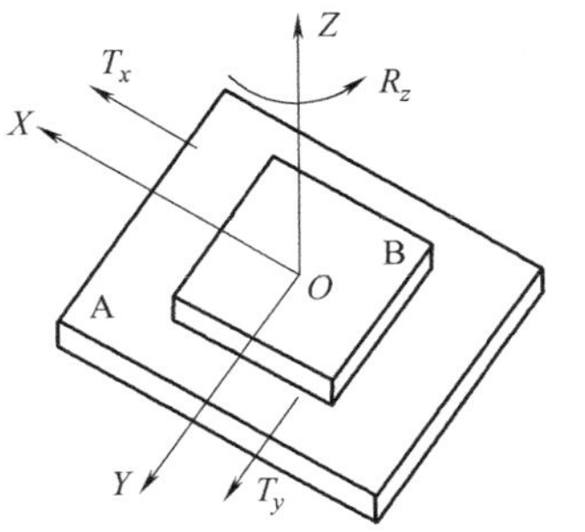

图 4-7　约束允许的运动

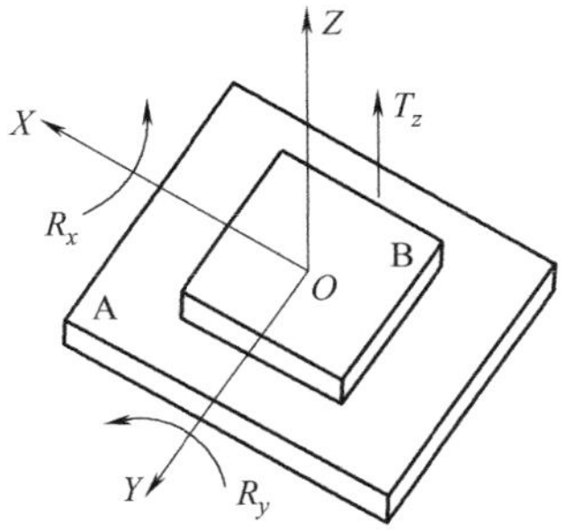

图 4-8　不为约束允许的运动

平动，而如果物体 B 沿 Z 轴向上运动，物体 B 将与物体 A 脱离，这破坏了物体 A 和物体 B 的接触状态。类似地，如果物体 B 发生绕 X 轴的转动或绕 Y 轴的转动，也将破坏物体 A 和物体 B 之间的接触，因此 R_x、R_y、T_z 不是物体 B 在该约束状态下的可能运动。

虚位移又称为可能位移，描述的是物体的可能运动。它是指在某瞬时，物体在一定约束状态下可能产生的无限小位移。如图 4-7 中的物体 B 可能在平面上发生任意方向的平动和绕竖直方向的转动。这些可能的平动和转动所对应的位移就是虚位移。物体的运动可分为转动、平动和螺旋运动，对应 3 种虚位移，即转动虚位移、平动虚位移和螺旋虚位移。虚位移的大小和类型可以统一采用 6 维数组描述，称为虚位移 6 维数组，记为 $\delta\boldsymbol{\Phi}$，其中 δ 是变分符号，表示变量可能产生的无限小“变更”，则

$$\delta\boldsymbol{\Phi}=\delta\varphi\boldsymbol{D}_0$$

其中，$\delta\varphi$ 表示转动虚位移大小或平动虚位移大小；$\boldsymbol{D}_0$ 是单位广义速度 6 维数组，可以用单位线矢量、单位旋量或单位自由矢量表示。

1）若 $\delta\boldsymbol{\Phi}$ 表示转动虚位移 6 维数组，则 $\delta\varphi$ 是转动虚位移大小，$\boldsymbol{D}_0$ 是单位线矢量。

2）若 $\delta\boldsymbol{\Phi}$ 表示螺旋虚位移 6 维数组，则 $\delta\varphi$ 是转动虚位移大小，$\boldsymbol{D}_0$ 是单位旋量。

3）若 $\delta\boldsymbol{\Phi}$ 表示平动虚位移 6 维数组，则 $\delta\varphi$ 是平动虚位移大小，$\boldsymbol{D}_0$ 是单位自由矢量。

如图 4-9 所示，在移动副的约束下滑块具有一个平动虚位移。设滑块平动虚位移的大小为 δx，平动虚位移 6 维数组可以表示为

$$\delta\boldsymbol{\Phi}=\delta x\boldsymbol{D}_0=\delta x[0\quad 0\quad 0\quad 1\quad 0\quad 0]^{\mathrm{T}}$$

如图 4-10 所示，杆件 A 在转动副的约束下具有一个转动虚位移。设转动虚位移大小为 $\delta\theta$，转动虚位移 6 维数组可以表示为

$$\delta\boldsymbol{\Phi}=\delta\theta\boldsymbol{D}_0=\delta\theta[1\quad 0\quad 0\quad 0\quad 0\quad 0]^{\mathrm{T}}$$

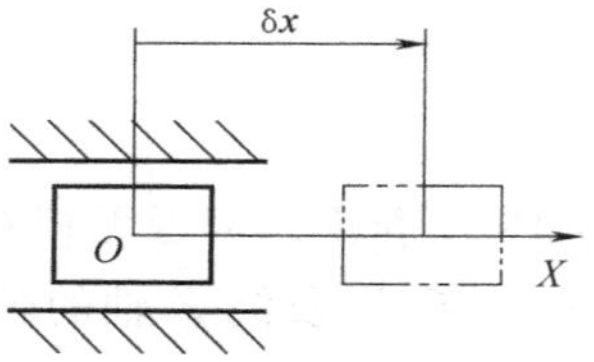

图 4-9　滑块平动

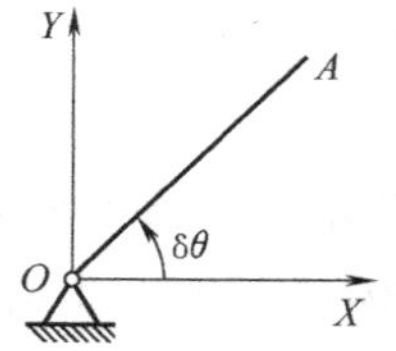

图 4-10　杆件转动

物体的虚位移可能是一个，也可能是多个，甚至无穷多个。如图 4-11 所示，物体 B 相对物体 A 的平动虚位移为 δx_1、δx_2、δx_3、…，绕竖直方向转动的虚位移为 $\delta\theta$，它有无穷多个虚位移。如图 4-12 所示，曲面 M 上一点 P，Σ 为曲面 M 在点 P 的切平面，点 P 在切平面 Σ 上任意方向的可能位移 δr_1、δr_2、δr_3、…均属于点 P 的虚位移。

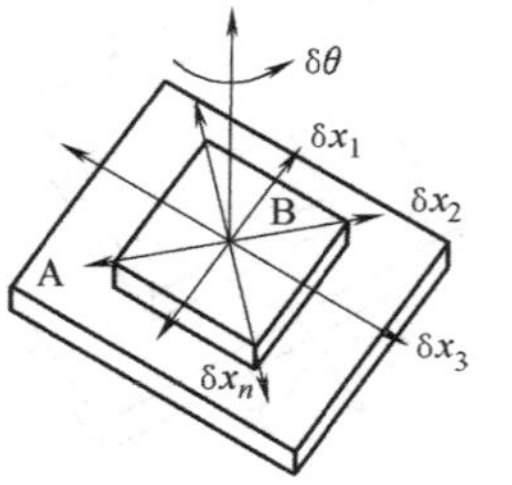

图 4-11　平面副的虚位移

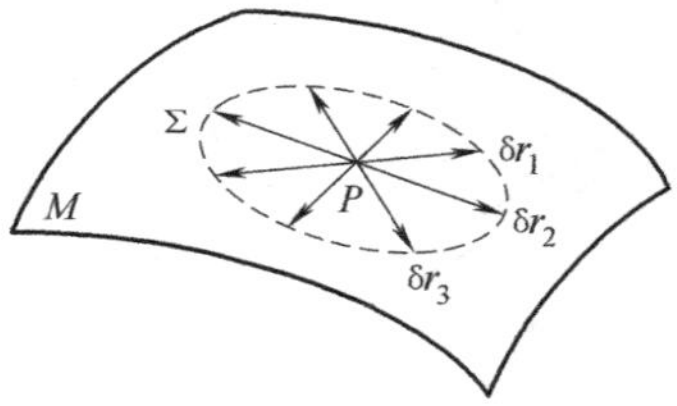

图 4-12　曲面上点的虚位移

自由度指物体在某瞬时具有的独立的可能运动，可以采用虚位移6维数组的最大线性无关组表示。它兼具瞬时性、独立性和可能性的特点。描述物体自由度时可以不必考虑虚位移6维数组的大小，因此后续用单位广义速度6维数组表示物体的自由度。如图4-13所示，物体B相对物体A具有n个虚位移，第i个虚位移6维数组记作$\delta\boldsymbol{\Phi}_i$，则

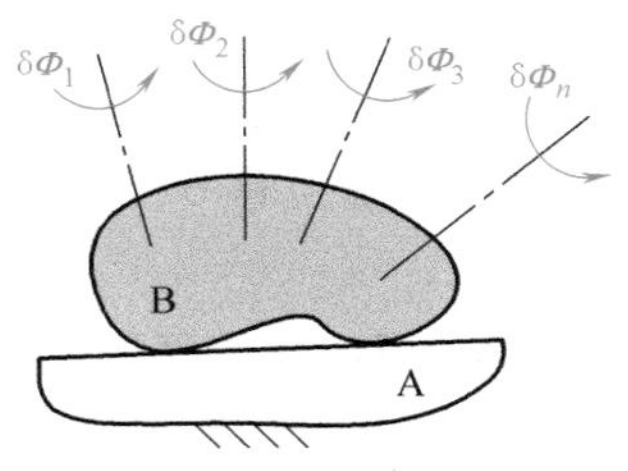

图4-13　物体的虚位移

$$\delta\boldsymbol{\Phi}_i=\delta\varphi_i\boldsymbol{D}_{0i}$$

式中，$\delta\varphi_i$表示第i个虚位移的大小；$\boldsymbol{D}_{0i}$表示第i个单位广义速度六维数组。

物体B的虚位移6维数组$\delta\boldsymbol{\Phi}_1$、$\delta\boldsymbol{\Phi}_2$、…、$\delta\boldsymbol{\Phi}_n$的线性组合可以表示为

$$\delta\boldsymbol{\Phi}=\sum_{i=1}^{n}\delta\boldsymbol{\Phi}_i=\sum_{i=1}^{n}\delta\varphi_i\boldsymbol{D}_{0i}=[\boldsymbol{D}_{01}\quad\boldsymbol{D}_{02}\quad\cdots\quad\boldsymbol{D}_{0n}]\begin{bmatrix}\delta\varphi_1\\\delta\varphi_2\\\vdots\\\delta\varphi_n\end{bmatrix}=\boldsymbol{D}_0\delta\boldsymbol{\varphi}$$

式中，$\delta\boldsymbol{\varphi}=[\delta\varphi_1\quad\delta\varphi_2\quad\cdots\quad\delta\varphi_n]^{\mathrm{T}}$是由虚位移的大小$\delta\varphi_i$构成的列向量；$\boldsymbol{D}_0=[\boldsymbol{D}_{01}\quad\boldsymbol{D}_{02}\quad\cdots\quad\boldsymbol{D}_{0n}]$是由单位广义速度6维数组构成的矩阵，称为单位广义速度矩阵。由$\boldsymbol{D}_0$列向量的最大线性无关组构成的矩阵称为自由度矩阵，记为$\tilde{\boldsymbol{D}}_0$。如图4-7所示，平面副中物体B相对物体A的自由度矩阵可以表示为

$$\tilde{\boldsymbol{D}}_0=[\boldsymbol{D}_{01}\quad\boldsymbol{D}_{02}\quad\boldsymbol{D}_{03}]=\begin{bmatrix}0&0&0\\0&0&0\\0&0&1\\1&0&0\\0&1&0\\0&0&0\end{bmatrix}$$

式中，$\boldsymbol{D}_{01}$是沿X轴的单位自由矢量，表示沿X轴的平动自由度；$\boldsymbol{D}_{02}$是沿Y轴的单位自由矢量，表示沿Y轴的平动自由度；$\boldsymbol{D}_{03}$是沿Z轴的单位线矢量，表示绕Z轴的转动自由度。

4.3　约束的虚功率

力在实位移上所做的功称为实功。与实功相对的概念是虚功，即力在虚位移上所做的功。约束的虚功等于零。如图4-14所示，曲面M上的一点P，Σ为曲面M在点P的切平面，点P的虚位移记为$\delta r_i(i=1,\ 2,\ \cdots,\ n)$，$\boldsymbol{F}$为曲面$M$对点$P$的约束力。

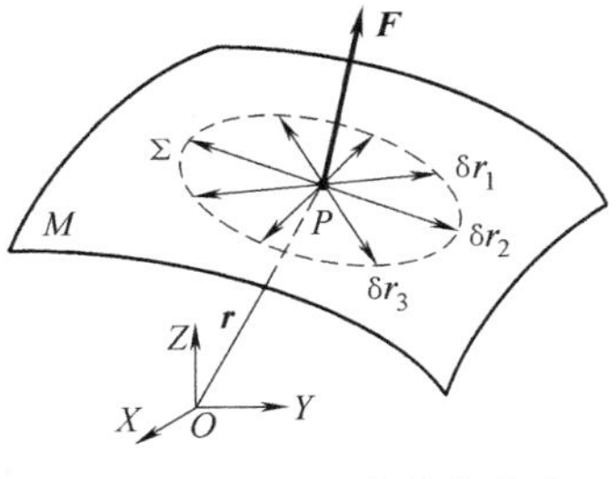

图4-14　曲面上点的虚位移

点P的约束力$\boldsymbol{F}$沿Σ切平面的法线方向，点P的虚位移$\delta r_i(i=1,\ 2,\ \cdots,\ n)$在$\Sigma$切平面$\Sigma$上。约束力$\boldsymbol{F}$和虚位移$\delta r_i$互相垂直，约束力的虚功$\boldsymbol{F}\cdot\delta r_i=|\boldsymbol{F}||\delta r_i|\cos 90°=0$。

根据约束的虚功为零，并结合互易积的概念，可以分析物体的约束和自由度。

设物体的广义约束力6维数组为

$$C=fC_0$$

式中，f 表示广义约束力；C_0 表示单位广义约束力 6 维数组。

物体的虚位移 6 维数组为

$$\delta\boldsymbol{\Phi}=\delta\varphi \boldsymbol{D}_0$$

式中，$\delta\varphi$ 表示虚位移的大小；D_0 表示单位广义速度 6 维数组。

C 和 $\delta\boldsymbol{\Phi}$ 的互易积表示约束的虚功率，则

$$C\otimes\delta\boldsymbol{\Phi}=C^{\mathrm{T}}E\delta\boldsymbol{\Phi}=0$$

式中，⊗表示互易积的运算符号；C^{T} 表示广义约束力 6 维数组 C 的转置；$E=\begin{bmatrix}0 & I\\ I & 0\end{bmatrix}$，0 和 I 分别为 3 阶零矩阵和 3 阶单位矩阵。

进一步

$$C\otimes\delta\boldsymbol{\Phi}=C^{\mathrm{T}}E\delta\boldsymbol{\Phi}=(fC_0)^{\mathrm{T}}E(\delta\varphi D_0)=(f\delta\varphi)C_0^{\mathrm{T}}ED_0=0$$

对于任意 f 和 $\delta\varphi$，该式均成立，可得

$$C_0^{\mathrm{T}}ED_0=0$$

类似地，还可以得到

$$\delta\boldsymbol{\Phi}\otimes C=\delta\boldsymbol{\Phi}^{\mathrm{T}}EC=(f\delta\varphi)D_0^{\mathrm{T}}EC_0=0$$

则

$$D_0^{\mathrm{T}}EC_0=0$$

综上所述，物体的单位广义约束力 6 维数组 C_0 和单位广义速度 6 维数组 D_0 的互易积为零，据此已知物体的约束，可以求自由度。反之，已知自由度，可以求约束。

例 4-2　一个自由物体在空间具有 6 个自由度。物体的定位是根据任务需求限制物体的全部自由度或部分自由度，以得到需要的自由度。6 点定位原理指采用 6 个点接触限制物体的 6 个自由度，使其自由度为零，以保证物体具有确定的位置。如图 4-15 所示，边长为 1 的立方体受到 5 个约束力，分析该立方体的自由度。

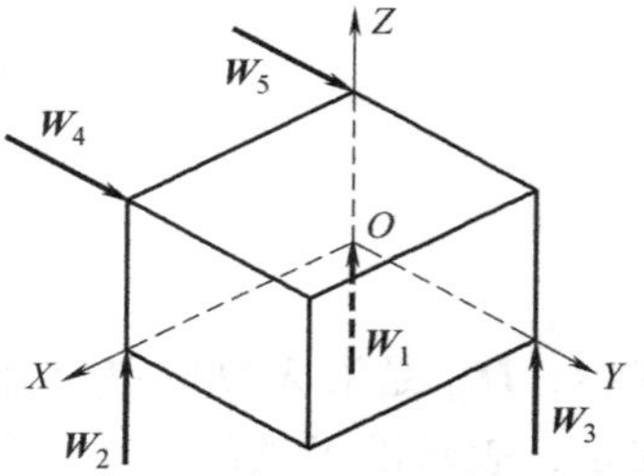

图 4-15　立方体受力状态

解：如图 4-15 所示的坐标系，采用单位线矢量 $C_{01}\sim C_{05}$ 表示这 5 个约束力。

1）$C_{01}\sim C_{05}$ 的方向矢量 $s_1\sim s_5$ 分别为

$$s_1=s_2=s_3=\begin{bmatrix}0\\0\\1\end{bmatrix},\ s_4=s_5=\begin{bmatrix}0\\1\\0\end{bmatrix}$$

2）$C_{01}\sim C_{05}$ 的位置矢量 $r_1\sim r_5$ 分别为

$$r_1=\begin{bmatrix}0\\0\\0\end{bmatrix},\ r_2=\begin{bmatrix}1\\0\\0\end{bmatrix},\ r_3=\begin{bmatrix}0\\1\\0\end{bmatrix},\ r_4=\begin{bmatrix}1\\0\\1\end{bmatrix},\ r_5=\begin{bmatrix}0\\0\\1\end{bmatrix}$$

3）$C_{01}\sim C_{05}$ 可以表示为

$$C_{01}=\begin{bmatrix}0\\0\\1\\0\\0\\0\end{bmatrix},\ C_{02}=\begin{bmatrix}0\\0\\1\\0\\-1\\0\end{bmatrix},\ C_{03}=\begin{bmatrix}0\\0\\1\\1\\0\\0\end{bmatrix},\ C_{04}=\begin{bmatrix}0\\1\\0\\-1\\0\\1\end{bmatrix},\ C_{05}=\begin{bmatrix}0\\0\\0\\-1\\0\\0\end{bmatrix}$$

4）设该立方体的单位广义速度 6 维数组为

$$\boldsymbol{D}_0=[t_1\quad t_2\quad t_3\quad t_4\quad t_5\quad t_6]^{\mathrm{T}}$$

5）$\boldsymbol{C}_{01}\sim\boldsymbol{C}_{05}$ 和单位广义速度 6 维数组 $\boldsymbol{D}_0$ 的互易积为零，则

$$\boldsymbol{C}_{01}\otimes\boldsymbol{D}_0=t_6=0$$

$$\boldsymbol{C}_{02}\otimes\boldsymbol{D}_0=-t_2+t_6=0$$

$$\boldsymbol{C}_{03}\otimes\boldsymbol{D}_0=t_1+t_6=0$$

$$\boldsymbol{C}_{04}\otimes\boldsymbol{D}_0=-t_1+t_3+t_5=0$$

$$\boldsymbol{C}_{05}\otimes\boldsymbol{D}_0=-t_1+t_5=0$$

6）单位广义速度 6 维数组为

$$\boldsymbol{D}_0=[0\quad 0\quad 0\quad 1\quad 0\quad 0]^{\mathrm{T}}$$

$\boldsymbol{D}_0$ 是沿 X 轴的自由矢量，表示该立方体具有一个沿 X 轴的平动自由度。

4.4　运动副的约束与自由度

机构中常见的运动副有转动副（R）、移动副（P）、螺旋副（H）、平面副（E）、圆柱副（C）、球面副（S）、球-锥孔副（S-C）、球-V 形槽副（S-V）和球-平面副（S-E）等。下面分析这些运动副的约束和自由度。

1. 转动副

如图 4-16 所示，转动副由轴和轴座构成，试分析轴的约束和自由度。

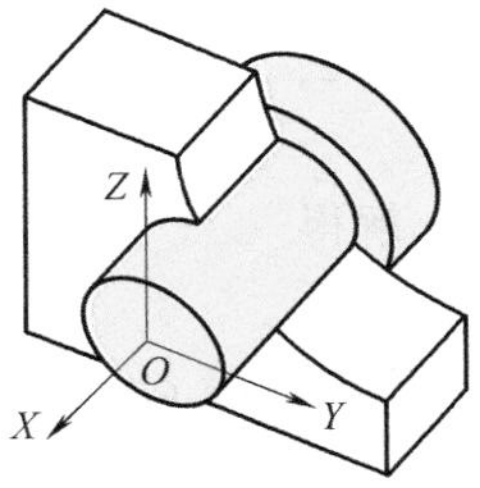

图 4-16　转动副

解：如图 4-16 所示的坐标系 $OXYZ$，轴为被约束物体，轴座为约束物体。轴相对轴座的转动自由度可以采用单位线矢量 $\boldsymbol{D}_0$ 表示为

$$\boldsymbol{D}_0=[1\quad 0\quad 0\quad 0\quad 0\quad 0]^{\mathrm{T}}$$

轴的单位广义约束力 6 维数组可以表示为

$$\boldsymbol{C}_0=[c_1\quad c_2\quad c_3\quad c_4\quad c_5\quad c_6]^{\mathrm{T}}$$

那么

$$\boldsymbol{D}_0^{\mathrm{T}}\boldsymbol{E}\boldsymbol{C}_0=\boldsymbol{0}$$

解得

$$c_4=0$$

选择 c_1、c_2、c_3、c_5、c_6 为自由变量，该方程组的基础解系共有 5 个解向量，记为

$$\boldsymbol{C}_{01}=\begin{bmatrix}1\\0\\0\\0\\0\\0\end{bmatrix},\ \boldsymbol{C}_{02}=\begin{bmatrix}0\\1\\0\\0\\0\\0\end{bmatrix},\ \boldsymbol{C}_{03}=\begin{bmatrix}0\\0\\1\\0\\0\\0\end{bmatrix},\ \boldsymbol{C}_{04}=\begin{bmatrix}0\\0\\0\\0\\1\\0\end{bmatrix},\ \boldsymbol{C}_{05}=\begin{bmatrix}0\\0\\0\\0\\0\\1\end{bmatrix}$$

其中，$\boldsymbol{C}_{01}$ 是沿 X 轴的单位线矢量，表示沿 X 轴的约束力；$\boldsymbol{C}_{02}$ 是沿 Y 轴的单位线矢量，表示沿 Y 轴的约束力；$\boldsymbol{C}_{03}$ 是沿 Z 轴的单位线矢量，表示沿 Z 轴的约束力；$\boldsymbol{C}_{04}$ 是沿 Y 轴的单位自由矢量，表示沿 Y 轴的约束力偶矩；$\boldsymbol{C}_{05}$ 是沿 Z 轴的单位自由矢量，表示沿 Z 轴的约束力偶矩。

轴的约束矩阵为

$$\tilde{\boldsymbol{C}}_0=[\boldsymbol{C}_{01}\quad \boldsymbol{C}_{02}\quad \boldsymbol{C}_{03}\quad \boldsymbol{C}_{04}\quad \boldsymbol{C}_{05}]=\begin{bmatrix}1&0&0&0&0\\0&1&0&0&0\\0&0&1&0&0\\0&0&0&0&0\\0&0&0&1&0\\0&0&0&0&1\end{bmatrix}$$

综上所述，轴座对轴施加 5 个非冗余的广义约束力。

2. 移动副

如图 4-17 所示，移动副包括滑块和底座，分析滑块的约束和自由度。

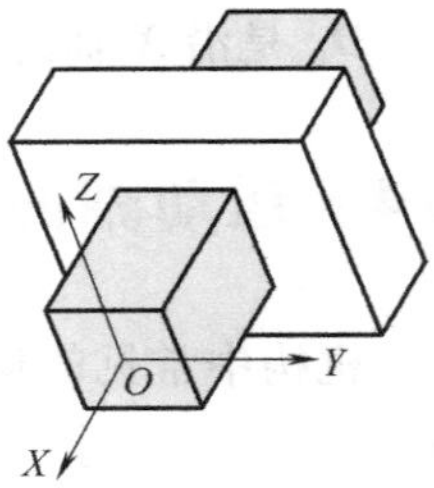

图 4-17　移动副

解：如图 4-17 所示坐标系 $OXYZ$，选择滑块为被约束物体，底座为约束物体。滑块相对底座的平动自由度采用单位自由矢量表示为

$$\boldsymbol{D}_0=[0\quad 0\quad 0\quad 1\quad 0\quad 0]^{\mathrm{T}}$$

滑块的单位广义约束力 6 维数组可以表示为

$$\boldsymbol{C}_0=[c_1\quad c_2\quad c_3\quad c_4\quad c_5\quad c_6]^{\mathrm{T}}$$

那么

$$\boldsymbol{D}_0^{\mathrm{T}}\boldsymbol{E}\boldsymbol{C}_0=\boldsymbol{0}$$

解得

$$c_1=0$$

选择 c_2、c_3、c_4、c_5、c_6 为自由变量，该方程组的基础解系共有 5 个解向量，即

$$\boldsymbol{C}_{01}=\begin{bmatrix}0\\1\\0\\0\\0\\0\end{bmatrix},\ \boldsymbol{C}_{02}=\begin{bmatrix}0\\0\\1\\0\\0\\0\end{bmatrix},\ \boldsymbol{C}_{03}=\begin{bmatrix}0\\0\\0\\1\\0\\0\end{bmatrix},\ \boldsymbol{C}_{04}=\begin{bmatrix}0\\0\\0\\0\\1\\0\end{bmatrix},\ \boldsymbol{C}_{05}=\begin{bmatrix}0\\0\\0\\0\\0\\1\end{bmatrix}$$

其中，$\boldsymbol{C}_{01}$ 是沿 Y 轴的单位线矢量，表示沿 Y 轴的约束力；$\boldsymbol{C}_{02}$ 是沿 Z 轴的单位线矢量，表示沿 Z 轴的约束力；$\boldsymbol{C}_{03}$ 是沿 X 轴的单位自由矢量，表示沿 X 轴的约束力偶矩；$\boldsymbol{C}_{04}$ 是沿 Y

轴的单位自由矢量，表示沿 Y 轴的约束力偶矩；$\boldsymbol{C}_{05}$ 是沿 Z 轴的单位自由矢量，表示沿 Z 轴的约束力偶矩。

滑块的约束矩阵为

$$\widetilde{\boldsymbol{C}}_0=[\boldsymbol{C}_{01}\quad \boldsymbol{C}_{02}\quad \boldsymbol{C}_{03}\quad \boldsymbol{C}_{04}\quad \boldsymbol{C}_{05}]=\begin{bmatrix}0&0&0&0&0\\1&0&0&0&0\\0&1&0&0&0\\0&0&1&0&0\\0&0&0&1&0\\0&0&0&0&1\end{bmatrix}$$

综上所述，底座对滑块施加 5 个非冗余的广义约束力。

3. 螺旋副

如图 4-18 所示，螺旋副包括螺杆和螺母，分析螺母的自由度。

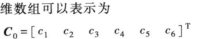

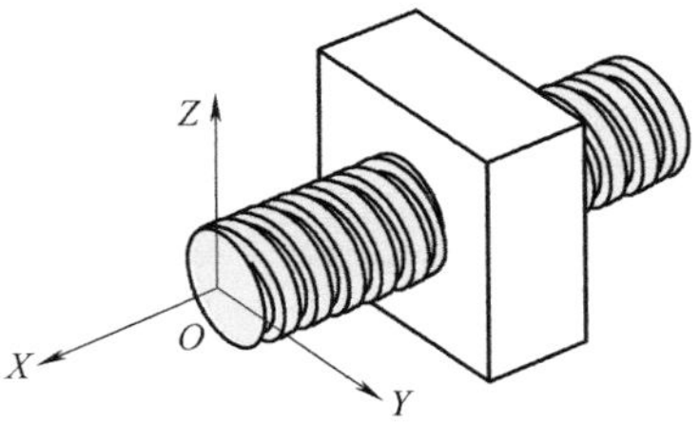

图 4-18　螺旋副

解：如图 4-18 所示坐标系 $OXYZ$，以螺母为被约束物体，螺杆为约束物体。设螺母做螺旋运动的节距为 p，螺母相对螺杆的螺旋自由度可采用单位旋量表示为

$$\boldsymbol{D}_0=[1\quad 0\quad 0\quad p\quad 0\quad 0]^{\mathrm{T}}$$

螺母的单位广义约束力 6 维数组可以表示为

$$\boldsymbol{C}_0=[c_1\quad c_2\quad c_3\quad c_4\quad c_5\quad c_6]^{\mathrm{T}}$$

那么

$$\boldsymbol{D}_0^{\mathrm{T}}\boldsymbol{E}\boldsymbol{C}_0=\boldsymbol{0}$$

可得

$$pc_1+c_4=0$$

选择 c_2、c_3、c_4、c_5、c_6 为自由变量，该方程组的基础解系共有 5 个解向量，即

$$\boldsymbol{C}_{01}=\begin{bmatrix}1\\0\\0\\-p\\0\\0\end{bmatrix},\ \boldsymbol{C}_{02}=\begin{bmatrix}0\\1\\0\\0\\0\\0\end{bmatrix},\ \boldsymbol{C}_{03}=\begin{bmatrix}0\\0\\1\\0\\0\\0\end{bmatrix},\ \boldsymbol{C}_{04}=\begin{bmatrix}0\\0\\0\\0\\1\\0\end{bmatrix},\ \boldsymbol{C}_{05}=\begin{bmatrix}0\\0\\0\\0\\0\\1\end{bmatrix}$$

螺母的约束矩阵可以表示为

$$\widetilde{\boldsymbol{C}}_0=[\boldsymbol{C}_{01}\quad \boldsymbol{C}_{02}\quad \boldsymbol{C}_{03}\quad \boldsymbol{C}_{04}\quad \boldsymbol{C}_{05}]=\begin{bmatrix}1&0&0&0&0\\0&1&0&0&0\\0&0&1&0&0\\-p&0&0&0&0\\0&0&0&1&0\\0&0&0&0&1\end{bmatrix}$$

式中，$\boldsymbol{C}_{01}$ 是沿 X 轴的节距为 $-p$ 的单位旋量，表示沿 X 轴的约束力螺旋；$\boldsymbol{C}_{02}$ 是沿 Y 轴的单

位线矢量，表示沿 Y 轴的约束力；$\boldsymbol{C}_{03}$ 是沿 Z 轴的单位线矢量，表示沿 Z 轴的约束力；$\boldsymbol{C}_{04}$ 是沿 Y 轴的单位自由矢量，表示沿 Y 轴的约束力偶矩；$\boldsymbol{C}_{05}$ 是沿 Z 轴的单位自由矢量，表示沿 Z 轴的约束力偶矩。

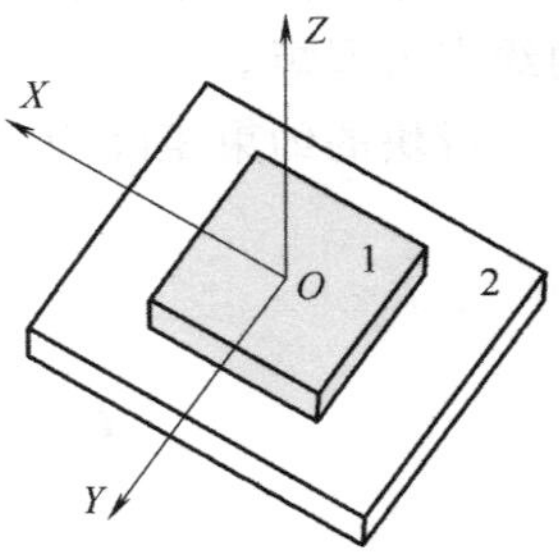

图 4-19　平面副

4. 平面副

如图 4-19 所示，平面副包括滑块 1 和底板 2，分析滑块相对底板的约束和自由度。

解：选择滑块为被约束物体，底板为提供约束的物体。滑块 1 相对底板 2 具有沿 X 轴的平动自由度、沿 Y 轴的平动自由度和绕 Z 轴的转动自由度，滑块的自由度矩阵为

$$\widetilde{\boldsymbol{D}}_0=[\boldsymbol{D}_{01}\quad \boldsymbol{D}_{02}\quad \boldsymbol{D}_{03}]=\begin{bmatrix}0&0&0\\0&0&0\\0&0&1\\1&0&0\\0&1&0\\0&0&0\end{bmatrix}$$

式中，$\boldsymbol{D}_{01}$ 是沿 X 轴的单位自由矢量，表示沿 X 轴的平动自由度；$\boldsymbol{D}_{02}$ 是沿 Y 轴的单位自由矢量，表示沿 Y 轴的平动自由度；$\boldsymbol{D}_{03}$ 是沿 Z 轴的单位线矢量，表示绕 Z 轴的转动自由度。

滑块的约束矩阵为

$$\widetilde{\boldsymbol{C}}_0=[\boldsymbol{C}_{01}\quad \boldsymbol{C}_{02}\quad \boldsymbol{C}_{03}]=\begin{bmatrix}0&0&0\\0&0&0\\1&0&0\\0&1&0\\0&0&1\\0&0&0\end{bmatrix}$$

式中，$\boldsymbol{C}_{01}$ 是沿 Z 轴的单位线矢量，表示沿 Z 轴的约束力；$\boldsymbol{C}_{02}$ 是沿 X 轴的单位自由矢量，表示沿 X 轴的约束力偶矩；$\boldsymbol{C}_{03}$ 是沿 Y 轴的单位自由矢量，表示沿 Y 轴的约束力偶矩。

采用类似方法，可以求解圆柱副（C）、球面副（S）、球-锥孔副（S-C）、球-V 形槽副（S-V）和球-平面副（S-E）的约束和自由度。表 4-1 所示为常见运动副的约束和自由度。

表 4-1　常见运动副的约束和自由度

运动副	三维模型	自由度矩阵	约束矩阵	自由度数	非冗余约束数
转动副（R）	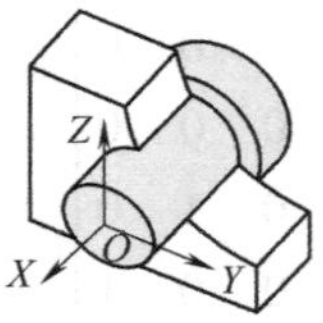	$\widetilde{\boldsymbol{D}}_0=\begin{bmatrix}1\\0\\0\\0\\0\\0\end{bmatrix}$	$\widetilde{\boldsymbol{C}}_0=\begin{bmatrix}1&0&0&0&0\\0&1&0&0&0\\0&0&1&0&0\\0&0&0&0&0\\0&0&0&1&0\\0&0&0&0&1\end{bmatrix}$	1	5

（续）

运动副	三维模型	自由度矩阵	约束矩阵	自由度数	非冗余约束数
移动副（P）	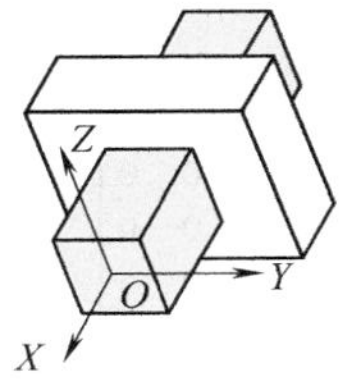	$\tilde{\boldsymbol{D}}_0=\begin{bmatrix}0\\0\\0\\1\\0\\0\end{bmatrix}$	$\tilde{\boldsymbol{C}}_0=\begin{bmatrix}0&0&0&0&0\\1&0&0&0&0\\0&1&0&0&0\\0&0&1&0&0\\0&0&0&1&0\\0&0&0&0&1\end{bmatrix}$	1	5
螺旋副（H）	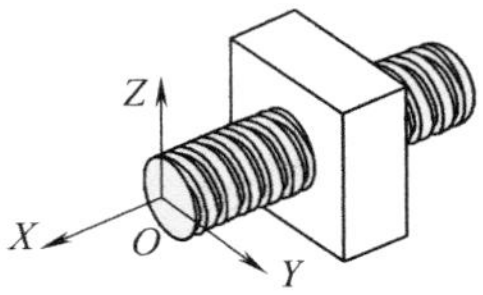	$\tilde{\boldsymbol{D}}_0=\begin{bmatrix}1\\0\\0\\p\\0\\0\end{bmatrix}$	$\tilde{\boldsymbol{C}}_0=\begin{bmatrix}1&0&0&0&0\\0&1&0&0&0\\0&0&1&0&0\\-p&0&0&0&0\\0&0&0&1&0\\0&0&0&0&1\end{bmatrix}$	1	5
圆柱副（C）	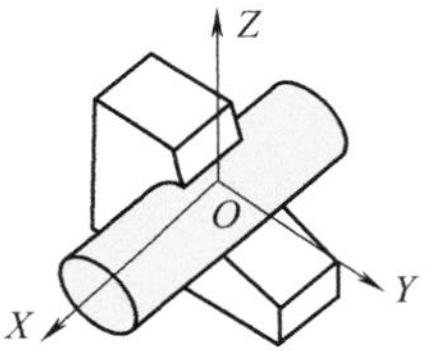	$\tilde{\boldsymbol{D}}_0=\begin{bmatrix}1&0\\0&0\\0&0\\0&1\\0&0\\0&0\end{bmatrix}$	$\tilde{\boldsymbol{C}}_0=\begin{bmatrix}0&0&0&0\\1&0&0&0\\0&1&0&0\\0&0&0&0\\0&0&1&0\\0&0&0&1\end{bmatrix}$	2	4
平面副（E）	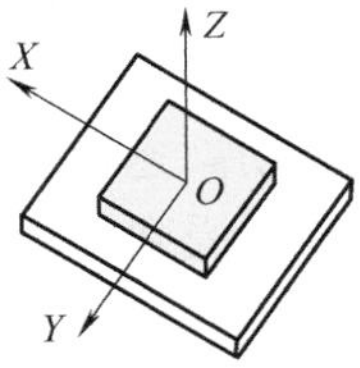	$\tilde{\boldsymbol{D}}_0=\begin{bmatrix}0&0&0\\0&0&0\\0&0&1\\1&0&0\\0&1&0\\0&0&0\end{bmatrix}$	$\tilde{\boldsymbol{C}}_0=\begin{bmatrix}0&0&0\\0&0&0\\1&0&0\\0&1&0\\0&0&1\\0&0&0\end{bmatrix}$	3	3
球面副（S）	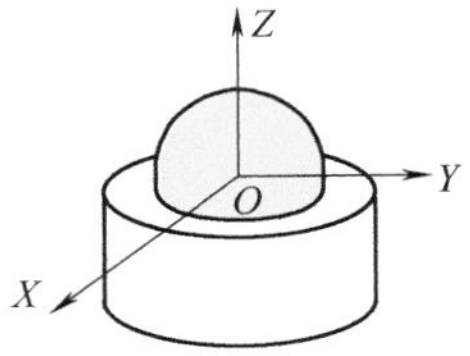	$\tilde{\boldsymbol{D}}_0=\begin{bmatrix}1&0&0\\0&1&0\\0&0&1\\0&0&0\\0&0&0\\0&0&0\end{bmatrix}$	$\tilde{\boldsymbol{C}}_0=\begin{bmatrix}1&0&0\\0&1&0\\0&0&1\\0&0&0\\0&0&0\\0&0&0\end{bmatrix}$	3	3
球-锥孔副（S-C）	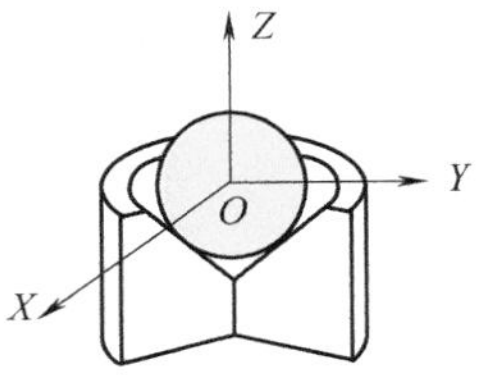	$\tilde{\boldsymbol{D}}_0=\begin{bmatrix}1&0&0\\0&1&0\\0&0&1\\0&0&0\\0&0&0\\0&0&0\end{bmatrix}$	$\tilde{\boldsymbol{C}}_0=\begin{bmatrix}1&0&0\\0&1&0\\0&0&1\\0&0&0\\0&0&0\\0&0&0\end{bmatrix}$	3	3

（续）

运动副	三维模型	自由度矩阵	约束矩阵	自由度数	非冗余约束数
球-V 形槽副（S-V）	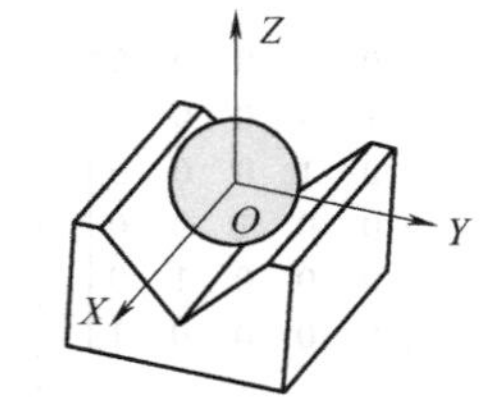	$\tilde{\boldsymbol{D}}_0=\begin{bmatrix}1&0&0&0\\0&1&0&0\\0&0&1&0\\0&0&0&0\\0&0&0&0\\0&0&0&1\end{bmatrix}$	$\tilde{\boldsymbol{C}}_0=\begin{bmatrix}1&0\\0&1\\0&0\\0&0\\0&0\\0&0\end{bmatrix}$	4	2
球-平面副（S-E）	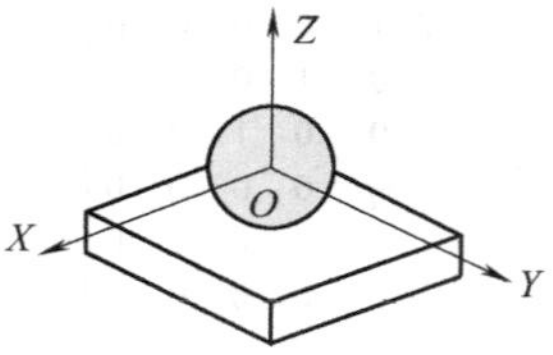	$\tilde{\boldsymbol{D}}_0=\begin{bmatrix}1&0&0&0&0\\0&1&0&0&0\\0&0&1&0&0\\0&0&0&1&0\\0&0&0&0&1\\0&0&0&0&0\end{bmatrix}$	$\tilde{\boldsymbol{C}}_0=\begin{bmatrix}0\\0\\1\\0\\0\\0\end{bmatrix}$	5	1

4.5　串联连接的约束分析

4.5.1　串联连接约束分析方程

串联连接是开环结构，各种串联运动链均属于串联连接。串联连接的约束分析是指确定其终端构件受到的约束。如图 4-20 所示，万向节就是一个串联连接，它包含叉架 1、叉架 2 以及中间的十字架，叉架 1 和叉架 2 分别与中间的十字架通过转动副连接。

假设以叉架 1 作为机架，叉架 2 作为终端构件，现分析叉架 2 受到的约束。显然，叉架 2 相对叉架 1 具有绕 X 轴和绕 Y 轴的两个转动自由度 R_X 和 R_Y，而在沿 X 轴、Y 轴、Z 轴平动方向以及绕 Z 轴转动方向呈现刚性，这说明叉架 2 在这些方向受到了约束。那么如何严格分析叉架 2 的约束和自由度？下面进行推导。

图 4-21 所示为串联连接组成原理图，其中 B 表示终端构件，P_{r1}、P_{r2}、…、P_{rn} 表示该串联连接的 n 个运动副。

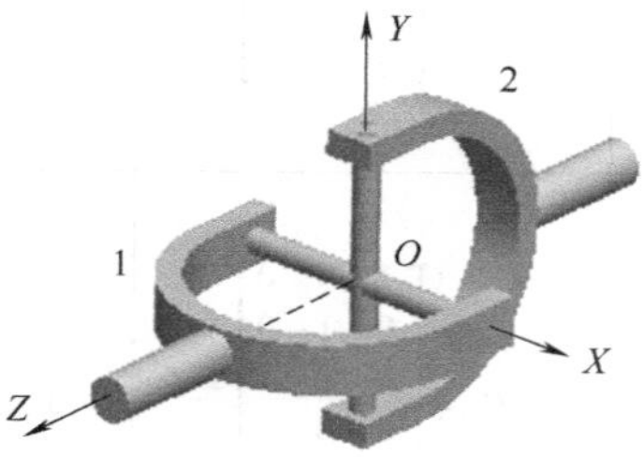

图 4-20　万向节

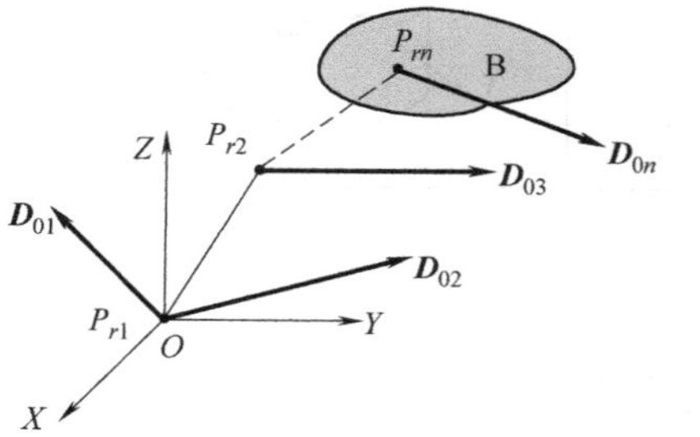

图 4-21　串联连接组成原理图

设第 i 个运动副 P_{ri} 的单位广义速度 6 维数组为

$$\boldsymbol{D}_{0i}=\begin{bmatrix} d_{1i} \\ d_{2i} \\ d_{3i} \\ d_{4i} \\ d_{5i} \\ d_{6i} \end{bmatrix}$$

式中，$d_{1i}\sim d_{6i}$ 为 $\boldsymbol{D}_{0i}$ 的坐标分量。

第 i 个运动副 P_{ri} 的虚位移 6 维数组为

$$\delta\boldsymbol{\Phi}_i=\delta\varphi_i\boldsymbol{D}_{0i}$$

其中，$\delta\varphi_i$ 表示第 i 个运动副 P_{ri} 的虚位移大小。

终端构件 B 的虚位移六维数组 $\delta\boldsymbol{\Phi}$ 采用线性组合表示为

$$\delta\boldsymbol{\Phi}=\sum_{i=1}^{n}\delta\boldsymbol{\Phi}_i=\sum_{i=1}^{n}\delta\varphi_i\boldsymbol{D}_{0i}=\boldsymbol{D}_0\delta\boldsymbol{\varphi}$$

式中，$\boldsymbol{D}_0$ 是由单位广义速度 6 维数组 $\boldsymbol{D}_{0i}$ 按列组成的矩阵，称为单位广义速度矩阵；$\delta\boldsymbol{\varphi}$ 是由虚位移大小 $\delta\varphi_i$ 构成的列向量，则

$$\boldsymbol{D}_0=[\boldsymbol{D}_{01}\quad \boldsymbol{D}_{02}\quad \cdots\quad \boldsymbol{D}_{0n}]=\begin{bmatrix} d_{11} & d_{12} & \cdots & d_{1n} \\ d_{21} & d_{22} & \cdots & d_{2n} \\ d_{31} & d_{32} & \cdots & d_{3n} \\ d_{41} & d_{42} & \cdots & d_{4n} \\ d_{51} & d_{52} & \cdots & d_{5n} \\ d_{61} & d_{62} & \cdots & d_{6n} \end{bmatrix},\ \delta\boldsymbol{\varphi}=\begin{bmatrix} \delta\varphi_1 \\ \delta\varphi_2 \\ \vdots \\ \delta\varphi_n \end{bmatrix}$$

$\boldsymbol{D}_0$ 列向量的最大线性无关组表示终端构件 B 的自由度，最大线性无关组中包含的向量个数就是终端构件 B 的自由度数。

设终端构件 B 的广义约束力 6 维数组为

$$\boldsymbol{C}=f\boldsymbol{C}_0=f\begin{bmatrix} c_{01} \\ c_{02} \\ c_{03} \\ c_{04} \\ c_{05} \\ c_{06} \end{bmatrix}$$

式中，f 为广义约束力大小；$\boldsymbol{C}_0$ 为单位广义约束力 6 维数组；$c_{01}\sim c_{06}$ 为 $\boldsymbol{C}_0$ 的坐标分量。

终端构件 B 的广义约束力 6 维数组 $\boldsymbol{C}$ 与虚位移 6 维数组 $\delta\boldsymbol{\Phi}$ 的互易积为零，即

$$\delta\boldsymbol{\Phi}\otimes\boldsymbol{C}=\delta\boldsymbol{\Phi}^{\mathrm{T}}\boldsymbol{E}\boldsymbol{C}=f\,\delta\boldsymbol{\varphi}^{\mathrm{T}}\boldsymbol{D}_0^{\mathrm{T}}\boldsymbol{E}\boldsymbol{C}_0=0$$

式中，$\otimes$表示互易积的运算符号；上标“T”表示矩阵的转置；$\boldsymbol{E}=\begin{bmatrix} 0 & \boldsymbol{I} \\ \boldsymbol{I} & 0 \end{bmatrix}$，0 和 $\boldsymbol{I}$ 分别为 3×3 的零矩阵和单位矩阵。

对于任意 f，$\delta\varphi$ 上式均成立，则

$$D_0^{\mathrm{T}} E C_0 = \mathbf{0}$$

该式称为串联连接约束分析方程，将该式展开可得

$$\begin{bmatrix} d_{11} & d_{12} & \cdots & d_{1n} \\ d_{21} & d_{22} & \cdots & d_{2n} \\ d_{31} & d_{32} & \cdots & d_{3n} \\ d_{41} & d_{42} & \cdots & d_{4n} \\ d_{51} & d_{52} & \cdots & d_{5n} \\ d_{61} & d_{62} & \cdots & d_{6n} \end{bmatrix}^{\mathrm{T}} \begin{bmatrix} 0 & 0 & 0 & 1 & 0 & 0 \\ 0 & 0 & 0 & 0 & 1 & 0 \\ 0 & 0 & 0 & 0 & 0 & 1 \\ 1 & 0 & 0 & 0 & 0 & 0 \\ 0 & 1 & 0 & 0 & 0 & 0 \\ 0 & 0 & 1 & 0 & 0 & 0 \end{bmatrix} \begin{bmatrix} c_{01} \\ c_{02} \\ c_{03} \\ c_{04} \\ c_{05} \\ c_{06} \end{bmatrix} = \begin{bmatrix} 0 \\ 0 \\ 0 \\ 0 \\ 0 \\ 0 \end{bmatrix}$$

串联连接约束分析方程 $D_0^{\mathrm{T}} E C_0 = \mathbf{0}$ 建立了串联连接单位广义速度矩阵 D_0 和终端构件 B 的单位广义约束力 6 维数组 C_0 之间的关系，将串联连接的约束分析转化为齐次线性方程组的求解问题。设单位广义速度矩阵 D_0 的秩 $r(D_0) = d$，则 f 表示终端构件 B 的自由度数。按照线性代数理论，$D_0^{\mathrm{T}} E C_0 = \mathbf{0}$ 的基础解系 C_{01}、C_{02}、…、C_{0c} 包含的解向量个数 $c = 6 - d$，则 c 表示终端构件 B 受到的非冗余广义约束力数。基础解系 C_{01}、C_{02}、…、C_{0c} 按列构成的矩阵称为约束矩阵，记为

$$\tilde{C}_0 = [C_{01} \quad C_{02} \quad \cdots \quad C_{0c}]$$

$\tilde{C}_0$ 表示终端构件 B 受到的一组非冗余广义约束力。

综上所述，串联连接终端构件的约束分析流程图如图 4-22 所示。

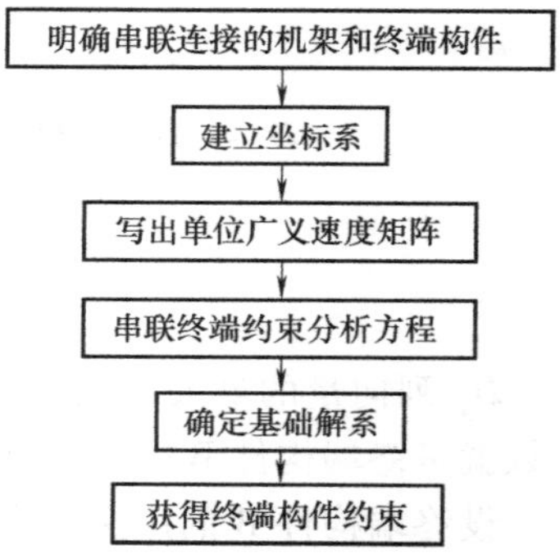

图 4-22　串联连接终端构件的约束分析流程图

如图 4-20 所示的万向节，叉架 2 的单位广义速度 6 维数组为

$$D_0 = [D_{01} \quad D_{02}] = \begin{bmatrix} 1 & 0 \\ 0 & 1 \\ 0 & 0 \\ 0 & 0 \\ 0 & 0 \\ 0 & 0 \end{bmatrix}$$

式中，D_{01} 是沿 X 轴的单位线矢量，表示叉架 2 绕 X 轴的转动自由度；D_{02} 是沿 Y 轴的单位线矢量，表示叉架 2 绕 Y 轴的转动自由度。

D_{01} 和 D_{02} 线性无关，D_0 的秩 $r(D_0) = 2$，则约束分析方程 $D_0^{\mathrm{T}} E C_0 = \mathbf{0}$ 的基础解系包含 4 个解向量，分别记为 C_{01}、C_{02}、C_{03}、C_{04}，叉架 2 的约束矩阵为

$$\tilde{C}_0 = [C_{01} \quad C_{02} \quad C_{03} \quad C_{04}] = \begin{bmatrix} 1 & 0 & 0 & 0 \\ 0 & 1 & 0 & 0 \\ 0 & 0 & 1 & 0 \\ 0 & 0 & 0 & 1 \\ 0 & 0 & 0 & 0 \\ 0 & 0 & 0 & 0 \end{bmatrix}$$

式中，C_{01} 是沿 X 轴的单位线矢量，表示沿 X 轴的约束力，约束叉架 2 沿 X 轴的平动；C_{02}

是沿 Y 轴的单位线矢量，表示沿 Y 轴的约束力，约束叉架 2 沿 Y 轴的平动；$\boldsymbol{C}_{03}$ 是沿 Z 轴的单位线矢量，表示沿 Z 轴的约束力，约束叉架 2 沿 Z 轴的平动；$\boldsymbol{C}_{04}$ 是沿 Z 轴的单位自由矢量，表示沿 Z 轴的约束力偶矩，约束叉架 2 绕 Z 轴的转动，见表 4-2 。

表 4-2 叉架 2 的约束

约束	类型	物理意义	作用效果
$\boldsymbol{C}_{01}$	沿 X 轴的单位线矢量	沿 X 轴的约束力	约束沿 X 轴的平动
$\boldsymbol{C}_{02}$	沿 Y 轴的单位线矢量	沿 Y 轴的约束力	约束沿 Y 轴的平动
$\boldsymbol{C}_{03}$	沿 Z 轴的单位线矢量	沿 Z 轴的约束力	约束沿 Z 轴的平动
$\boldsymbol{C}_{04}$	沿 Z 轴的单位自由矢量	沿 Z 轴的约束力偶矩	约束绕 Z 轴的转动

4.5.2 分析案例

应用约束分析方程确定几种常见串联连接的约束和自由度。

1. H-R 串联连接

如图 4-23 所示，H-R 串联连接包括底座、螺杆和螺母。螺杆与螺母构成螺旋副（H），螺杆通过转动副（R）与底座连接。以底座为机架，螺母为终端构件，分析螺母的约束。

解：如图 4-23 所示，坐标系 $OXYZ$ 与底座固连，坐标原点 O 为螺杆轴线上一点，X 轴沿螺杆轴线方向，Y 轴沿螺杆径向，Z 轴按右手规则确定。

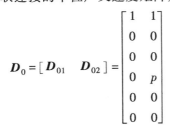

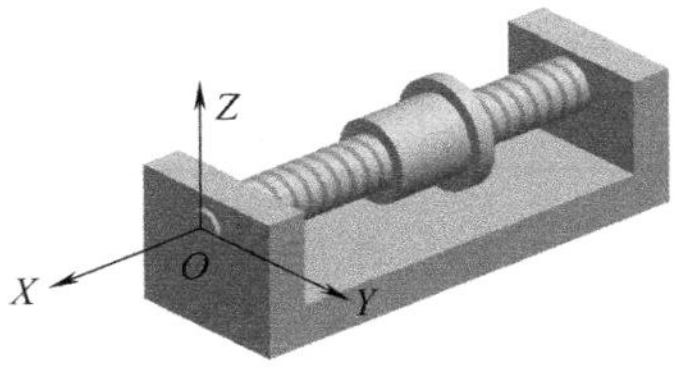

图 4-23 H-R 串联连接

1）H-R 串联连接的单位广义速度矩阵为

$$\boldsymbol{D}_0=[\boldsymbol{D}_{01}\quad \boldsymbol{D}_{02}]=\begin{bmatrix}1&1\\0&0\\0&0\\0&p\\0&0\\0&0\end{bmatrix}$$

式中，$\boldsymbol{D}_{01}$ 是沿 X 轴的单位线矢量；$\boldsymbol{D}_{02}$ 是沿 X 轴节距为 p 的单位旋量。

因为 $\boldsymbol{D}_{01}$ 和 $\boldsymbol{D}_{02}$ 线性无关，所以螺母具有 2 个自由度，$\boldsymbol{D}_{01}$ 表示绕 X 轴的转动自由度；$\boldsymbol{D}_{02}$ 表示绕 X 轴的螺旋自由度。将 $\boldsymbol{D}_0$ 进行初等变换，变换为

$$\boldsymbol{D}_0=[\boldsymbol{D}_{01}\quad \boldsymbol{D}_{02}]=\begin{bmatrix}1&1\\0&0\\0&0\\0&p\\0&0\\0&0\end{bmatrix}\xrightarrow{\boldsymbol{D}_{01}\times(-1)+\boldsymbol{D}_{02}}\begin{bmatrix}1&0\\0&0\\0&0\\0&p\\0&0\\0&0\end{bmatrix}=[\overline{\boldsymbol{D}}_{01}\quad \overline{\boldsymbol{D}}_{02}]=\overline{\boldsymbol{D}}_0$$

$\overline{\boldsymbol{D}}_0$ 和 $\boldsymbol{D}_0$ 是等价的，因此螺母也可以看成具有 1 个绕 X 轴的转动自由度 $\overline{\boldsymbol{D}}_{01}$ 和 1 个沿 X 轴的平动自由度 $\overline{\boldsymbol{D}}_{02}$。

2）约束分析方程 $\boldsymbol{D}_0^{\mathrm{T}}\boldsymbol{E}\boldsymbol{C}_0=\boldsymbol{0}$ 的基础解系包含 4 个解向量，螺母的约束矩阵为

$$\tilde{\boldsymbol{C}}_0=[\boldsymbol{C}_{01}\quad \boldsymbol{C}_{02}\quad \boldsymbol{C}_{03}\quad \boldsymbol{C}_{04}]=\begin{bmatrix}0&0&0&0\\1&0&0&0\\0&1&0&0\\0&0&0&0\\0&0&1&0\\0&0&0&1\end{bmatrix}$$

其中，$\boldsymbol{C}_{01}$ 是沿 Y 轴的单位线矢量，表示沿 Y 轴的约束力，约束螺母沿 Y 轴的平动；$\boldsymbol{C}_{02}$ 是 Z 轴的单位线矢量，表示沿 Z 轴的约束力，约束螺母沿 Z 轴的平动；$\boldsymbol{C}_{03}$ 是沿 Y 轴的单位自由矢量，表示沿 Y 轴的约束力偶矩，约束螺母绕 Y 轴的转动；$\boldsymbol{C}_{04}$ 是沿 Z 轴的单位自由矢量，表示沿 Z 轴的约束力偶矩，约束螺母绕 Z 轴的转动，见表 4-3。

表 4-3　螺母的约束

约束	类型	物理意义	作用效果
$\boldsymbol{C}_{01}$	沿 Y 轴的单位线矢量	沿 Y 轴的约束力	约束沿 Y 轴的平动
$\boldsymbol{C}_{02}$	沿 Z 轴的单位线矢量	沿 Z 轴的约束力	约束沿 Z 轴的平动
$\boldsymbol{C}_{03}$	沿 Y 轴的单位自由矢量	沿 Y 轴的约束力偶矩	约束绕 Y 轴的转动
$\boldsymbol{C}_{04}$	沿 Z 轴的单位自由矢量	沿 Z 轴的约束力偶矩	约束绕 Z 轴的转动

2. U-P-U 串联连接

U-P-U 串联连接包括 2 个万向节（U）和 1 个移动副（P）。为了便于论述，将万向节的 2 个转动轴线所在平面称为十字架平面。按照 2 个万向节的十字架平面是否平行，将 U-P-U 串联连接分为十字架平面平行和十字架平面相交两种情况。下面分别讨论这两种情况的约束和自由度：

（1）十字架平面平行情况　如图 4-24 所示，U-P-U 串联连接的十字架平面平行，l 为万向节 U_1、U_2 十字架中心距。坐标系 $OXYZ$ 与底部叉架固连，坐标原点 O 为万向节 U_1 两转动轴线的交点，X 轴和 Y 轴分别与 U_1 的两条转动轴线重合，Z 轴按右手规则确定。

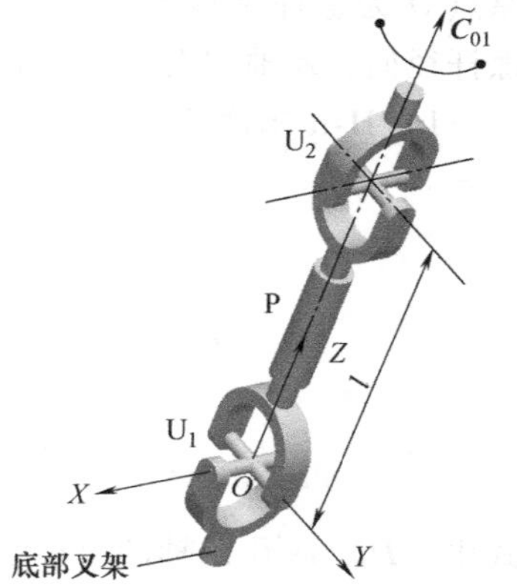

图 4-24　十字架平面平行

该 U-P-U 串联连接的单位广义速度矩阵为

$$\boldsymbol{D}_0=[\boldsymbol{D}_{01}\quad \boldsymbol{D}_{02}\quad \boldsymbol{D}_{03}\quad \boldsymbol{D}_{04}\quad \boldsymbol{D}_{05}]=\begin{bmatrix}1&0&0&1&0\\0&1&0&0&1\\0&0&0&0&0\\0&0&0&0&-l\\0&0&0&l&0\\0&0&1&0&0\end{bmatrix}$$

其中，$\boldsymbol{D}_{01}$，$\boldsymbol{D}_{02}$ 是两个单位线矢量，表示万向节 U_1 的两个转动自由度；$\boldsymbol{D}_{03}$ 是沿 Z 轴的单位自由矢量，表示移动副 P 的平动自由度；$\boldsymbol{D}_{04}$，$\boldsymbol{D}_{05}$ 是两个单位线矢量，分别表示万向节 U_2 的两个转动自由度。

根据约束分析方程，解得 U-P-U 串联连接的约束矩阵为

$$\tilde{C}_0=[0\quad 0\quad 0\quad 0\quad 0\quad 1]^{\mathrm{T}}$$

$\tilde{\boldsymbol{C}}_0$ 是沿 Z 轴的自由矢量，表示沿 Z 轴的约束力偶矩。因此十字架平面平行的 U-P-U 串联连接提供一个绕 Z 轴的转动约束。

（2）十字架平面相交情况　如图 4-25 所示，U-P-U 串联连接的两个十字架平面相交。为了便于计算，假设两个十字架平面的夹角为直角，其中 α 为 U-P-U 串联连接轴线与 Y 轴正向的夹角，l 为万向节 U_1、U_2 十字架中心距。

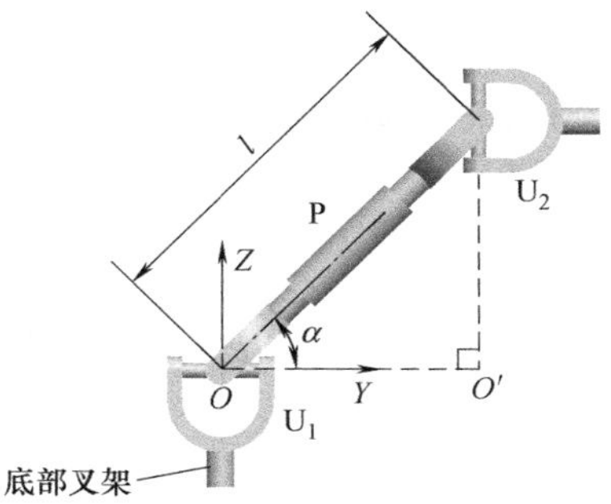

图 4-25　十字架平面相交

该 U-P-U 串联连接的单位广义速度矩阵为

$$\boldsymbol{D}_0=[\boldsymbol{D}_{01}\quad \boldsymbol{D}_{02}\quad \boldsymbol{D}_{03}\quad \boldsymbol{D}_{04}\quad \boldsymbol{D}_{05}]=\begin{bmatrix}1 & 0 & 0 & 1 & 0\\ 0 & 1 & 0 & 0 & 0\\ 0 & 0 & 0 & 0 & 1\\ 0 & 0 & 0 & 0 & l\cos\alpha\\ 0 & 0 & \cos\alpha & -l\sin\alpha & 0\\ 0 & 0 & \sin\alpha & -l\cos\alpha & 0\end{bmatrix}$$

其中，$\boldsymbol{D}_{01}$，$\boldsymbol{D}_{02}$ 分别表示万向节 U_1 的两个转动自由度；$\boldsymbol{D}_{03}$ 表示移动副 P 的平动自由度；$\boldsymbol{D}_{04}$，$\boldsymbol{D}_{05}$ 分别表示万向节 U_2 的两个转动自由度。

根据约束分析方程，解得 U-P-U 串联连接的约束矩阵为

$$\tilde{C}_0=[1\quad 0\quad 0\quad 0\quad 0\quad -l\cos\alpha]^{\mathrm{T}}$$

这里 $\tilde{\boldsymbol{C}}_0$ 是沿 X 轴的单位线矢量，表示沿 X 轴方向的约束力，其垂直位置矢量为

$$\boldsymbol{r}_{\perp}=\frac{\boldsymbol{S}\times\boldsymbol{S}_M}{\boldsymbol{S}\cdot\boldsymbol{S}}=\begin{bmatrix}0\\ l\cos\alpha\\ 0\end{bmatrix}$$

其中

$$\boldsymbol{S}=\begin{bmatrix}1\\0\\0\end{bmatrix},\ \boldsymbol{S}_M=\begin{bmatrix}0\\0\\-l\cos\alpha\end{bmatrix}$$

因此十字架平面相交的 U-P-U 串联连接提供一个沿两个十字架平面交线的约束力。

综上所述，十字架平面平行的 U-P-U 串联连接提供一个轴向约束力偶矩，十字架平面相交的 U-P-U 串联连接提供一个沿两个十字架平面交线的约束力。实际应用中，通常难以保证两个十字架平面严格平行，多数情况下，U-P-U 串联连接提供的均是约束力。由于 U-P-U 串联连接结构紧凑，便于电动控制，因此它可作为提供约束力的基本运动链，在第 8 章将介绍它在并联跟踪平台中的应用。通过这两个例子还可以看出，运动链的约束不但和运动副的类型和数目有关，还和运动副的空间布局有关，即运动链在不同的几何状态下提供的约束可能不同。

3. R-P-S 串联连接

如图 4-26 所示，R-P-S 串联连接包括转动副（R）、移动副（P）和球面副（S）。坐标系 *OXYZ* 与球碗 1 固连，坐标原点 *O* 选为球心，已知点 *O* 到转动副轴线的距离为 l，分析 R-P-S 串联连接的约束。

R-P-S 串联连接的单位广义速度矩阵为

$$\boldsymbol{D}_0=[\boldsymbol{D}_{01}\quad \boldsymbol{D}_{02}\quad \boldsymbol{D}_{03}\quad \boldsymbol{D}_{04}\quad \boldsymbol{D}_{05}]=\begin{bmatrix}1&0&0&0&0\\0&1&0&0&1\\0&0&1&0&0\\0&0&0&0&-l\\0&0&0&0&0\\0&0&0&1&0\end{bmatrix}$$

其中，$\boldsymbol{D}_{01}\sim\boldsymbol{D}_{03}$ 分别表示球面副（S）的 3 个转动自由度；$\boldsymbol{D}_{04}$ 表示移动副（P）的平动自由度；$\boldsymbol{D}_{05}$ 表示转动副（R）的转动自由度。

R-P-S 串联连接的约束矩阵为

$$\tilde{\boldsymbol{C}}_0=[0\quad 1\quad 0\quad 0\quad 0\quad 0]^{\mathrm{T}}$$

$\tilde{\boldsymbol{C}}_0$ 是沿 *Y* 轴的单位线矢量，终端构件 2 受到一个沿 *Y* 轴的约束力。或者说，R-P-S 串联连接提供一个沿 *Y* 轴的约束力。

4. U-P-S 串联连接

如图 4-27 所示，U-P-S 串联连接包括万向节（U）、移动副（P）和球面副（S）。坐标系 *OXYZ* 与球碗 1 固连，坐标原点 *O* 选为球心，点 *O* 到万向节中心的距离为 l。

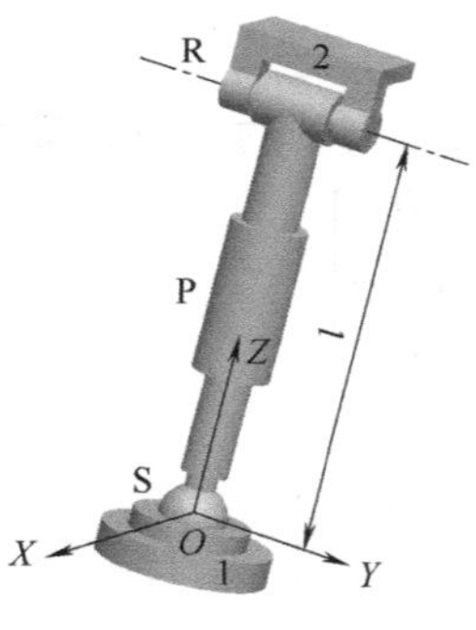

图 4-26　R-P-S 运动链

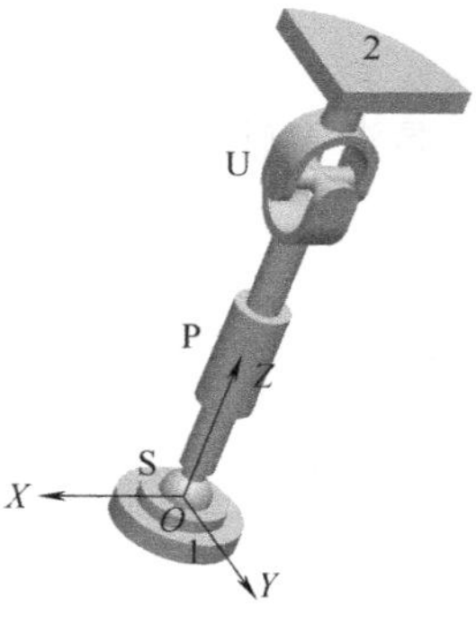

图 4-27　U-P-S 运动链

U-P-S 串联连接的单位广义速度矩阵为

$$\boldsymbol{D}_0=[\boldsymbol{D}_{01}\quad \boldsymbol{D}_{02}\quad \boldsymbol{D}_{03}\quad \boldsymbol{D}_{04}\quad \boldsymbol{D}_{05}\quad \boldsymbol{D}_{06}]=\begin{bmatrix}1&0&0&0&1&0\\0&1&0&0&0&1\\0&0&1&0&0&0\\0&0&0&0&0&-l\\0&0&0&0&l&0\\0&0&0&1&0&0\end{bmatrix}$$

其中，$\boldsymbol{D}_{01} \sim \boldsymbol{D}_{03}$ 分别表示球面副（S）的 3 个转动自由度；$\boldsymbol{D}_{04}$ 表示移动副（P）的平动自由度；$\boldsymbol{D}_{05}$、$\boldsymbol{D}_{06}$ 分别表示万向节（U）的两个转动自由度。

$\boldsymbol{D}_0$ 的秩 $r(\boldsymbol{D}_0)=6$，约束分析方程 $\boldsymbol{D}_0^{\mathrm{T}}\boldsymbol{E}\boldsymbol{C}_0=\boldsymbol{0}$ 只有零解，即 $\boldsymbol{C}_0=0$，则终端构件 2 不受约束，具有 6 个自由度。或者说，U-P-S 串联连接不提供约束，它是一个零终端约束运动链。

5. H-S-X 串联连接

H-S-X 串联连接中，H 表示螺旋副，S 表示球面副，X 表示平面副（E）、V 形槽副（V）或锥孔副（C），因此 H-S-X 可以表示 H-S-E、H-S-V 或 H-S-C 这 3 种串联连接。它们在调平机构或反射镜架等调整机构中比较常见。

1）如图 4-28 所示，H-S-E 串联连接包括终端构件 1、平面块 2 和螺杆。终端构件 1 与螺杆通过螺旋副（H）连接，螺杆的球头与平面块 2 接触构成球-平面副（S-E），选择平面块 2 为固定构件，分析终端构件 1 的约束和自由度。

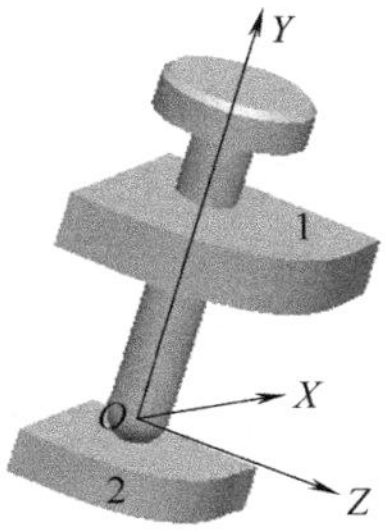

图 4-28　H-S-E 串联连接

以螺杆球头的球心为坐标原点 O，建立与平面块 2 固连的直角坐标系 $OXYZ$，其中 Y 轴沿螺杆轴线，X 轴沿螺杆径向，Z 轴按右手规则确定。

H-S-E 串联连接的单位广义速度矩阵为

$$\boldsymbol{D}_0=[\boldsymbol{D}_{01}\quad \boldsymbol{D}_{02}\quad \boldsymbol{D}_{03}\quad \boldsymbol{D}_{04}\quad \boldsymbol{D}_{05}\quad \boldsymbol{D}_{06}]=\begin{bmatrix}1&0&0&0&0&0\\0&1&0&0&0&1\\0&0&1&0&0&0\\0&0&0&1&0&0\\0&0&0&0&0&h\\0&0&0&0&1&0\end{bmatrix}$$

其中，$\boldsymbol{D}_{01} \sim \boldsymbol{D}_{05}$ 分别表示球-平面副的 5 个自由度；$\boldsymbol{D}_{06}$ 是单位旋量，表示螺旋副（H）的螺旋自由度；h 是单位旋量的节距。

$\boldsymbol{D}_0$ 的秩 $r(\boldsymbol{D}_0)=6$，则约束分析方程 $\boldsymbol{D}_0^{\mathrm{T}}\boldsymbol{E}\boldsymbol{C}_0=\boldsymbol{0}$ 只有零解，即 $\boldsymbol{C}_0=0$。因此终端构件 1 不受约束，具有 6 个自由度。或者说，H-S-E 串联连接是一个零终端约束运动链。

2）如图 4-29 所示，H-S-V 串联连接包含 1 个螺旋副（H）和 1 个球-V 形槽副（S-V），选择 V 形槽副 2 为固定构件，分析终端构件 1 的约束和自由度。

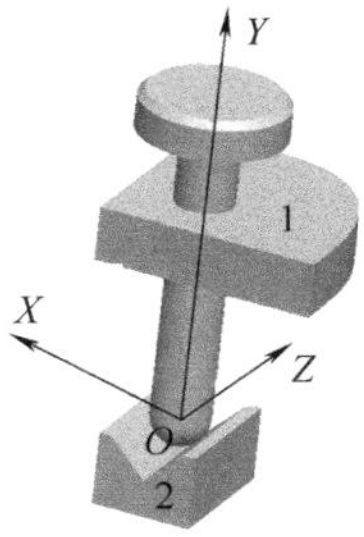

图 4-29　H-S-V 串联连接

以螺杆球头的球心为坐标原点 O，建立与 V 形槽 2 固连的直角坐标系 $OXYZ$，其中 Y 轴沿螺杆轴线，Z 轴沿 V 形槽方向，X 轴按右手规则确定。

H-S-V 串联连接的单位广义速度矩阵为

$$\boldsymbol{D}_0=[\boldsymbol{D}_{01}\quad \boldsymbol{D}_{02}\quad \boldsymbol{D}_{03}\quad \boldsymbol{D}_{04}\quad \boldsymbol{D}_{05}]=\begin{bmatrix}1&0&0&0&0\\0&1&0&0&1\\0&0&1&0&0\\0&0&0&0&0\\0&0&0&0&h\\0&0&0&1&0\end{bmatrix}$$

其中，$\boldsymbol{D}_{01}\sim\boldsymbol{D}_{04}$ 分别表示球-V 形槽的 4 个自由度；$\boldsymbol{D}_{05}$ 是单位旋量，表示螺旋副（H）的自由度；h 是单位旋量的节距。

H-S-V 串联连接的约束矩阵为

$$\tilde{\boldsymbol{C}}_0=[1\quad 0\quad 0\quad 0\quad 0\quad 0]^{\mathrm{T}}$$

$\tilde{\boldsymbol{C}}_0$ 是沿 X 轴的线矢量，表示终端构件 1 受到一个沿 X 轴的约束力。或者说，H-S-V 串联连接提供一个沿 X 轴的约束力。

3）如图 4-30 所示，H-S-C 串联连接包含 1 个螺旋副（H）和 1 个球-锥孔副（S-C），选择锥孔座 2 为固定构件，分析终端构件 1 的约束和自由度。

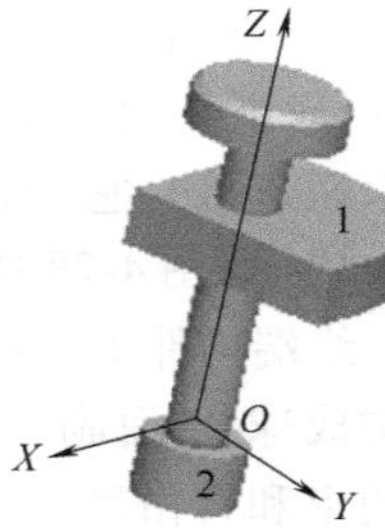

图 4-30 H-S-C 串联连接

以螺杆球头的球心为坐标原点 O，建立与锥孔座 2 固连的直角坐标系 $OXYZ$，其中 Z 轴沿螺杆轴线，X 轴沿螺杆径向，Y 轴按右手规则确定。

H-S-C 串联连接的单位广义速度矩阵为

$$\boldsymbol{D}_0=[\boldsymbol{D}_{01}\quad \boldsymbol{D}_{02}\quad \boldsymbol{D}_{03}\quad \boldsymbol{D}_{04}]=\begin{bmatrix}1&0&0&0\\0&1&0&0\\0&0&1&1\\0&0&0&0\\0&0&0&0\\0&0&0&h\end{bmatrix}$$

其中，$\boldsymbol{D}_{01}\sim\boldsymbol{D}_{03}$ 分别表示球-锥孔副的 3 个转动自由度；$\boldsymbol{D}_{04}$ 是单位旋量，表示螺旋副（H）的螺旋自由度；h 是单位旋量的节距。

H-S-C 串联连接的约束矩阵为

$$\tilde{\boldsymbol{C}}_0=[\boldsymbol{C}_{01}\quad \boldsymbol{C}_{02}]=\begin{bmatrix}1&0\\0&1\\0&0\\0&0\\0&0\\0&0\end{bmatrix}$$

其中，$\boldsymbol{C}_{01}$ 和 $\boldsymbol{C}_{02}$ 分别是沿 X 轴和沿 Y 轴的单位线矢量，表示终端构件 1 分别受到沿 X 轴的约束力和沿 Y 轴的约束力。或者说，H-S-C 串联连接提供 2 个约束力 $\boldsymbol{C}_{01}$ 和 $\boldsymbol{C}_{02}$。

4.6 并联连接的自由度分析

4.6.1 并联连接自由度分析方程

并联连接是闭环结构，主要由动平台、底座以及两者之间的串联运动支链组成。这里需要说明，“动平台”是并联连接终端构件的一般说法，不一定是台体类零件，也可以是杆件。并联连接的自由度分析是指分析动平台的自由度。图 4-31 所示为并联连接组成原理图，其中 KC_i（$i=1, 2, \cdots, n$）表示并联连接的第 i 条串联运动支链。

并联连接的每条串联运动支链均可能对动平台施加约束，动平台在它们的综合作用下具有相应的自由度。因此并联连接自由度分析的前提是串联连接的约束分析。如图 4-32 所示，各个运动支链 KC_i 作用在动平台上的广义约束力 6 维数组为 $\boldsymbol{C}_1$、$\boldsymbol{C}_2$、$\boldsymbol{C}_3$、…、$\boldsymbol{C}_n$，动平台的虚位移 6 维数组设为 $\delta\boldsymbol{\Phi}$。

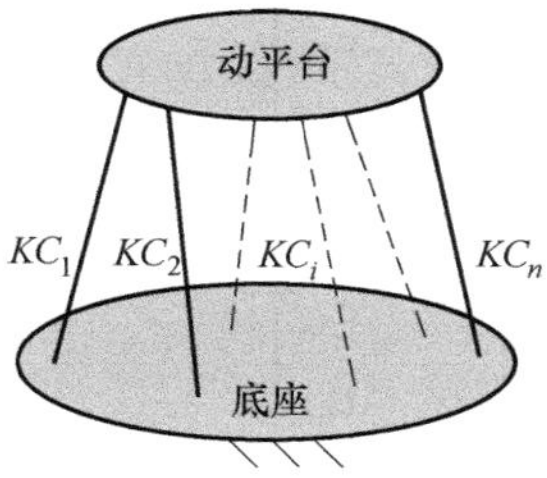

图 4-31 并联连接组成原理图

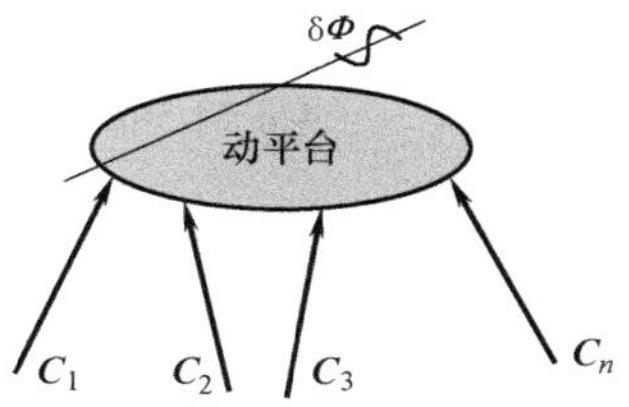

图 4-32 动平台的广义约束力和虚位移

根据串联连接约束分析方程，确定各串联运动支链的单位广义约束力 6 维数组。设第 i 个单位广义约束力 6 维数组为

$$\boldsymbol{C}_{0i}=\begin{bmatrix} c_{1i} \\ c_{2i} \\ c_{3i} \\ c_{4i} \\ c_{5i} \\ c_{6i} \end{bmatrix}$$

式中，$c_{1i} \sim c_{6i}$ 表示 $\boldsymbol{C}_{0i}$ 的坐标分量。

作用在动平台上的第 i（$i=1, 2, \cdots, n$）个广义约束力 6 维数组为

$$\boldsymbol{C}_i=f_i\boldsymbol{C}_{0i}$$

式中，f_i 表示第 i 个广义约束力的大小；$\boldsymbol{C}_{0i}$ 表示第 i 个单位广义约束力 6 维数组。

动平台的虚位移 6 维数组为

$$\delta\boldsymbol{\Phi}=\delta\varphi\boldsymbol{D}_0=\delta\varphi\begin{bmatrix} d_{01} \\ d_{02} \\ d_{03} \\ d_{04} \\ d_{05} \\ d_{06} \end{bmatrix}$$

式中，$\delta\varphi$ 表示动平台虚位移的大小；$\boldsymbol{D}_0$ 表示动平台的单位广义速度 6 维数组；$d_{01} \sim d_{06}$ 为 $\boldsymbol{D}_0$ 的坐标分量。

动平台的广义约束力 6 维数组 $\boldsymbol{C}_i$ 和虚位移 6 维数组 $\delta\boldsymbol{\Phi}$ 的互易积为零，则

$$\boldsymbol{C}_i\otimes\delta\boldsymbol{\Phi}=\boldsymbol{C}_i^{\mathrm{T}}\boldsymbol{E}\delta\boldsymbol{\Phi}=f_i\delta\varphi\boldsymbol{C}_{0i}^{\mathrm{T}}\boldsymbol{E}\boldsymbol{D}_0=0$$

式中，⊗是互易积的运算符号；$\boldsymbol{E}=\begin{bmatrix}0 & \boldsymbol{I}\\ \boldsymbol{I} & 0\end{bmatrix}$，0 和 $\boldsymbol{I}$ 分别为 3×3 的零矩阵和单位矩阵。

对于任意的 f_i 和 $\delta\varphi$，上式均成立，则

$$\boldsymbol{C}_{0i}^{\mathrm{T}}\boldsymbol{E}\boldsymbol{D}_0=\boldsymbol{0}$$

定义动平台的单位广义约束力矩阵 $\boldsymbol{C}_0$，则

$$\boldsymbol{C}_0=[\boldsymbol{C}_{01}\quad \boldsymbol{C}_{02}\quad \cdots\quad \boldsymbol{C}_{0n}]=\begin{bmatrix}c_{11} & c_{12} & \cdots & c_{1n}\\ c_{21} & c_{22} & \cdots & c_{2n}\\ c_{31} & c_{32} & \cdots & c_{3n}\\ c_{41} & c_{42} & \cdots & c_{4n}\\ c_{51} & c_{52} & \cdots & c_{5n}\\ c_{61} & c_{62} & \cdots & c_{6n}\end{bmatrix}$$

$\boldsymbol{C}_0$ 列向量的最大线性无关组表示动平台受到的一组非冗余广义约束力。

并联连接自由度分析方程可以表示为

$$\boldsymbol{C}_0^{\mathrm{T}}\boldsymbol{E}\boldsymbol{D}_0=\boldsymbol{0}$$

将该式展开可得

$$\begin{bmatrix}c_{11} & c_{12} & \cdots & c_{1n}\\ c_{21} & c_{22} & \cdots & c_{2n}\\ c_{31} & c_{32} & \cdots & c_{3n}\\ c_{41} & c_{42} & \cdots & c_{4n}\\ c_{51} & c_{52} & \cdots & c_{5n}\\ c_{61} & c_{62} & \cdots & c_{6n}\end{bmatrix}^{\mathrm{T}}\begin{bmatrix}0&0&0&1&0&0\\0&0&0&0&1&0\\0&0&0&0&0&1\\1&0&0&0&0&0\\0&1&0&0&0&0\\0&0&1&0&0&0\end{bmatrix}\begin{bmatrix}d_{01}\\d_{02}\\d_{03}\\d_{04}\\d_{05}\\d_{06}\end{bmatrix}=\begin{bmatrix}0\\0\\0\\0\\0\\0\end{bmatrix}$$

并联连接自由度分析方程 $\boldsymbol{C}_0^{\mathrm{T}}\boldsymbol{E}\boldsymbol{D}_0=\boldsymbol{0}$ 建立了动平台单位广义约束力矩阵 $\boldsymbol{C}_0$ 和动平台单位广义速度 6 维数组 $\boldsymbol{D}_0$ 之间的关系，从而将动平台的自由度分析转化为齐次线性方程组的求解问题。设单位广义约束力矩阵 $\boldsymbol{C}_0$ 的秩 $r(\boldsymbol{C}_0)=c$，则 c 表示动平台受到的非冗余广义约束力数。按照线性代数理论，$\boldsymbol{C}_0^{\mathrm{T}}\boldsymbol{E}\boldsymbol{D}_0=\boldsymbol{0}$ 的基础解系包含的解向量个数 $f=6-c$，则 f 就是动平台的自由度数。基础解系 D_{01}、D_{02}、…、D_{0d} 按列构成的矩阵称为自由度矩阵，记为

$$\widetilde{\boldsymbol{D}}_0=[D_{01}\quad D_{02}\quad \cdots\quad D_{0d}]$$

式中，$\widetilde{\boldsymbol{D}}_0$ 表示动平台的自由度。

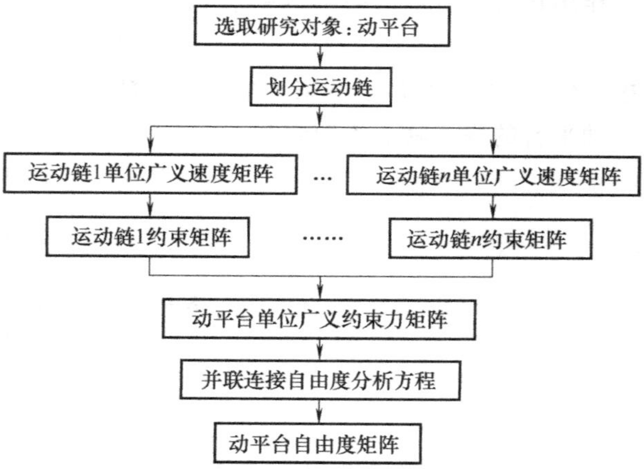

图 4-33 并联连接自由度分析流程图

综上所述，通过串联连接的约束分析方程可以确定并联连接各运动支链对动平台施加的约束，然后利用并联连接自由度分析方程确定动平台的自由度，分析流程如图 4-33 所示。

4.6.2 分析案例

反射镜架是一种典型的光学机械，常用于反射镜的夹持和调整，广泛应用于光学工程领域。在结构上主要包括台体、镜框、调节螺钉以及钢球等。调节螺钉和台体通过螺纹联接，镜框和台体通过拉簧拉紧，以防两者脱开。使用时，通过转动调节螺钉使镜框转动实现角度调整。图 4-34 所示为反射镜架三维模型。附录 A 中图 A-1 所示为两个反射镜架的实物图。

反射镜架采用了直角 Kelvin 支撑。如图 4-35 所示，镜框按直角设置有平面、V 形槽及锥孔。锥孔的顶角和 V 形槽的夹角均为 90°。镜框上的 V 形槽和平面分别和两个调节螺钉的球头接触构成球-V 形槽副（S-V）和球-平面副（S-E），锥孔和钢球配合构成球-锥孔副（S-C）。因此，反射镜架可以看成是由 S-C、H-S-V 支链以及 H-S-E 支链构成的并联连接。下面以镜框为底座，分析台体的约束和自由度。

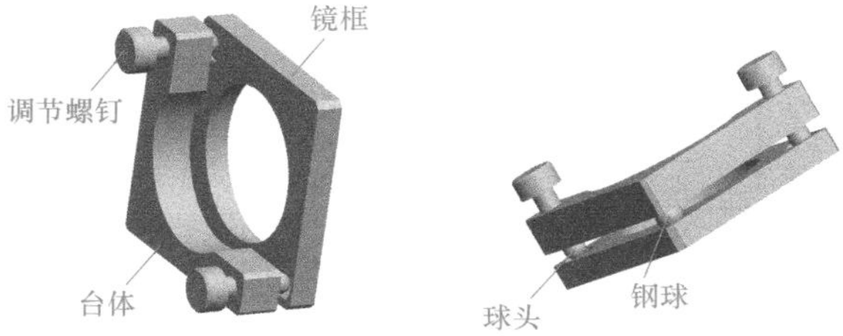

图 4-34 反射镜架三维模型

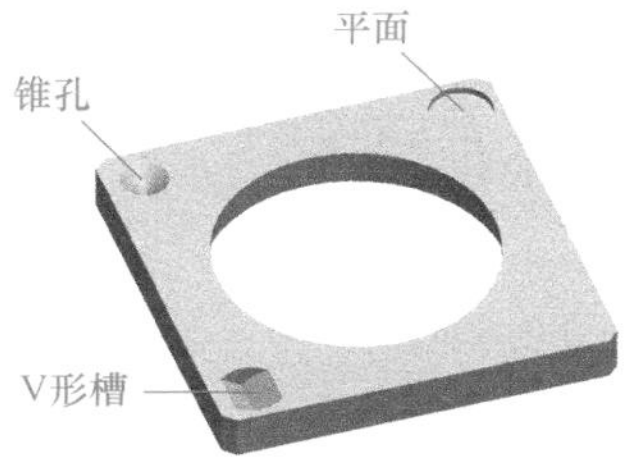

图 4-35 镜框的结构

反射镜架中的调节螺钉可以自锁，使调整到位后，镜框保持在相应状态。因此调节螺钉具有驱动和自锁两个状态。驱动状态下，调节螺钉具有一个螺旋自由度；自锁状态下，调节螺钉和台体不发生相对运动，没有自由度。下面分析调节螺钉在不同状态下（驱动或自锁）台体的自由度。按照 0-状态、1-状态以及 2-状态 3 种情况分别进行讨论，各状态含义见表 4-4。

表 4-4 反射镜架状态

状态	含义
0-状态	两个调节螺钉均处于自锁状态
1-状态	一个调节螺钉处于驱动状态，另一个调节螺钉处于自锁状态
2-状态	两个螺旋副均处于驱动状态

定义锥孔处钢球为 S_1，与 V 形槽接触的球头为 S_2，与平面接触的球头为 S_3。S_1 和 S_2 的球心距以及 S_1 和 S_3 的球心距均为 l。以 S_1 的球心为坐标原点 O，建立与镜框固连的直角坐标系 $OXYZ$，以 S_1 和 S_2 球心的连线为 X 轴，以 S_1 和 S_3 球心的连线为 Y 轴，Z 轴按右手规则确定。

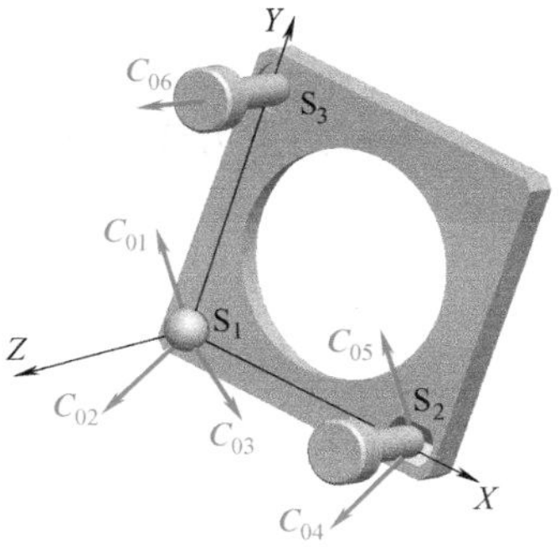

图 4-36 0-状态

1. 0-状态：两个调节螺钉均处于自锁状态

如图 4-36 所示，锥孔对球头 S_1 施加 3 个非冗余约束力，采用单位约束力线矢量 $\boldsymbol{C}_{01}$、$\boldsymbol{C}_{02}$、$\boldsymbol{C}_{03}$ 表示。假设 $\boldsymbol{C}_{01}$、$\boldsymbol{C}_{02}$ 在 OYZ 平面上，与 Y 轴正向的夹角分别为 45°和 135°；$\boldsymbol{C}_{03}$ 在 OXZ 平面上，与 X 轴正向的夹角为 45°。两个调节螺钉均

自锁时，H-S-V 支链相当于球-V 形槽（S-V），H-S-E 支链相当于球-平面副（S-E），V 形槽对球头 S_2 施加两个约束力，采用单位约束力线矢量 $\boldsymbol{C}_{04}$、$\boldsymbol{C}_{05}$ 表示，其中 $\boldsymbol{C}_{04}$ 与 $\boldsymbol{C}_{02}$ 的方向相同，$\boldsymbol{C}_{05}$ 与 $\boldsymbol{C}_{01}$ 的方向相同，平面对球头 S_3 施加一个约束力，采用单位约束力线矢量 $\boldsymbol{C}_{06}$ 表示，$\boldsymbol{C}_{06}$ 沿调节螺钉轴线指向 Z 轴正向。为了便于观察，图中隐藏了台体，下同。

1）单位约束力线矢量 $\boldsymbol{C}_{01}$ 和 $\boldsymbol{C}_{02}$，如图 4-37 所示，$\boldsymbol{C}_{03}$ 如图 4-38 所示。

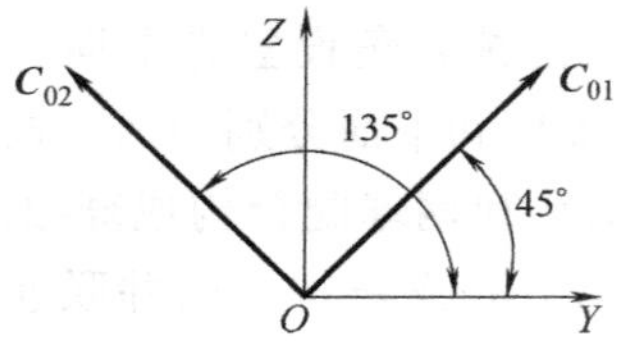

图 4-37　单位约束力线矢量 C_{01} 和 C_{02}

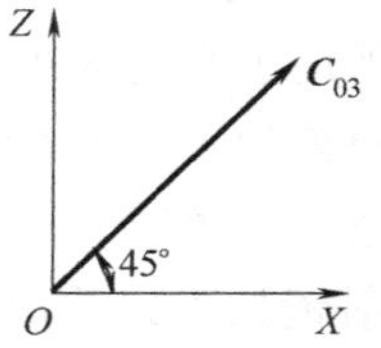

图 4-38　单位约束力线矢量 C_{03}

单位约束力线矢量 $\boldsymbol{C}_{01}$、$\boldsymbol{C}_{02}$、$\boldsymbol{C}_{03}$ 的单位方向矢量为

$$\boldsymbol{s}_1=\begin{bmatrix}0\\ \dfrac{\sqrt{2}}{2}\\ \dfrac{\sqrt{2}}{2}\end{bmatrix},\ \boldsymbol{s}_2=\begin{bmatrix}0\\ -\dfrac{\sqrt{2}}{2}\\ \dfrac{\sqrt{2}}{2}\end{bmatrix},\ \boldsymbol{s}_3=\begin{bmatrix}\dfrac{\sqrt{2}}{2}\\ 0\\ \dfrac{\sqrt{2}}{2}\end{bmatrix}$$

单位约束力线矢量 $\boldsymbol{C}_{01}$、$\boldsymbol{C}_{02}$、$\boldsymbol{C}_{03}$ 的位置矢量为

$$\boldsymbol{r}_1=\boldsymbol{r}_2=\boldsymbol{r}_3=\begin{bmatrix}0\\0\\0\end{bmatrix}$$

单位约束力线矢量 $\boldsymbol{C}_{01}$、$\boldsymbol{C}_{02}$、$\boldsymbol{C}_{03}$ 可以表示为

$$\boldsymbol{C}_{01}=\begin{bmatrix}\boldsymbol{s}_1\\ \boldsymbol{r}_1\times\boldsymbol{s}_1\end{bmatrix}=\begin{bmatrix}0\\ \dfrac{\sqrt{2}}{2}\\ \dfrac{\sqrt{2}}{2}\\ 0\\0\\0\end{bmatrix},\ \boldsymbol{C}_{02}=\begin{bmatrix}\boldsymbol{s}_2\\ \boldsymbol{r}_2\times\boldsymbol{s}_2\end{bmatrix}=\begin{bmatrix}0\\ -\dfrac{\sqrt{2}}{2}\\ \dfrac{\sqrt{2}}{2}\\ 0\\0\\0\end{bmatrix},\ \boldsymbol{C}_{03}=\begin{bmatrix}\boldsymbol{s}_3\\ \boldsymbol{r}_3\times\boldsymbol{s}_3\end{bmatrix}=\begin{bmatrix}\dfrac{\sqrt{2}}{2}\\ 0\\ \dfrac{\sqrt{2}}{2}\\ 0\\0\\0\end{bmatrix}$$

2）单位约束力线矢量 $\boldsymbol{C}_{04}$、$\boldsymbol{C}_{05}$ 的单位方向矢量为

$$\boldsymbol{s}_4=\begin{bmatrix}0\\ -\dfrac{\sqrt{2}}{2}\\ \dfrac{\sqrt{2}}{2}\end{bmatrix},\ \boldsymbol{s}_5=\begin{bmatrix}0\\ \dfrac{\sqrt{2}}{2}\\ \dfrac{\sqrt{2}}{2}\end{bmatrix}$$

单位约束力线矢量 $\boldsymbol{C}_{04}$、$\boldsymbol{C}_{05}$ 的位置矢量为

$$\boldsymbol{r}_4=\boldsymbol{r}_5=\begin{bmatrix} l \\ 0 \\ 0 \end{bmatrix}$$

单位约束力线矢量 $\boldsymbol{C}_{04}$、$\boldsymbol{C}_{05}$ 可以表示为

$$\boldsymbol{C}_{04}=\begin{bmatrix} \boldsymbol{s}_4 \\ \boldsymbol{r}_4\times\boldsymbol{s}_4 \end{bmatrix}=\begin{bmatrix} 0 \\ -\frac{\sqrt{2}}{2} \\ \frac{\sqrt{2}}{2} \\ 0 \\ -\frac{\sqrt{2}}{2}l \\ -\frac{\sqrt{2}}{2}l \end{bmatrix},\ \boldsymbol{C}_{05}=\begin{bmatrix} \boldsymbol{s}_5 \\ \boldsymbol{r}_5\times\boldsymbol{s}_5 \end{bmatrix}=\begin{bmatrix} 0 \\ \frac{\sqrt{2}}{2} \\ \frac{\sqrt{2}}{2} \\ 0 \\ -\frac{\sqrt{2}}{2}l \\ \frac{\sqrt{2}}{2}l \end{bmatrix}$$

3）单位约束力线矢量 $\boldsymbol{C}_{06}$ 位于 OYZ 平面，指向 Z 轴正向，如图 4-39 所示。

单位约束力线矢量 $\boldsymbol{C}_{06}$ 的单位方向矢量和位置矢量分别为

$$\boldsymbol{s}_6=\begin{bmatrix} 0 \\ 0 \\ 1 \end{bmatrix},\ \boldsymbol{r}_6=\begin{bmatrix} 0 \\ l \\ 1 \end{bmatrix}$$

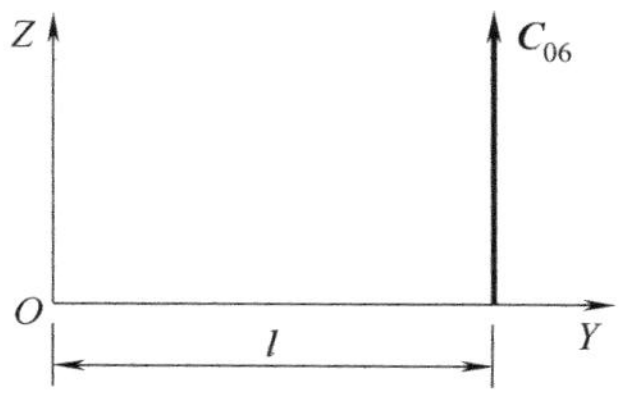

图 4-39 单位约束力线矢量 C_{06}

单位约束力线矢量 $\boldsymbol{C}_{06}$ 可以表示为

$$\boldsymbol{C}_{06}=\begin{bmatrix} \boldsymbol{s}_6 \\ \boldsymbol{r}_6\times\boldsymbol{s}_6 \end{bmatrix}=\begin{bmatrix} 0 \\ 0 \\ 1 \\ l \\ 0 \\ 0 \end{bmatrix}$$

4）台体的单位约束力矩阵为

$$\boldsymbol{C}_0=[\boldsymbol{C}_{01}\quad \boldsymbol{C}_{02}\quad \boldsymbol{C}_{03}\quad \boldsymbol{C}_{04}\quad \boldsymbol{C}_{05}\quad \boldsymbol{C}_{06}]=\begin{bmatrix} 0 & 0 & \frac{\sqrt{2}}{2} & 0 & 0 & 0 \\ \frac{\sqrt{2}}{2} & -\frac{\sqrt{2}}{2} & 0 & -\frac{\sqrt{2}}{2} & \frac{\sqrt{2}}{2} & 0 \\ \frac{\sqrt{2}}{2} & \frac{\sqrt{2}}{2} & \frac{\sqrt{2}}{2} & \frac{\sqrt{2}}{2} & \frac{\sqrt{2}}{2} & 1 \\ 0 & 0 & 0 & 0 & 0 & l \\ 0 & 0 & 0 & -\frac{\sqrt{2}}{2}l & -\frac{\sqrt{2}}{2}l & 0 \\ 0 & 0 & 0 & -\frac{\sqrt{2}}{2}l & \frac{\sqrt{2}}{2}l & 0 \end{bmatrix}$$

这 6 个单位约束力线矢量 $\boldsymbol{C}_{01}\sim\boldsymbol{C}_{06}$ 线性无关，台体受到 6 个非冗余约束力。根据自由度分析方程 $\boldsymbol{C}_0^{\mathrm{T}}\boldsymbol{E}\boldsymbol{D}_0=\boldsymbol{0}$，台体的自由度矩阵 $\tilde{\boldsymbol{D}}_0=0$，这表示台体在 0-状态下自由度为零。

2. 1-状态：一个调节螺钉处于驱动状态，另一个调节螺钉处于自锁状态

1）假设 H-S-E 支链的调节螺钉处于驱动状态，H-S-V 支链的调节螺钉处于自锁状态。首先，锥孔对球头 S_1 施加 3 个非冗余约束力 $\boldsymbol{C}_{01}$、$\boldsymbol{C}_{02}$、$\boldsymbol{C}_{03}$。其次，当 H-S-V 支链中的螺旋副自锁时，H-S-V 支链相当于球-V 形槽（S-V），V 形槽对球头 S_2 施加两个约束力 $\boldsymbol{C}_{04}$、$\boldsymbol{C}_{05}$。最后，由第 4.5.2 节可知，H-S-E 支链是一个零终端约束运动链，因此不对台体施加约束。在 1-状态下，台体的约束模式如图 4-40 所示。

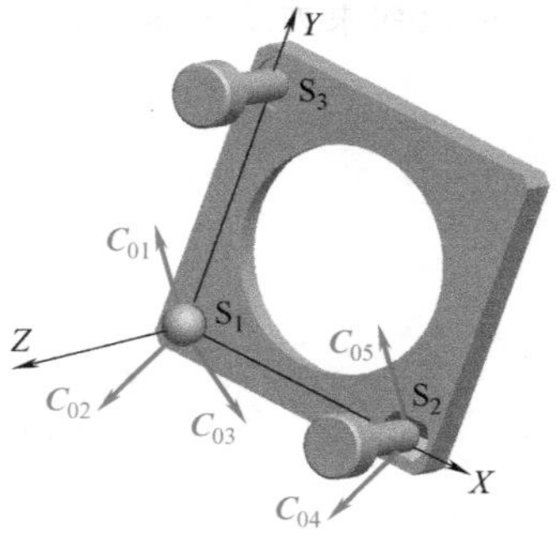

图 4-40　1-状态

台体的单位约束力矩阵为

$$\boldsymbol{C}_0=[\boldsymbol{C}_{01}\quad \boldsymbol{C}_{02}\quad \boldsymbol{C}_{03}\quad \boldsymbol{C}_{04}\quad \boldsymbol{C}_{05}]=\begin{bmatrix} 0 & 0 & \frac{\sqrt{2}}{2} & 0 & 0 \\ \frac{\sqrt{2}}{2} & -\frac{\sqrt{2}}{2} & 0 & -\frac{\sqrt{2}}{2} & \frac{\sqrt{2}}{2} \\ \frac{\sqrt{2}}{2} & \frac{\sqrt{2}}{2} & \frac{\sqrt{2}}{2} & \frac{\sqrt{2}}{2} & \frac{\sqrt{2}}{2} \\ 0 & 0 & 0 & 0 & 0 \\ 0 & 0 & 0 & -\frac{\sqrt{2}}{2}l & -\frac{\sqrt{2}}{2}l \\ 0 & 0 & 0 & -\frac{\sqrt{2}}{2}l & \frac{\sqrt{2}}{2}l \end{bmatrix}$$

根据自由度分析方程，台体的自由度矩阵为

$$\tilde{\boldsymbol{D}}_0=[1\quad 0\quad 0\quad 0\quad 0\quad 0]^{\mathrm{T}}$$

$\tilde{\boldsymbol{D}}_0$ 是沿 X 轴的单位线矢量，表示绕 X 轴的转动自由度。这说明转动 H-S-E 支链的调节螺钉时，台体绕 X 轴转动。

2）类似地，如果 H-S-V 支链的调节螺钉处于驱动状态，而 H-S-E 支链的调节螺钉处于自锁状态，此时锥孔对球头 S_1 仍施加 3 个非冗余约束力 $\boldsymbol{C}_{01}$、$\boldsymbol{C}_{02}$、$\boldsymbol{C}_{03}$。由第 4.5.2 节可知，H-S-V 提供一个约束力 $\boldsymbol{C}_{04}$，$\boldsymbol{C}_{04}$ 垂直于 V 形槽，指向 Y 轴正向。H-S-E 支链自锁时，H-S-E 支链转化为球-平面副（S-E）平面对球头 S_3 施加 1 个沿调节螺钉轴线且指向 Z 轴正向的约束力 $\boldsymbol{C}_{05}$，如图 4-41 所示。

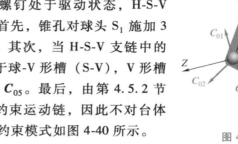

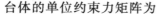

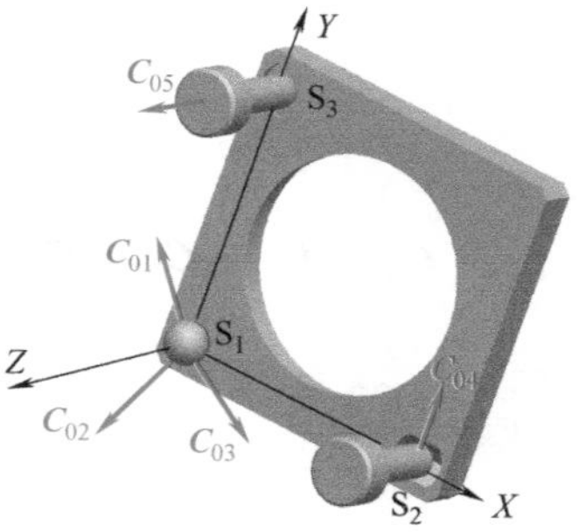

图 4-41　1-状态

台体的单位约束力矩阵为

$$\boldsymbol{C}_0=[\boldsymbol{C}_{01}\quad \boldsymbol{C}_{02}\quad \boldsymbol{C}_{03}\quad \boldsymbol{C}_{04}\quad \boldsymbol{C}_{05}]=\begin{bmatrix}0 & 0 & \frac{\sqrt{2}}{2} & 0 & 0\\ \frac{\sqrt{2}}{2} & -\frac{\sqrt{2}}{2} & 0 & 1 & 0\\ \frac{\sqrt{2}}{2} & \frac{\sqrt{2}}{2} & \frac{\sqrt{2}}{2} & 0 & 1\\ 0 & 0 & 0 & 0 & l\\ 0 & 0 & 0 & 0 & 0\\ 0 & 0 & 0 & l & 0\end{bmatrix}$$

根据自由度分析方程，台体的自由度矩阵为

$$\tilde{\boldsymbol{D}}_0=[0\quad 1\quad 0\quad 0\quad 0\quad 0]^{\mathrm{T}}$$

$\tilde{\boldsymbol{D}}_0$ 是沿 Y 轴的线矢量，台体具有一个绕 Y 轴的转动自由度。这说明转动 H-S-V 支链的调节螺钉时，台体绕 Y 轴转动。

由上述分析可知，反射镜架的一个调节螺钉对应一个转动，分别转动两个调节螺钉可以进行两个方向的角度调整，1-状态是实际中最常见的情况。

3. 2-状态：两个调节螺钉均处于驱动状态

同时转动两个调节螺钉时，H-S-V 支链对台体施加 1 个约束力 $\boldsymbol{C}_{04}$，H-S-E 支链不对台体施加约束，锥孔对球头 S_1 的约束不变，仍施加 3 个非冗余约束力 $\boldsymbol{C}_{01}$、$\boldsymbol{C}_{02}$、$\boldsymbol{C}_{03}$，如图 4-42 所示。

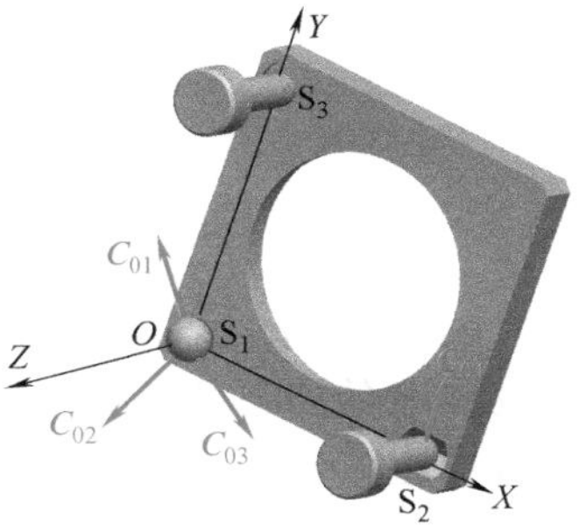

图 4-42　2-状态

台体的单位约束力矩阵为

$$\boldsymbol{C}_0=[\boldsymbol{C}_{01}\quad \boldsymbol{C}_{02}\quad \boldsymbol{C}_{03}\quad \boldsymbol{C}_{04}]=\begin{bmatrix}0 & 0 & \frac{\sqrt{2}}{2} & 0\\ \frac{\sqrt{2}}{2} & -\frac{\sqrt{2}}{2} & 0 & 1\\ \frac{\sqrt{2}}{2} & \frac{\sqrt{2}}{2} & \frac{\sqrt{2}}{2} & 0\\ 0 & 0 & 0 & 0\\ 0 & 0 & 0 & 0\\ 0 & 0 & 0 & l\end{bmatrix}$$

根据自由度分析方程，台体的自由度矩阵为

$$\tilde{\boldsymbol{D}}_0=[\boldsymbol{D}_{01}\quad \boldsymbol{D}_{02}]=\begin{bmatrix}1 & 0\\ 0 & 1\\ 0 & 0\\ 0 & 0\\ 0 & 0\\ 0 & 0\end{bmatrix}$$

$\boldsymbol{D}_{01}$ 和 $\boldsymbol{D}_{02}$ 均为单位线矢量，分别表示台体绕 X 轴和绕 Y 轴的两个转动自由度。这说明当同时转动反射镜架的两个调节螺钉时，台体绕坐标原点 O 做二自由度定点运动。从这个角度，反射镜架实际是一种二自由度球面并联机构。这种分析深化了对台体运动的认识，对电动镜架的联动控制具有实际意义。

4.7 物体的位姿

4.7.1 物体的位姿描述

物体在空间既有位置又有姿态，两者合称为位姿。位置和姿态均是相对的概念，描述物体的位置和姿态必须指明参考坐标系，不明确参考坐标系而孤立地谈论位置和姿态是没有意义的。如图 4-43 所示，$OX_AY_AZ_A$ 为参考坐标系，$PX_BY_BZ_B$ 是与物体 B 固连的坐标系，称为本体坐标系，点 P 为物体 B 上任意一点。

物体 B 的位置可以用点 P 在参考坐标系 $OX_AY_AZ_A$ 下的位置矢量 $\boldsymbol{OP}$ 表示，则

$$\boldsymbol{OP}=\begin{bmatrix} p_X \\ p_Y \\ p_Z \end{bmatrix}$$

式中，p_X，p_Y，p_Z 表示点 P 在参考坐标系 $OX_AY_AZ_A$ 下的 3 个坐标分量。

物体 B 的姿态可以用本体坐标系 $PX_BY_BZ_B$ 的坐标轴在参考坐标系 $OX_AY_AZ_A$ 中的方向余弦构成的矩阵表示。令 $\boldsymbol{i}_A$、$\boldsymbol{j}_A$、$\boldsymbol{k}_A$ 分别为沿参考坐标系 $OX_AY_AZ_A$ 的 X_A 轴、Y_A 轴、Z_A 轴正向的单位矢量，$\boldsymbol{i}_B$、$\boldsymbol{j}_B$、$\boldsymbol{k}_B$ 分别为沿本体坐标系 $PX_BY_BZ_B$ 的 X_B 轴、Y_B 轴、Z_B 轴正向的单位矢量。考虑姿态时，可以保持各坐标轴的方向不变，而假设两坐标系的坐标原点重合，如图 4-44 所示。

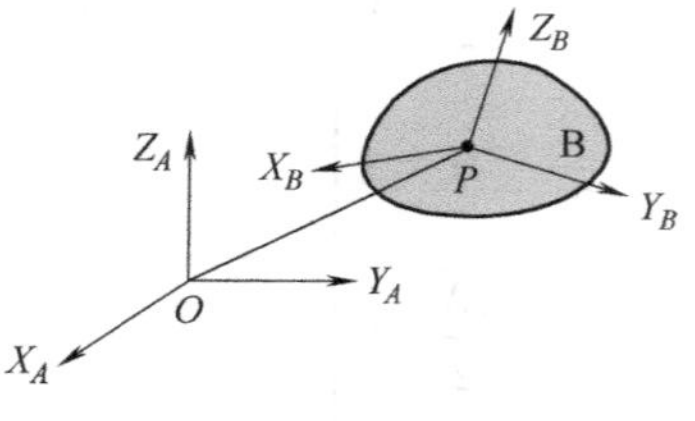

图 4-43 物体的位置和姿态

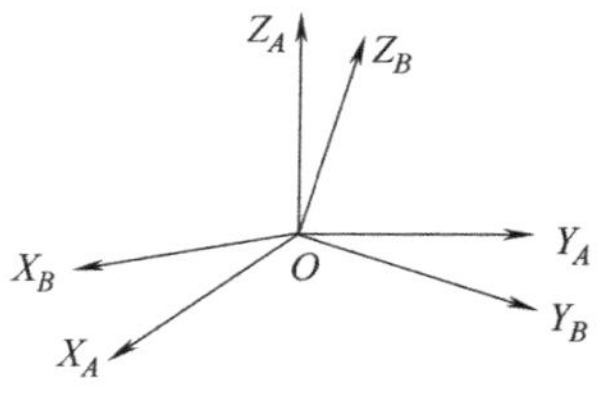

图 4-44 物体的姿态

设沿 X_B 轴正向的单位矢量 $\boldsymbol{i}_B$ 与 $\boldsymbol{i}_A$、$\boldsymbol{j}_A$、$\boldsymbol{k}_A$ 的夹角分别为 α_X、β_X、γ_X，沿 Y_B 轴正向的单位矢量 $\boldsymbol{j}_B$ 与 $\boldsymbol{i}_A$、$\boldsymbol{j}_A$、$\boldsymbol{k}_A$ 的夹角分别为 α_Y、β_Y、γ_Y；沿 Z_B 轴正向的单位矢量 $\boldsymbol{k}_B$ 与 $\boldsymbol{i}_A$、$\boldsymbol{j}_A$、$\boldsymbol{k}_A$ 的夹角分别为 α_Z、β_Z、γ_Z，见表 4-5。

表 4-5 坐标轴之间的夹角

单位矢量	$\boldsymbol{i}_A$	$\boldsymbol{j}_A$	$\boldsymbol{k}_A$
$\boldsymbol{i}_B$	α_X	β_X	γ_X
$\boldsymbol{j}_B$	α_Y	β_Y	γ_Y
$\boldsymbol{k}_B$	α_Z	β_Z	γ_Z

$\boldsymbol{i}_B$、$\boldsymbol{j}_B$、$\boldsymbol{k}_B$ 在参考坐标系 $OX_AY_AZ_A$ 中可以表示为

$$\boldsymbol{i}_B=\begin{bmatrix}\cos\alpha_X\\ \cos\beta_X\\ \cos\gamma_X\end{bmatrix},\ \boldsymbol{j}_B=\begin{bmatrix}\cos\alpha_Y\\ \cos\beta_Y\\ \cos\gamma_Y\end{bmatrix},\ \boldsymbol{k}_B=\begin{bmatrix}\cos\alpha_Z\\ \cos\beta_Z\\ \cos\gamma_Z\end{bmatrix}$$

式中，$\cos\alpha_X$、$\cos\beta_X$、$\cos\gamma_X$ 分别表示 $\boldsymbol{i}_B$ 在参考坐标系 $OX_AY_AZ_A$ 中的 3 个方向余弦；$\cos\alpha_Y$、$\cos\beta_Y$、$\cos\gamma_Y$ 分别表示 $\boldsymbol{j}_B$ 在参考坐标系 $OX_AY_AZ_A$ 中的 3 个方向余弦；$\cos\alpha_Z$、$\cos\beta_Z$、$\cos\gamma_Z$ 分别表示 $\boldsymbol{k}_B$ 在参考坐标系 $OX_AY_AZ_A$ 中的 3 个方向余弦。

将 $\boldsymbol{i}_B$、$\boldsymbol{j}_B$、$\boldsymbol{k}_B$ 按列写为 3×3 的矩阵，记为 $\boldsymbol{R}_{AB}$。$\boldsymbol{R}_{AB}$ 是一个由方向余弦构成的矩阵，称为方向余弦矩阵，表示物体 B 在参考坐标系 $OX_AY_AZ_A$ 中的姿态，则

$$\boldsymbol{R}_{AB}=[\boldsymbol{i}_B\quad \boldsymbol{j}_B\quad \boldsymbol{k}_B]=\begin{bmatrix}\cos\alpha_X & \cos\alpha_Y & \cos\alpha_Z\\ \cos\beta_X & \cos\beta_Y & \cos\beta_Z\\ \cos\gamma_X & \cos\gamma_Y & \cos\gamma_Z\end{bmatrix}$$

方向余弦矩阵是描述姿态的基本方法，它包括 9 个方向角，称为姿态的九参数表示法。此外，还可以采用 3 个参数表示姿态，例如卡尔丹角姿态表示法和欧拉角姿态表示法等，以及姿态的四参数表示法，即四元数表示法，在此不做进一步介绍。

物体的位置和姿态需采用位置矢量和方向余弦矩阵共同描述，两者可合写为一个矩阵，称为位姿矩阵。物体 B 在参考坐标系 $OX_AY_AZ_A$ 中的位姿矩阵可以表示为

$$\boldsymbol{T}_{AB}=\begin{bmatrix}\boldsymbol{R}_{AB} & \boldsymbol{OP}\\ 0 & 1\end{bmatrix}=\begin{bmatrix}\cos\alpha_X & \cos\alpha_Y & \cos\alpha_Z & p_X\\ \cos\beta_X & \cos\beta_Y & \cos\beta_Z & p_Y\\ \cos\gamma_X & \cos\gamma_Y & \cos\gamma_Z & p_Z\\ 0 & 0 & 0 & 1\end{bmatrix}$$

式中，$\boldsymbol{R}_{AB}$ 是物体 B 的方向余弦矩阵，表示物体 B 的姿态；$\boldsymbol{OP}$ 是点 P 的位置矢量，表示物体 B 的位置。位姿矩阵 $\boldsymbol{T}_{AB}$ 第 4 行的 1 或 0 用于区分所在列表示的是位置矢量 $\boldsymbol{OP}$ 还是单位矢量 $\boldsymbol{i}_B$、$\boldsymbol{j}_B$、$\boldsymbol{k}_B$。

例 4-3　如图 4-45 所示，本体坐标系 $PX_BY_BZ_B$ 和参考坐标系 $OX_AY_AZ_A$ 在初始状态下重合，然后本体坐标系 $PX_BY_BZ_B$ 绕参考坐标系 $OX_AY_AZ_A$ 的 Z_A 轴逆时针转动 45°，并沿 X_A 轴平移 4 个单位，沿 Y_A 轴平移 2 个单位到当前状态，求位姿矩阵 $\boldsymbol{T}_{AB}$。

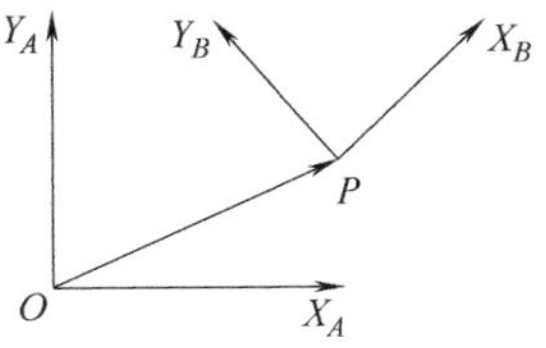

图 4-45　位姿矩阵

解：本体坐标系 $PX_BY_BZ_B$ 的位置采用点 P 的位置矢量表示为

$$\boldsymbol{OP}=\begin{bmatrix}4\\ 2\\ 0\end{bmatrix}$$

设沿 X_B 轴、Y_B 轴、Z_B 轴正向的单位矢量分别为 $\boldsymbol{i}_B$、$\boldsymbol{j}_B$、$\boldsymbol{k}_B$。根据题意，$\boldsymbol{i}_B$ 与 X_A 轴、Y_A 轴、Z_A 轴正向的夹角分别为 45°、45°、0°；$\boldsymbol{j}_B$ 与 X_A 轴、Y_A 轴、Z_A 轴正向的夹角分别为 135°、45°、0°；$\boldsymbol{k}_B$ 与 X_A 轴、Y_A 轴、Z_A 轴正向的夹角分别为 90°、90°、0°，则 $\boldsymbol{i}_B$、$\boldsymbol{j}_B$、$\boldsymbol{k}_B$ 在参考坐标系 $OX_AY_AZ_A$ 下可以表示为

$$\boldsymbol{i}_B=\begin{bmatrix}\cos45°\\ \cos45°\\ \cos0°\end{bmatrix},\ \boldsymbol{j}_B=\begin{bmatrix}\cos135°\\ \cos45°\\ \cos0°\end{bmatrix},\ \boldsymbol{k}_B=\begin{bmatrix}\cos90°\\ \cos90°\\ \cos0°\end{bmatrix}$$

本体坐标系 $PX_BY_BZ_B$ 相对参考坐标系 $OX_AY_AZ_A$ 的姿态采用方向余弦矩阵表示为

$$\boldsymbol{R}_{AB}=[\boldsymbol{i}_B\quad \boldsymbol{j}_B\quad \boldsymbol{k}_B]=\begin{bmatrix}\frac{\sqrt{2}}{2} & -\frac{\sqrt{2}}{2} & 0\\ \frac{\sqrt{2}}{2} & \frac{\sqrt{2}}{2} & 0\\ 0 & 0 & 1\end{bmatrix}$$

本体坐标系 $PX_BY_BZ_B$ 相对参考坐标系 $OX_AY_AZ_A$ 位姿矩阵为

$$\boldsymbol{T}_{AB}=\begin{bmatrix}\boldsymbol{R}_{AB} & \boldsymbol{OP}\\ 0 & 1\end{bmatrix}=\begin{bmatrix}\frac{\sqrt{2}}{2} & -\frac{\sqrt{2}}{2} & 0 & 4\\ \frac{\sqrt{2}}{2} & \frac{\sqrt{2}}{2} & 0 & 2\\ 0 & 0 & 1 & 0\\ 0 & 0 & 0 & 1\end{bmatrix}$$

4.7.2 物体的确定位姿

运动学上，物体具有确定位姿是指物体的自由度为零。物体自由度为零，物体一定静止，但物体静止，自由度不一定为零。因此静止物体不一定具有确定位姿。如图 4-46 所示，在平面上静止的物体具有 3 个自由度，包括平面上的 2 个平动自由度 T_1、T_2 和 1 个绕竖直方向的转动自由度 R，其位姿不确定。

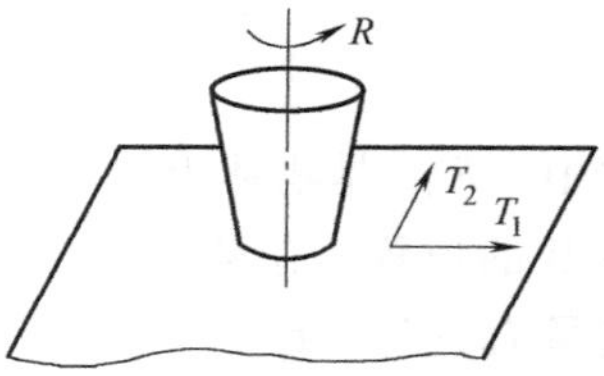

图 4-46　平面上的静止物体

如图 4-47 所示，定位底板固定有 6 个圆柱销，圆柱销的末端为球头。如图 4-48 所示，每个圆柱销对物体施加一个点接触约束力，6 个圆柱销对物体施加 6 个非冗余约束力，物体自由度为零，位姿确定。

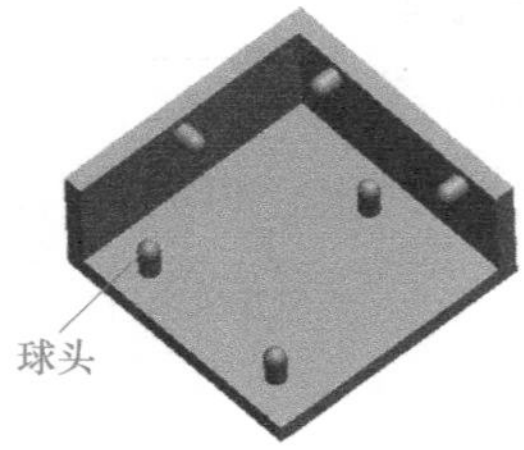

图 4-47　圆柱销定位底板

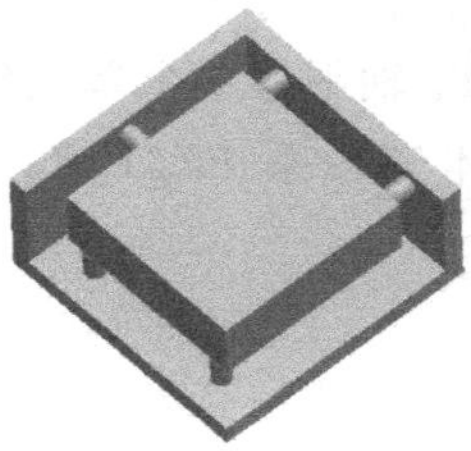
图 4-48　六点定位原理

如图 4-49 所示，定位底板侧面上固定有 3 个圆柱销，底面上固定有一个锥孔座。如图 4-50 所示，物体下表面的球头支杆与锥孔配合构成球-锥孔副，锥孔对物体施加 3 个非冗余约束力，侧面的 3 个圆柱销对物体施加 3 个点接触约束力，物体共受到 6 个非冗余约束力，自由度为零，位姿确定。

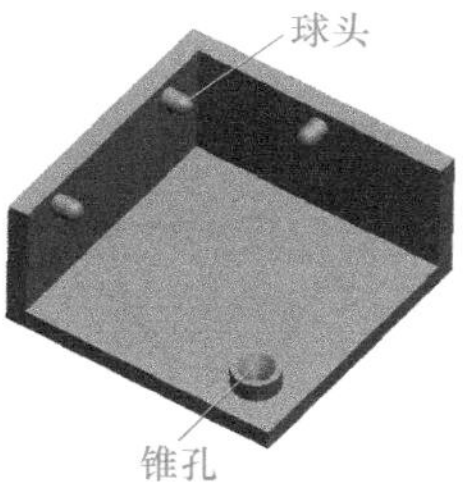

图 4-49　3 个圆柱销/锥孔定位底板

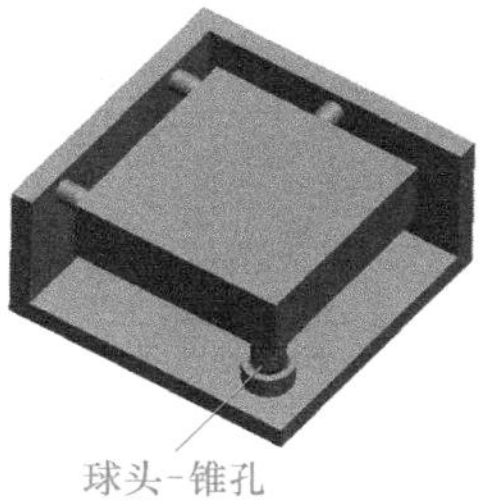

图 4-50　3 点/球头-锥孔定位原理

综上所述，设物体受到 n 个广义约束力，单位广义约束力矩阵记为

$$\boldsymbol{C}_0=[\boldsymbol{C}_{01}\quad \boldsymbol{C}_{02}\quad \cdots\quad \boldsymbol{C}_{0n}]$$

其中，$\boldsymbol{C}_{0i}$ 表示第 i 个（$i=1$，2，…，n）单位广义约束力 6 维数组。

如果单位广义约束力矩阵 $\boldsymbol{C}_0$ 的秩 $r(\boldsymbol{C}_0)=6$，即物体受到 6 个非冗余约束，则物体自由度为零，具有确定位姿。

并联连接的动平台是否具有确定位姿与各运动支链提供的约束有关。如图 4-51 所示，并联连接包括 n 个运动支链，图中 KC_i 代表第 i 个运动支链，A_i 代表第 i 个广义驱动副，它可能是转动副、移动副或螺旋副，叉线表示该驱动副处于锁死状态，自由度为零。

并联连接动平台具有确定位姿等价于各运动支链的驱动副锁死时，动平台的单位广义约束力矩阵 $\boldsymbol{C}_0$ 的秩 $r(\boldsymbol{C}_0)=6$，此时动平台自由度为零。例如第 4.6.2 节所述反射镜架在两个螺旋副均自锁时（0-状态），反射镜架台体的单位广义约束力矩阵 $\boldsymbol{C}_0$ 的秩 $r(\boldsymbol{C}_0)=6$，台体受到 6 个非冗余约束，自由度为零，位姿确定。

如图 4-52 所示，6-UPS 并联机构具有 6 个 U-P-S 运动链。每个 U-P-S 运动链由 1 个万向节 U、1 个移动副 P 和 1 个球面副 S 构成。它具有 6 个自由度，不对动平台施加约束。因此动平台具有 6 个自由度，包括 3 个平动自由度和 3 个转动自由度。在实际中，这种机构可用于模拟物体的自由运动。

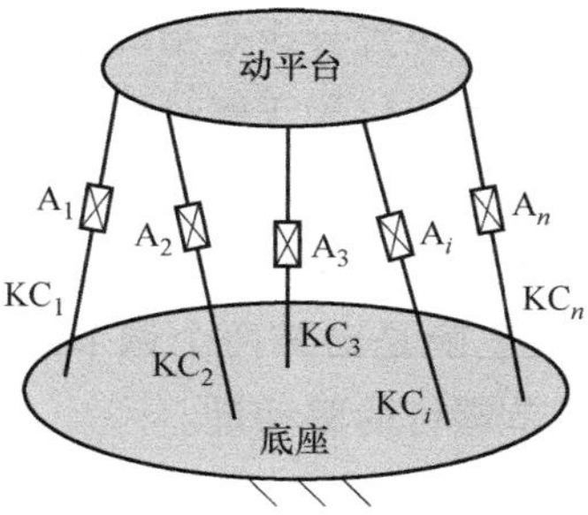

图 4-51　驱动副锁死状态并联连接

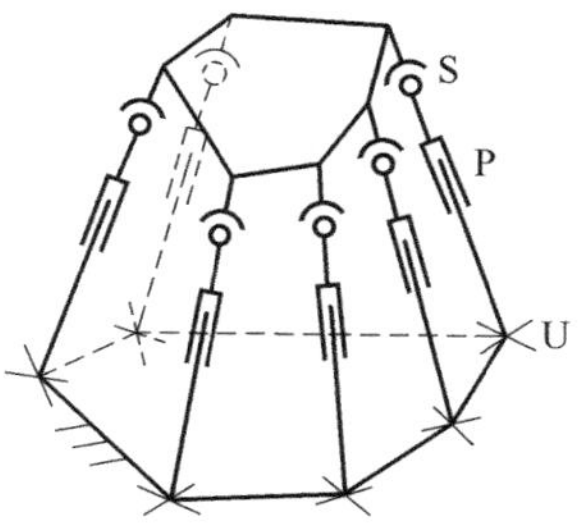

图 4-52　6-UPS 并联机构

如图 4-53 所示，当移动副 P 锁死时，U-P-S 运动链转化为 U-S 运动链，6-UPS 并联机构相当于 6-US 并联机构。U-S 运动链具有 5 个自由度，包括万向节 U 的两个转动自由度和球面副 S 的 3 个转动自由度，它提供 1 个沿运动链轴线的约束力。6 个 U-S 运动链对动平台施加 6 个非冗余约束力 $C_1\sim C_6$，所以 6-UPS 并联机构在移动副锁死时，动平台自由度为零，位姿确定，如图 4-54 所示。

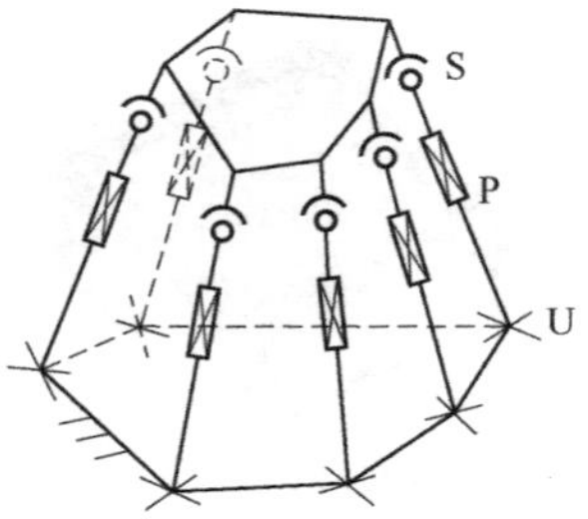

图 4-53　移动副锁死状态

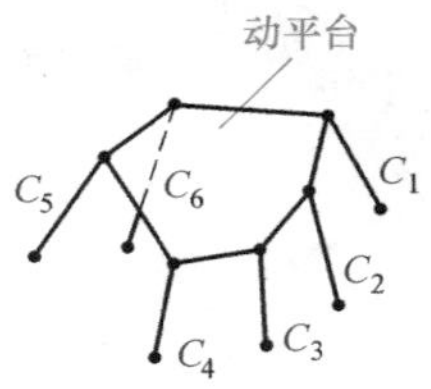

图 4-54　动平台约束模式

通过这个例子可以得到以下结论：U-P-S 运动链在移动副锁死时转化为 U-S 运动链，提供一个沿轴向的约束力，所以对一个仅包含 U-P-S 运动链的并联机构，如果其中的 U-P-S 运动链数小于 6，那么在移动副 P 锁死的情况下，该并联机构动平台的自由度不等于零，位姿不确定。

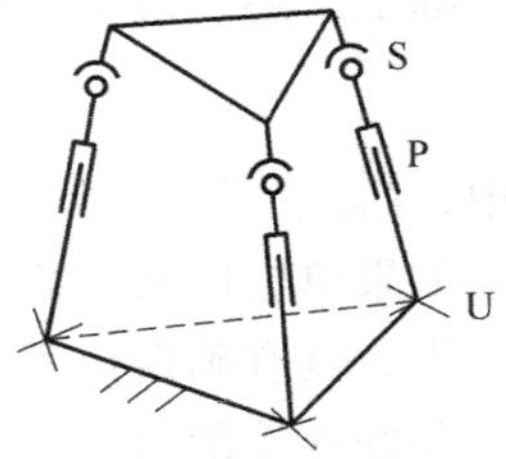

图 4-55　3-UPS 并联机构

如图 4-55 所示，3-UPS 并联机构包含 3 个 U-P-S 运动链。

移动副锁死时，3-UPS 并联机构转化为 3-US 并联机构，如图 4-56 所示。每个 U-S 运动链提供 1 个约束力，动平台受到 3 个沿 U-S 运动链轴向的约束力 $C_1 \sim C_3$，动平台自由度为 3，位姿不确定，如图 4-57 所示。

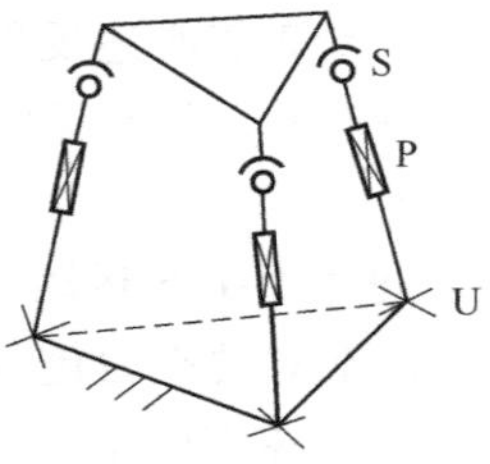

图 4-56　3-US 并联机构

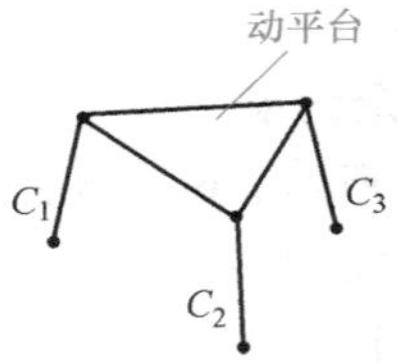

图 4-57　动平台约束模式

物体的确定位姿与机构的位置分析具有密切联系。机构的位置分析是指确定机构输入参数与输出构件位姿参数之间的关系，包括位置正解和位置反解。位置正解是已知输入参数求解输出构件位姿参数；反之，位置反解是已知输出构件位姿参数求解机构输入参数。例如反射镜架的输入参数是调节螺钉的驱动量，输出构件可以选为镜框，反射镜架的位置分析就是确定两个调节螺钉的驱动量与镜框转角之间的关系。位置正解是已知两个调节螺钉的驱动量，确定镜框的转角；反解是已知镜框转角，确定两个调节螺钉的驱动量。

下面主要讨论并联机构位置分析的前提条件。这一问题在机构的位置分析中应引起重视，否则会导致无意义的计算结果。图 4-58 所示为 2-PSE 并联机构，台体与机架通过 2 个 P-S-E 运动链相连，每个 P-S-E 运动链的球头与台体接触形成球-平面副 S-E，P_1、P_2 表示移动副，其伸缩量可以作为该机构的输入参数。当移动副 P_1、P_2 锁死时，P-S-E 运动链转化为球-平面副 S-E，对台体施加一个约束力，台体共受到 2 个约束力，具有 1 个转动自由度 R，位姿不确定，如图 4-59 所示。

由于移动副 P_1、P_2 锁死时，台体位姿不确定。在相同的输入参数下，台体可能对应不同的位姿，因此对该机构进行位置分析没有意义。图 4-60 和图 4-61 分别表示台体在相同输入参数下的两个不同位姿。

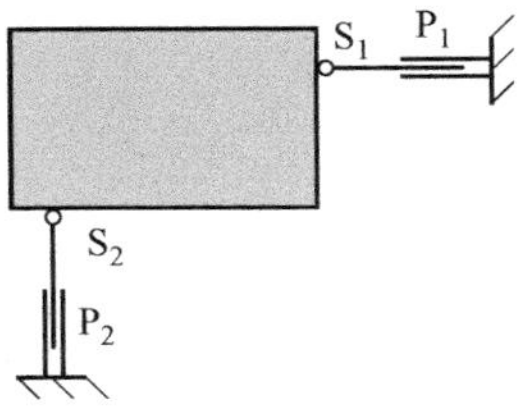

图 4-58　2-PSE 并联机构

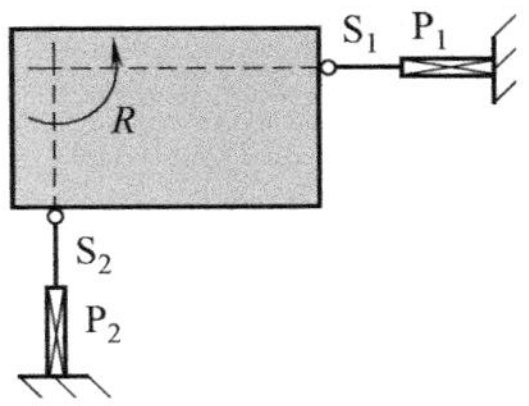

图 4-59　移动副锁死状态

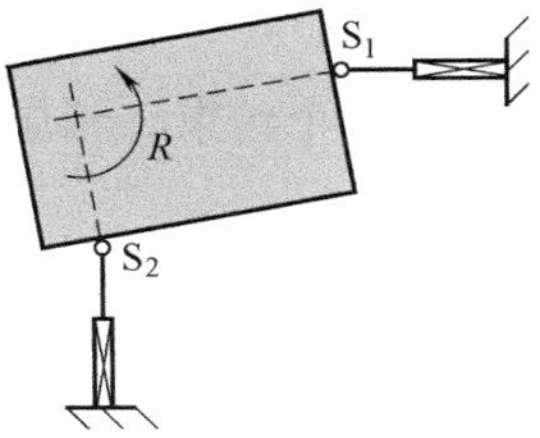

图 4-60　可能位姿 1

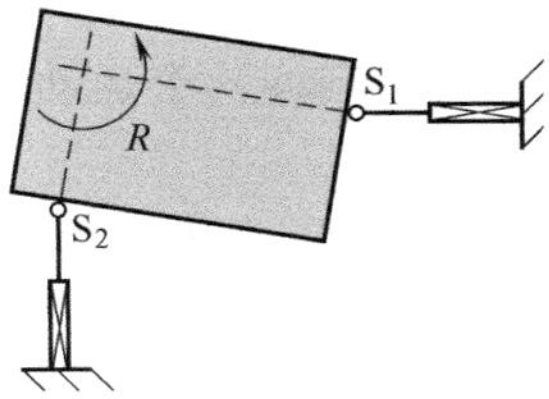

图 4-61　可能位姿 2

对于位姿不确定的物体，需通过动力学方程确定其位姿参数。假设 2-PSE 并联机构的两个 P-S-E 运动链对台体施加的驱动力分别为 $\boldsymbol{F}_1$ 和 $\boldsymbol{F}_2$，点 O 为台体的质心，m 为台体质量，J 为台体绕质心 O 的转动惯量，$x(t)$、$y(t)$ 和 $\varphi(t)$ 分别为质心位移及平台绕质心的转角，d_1、d_2 分别为驱动力 $\boldsymbol{F}_1$、$\boldsymbol{F}_2$ 相对质心 O 的力臂，如图 4-62 所示。

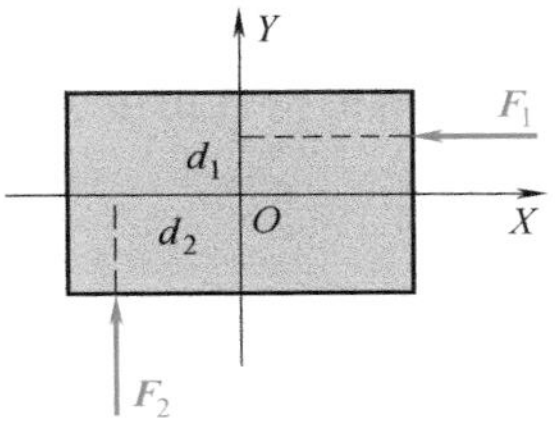

图 4-62　台体的受力

台体的动力学方程可以表示为

$$m\frac{\mathrm{d}^2x(t)}{\mathrm{d}t^2}=-\boldsymbol{F}_1$$

$$m\frac{\mathrm{d}^2y(t)}{\mathrm{d}t^2}=\boldsymbol{F}_2$$

$$J\frac{\mathrm{d}^2\varphi(t)}{\mathrm{d}t^2}=\boldsymbol{F}_1d_1-\boldsymbol{F}_2d_2$$

如果给定驱动力 $\boldsymbol{F}_1$、$\boldsymbol{F}_2$ 以及台体在 $t=0$ 时刻的初值 x_0、y_0、φ_0 和 $\dot{x}_0$、$\dot{y}_0$、$\dot{\varphi}_0$，可从上述方程组确定台体的位姿参数 $x(t)$、$y(t)$ 和 $\varphi(t)$。由此可知，它们既与驱动力 $\boldsymbol{F}_1$、$\boldsymbol{F}_2$ 有关，又与台体的转动惯量 J 和质量 m 有关。

综上所述，并联机构动平台具有确定位姿的意义在于，机构输入参数和动平台位姿参数之间存在确定的几何关系，因此仅通过机构的输入参数就可以控制动平台的位姿，而不必考虑运动的动力学原因，从而使动平台的控制得以简化。并联机构位置分析的前提是动平台位姿的确定，即只有对动平台位姿确定的并联机构进行位置分析才有意义。例如 3-UPS 并联机构动平台的位姿不确定，在 U-P-S 运动链长度一定时，动平台的位姿具有多种可能的状态，其最终位姿不但与 U-P-S 运动链长度有关，还与台体的转动惯量、质量以及驱动力等有关，因此不能通过机构的位置分析确定其位姿。本书将 3-UPS 并联机构、2-PSE 并联机构这类在驱动副锁死的状态下，动平台仍具有自由度的机构称为欠约束机构。这类机构无法仅在运动学层面对其进行控制，而必须研究其动力学过程。这也是这类机构难于控制的重要原因之一。

4.8　空间机构自由度公式

第 2.9 节讨论了平面机构自由度公式，下面进一步讨论空间机构自由度公式。

除机架外空间闭环机构共有 n 个构件，即活动构件数为 n。这 n 个构件未通过运动副连接前处于自由状态，每个构件具有 6 个自由度，因此共有 $6n$ 个自由度。设该机构包括 g 个运动副，第 i（$1\leqslant i\leqslant g$）个运动副提供 c_i 个约束，那么共有 $\sum_{i=1}^{g} c_i$ 个约束，相应的自由度减少 $\sum_{i=1}^{g} c_i$ 个，该机构的自由度为

$$M = 6n - \sum_{i=1}^{g} c_i$$

设 f_i 表示第 i 个运动副的自由度，第 i 个运动副的约束数可以表示为

$$c_i = 6 - f_i$$

空间机构自由度公式可以表示为

$$M = 6(n - g) + \sum_{i=1}^{g} f_i$$

该式又称为 Grübler-Kutzbach 公式，简称为 G-K 公式。

与平面机构自由度公式类似，空间机构自由度公式是一种算术方法，通过构件数和运动副数的加减运算获得机构自由度（不涉及运动副和构件空间布局的几何因素），由此可能导致计算结果与实际不符，因此仍需采用虚约束、局部自由度等概念进行修正。

约束与自由度代数分析方法采用线性相关和线性无关的概念判断冗余约束和非冗余约束，将物体的约束和自由度分析归结为齐次线性方程组的求解问题，具有物理概念清晰、数学方法严格的特点。它计算的是机构中某一构件的自由度，与空间机构自由度公式是不同的两个范畴。至于机构自由度和构件自由度的区别，详见第 2.9 节。

串联连接约束分析方程 $\boldsymbol{D}_0^{\mathrm{T}}\boldsymbol{E}\boldsymbol{C}_0=\boldsymbol{0}$ 和并联连接自由度分析方程 $\boldsymbol{C}_0^{\mathrm{T}}\boldsymbol{E}\boldsymbol{D}_0=\boldsymbol{0}$ 可统一写为 $\boldsymbol{A}X=\boldsymbol{0}$ 的形式，其中，$\boldsymbol{A}$ 是一个 $n\times6$ 矩阵，X 是未知量：

1）当 $\boldsymbol{A}X=\boldsymbol{0}$ 表示约束分析方程时，则 $\boldsymbol{A}=\boldsymbol{D}_0^{\mathrm{T}}\boldsymbol{E}$，$X=\boldsymbol{C}_0$。

2）当 $\boldsymbol{A}X=\boldsymbol{0}$ 表示自由度分析方程时，则 $\boldsymbol{A}=\boldsymbol{C}_0^{\mathrm{T}}\boldsymbol{E}$，$X=\boldsymbol{D}_0$。

由线性代数理论可知，齐次线性方程组 $\boldsymbol{A}X=\boldsymbol{0}$ 解向量的集合构成一个向量空间，称为解向量空间。根据解向量表示的是约束还是自由度，将约束分析方程 $\boldsymbol{D}_0^{\mathrm{T}}\boldsymbol{E}\boldsymbol{C}_0=\boldsymbol{0}$ 和自由度分析方程 $\boldsymbol{C}_0^{\mathrm{T}}\boldsymbol{E}\boldsymbol{D}_0=\boldsymbol{0}$ 的解空间分别称为约束空间和自由度空间。

思考与练习

4.1　虚位移有哪些类型？如何用 6 维数组描述虚位移？

4.2　理解自由度矩阵和约束矩阵的概念。它们的秩表示什么含义？

4.3　什么是螺旋副的自锁？约束与自由度分析中应如何处理螺旋副的自锁？

4.4　讨论物体的确定位姿与机构位置分析的关系，并计算反射镜架的位置正解和反解。

4.5　什么是欠约束机构？如何判断一个机构是否是欠约束机构？

4.6　并联连接自由度分析方程和空间机构自由度公式分别计算的是什么自由度？能否采用空间机构自由度公式计算如图 4-63 和图 4-64 两种 3-RPS 并联机构动平台的自由度，试说明理由。如果不能，请采用合适方法进行分析。

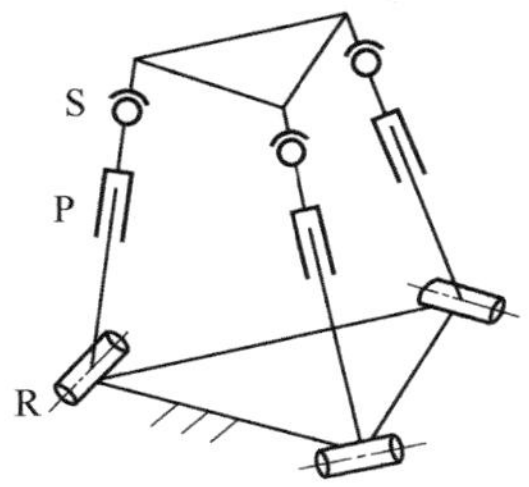

图 4-63　转动副轴线共面两两相交

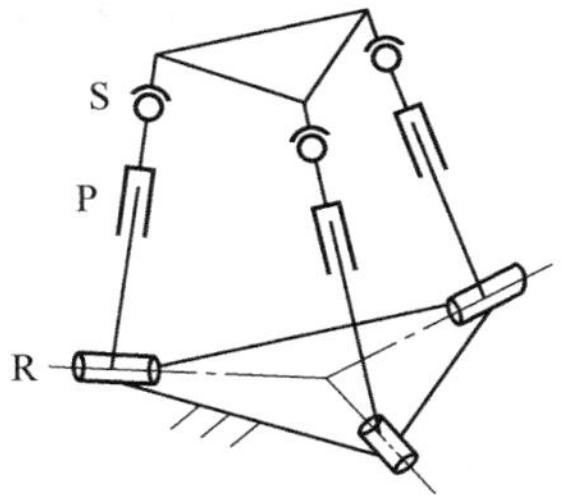

图 4-64　转动副轴线共面交于一点

参 考 文 献

[1]　A П 马尔契夫. 理论力学［M］. 李俊峰，译. 北京：高等教育出版社，2006.

[2]　朱照宣，周起钊，殷金生. 理论力学［M］. 北京：北京大学出版社，2006.

[3]　赵景山，冯之敬，褚福磊. 机器人机构自由度分析理论［M］. 北京：科学出版社，2009.

[4]　KUMAR V. Instantaneous Kinematics of Parallel Chain Robotic Mechanisms［J］. ASME Journal of Mechanical Design，1992，114（3）：349-358.

[5]　MURRAY R M，LI Z X，SASTRY S S. A Mathematical Introduction to Robotic Manipulation［M］. Boca Raton：CRC Press，1994.

[6]　孙桓，陈作模，葛文杰. 机械原理［M］. 北京：高等教育出版社，2013.

[7]　申永胜. 机械原理教程［M］. 北京：清华大学出版社，2015.

第5章

约束与自由度几何分析方法

约束与自由度代数分析方法具有物理概念清晰、数学基础严格的特点，但却较繁琐。约束与自由度几何分析方法简单直观、便于应用，为约束与自由度分析提供了新视角和新途径。

本章主要介绍以下几方面的内容：

1）约束线与自由度线的概念及几何表示。

2）互易积的几何意义、约束线和自由度线的位置关系。

3）约束与自由度互补原理。

4）运动学几何模型与冗余运动学直线。

5.1 约束线

如第 4 章所述，约束力是线矢量，约束力偶矩是自由矢量。约束力线矢量的轴线称为力约束线，用一条两端带黑点的线段表示，如图 5-1a 所示。约束力偶矩所在的线段称为力偶约束线，用一条一端带黑点的线段表示，如图 5-1b 所示。

1. 力约束线

点接触是物体之间最基本的接触类型。一个点接触可以提供一条力约束线。如图 5-2a 所示，物体通过 1 个圆柱销定位，圆柱销对物体施加的约束力可以采用力约束线 C 表示，如图 5-2b 所示。

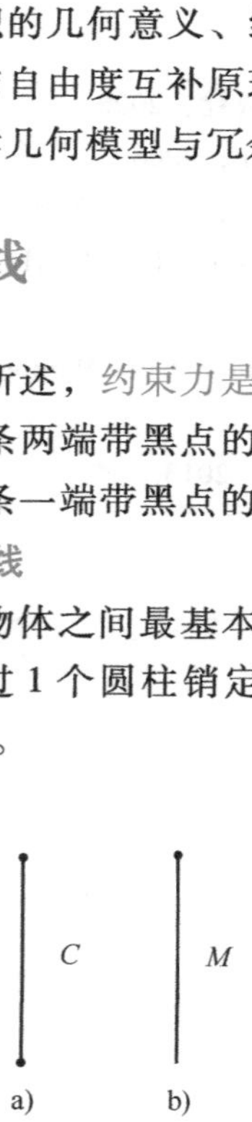

图 5-1 力约束线和力偶约束线

a）力约束线 b）力偶约束线

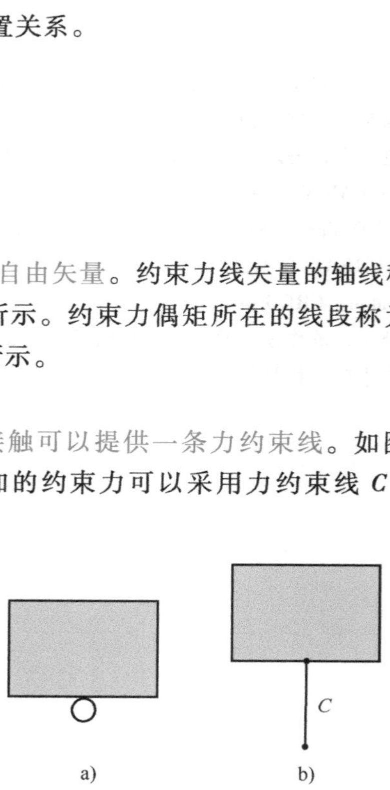

图 5-2 1 个圆柱销和 1 条约束线

a）1 个圆柱销 b）1 条约束线

如图 5-3a 所示，底板 A 与滑块 B 是平面接触，平面接触可以看成由无数个点接触构成，则底板对滑块施加无数个约束力。这些约束力线矢量的最大线性无关数为 3，则滑块受到 3 个非冗余约束力 C_1、C_2、C_3，如图 5-3b 所示。

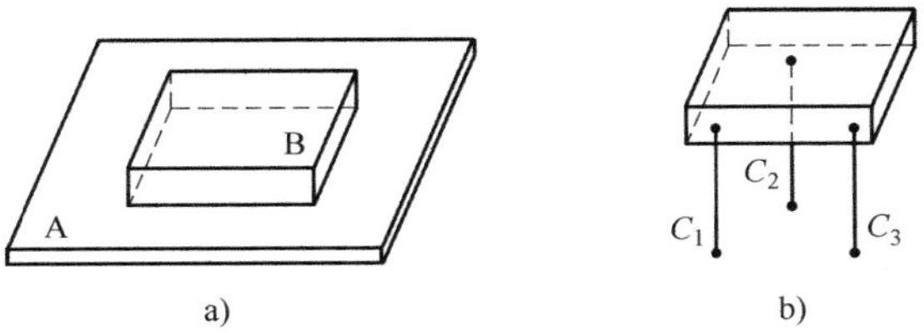

图 5-3 平面副和滑块的约束模式

a）平面副 b）滑块的约束模式

如图 5-4a 所示，R-P-S 串联连接的约束矩阵 $\tilde{\boldsymbol{C}}_0=[0\quad 1\quad 0\quad 0\quad 0\quad 0]^{\mathrm{T}}$，$\tilde{\boldsymbol{C}}_0$ 表示约束力线矢量，几何上可以用过坐标原点 O，沿 Y 轴方向的力约束线 C 表示，如图 5-4b 所示。

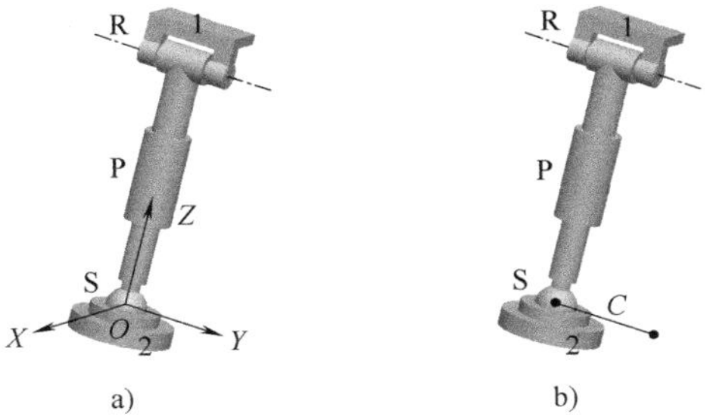

图 5-4 R-P-S 串联连接和串联连接的约束线

a）R-P-S 串联连接 b）R-P-S 串联连接的约束线

2. 力偶约束线

力偶约束线限制物体的 1 个转动自由度。如图 5-5a 所示，十字架平面平行的 U-P-U 串联连接的约束矩阵 $\tilde{\boldsymbol{C}}_0=[0\quad 0\quad 0\quad 0\quad 0\quad 1]^{\mathrm{T}}$，$\tilde{\boldsymbol{C}}_0$ 表示约束力偶矩自由矢量，方向沿 Z 轴，力偶约束线 $\boldsymbol{M}$ 如图 5-5b 所示。

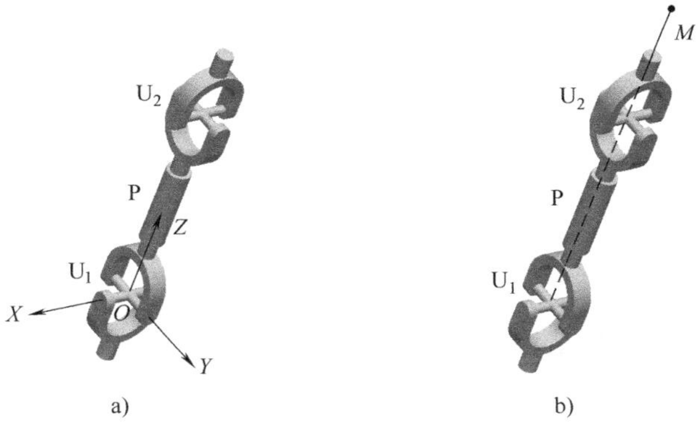

图 5-5 U-P-U 串联连接和力偶约束线

a）U-P-U 串联连接 b）力偶约束线

5.2 自由度线

转动虚位移线矢量的轴线称为转动自由度线，用一条直线表示，如图 5-6a 所示；平动虚位移自由矢量所在的有向线段称为平动自由度线，用带箭头的直线表示，如图 5-6b 所示。螺旋虚位移旋量的轴线称为螺旋自由度线，用一条附加一小段螺旋线的直线表示，如图 5-6c

所示。

如图 5-7a 所示，转动副中的轴相对轴座的自由度采用转动自由度线 R 表示；如图 5-7b 所示，移动副中滑块相对导轨的自由度采用平动自由度线 T 表示；如图 5-7c 所示，螺旋副中的螺母相对螺杆的自由度采用螺旋自由度线 H 表示。

利用自由度线可以表示物体的自由度。这种由自由度线构成的简图称为物体的自由度模式。如图 5-8a 所示，滑块 B 相对底板 A 有 3 个自由度，其中 T_x 和 T_y 表示滑块的两个平动自由度，R_z 表示滑块的转动自由度，如图 5-8b 所示。

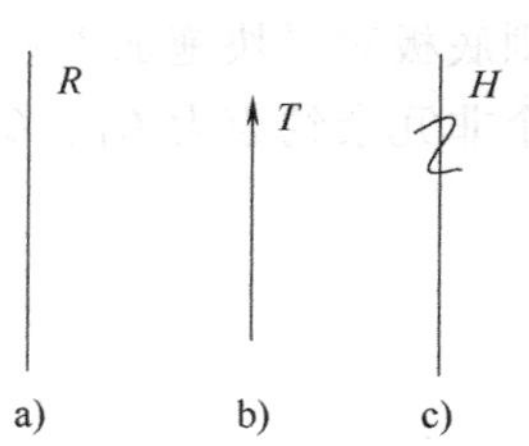

图 5-6　转动、平动和螺旋自由度线（1）
a）转动自由度线　b）平动自由度线　c）螺旋自由度线

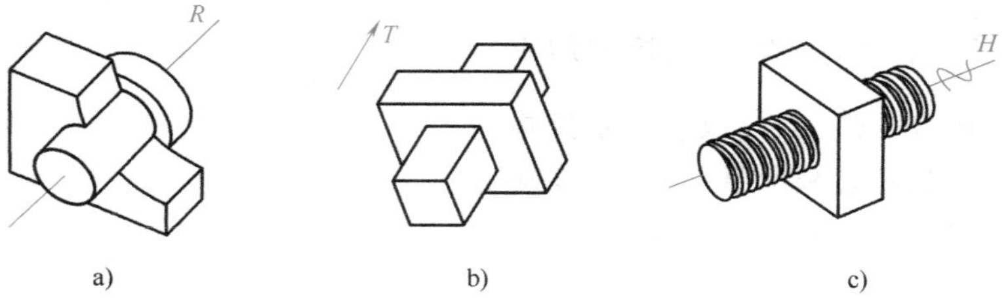

图 5-7　转动、平动和螺旋自由度线（2）
a）转动自由度线　b）平动自由度线　c）螺旋自由度线

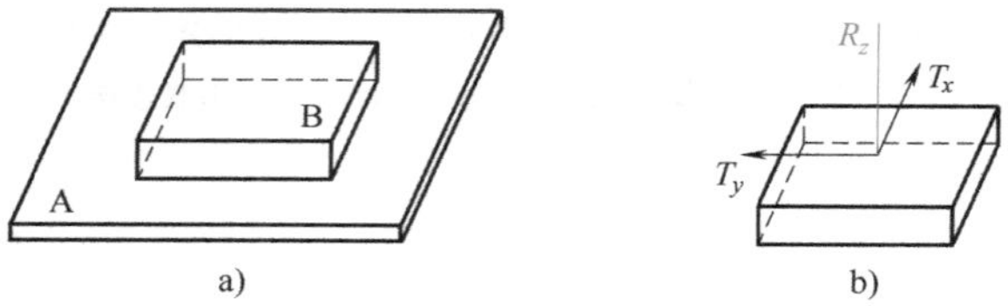

图 5-8　平面副和平面副的自由度模式
a）平面副　b）平面副的自由度模式

5.3　约束线与自由度线位置关系

物体的自由度可以采用虚位移 6 维数组表示为

$$\delta\boldsymbol{\Phi}=\delta\varphi\boldsymbol{D}_0$$

式中，$\delta\varphi$ 表示虚位移大小；$\boldsymbol{D}_0$ 是单位广义速度 6 维数组，可以表示单位线矢量、单位旋量或单位自由矢量。

虚位移 6 维数组 $\delta\boldsymbol{\Phi}$ 可以表示螺旋自由度、转动自由度和平动自由度。

1）若 $\delta\boldsymbol{\Phi}$ 表示螺旋自由度，则 $\boldsymbol{D}_0$ 是单位旋量，那么

$$\delta\boldsymbol{\Phi}=\delta\varphi\boldsymbol{D}_0=\delta\varphi\begin{bmatrix}\boldsymbol{s}_t\\ \boldsymbol{r}_t\times\boldsymbol{s}_t+p_t\boldsymbol{s}_t\end{bmatrix}$$

式中，$\boldsymbol{s}_t$ 表示单位方向矢量；$\boldsymbol{r}_t$ 表示位置矢量；p_t 为节距。

2）若 $\delta\boldsymbol{\Phi}$ 表示转动自由度，则 $\boldsymbol{D}_0$ 是单位线矢量，那么

$$\delta\boldsymbol{\Phi}=\delta\varphi\boldsymbol{D}_0=\delta\varphi\begin{bmatrix}\boldsymbol{s}_t\\ \boldsymbol{r}_t\times\boldsymbol{s}_t\end{bmatrix}$$

式中，$\boldsymbol{s}_t$ 表示单位方向矢量；$\boldsymbol{r}_t$ 表示位置矢量。

3）若 $\delta\boldsymbol{\Phi}$ 表示平动自由度，则

$$\delta\boldsymbol{\Phi}=\delta\varphi\boldsymbol{D}_0=\delta\varphi\begin{bmatrix}0\\ \boldsymbol{s}_t\end{bmatrix}$$

式中，$\boldsymbol{s}_t$ 表示沿平动方向的单位矢量。

5.3.1　力约束线与自由度线的位置关系

设约束力线矢量为

$$\boldsymbol{W}=f\begin{bmatrix}\boldsymbol{s}_w\\ \boldsymbol{r}_w\times\boldsymbol{s}_w\end{bmatrix}$$

式中，f 表示约束力的大小；$\boldsymbol{s}_w$ 表示约束力的单位方向矢量；$\boldsymbol{r}_w$ 表示约束力的位置矢量。

1）约束力线矢量 $\boldsymbol{W}$ 与螺旋虚位移旋量 $\delta\boldsymbol{\Phi}$ 的互易积为零，则

$$\boldsymbol{W}\otimes\delta\boldsymbol{\Phi}=f\,\delta\varphi[\boldsymbol{s}_w\cdot(\boldsymbol{r}_t\times\boldsymbol{s}_t+p_t\boldsymbol{s}_t)+\boldsymbol{s}_t\cdot(\boldsymbol{r}_w\times\boldsymbol{s}_w)]=0$$

整理可得

$$\boldsymbol{W}\otimes\delta\boldsymbol{\Phi}=p_t\cos\theta-d\sin\theta=0$$

式中，θ 表示力约束线和螺旋自由度线的夹角；d 表示力约束线和螺旋自由度线的公垂线长度，如图 5-9 所示。

显然，力约束线与螺旋自由度线的夹角 θ 不能等于零，否则螺旋虚位移旋量的节距 p_t 等于零，这与螺旋虚位移旋量的节距 p_t 不等于零矛盾。即力约束线与螺旋自由度线不可能平行或重合。进一步，在以下两种情况，该式成立：

① $\theta\neq0°$ 且 $\theta\neq90°$，即力约束线与螺旋自由度线异面，且公垂线长度 $d=p_t\cot\theta$，如图 5-10a 所示。

② $\theta=90°$，则 $d=0$，即力约束线与螺旋自由度线垂直相交，如图 5-10b 所示。

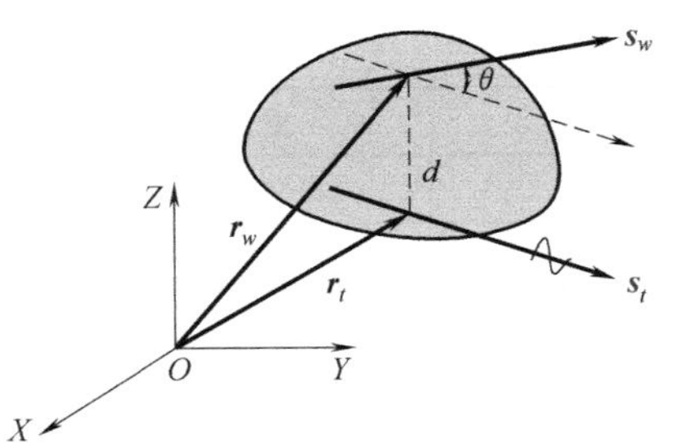

图 5-9　力约束线和螺旋自由度线的位置关系

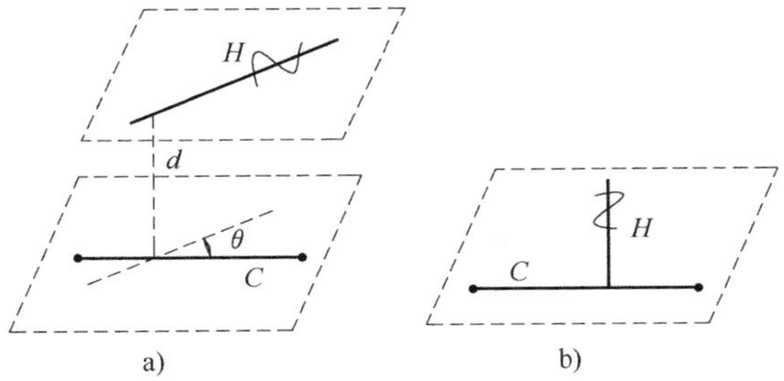

图 5-10　异面和垂直相交

a）异面　b）垂直相交

2）约束力线矢量 $\boldsymbol{W}$ 与转动虚位移线矢量 $\delta\boldsymbol{\Phi}$ 的互易积为零，则

$$\boldsymbol{W}\otimes\delta\boldsymbol{\Phi}=d\sin\theta=0$$

式中，θ 表示力约束线和转动自由度线的夹角；d 表示力约束线和转动自由度线的公垂线长度。

在以下 3 种情况，该式成立：

① $d=0$，即力约束线与转动自由度线相交，如图 5-11a 所示。

② $\theta=0$，即力约束线与转动自由度线平行，如图 5-11b 所示。

③ $d=0$ 且 $\theta=0°$，即力约束线与转动自由度线重合，如图 5-11c 所示。

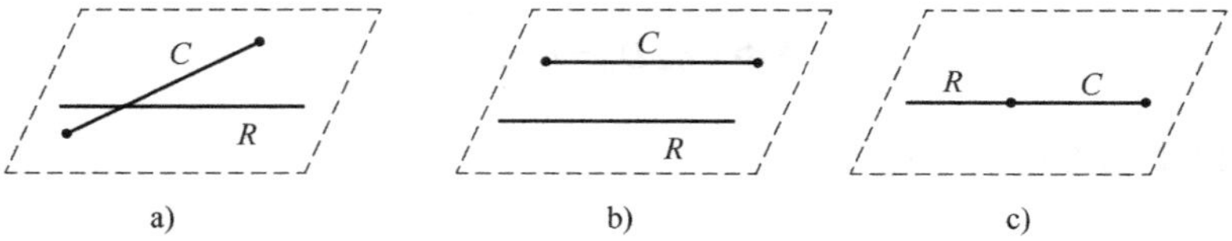

图 5-11　相交、平行、重合

a）相交　b）平行　c）重合

3）约束力线矢量 $\boldsymbol{W}$ 与平动虚位移自由矢量 $\delta\boldsymbol{\Phi}$ 的互易积为

$$\boldsymbol{W}\otimes\delta\boldsymbol{\Phi}=f\delta\varphi(\boldsymbol{s}_w\cdot\boldsymbol{s}_t)=f\delta\varphi\cos\theta=0$$

式中，θ 表示力约束线与平动自由度线的夹角。

若 $\theta=90°$，即力约束线与平动自由度线垂直，该式成立。由于平动虚位移是自由矢量，因此这里的垂直既可以是相交垂直，也可以是异面垂直，如图 5-12a、b 所示。

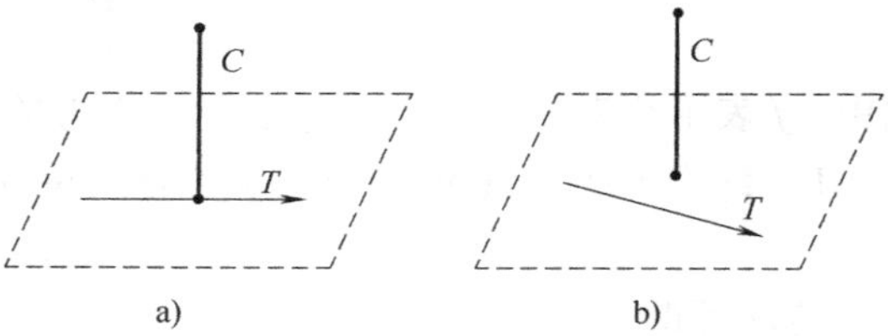

图 5-12　相交垂直和异面垂直

a）相交垂直　b）异面垂直

综上所述，力约束线与自由度线的位置关系见表 5-1。

表 5-1　力约束线与自由度线的位置关系

约束线类型	自由度线类型	位置关系
力约束线	螺旋自由度线	异面
		垂直相交
	转动自由度线	相交
		平行
		重合
	平动自由度线	相交垂直
		异面垂直

5.3.2　力偶约束线与自由度线的位置关系

设约束力偶矩为

$$\boldsymbol{M}=m_0\begin{bmatrix}0\\ \boldsymbol{s}_w\end{bmatrix}$$

式中，m_0 表示约束力偶矩的大小；$\boldsymbol{s}_w$ 表示约束力偶矩的单位矢量。

1）约束力偶矩 $\boldsymbol{M}$ 与螺旋虚位移旋量 $\delta\boldsymbol{\Phi}$ 的互易积为零，则

$$\boldsymbol{M}\otimes\delta\boldsymbol{\Phi}=m_0\delta\varphi(\boldsymbol{s}_w\cdot\boldsymbol{s}_t)=\boldsymbol{m}_0\delta\varphi\cos\theta=0$$

若 $\theta=90°$，即力偶约束线与螺旋自由度线垂直（相交垂直或异面垂直），该式成立。

2）约束力偶矩 $\boldsymbol{M}$ 与转动虚位移线矢量 $\delta\boldsymbol{\Phi}$ 的互易积为零，则

$$\boldsymbol{M}\otimes\delta\boldsymbol{\Phi}=m_0\delta\varphi(\boldsymbol{s}_w\cdot\boldsymbol{s}_t)=m_0\delta\varphi\cos\theta=0$$

若 $\theta=90°$，即力偶约束线与转动自由度线垂直（相交垂直或异面垂直），该式成立。

3）约束力偶矩 $\boldsymbol{M}$ 与平动虚位移自由矢量 $\delta\boldsymbol{\Phi}$ 的互易积为零，则

$$\boldsymbol{M}\otimes\delta\boldsymbol{\Phi}=0$$

力偶约束线与平动自由度线可以为空间任意位置关系（相交、平行、重合、异面），该式恒成立。

综上所述，力偶约束线与自由度线的位置关系见表 5-2。

表 5-2 力偶约束线与自由度线的位置关系

约束线类型	自由度线类型	位置关系
力偶约束线	螺旋自由度线	相交垂直
		异面垂直
	转动自由度线	相交垂直
		异面垂直
	平动自由度线	相交、平行、重合、异面

5.4 约束与自由度互补原理

约束与自由度互补原理是约束与自由度几何分析方法的核心。所谓“互补”是指物体的约束与自由度具有对应的数量、位置和类型关系。

1. 数量关系

由第 4 章可知，物体的非冗余广义约束力数 c 与自由度数 d 满足 $c+d=6$，已知物体的非冗余广义约束力数，可以计算自由度数，反之亦然。例如物体受到 1 个广义约束力，物体具有 5 个自由度；物体受到 2 个广义约束力，物体具有 4 个自由度，以此类推，物体受到 6 个非冗余广义约束力，物体的自由度为 0。

特别地，平面情况下，物体的非冗余约束数和自由度数之和等于 3。

2. 力约束线与自由度线的位置、类型关系

1）力约束线与螺旋自由度线异面或垂直相交。

2）力约束线与转动自由度线相交、平行或重合。

3）力约束线与平动自由度线相交垂直或异面垂直。

3. 力偶约束线与自由度线的位置、类型关系

1）力偶约束线与螺旋自由度线相交垂直或异面垂直。

2）力偶约束线与转动自由度线相交垂直或异面垂直。

3）力偶约束线与平动自由度线相交、平行、重合或异面。

下面通过几个例子介绍约束与自由与互补原理的应用。

平面物体具有 3 个自由度，包括两个平动自由度和 1 个转动自由度。如图 5-13 所示，平面物体受到 2 个平行的约束力 C_1、C_2，则物体具有 1 个与力约束线 C_1、C_2 垂直的平动自

由度 T。平面物体受到两个相交的约束力 C_1、C_2，则物体具有 1 个过两条力约束线 C_1、C_2 的交点且垂直于纸面的转动自由度 R，如图 5-14 所示。

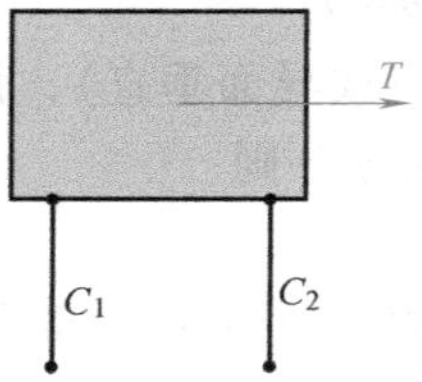

图 5-13　平行约束力与平动自由度

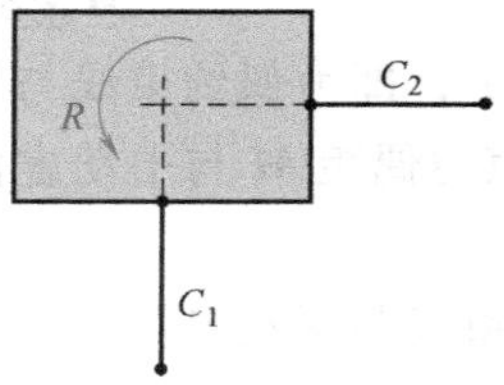

图 5-14　相交约束力与转动自由度

如图 5-15a 所示，物体受到 5 个非冗余约束力 C_1、C_2、C_3、C_4 和 C_5。按照约束与自由度互补原理的数量关系，物体受到 5 个非冗余约束力，则具有 1 个自由度。该自由度的位置和类型可以这样判断：由于物体受到 5 个非冗余约束力，因此只需考虑力约束线与自由度线的位置和类型关系。由于 C_1、C_2 所在的平面和 C_3、C_4 和 C_5 所在平面的交线与这 5 条力约束线 C_1、C_2、C_3、C_4 和 C_5 均相交，因此该物体具有 1 个转动自由度 R。类似地，图 5-15b 中物体具有 5 条非冗余力约束线 C_1、C_2、C_3、C_4 和 C_5，则 C_1、C_2、C_3 所在平面和 C_4、C_5 所在平面的交线表示物体的 1 个转动自由度 R。

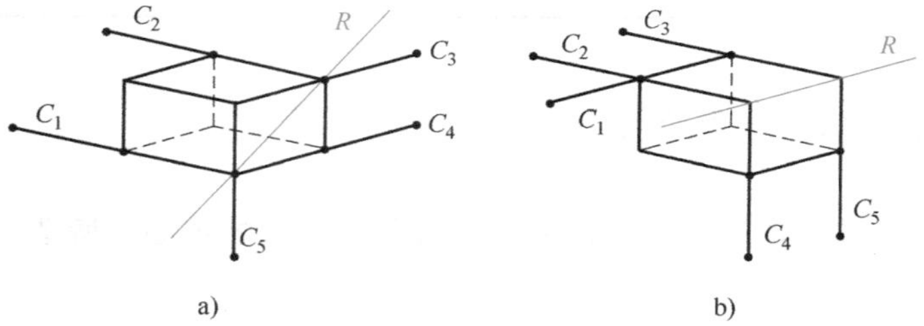

图 5-15　物体的转动自由度

如图 5-16 所示，物体均具有 5 个非冗余约束力 C_1、C_2、C_3、C_4 和 C_5，因此具有 1 个自由度，进一步可以确定一条与这 5 条力约束线均垂直的直线，该直线表示物体的 1 个平动自由度 T。

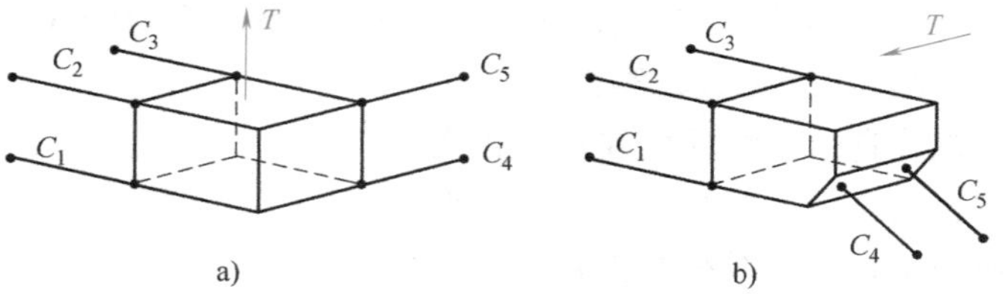

图 5-16　物体的平动自由度

如图 5-17 所示，物体具有 5 个非冗余约束力 C_1、C_2、C_3、C_4 和 C_5，其中 C_1、C_2 交于点 A，C_3、C_4 交于点 B，且 C_1、C_2 所在平面与 C_3、C_4 所在平面平行，C_5 与这两个平面均不平行，过点 A 和 B 两点可以确定一条螺旋自由度线 H，它与 C_1、C_2、C_3、C_4 垂直相交，与 C_5 异面。

如图 5-18 所示，物体具有 4 个非冗余约束力 C_1、C_2、C_3、C_4，其中 C_4 的延长线与 C_1、

C_2、C_3 所在平面交于一点，过该交点且在 C_1、C_2、C_3 平面上的任意直线均与这 4 条力约束线相交，其中的任意两条直线就表示物体的两个转动自由度 R_1 和 R_2。

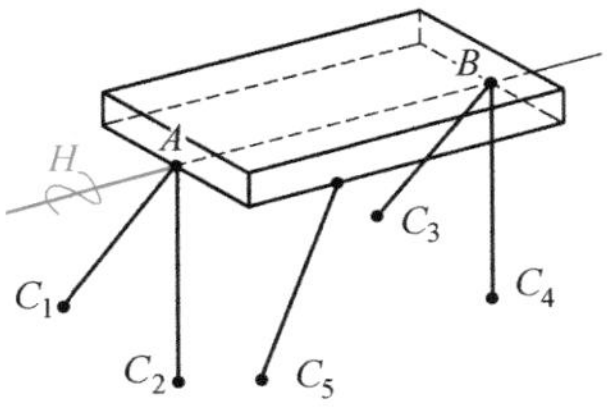

图 5-17　物体的螺旋自由度

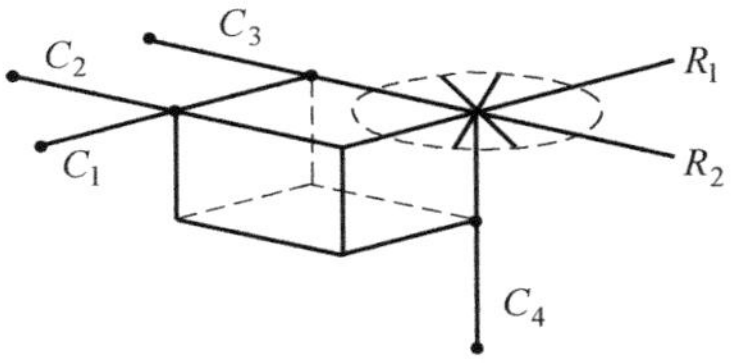

图 5-18　相交的 2 个转动自由度

如图 5-19 所示，哑铃两端的球头分别与两个平行的 V 形槽接触，每个 V 形槽对球头施加 2 个相交的约束力，因此哑铃共受到 4 个非冗余约束力 C_1、C_2、C_3、C_4。按照约束与自由度互补的原理，哑铃具有 2 个自由度，包括 1 个绕两球心连线的转动自由度 R（R 与这 4 条力约束线均相交）和 1 个沿 V 形槽方向的平动自由度 T（T 与这 4 条力约束线均垂直）。

如图 5-20 所示，哑铃两端的球头分别与垂直的两个 V 形槽接触，哑铃受到 4 个非冗余约束力 C_1、C_2、C_3、C_4，过两球心的连线与这 4 条力约束线均相交，表示物体的 1 个转动自由度 R_1。此外，C_1、C_2 所在平面与 C_3、C_4 所在平面的交线也与这 4 个力约束线相交，表示物体的 1 个转动自由度 R_2。

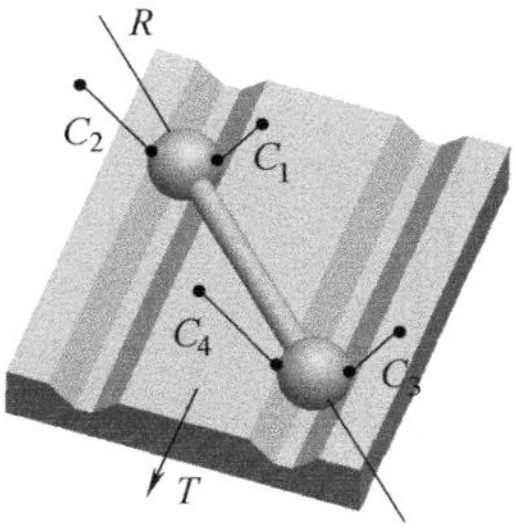

图 5-19　哑铃在平行的 V 形槽上

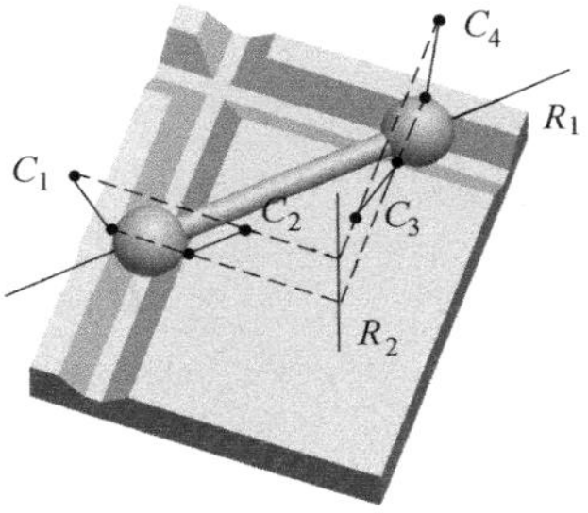

图 5-20　哑铃在相交的 V 形槽上

这两个哑铃均受到 4 个非冗余约束力，图 5-19 所示的两组力约束线在平面互相平行，图 5-20 所示的两组力约束线所在平面相交，由此导致两者的自由度不同，图 5-19 是 1 个转动自由度和 1 个平动自由度，图 5-20 是 2 个转动自由度。这说明物体的自由度不但与其受到的非冗余约束力的数目有关，还与约束力的空间分布有关。

5.5　约束与自由度几何模型

约束与自由度分析方程的解向量空间分别称为约束空间和自由度空间。约束空间和自由度空间可以采用约束线和自由度线进行图形化表示，分别称为约束几何模型和自由度几何模型。下面通过几个例子进行介绍。

1）如图 5-21 所示，球-锥孔副中锥孔对球施加 3 个非冗余约束力，球具有 3 个转动自由度。

球的约束矩阵为

$$\tilde{C}_0=[C_{01}\quad C_{02}\quad C_{03}]=\begin{bmatrix}1&0&0\\0&1&0\\0&0&1\\0&0&0\\0&0&0\\0&0&0\end{bmatrix}$$

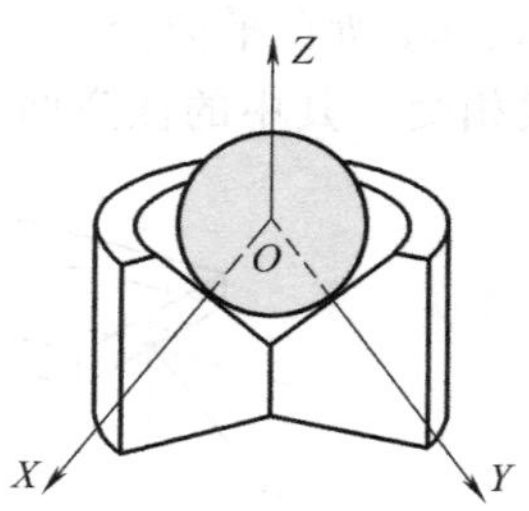

图 5-21 球-锥孔副

式中，C_{01} 表示沿 X 轴的约束力；C_{02} 表示沿 Y 轴的约束力；C_{03} 表示沿 Z 轴的约束力。

C_{01}、C_{02} 和 C_{03} 均为线矢量，设 k_1、k_2、k_3 为不全为零的实数，C_{01}、C_{02} 和 C_{03} 的线性组合

$$\sum_{i=1}^{3}k_iC_{0i}=k_1C_{01}+k_2C_{02}+k_3C_{03}=[k_1\quad k_2\quad k_3\quad 0\quad 0\quad 0]^{\mathrm{T}}$$

仍为线矢量，表示空间的一条力约束线。C_{01}、C_{02} 和 C_{03} 的张成为

$$\mathrm{span}(\tilde{C}_0)=\left\{\sum_{i=1}^{3}k_iC_{0i}=k_1C_{01}+k_2C_{02}+k_3C_{03}\right\}$$

表示空间所有交于一点的力约束线的集合，在几何上是一个力约束线球（C 球），表示球的约束几何模型，如图 5-22a 所示。

球的自由度矩阵为

$$\tilde{D}_0=[D_{01}\quad D_{02}\quad D_{03}]=\begin{bmatrix}1&0&0\\0&1&0\\0&0&1\\0&0&0\\0&0&0\\0&0&0\end{bmatrix}$$

式中，D_{01} 表示绕 X 轴的转动自由度；D_{02} 表示绕 Y 轴的转动自由度；D_{03} 表示绕 Z 轴的转动自由度。

D_{01}、D_{02} 和 D_{03} 均为线矢量，设 λ_1、λ_2、λ_3 为不全为零的实数，D_{01}、D_{02} 和 D_{03} 的线性组合

$$\sum_{i=1}^{3}\lambda_iD_{0i}=\lambda_1D_{01}+\lambda_2D_{02}+\lambda_3D_{03}=[\lambda_1\quad \lambda_2\quad \lambda_3\quad 0\quad 0\quad 0]^{\mathrm{T}}$$

仍为线矢量，表示空间的一条转动自由度线。D_{01}、D_{02} 和 D_{03} 的张成

$$\mathrm{span}(\tilde{D}_0)=\left\{\sum_{i=1}^{3}\lambda_iD_{0i}=\lambda_1D_{01}+\lambda_2D_{02}+\lambda_3D_{03}\right\}$$

表示空间所有交于一点的转动自由度线的集合，在几何上是一个转动自由度线球（R 球），表示球的自由度几何模型，如图 5-22b 所示。

2）如图 5-23 所示，球-V 形槽中 V 形槽对球施加两个非冗余纯力约束，球具有 3 个转动自由度和 1 个沿槽向的平动自由度。

球的约束矩阵为

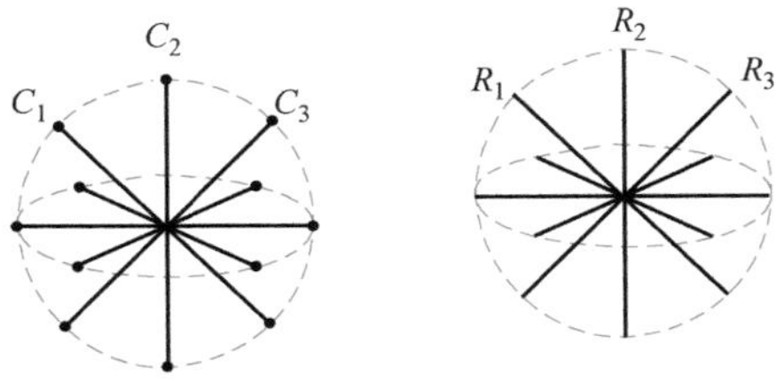

a)　　b)

图 5-22　力约束线球和转动自由度线球

a）力约束线球　b）转动自由度线球

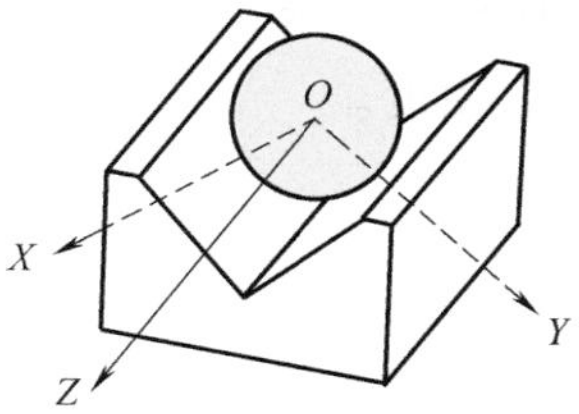

图 5-23　球-V 形槽

$$\tilde{\boldsymbol{C}}_0=[\boldsymbol{C}_{01}\quad \boldsymbol{C}_{02}]=\begin{bmatrix}1 & 0\\0 & 1\\0 & 0\\0 & 0\\0 & 0\\0 & 0\end{bmatrix}$$

式中，$\boldsymbol{C}_{01}$ 表示沿 X 轴的约束力；$\boldsymbol{C}_{02}$ 表示沿 Y 轴的约束力。

$\boldsymbol{C}_{01}$、$\boldsymbol{C}_{02}$ 均为线矢量，设 k_1、k_2 为不全为零的实数，线性组合

$$\sum_{i=1}^{3} k_i\boldsymbol{C}_{0i}=k_1\boldsymbol{C}_{01}+k_2\boldsymbol{C}_{02}=[k_1\quad k_2\quad 0\quad 0\quad 0\quad 0]^{\mathrm{T}}$$

仍为线矢量，表示平面上的一条力约束线。$\boldsymbol{C}_{01}$、$\boldsymbol{C}_{02}$ 的张成

$$\mathrm{span}(\tilde{\boldsymbol{C}}_0)=\left\{\sum_{i=1}^{2} k_i\boldsymbol{C}_{0i}=k_1\boldsymbol{C}_{01}+k_2\boldsymbol{C}_{02}\right\}$$

表示平面上所有交于一点的力约束线，几何上是一个力约束线圆（C 圆），表示球的约束几何模型，如图 5-24a 所示。

球的自由度矩阵为

$$\tilde{\boldsymbol{D}}_0=[\boldsymbol{D}_{01}\quad \boldsymbol{D}_{02}\quad \boldsymbol{D}_{03}\quad \boldsymbol{D}_{04}]=\begin{bmatrix}1 & 0 & 0 & 0\\0 & 1 & 0 & 0\\0 & 0 & 1 & 0\\0 & 0 & 0 & 0\\0 & 0 & 0 & 0\\0 & 0 & 0 & 1\end{bmatrix}$$

式中，$\boldsymbol{D}_{01}$ 表示绕 X 轴的转动自由度；$\boldsymbol{D}_{02}$ 表示绕 Y 轴的转动自由度；$\boldsymbol{D}_{03}$ 表示绕 Z 轴的转动自由度；$\boldsymbol{D}_{04}$ 表示沿 Z 轴的平动自由度。

$\boldsymbol{D}_{01}$、$\boldsymbol{D}_{02}$ 和 $\boldsymbol{D}_{03}$ 均为线矢量，设 λ_1、λ_2、λ_3 为不全为零的实数，$\boldsymbol{D}_{01}$、$\boldsymbol{D}_{02}$ 和 $\boldsymbol{D}_{03}$ 的张成

$$\mathrm{span}(\tilde{\boldsymbol{D}}_0)=\left\{\sum_{i=1}^{3} \lambda_i\boldsymbol{D}_{0i}=\lambda_1\boldsymbol{D}_{01}+\lambda_2\boldsymbol{D}_{02}+\lambda_3\boldsymbol{D}_{03}\right\}$$

表示所有交于一点的转动自由度线的集合，几何上是一个转动自由度线球（R 球）。

又因为 $\boldsymbol{D}_{04}$ 是自由矢量，在几何上表示一条平动自由度线（T 线）。因此球-V 形槽中球的自由度线几何模型包括 1 个转动自由度线球（R 球）和 1 条平动自由度线（T 线），如

图 5-24b 所示。

3）如图 5-25 所示，球-平面副中的底板对球施加 1 个力约束，球具有 3 个转动自由度和两个平动自由度。

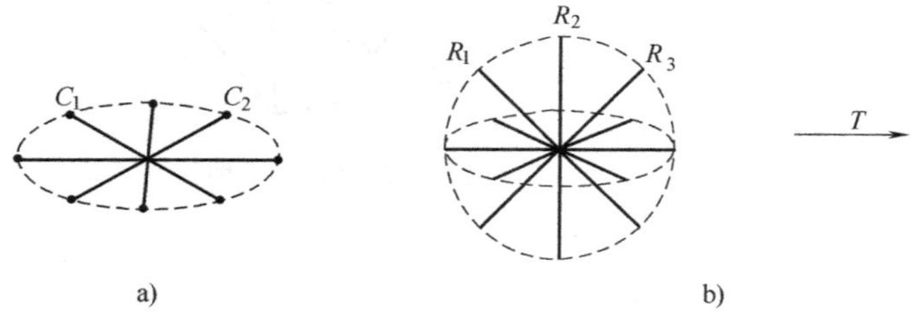

图 5-24　力约束线圆、转动自由度线球和平动自由度线

a）力约束线圆　b）转动自由度线球和平动自由度线

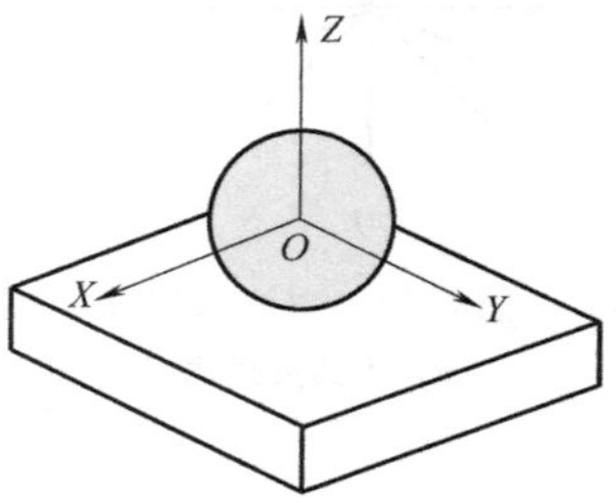

图 5-25　球-平面副

球的约束力矩阵

$$\tilde{\boldsymbol{C}}_0=[0\quad 0\quad 1\quad 0\quad 0\quad 0]^{\mathrm{T}}$$

表示 1 个线矢量，在几何上表示 1 条力约束线（C 线），表示球的约束几何模型，如图 5-26a 所示。

球的自由度矩阵为

$$\tilde{\boldsymbol{D}}_0=[\boldsymbol{D}_{01}\quad \boldsymbol{D}_{02}\quad \boldsymbol{D}_{03}\quad \boldsymbol{D}_{04}\quad \boldsymbol{D}_{05}]=\begin{bmatrix}1&0&0&0&0\\0&1&0&0&0\\0&0&1&0&0\\0&0&0&1&0\\0&0&0&0&1\\0&0&0&0&0\end{bmatrix}$$

$\boldsymbol{D}_{01}$、$\boldsymbol{D}_{02}$ 和 $\boldsymbol{D}_{03}$ 均为线矢量，$\boldsymbol{D}_{04}$、$\boldsymbol{D}_{05}$ 为自由矢量。$\boldsymbol{D}_{01}$、$\boldsymbol{D}_{02}$ 和 $\boldsymbol{D}_{03}$ 的张成是一个转动自由度线球（R 球）。设 λ_1、λ_2 为不全为零的实数，$\boldsymbol{D}_{04}$、$\boldsymbol{D}_{05}$ 的线性组合

$$\lambda_1\boldsymbol{D}_{04}+\lambda_2\boldsymbol{D}_{05}=[0\quad 0\quad 0\quad \lambda_1\quad \lambda_2\quad 0]^{\mathrm{T}}$$

仍为自由矢量，表示一条平动自由度线（T 线）。$\boldsymbol{D}_{04}$、$\boldsymbol{D}_{05}$ 的张成

$$\operatorname{span}(\tilde{\boldsymbol{D}}_0)=\{\lambda_1\boldsymbol{D}_{04}+\lambda_2\boldsymbol{D}_{05}\}$$

构成 1 个平动自由度线圆（T 圆）。因此，在球-平面副中，球的自由度几何模型包括 1 个转动自由度线球（R 球）和 1 个平动自由度线圆（T 圆），如图 5-26b 所示。

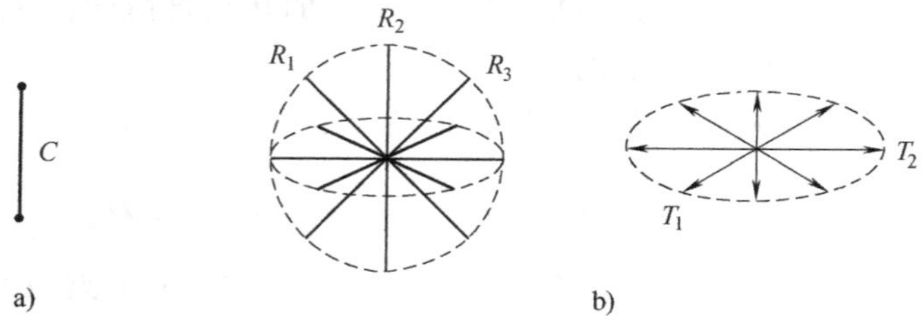

图 5-26　力约束线、转动自由度线球和平动自由度线圆

a）力约束线　b）转动自由度线球和平动自由度线圆

如图 5-27a 所示，物体受到 2 个平行的约束力 C_1、C_2，C_1、C_2 的张成是一个平行力约束线平面（*P-C* 平面），*P-C* 平面包含无数条共面的平行力约束线，如图 5-27b 所示。

如图 5-28a 所示，物体受到 3 个不共面的平行约束力 C_1、C_2、C_3，C_1、C_2、C_3 的张成是一个平行力约束线长方体（*P-C* 长方体），*P-C* 长方体包含无数条不共面的平行力约束线，如图 5-28b 所示。

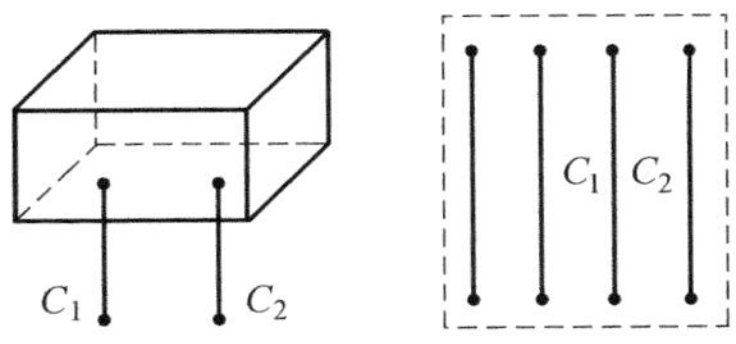

图 5-27　2 个平行的约束力和平行力约束线平面

a）2 个平行的约束力　b）平行力约束线平面

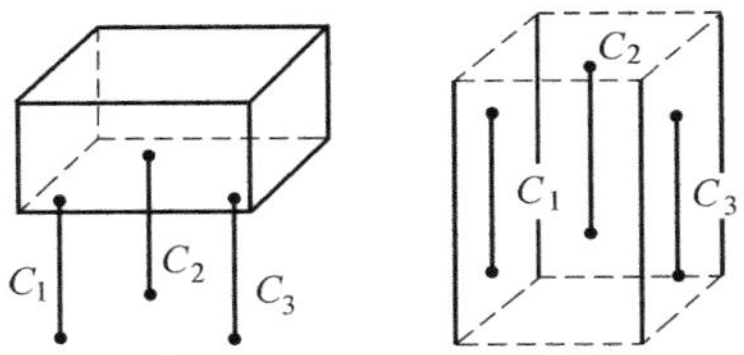

图 5-28　不共面的 3 个平行约束力和平行力约束线长方体

a）不共面的 3 个平行约束力　b）平行力约束线长方体

如图 5-29a 所示，物体受到 3 个共面，但不同时平行、也不交于一点的约束力 C_1、C_2、C_3，C_1、C_2、C_3 的张成是一个力约束线平面（*C* 平面）。*C* 平面上任意 3 个不同时平行，也不同时交于一点的约束力线性无关，表示 3 个非冗余约束力，如图 5-29b 所示。

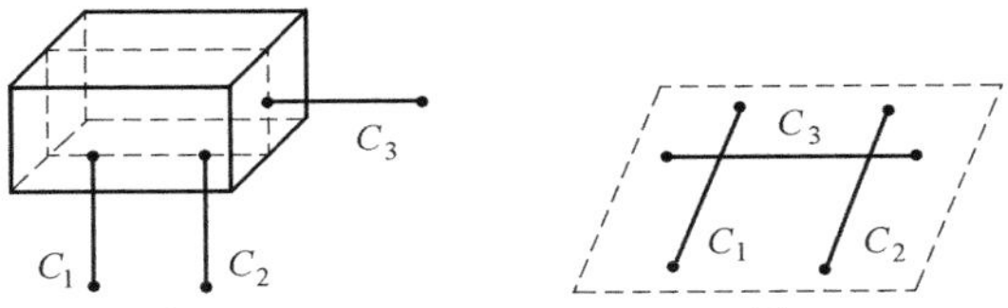

图 5-29　共面的 3 条约束力和力约束线平面

a）共面的 3 条约束力　b）力约束线平面

5.6　非冗余约束模式

如图 5-30 所示，物体受到 4 个平行的约束力 $C_1 \sim C_4$，这 4 个约束力存在冗余，非冗余约束力数 $c=3$，物体的自由度 $d=6-c=3$。

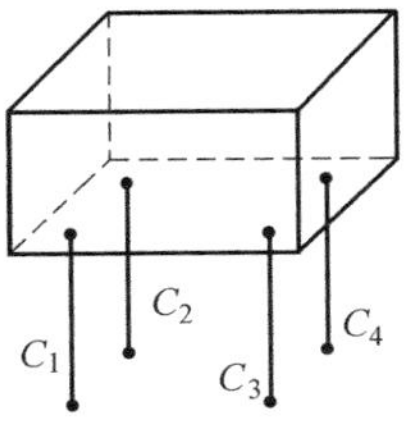

图 5-30　4 条空间平行的约束线

如果不考虑这 4 个约束力是否发生冗余，而只按物体受到的约束力数 $c=4$ 计算自由度，会得到自由度 $d=6-c=2$ 的错误结论。因此正确判断冗余约束是应用约束与自由度互补原理的关键。如第 4 章所述，约束的“冗余”与“非冗余”可以用单位广义约束力 6 维数组的“线性相关”与“线性无关”的概念描述。一组线性无关的单位广义约束力 6 维数组表示物体受到的一组非冗余广义约束力。约束力是 6 维数组，因此物体的最大非冗余约束数是 6。因此，物体受到 6 个以上的约束一定发生冗余。本节讨论 1、2、3 条力约束线的非冗余约束模式，以此为基础可以分析更多力约束线的冗余性，或者在必要的情况下也可以采用代数方法分析。

5.6.1　1 条力约束线

1 个约束力线矢量线性无关，因此 1 条力约束线不存在冗余，如图 5-31 所示，物体具有

1 条力约束线 C_1。如图 5-32 所示，物体的 2 条力约束线 C_1、C_2 共线，共线的 2 条力约束线发生冗余，该物体在 C_1 和 C_2 的作用下处于过约束状态。

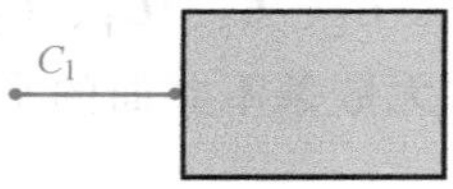

图 5-31　1 条力约束线

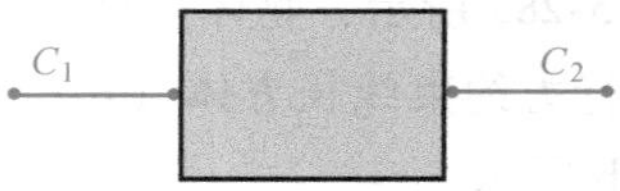

图 5-32　共线的 2 条力约束线

5.6.2　2 条力约束线

1. 相交的 2 条力约束线不发生冗余

如图 5-33a 所示，物体通过两个圆柱销定位，每个圆柱销对物体施加 1 条力约束线，每条力约束线均过圆心，则物体在两条相交力约束线 C_1、C_2 的作用下具有 1 个转动自由度 R，如图 5-33b 所示。

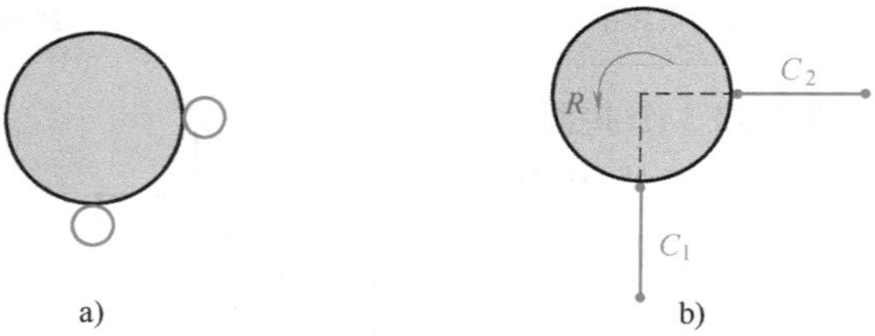

图 5-33　两个圆柱销定位和相交的两条力约束线

a）两个圆柱销定位　b）相交的两条力约束线

如图 5-34a 所示，物体与 3 个圆柱销接触，物体受到 3 条交于一点的力约束线 C_1、C_2、C_3 的作用。容易知道，C_3 属于冗余约束力，则物体受到两个非冗余约束力，具有 1 个转动自由度 R，如图 5-34b 所示。

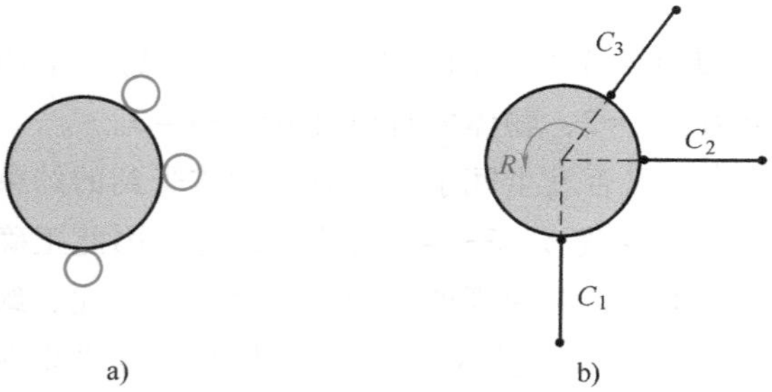

图 5-34　3 个圆柱销定位和共面且交于一点的 3 条力约束线

a）3 个圆柱销定位　b）共面且交于一点的 3 条力约束线

综上所述，相交的两条力约束线 C_1、C_2 定义一个力约束线圆（C 圆），如图 5-35 所示。

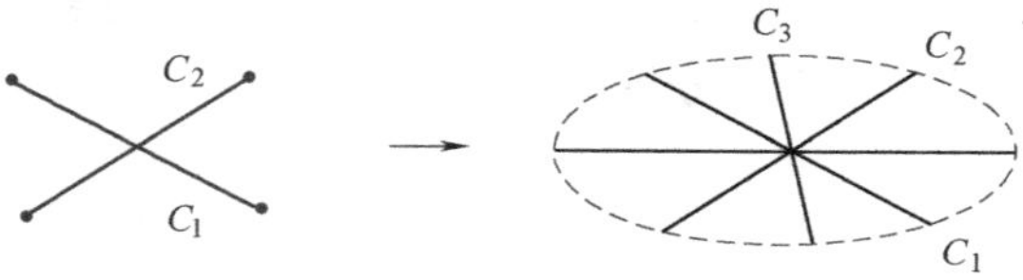

图 5-35　力约束线圆

任意两条相交的力约束线不发生冗余，共面且交于一点的 3 条或 3 条以上的力约束线发生冗余。因此力约束线圆上的任意两条力约束线不发生冗余，而其中的 3 条或 3 条以上的力约束线发生冗余，即力约束线圆的非冗余约束数是 2。

2. 平行的两条纯力约束线不发生冗余

如图 5-36a 所示，物体在两条平行的力约束线 C_1、C_2 作用下具有 1 个平动自由度 T。如图 5-36b 所示，物体受到 3 个共面且平行的约束力 C_1、C_2、C_3 作用，其最大线性无关数是 2，因此物体具有 1 个平动自由度 T。

2 条平行的力约束线 C_1、C_2 张成一个平行力约束线平面，如图 5-37 所示。

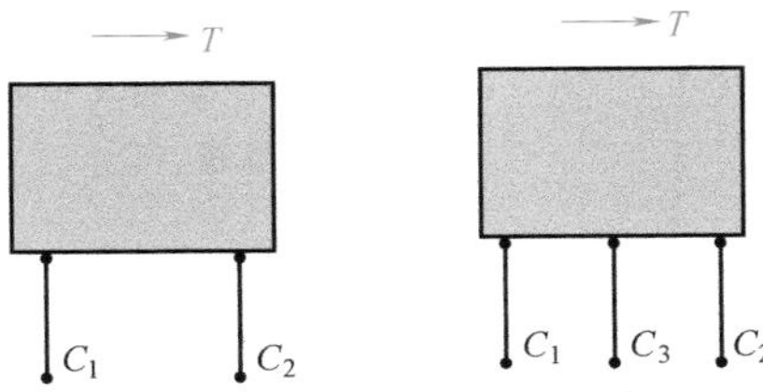

a)　　b)

图 5-36　2 条平行的力约束线和共面的 3 条平行的力约束线

a）2 条平行的力约束线　b）共面的 3 条平行的力约束线

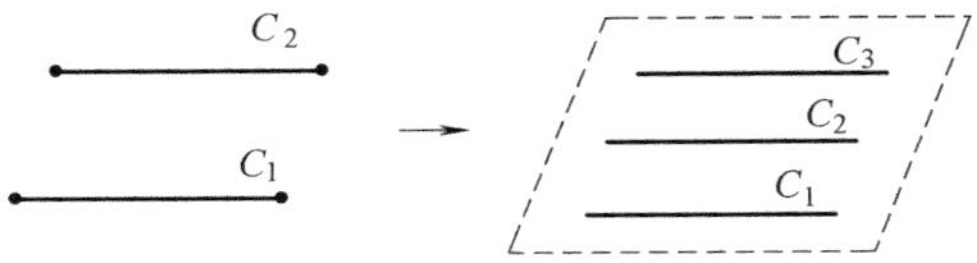

图 5-37　平行力约束线平面

平行的两条力约束线不发生冗余，共面且平行的 3 条或 3 条以上的力约束线发生冗余。因此平行力约束线平面上的任意两条力约束线不发生冗余，而其中的 3 条或 3 条以上的力约束线发生冗余，即平行力约束线平面的非冗余约束数是 2。

3. 异面的两条力约束线不发生冗余

异面的两条力约束线 C_1、C_2 不发生冗余，且 C_1、C_2 张成一个拟圆柱面，如图 5-38 所示。

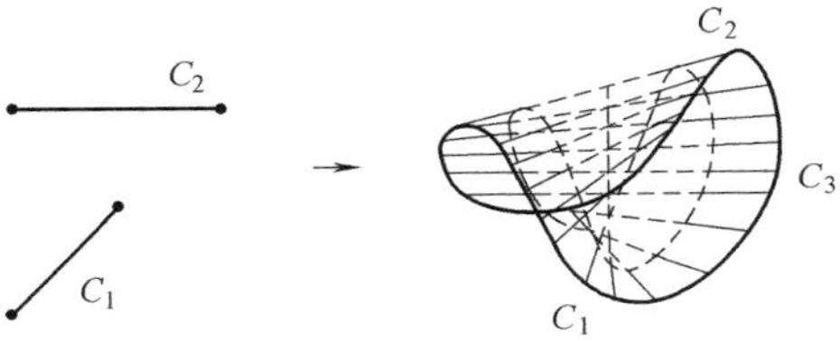

图 5-38　拟圆柱面

5.6.3　3 条力约束线

1）在 2 条相交的力约束线 C_1、C_2 的基础上，加入与 C_1、C_2 共面，但不过 C_1、C_2 交点的第 3 条力约束线 C_3，则 C_1、C_2、C_3 不发生冗余，如图 5-39a 所示。

2）在 2 条平行的力约束线 C_1、C_2 的基础上，加入与 C_1、C_2 共面，但不平行的第 3 条力约束线 C_3，则 C_1、C_2、C_3 不发生冗余，如图 5-39b 所示。

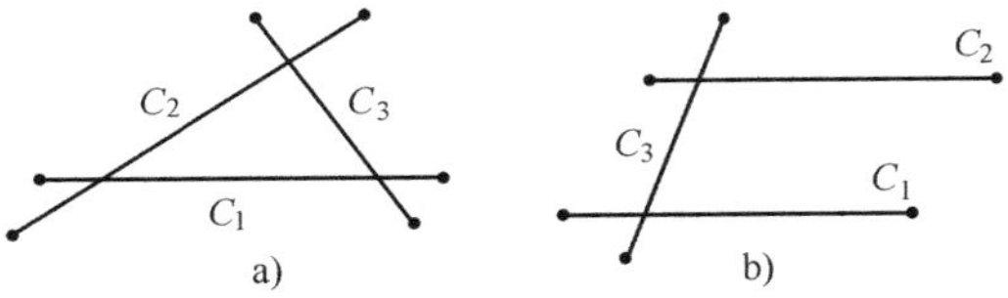

a)　　b)

图 5-39　两两相交和平行+相交

a）两两相交　b）平行+相交

3 条共面的非冗余力约束线 C_1、C_2、C_3 张成一个力约束线平面。力约束线平面上的任意 3 条不互相平行，也不交于一点的力约束线不发生冗余，而其上的 4 条或 4 条以上的力约束线发生冗余，即力约束线平面的非冗余约束数是 3，如图 5-40 所示。

3）在两条相交的力约束线 C_1、C_2 的基础上，加入力约束线 C_3，C_3 与 C_1、C_2 所在平面相交，但不过 C_1、C_2 交点，如图 5-41 所示。

4）在两条相交的力约束线 C_1、C_2 的基础上，加入力约束线 C_3，C_3 与 C_1、C_2 所在平面平行，如图 5-42 所示。

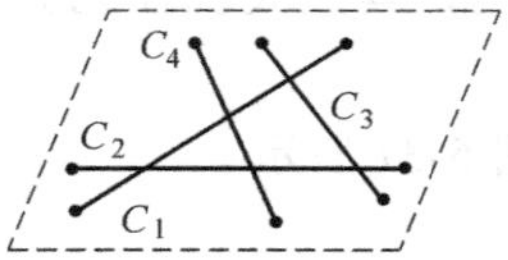

图 5-40　共面的 4 条冗余力约束线

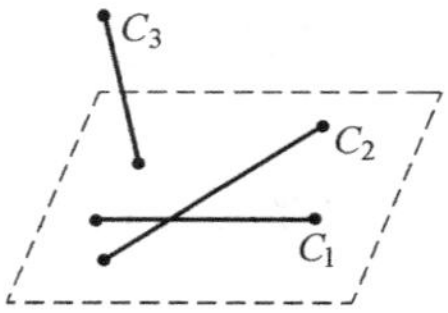

图 5-41　3 条非冗余力约束线（1）

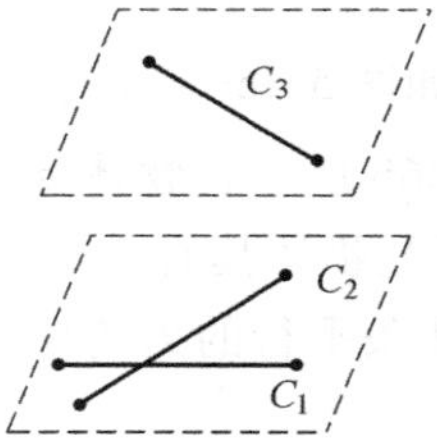

图 5-42　3 条非冗余力约束线（2）

5）3 条交于一点但不共面的力约束线 C_1、C_2、C_3 不发生冗余，且 C_1、C_2、C_3 张成一个力约束线球，如图 5-43 所示。

力约束线球上的任意 3 条不共面的力约束线不发生冗余，而其上的 4 条或 4 条以上的力约束线发生冗余，即力约束线球的非冗余约束数是 3。

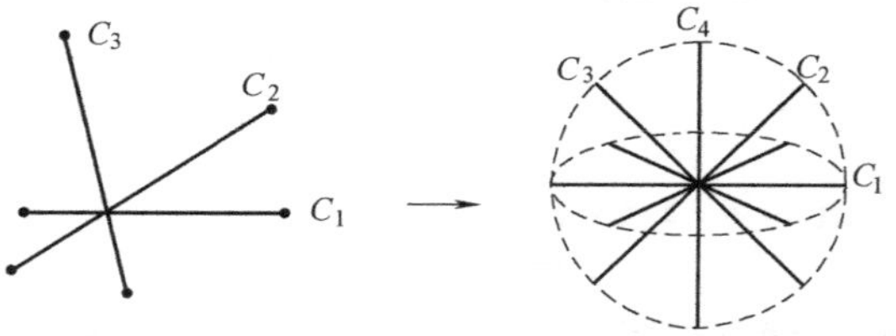

图 5-43　相交的力约束线与力约束线球

6）在两条平行力约束线 C_1、C_2 的基础上，加入力约束线 C_3，C_3 与 C_1、C_2 所在平面相交，如图 5-44 所示。

7）在两条平行的力约束线 C_1、C_2 的基础上，加入力约束线 C_3，C_3 与 C_1、C_2 所在平面平行，但不与 C_1、C_2 平行，如图 5-45 所示。

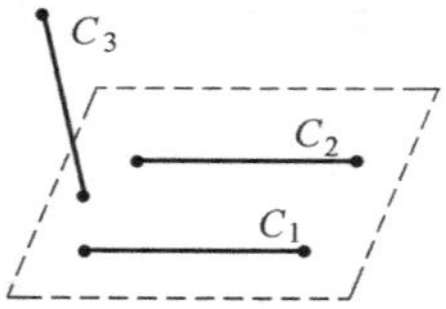

图 5-44　3 条非冗余力约束线（3）

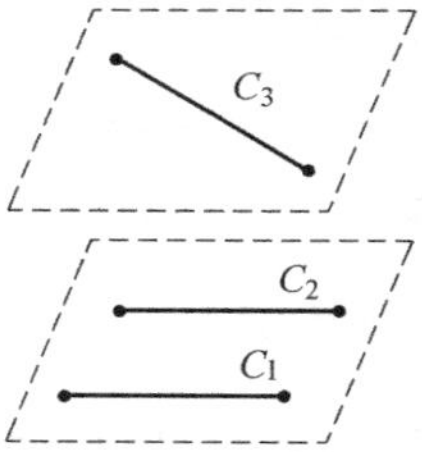

图 5-45　3 条非冗余力约束线（4）

8）3 条两两平行但不共面的力约束线 C_1、C_2、C_3 不发生冗余，且 C_1、C_2、C_3 张成 1 个平行力约束线长方体，如图 5-46 所示。

平行力约束线长方体上的任意 3 条不共面的力约束线不发生冗余，其上的 4 条或 4 条以上的力约束线发生冗余，即平行力约束线长方体的非冗余约束数是 3。

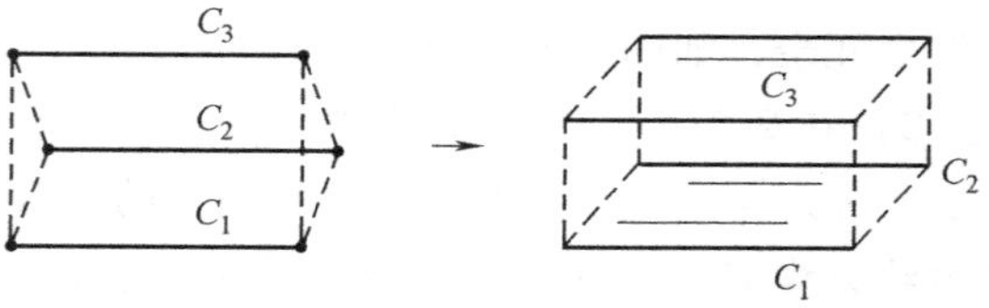

图 5-46　平行力约束线长方体

9）3 条平行于同一平面的异面力约束线 C_1、C_2、C_3 不发生冗余，且 C_1、C_2、C_3 张成一个双曲抛物面，如图 5-47 所示。双曲抛物面上任意同族的 4 条力约束线发生冗余。

10）3 条不平行于同一平面的异面力约束线 C_1、C_2、C_3 不发生冗余，且 C_1、C_2、C_3 张成一个单叶双曲面，如图 5-48 所示。单叶双曲面上任意同族的 4 条力约束线发生冗余。

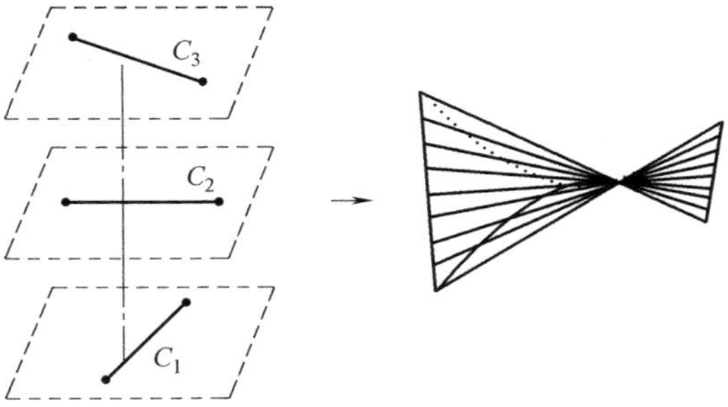

图 5-47　双曲抛物面

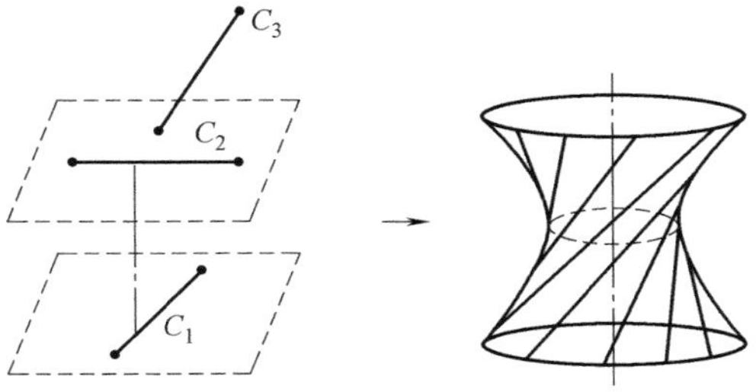

图 5-48　单叶双曲面

5.7　运动学综合

物体的约束几何模型和自由度几何模型具有确定的对应关系。因此根据自由度几何模型，可以得到约束几何模型，确定构件的约束模式，进而构造新机构，这称为机构的运动学综合或构型综合。本节通过一个 1R1T 机构进行简要说明，第 6 章和第 8 章将分别以快速反射镜机构和调平机构为例作进一步介绍。

假设需要一个具有 1 个转动自由度 R 和 1 个平动自由度 T 的机构（1R1T 机构），且转动自由度线与平动自由度线垂直。设计过程如下：

1）画出执行构件的自由度几何模型，如图 5-49a 所示，转动自由度线 R 和平动自由度线 T 互相垂直。

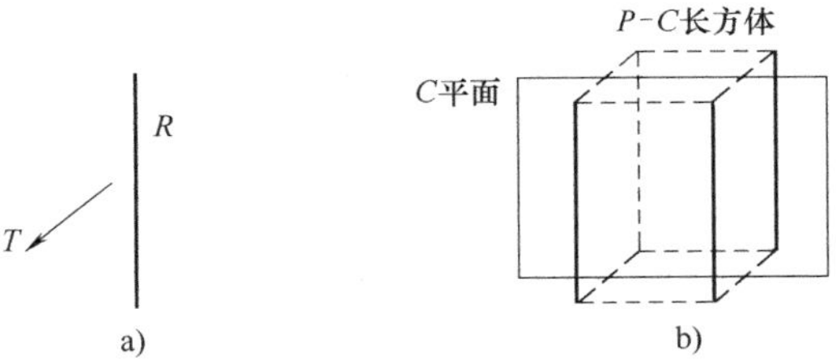

图 5-49　物体的自由度模型和约束几何模型

a）物体的自由度模型　b）物体的约束几何模型

2）根据约束与自由度互补原理，画出构件的约束几何模型，如图 5-49b 所示，包括 1 个平行力约束线长方体（P-C 长方体）和 1 个力约束线平面（C 平面），其中 P-C 长方体和 C 平面上的任意力约束线均与转动自由度线 R 相交（包括平行和重合），与平动自由度线 T 垂直。

3）执行构件具有两个自由度（1R 和 1T），按照约束与自由度的数量关系，执行构件应受到 4 个非冗余约束力。

4）从约束几何模型取出的任意 4 条非冗余力约束线均可作为执行构件的约束模式，使其具有期望的自由度（1R 和 1T，且 R 与 T 互相垂直）。每种取法表示 1 种非冗余约束模式，共有 3 种取法，表示 3 种非冗余约束模式。

① 第一种取法：从 C 平面中取出 3 条非冗余力约束线 C_1、C_2、C_3（不同时平行，且不同时交于一点），从 P-C 长方体中取出 1 条力约束线 C_4，为保证 C_4 与 C_1、C_2、C_3 不发生冗余，C_4 不在 P-C 长方体上，如图 5-50a 所示。

② 第二种取法：从 P-C 长方体中取出 3 条非冗余力约束线 C_1、C_2、C_3（不共面），从 C 平面中取出 1 条力约束线 C_4，为避免 C_4 与 C_1、C_2、C_3 发生冗余，C_4 不与 P-C 长方体中

的力约束线平行，如图 5-50b 所示。

③ 第三种取法：从 P-C 长方体中取出两条力约束线 C_1、C_2，从 C 平面中取出两条相交的力约束线 C_3、C_4，为避免冗余，需保证 C_1、C_2 所在平面与 C_3、C_4 所在平面不共面，如图 5-50c 所示。

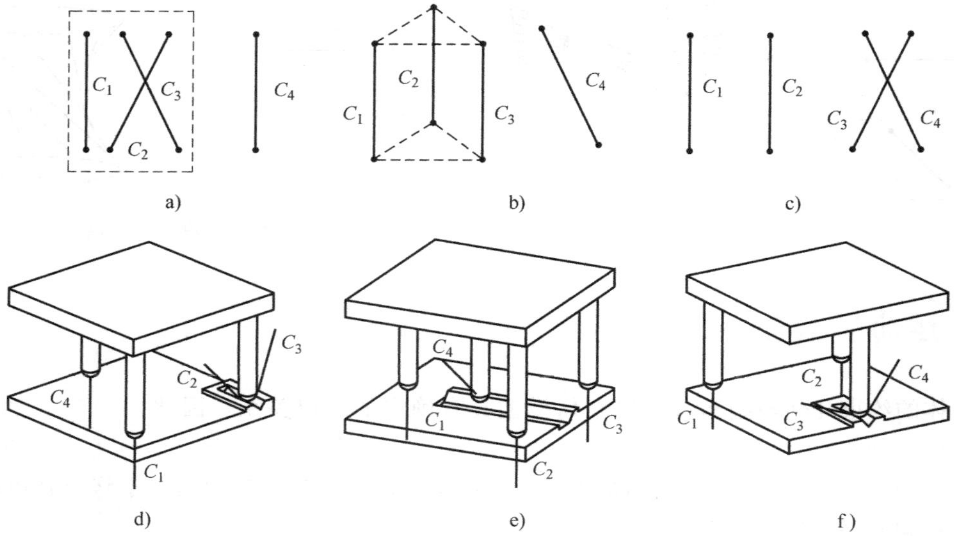

图 5-50　运动学综合

5）如图 5-50a 所示，第一种取法的两个相交约束力 C_2、C_3 通过球-V 形槽副提供，C_1、C_4 通过球-平面副提供，据此可以得到图 5-50d 所示的机构。图 5-50b 所示的第二种取法的 3 个平行力约束力 C_1、C_2、C_3 通过 3 个球-平面副提供，C_4 通过球-斜面提供，使其与另外 3 个约束力 C_1、C_2、C_3 不平行，据此可以得到图 5-50e 所示的机构。图 5-50c 所示的第三种取法的 2 个平行约束力 C_1、C_2 通过两个球-平面副提供，两个相交约束力 C_3、C_4 通过球-V 形槽提供，据此可以得到图 5-50f 所示的机构。

运动学综合属于机构概念设计范畴，旨在建立正确的运动学，为机构选型提供依据。例如图 5-50d~f 这 3 个机构均具有期望的自由度，其中图 5-50f 机构结构对称、所需构件少，可以选择该机构进行后续实用化设计。综上所述，利用约束与自由度几何模型进行机构运动学综合的流程如图 5-51 所示。

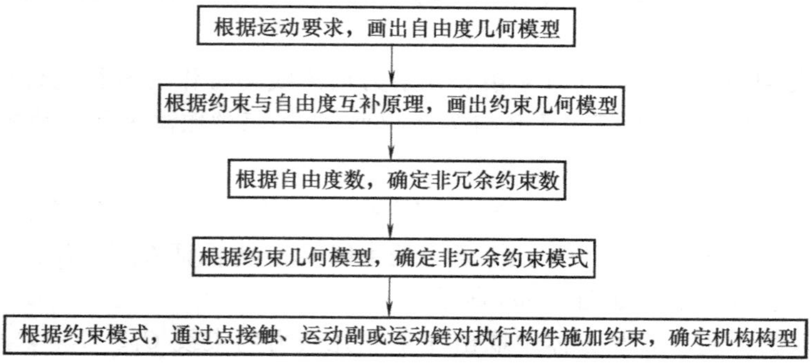

图 5-51　运动学综合流程图

5.8　应用案例

物体的约束和自由度具有确定的对应关系，即已知约束可以分析自由度，反之亦然。本节主要采用几何方法分析机械连接的约束和自由度。相对代数分析方法，该方法简单便捷，便于应用。

5.8.1　球面并联机构

如果物体运动时，其上有两点保持不动，这种运动称为物体的定轴转动。由这两点确定的直线称为物体的转动轴线。如图 5-52a 所示，物体绕 OZ 轴做定轴转动，物体上除轴线以外的其他各点绕轴线做圆周运动。如果物体运动时，其上只有一点保持不动，而其他各点绕该点转动，这种运动称为物体的定点运动。如图 5-52b 所示，物体绕点 O 做定点运动，物体上除点 O 外的任意一点 P 在空间一个半径为 OP 的球面上运动。万向节和球面副的终端构件均做定点运动。

按照自由度数，定点运动分为二自由度定点运动和三自由度定点运动。球面机构是指终端构件做定点运动的机构，分为二自由度球面机构和三自由度球面机构。它们可用于物体的姿态控制或者一个矢量的方向控制，在飞行器运动模拟、光束控制以及平台调平等领域具有重要应用。下面通过例子，进一步介绍球面机构的概念。

图 5-53 所示为 1-SC&2-HSE 并联机构。底板上按圆周均布锥孔和两个平面，球头支杆的球头和锥孔接触构成球-锥孔副（S-C），球头螺钉与台体通过螺旋副（H）连接，其球头和底板上的平面接触构成球-平面副（S-E）。

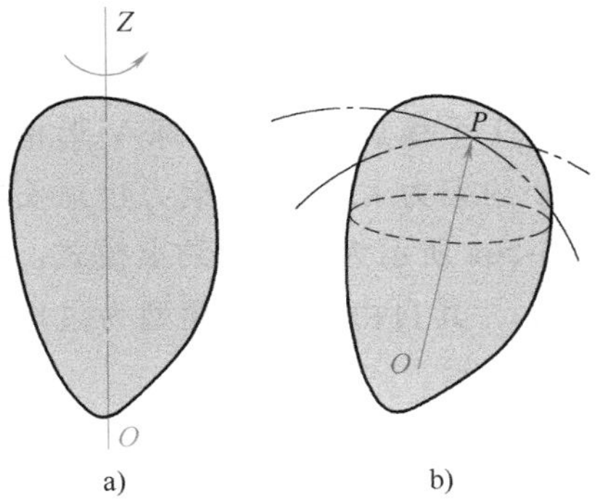

图 5-52　定轴转动和定点运动

a）定轴转动　b）定点运动

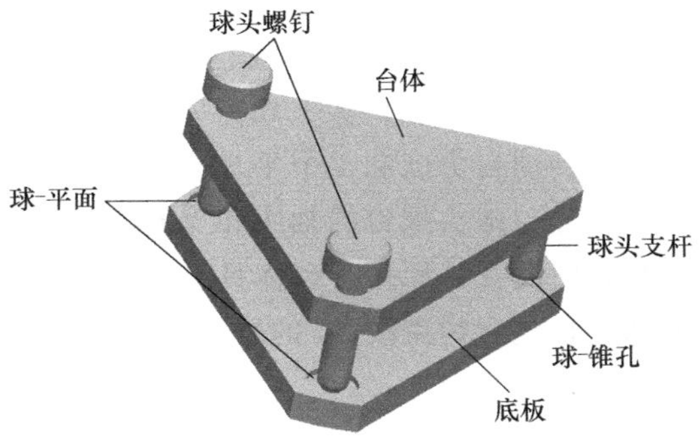

图 5-53　1-SC&2-HSE 并联机构

该机构的台体和底板通过 2 个 H-S-E 支链和 1 个 S-C 运动副连接。H-S-E 支链具有 6 个自由度，属于零终端约束运动链，对台体不施加约束；球-锥孔副（S-C）中锥孔对球头施加 3 个非冗余约束力 C_1、C_2、C_3，且这 3 个约束力交于球头支杆的球心，如图 5-54a 所示。容易知道，过球头支杆球心的任意直线均与约束力 C_1、C_2、C_3 相交，按照约束与自由度互补原理，台体具有 3 个转动自由度 R_1、R_2、R_3，其自由度几何模型是一个转动自由度线球，如图 5-54b 所示。

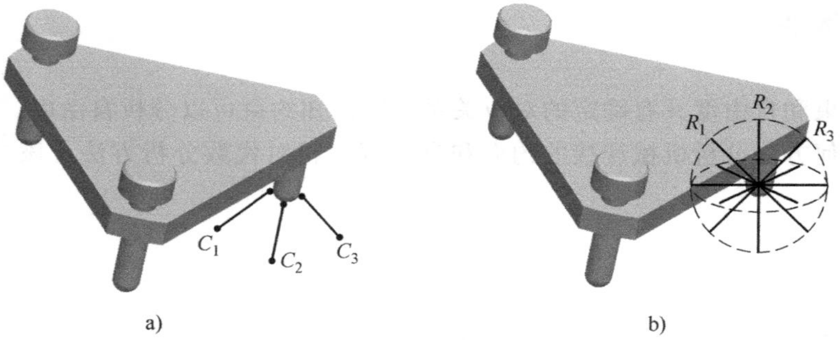

图 5-54　台体的约束和自由度（1）

a）台体的约束　b）台体的自由度

该机构通过 2 个 H-S-E 支链和 1 个 S-C 支链形成闭环结构，台体可以绕球头支杆的球心做三自由度定点运动，属于三自由度球面并联机构。

图 5-55 所示为 HSE&HSV&SC 并联机构。底板上按圆周均布锥孔、V 形槽和平面，球头支杆的球头和锥孔接触构成球-锥孔副（S-C），两个球头螺钉均与台体通过螺旋副（H）连接，其球头分别与 V 形槽、平面接触构成球-V 形槽副（S-V）和球-平面副（S-E）。

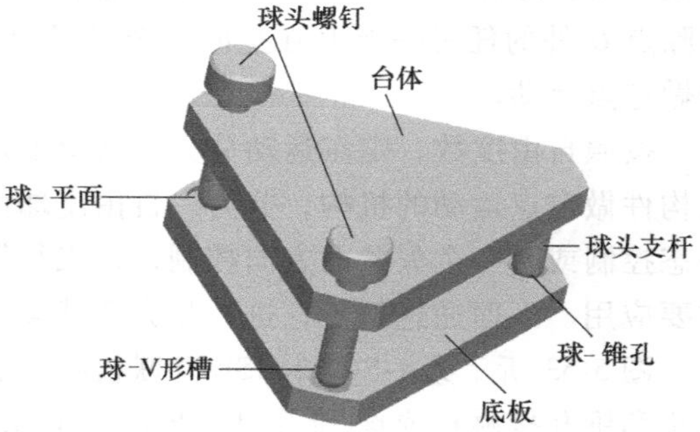

图 5-55　HSE&HSV&SC 并联机构

该机构的台体和底板通过 1 个 H-S-E 支链、1 个 H-S-V 支链和 1 个 S-C 运动副连接。锥孔对台体施加 3 个过球头支杆球心的非冗余约束力 C_1、C_2、C_3；H-S-E 支链是零终端约束运动链，对台体不施加约束；H-S-V 支链包括螺旋副提供的 1 个螺旋自由度、球-V 形槽副提供的 3 个转动自由度和 1 个平动自由度，对台体施加 1 个约束力 C_4。该约束力过球头螺钉的球心，并与球头螺钉的轴线和 V 形槽的方向垂直。图 5-56a 所示为台体的约束模式。按照约束与自由度互补原理，台体具有两个转动自由度 R_1、R_2，其自由度几何模型为过球头支杆的球心且包含约束线 C_4 的转动自由度线圆，如图 5-56b 所示。

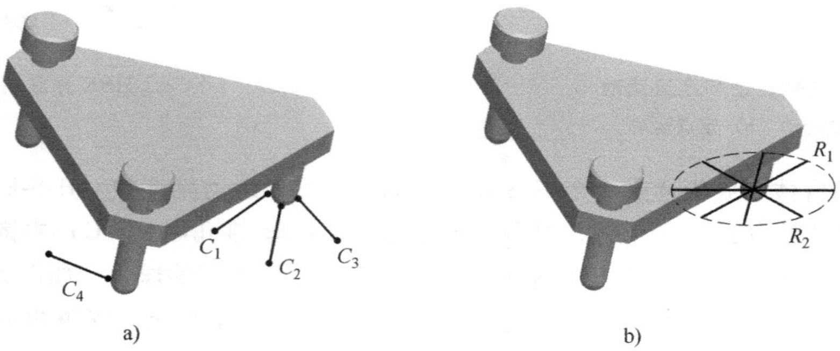

图 5-56　台体的约束和自由度（2）

a）台体的约束　b）台体的自由度

该机构的台体可以绕球头支杆的球心做二自由度定点运动，并兼具闭环的结构特点，因此属于二自由度球面并联机构。

5.8.2　螺旋运动机构

图 5-57 所示为 HSV&C 螺旋运动机构。台体和底板通过 H-S-V 运动链和圆柱副 C 连接。已知球头螺钉的球心与圆柱副轴线存在偏距 d，分析台体的自由度。

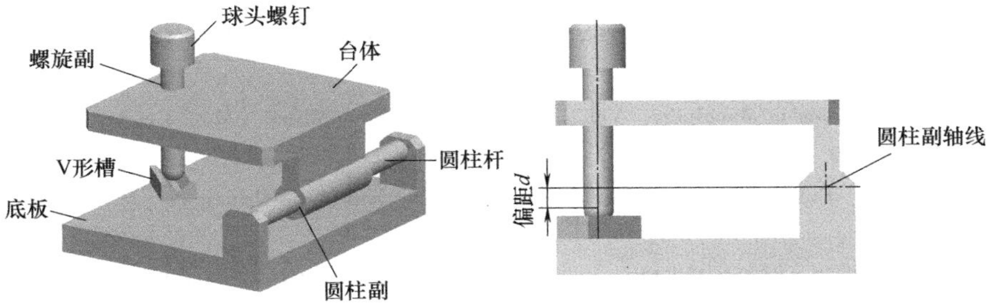

图 5-57　HSV&C 螺旋运动机构

H-S-V 运动链对台体施加一个约束力 C_1，C_1 过球头螺钉的球心，并与球头螺钉的轴线和 V 形槽垂直。圆柱副具有 1 个绕圆柱杆轴线的转动自由度和 1 个沿圆柱杆轴线的平动自由度，它对台体施加 4 个非冗余力约束力 C_2、C_3、C_4、C_5。按照约束与自由度互补原理，台体受到 5 个非冗余约束，因此具有 1 个自由度。容易知道，与圆柱副轴线重合的直线同时与 C_2、C_3、C_4、C_5 相交，与 C_1 异面，它表示台体的螺旋自由度 H，如图 5-58 所示。

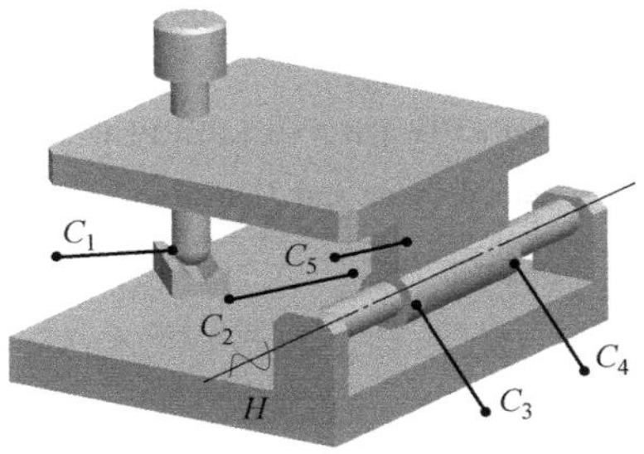

图 5-58　约束和自由度

开始瞬时，台体螺旋运动的节距 $p_t = d\tan\theta$，其中 d 为偏距；θ 为约束力 C_1 与螺旋自由度 H 的夹角。如果转动球头螺杆，会发现台体做螺旋运动，即台体绕圆柱杆轴线转动的同时沿该轴线平动。

思考与练习

5.1　阐述约束与自由度的数量和位置关系。

5.2　画出常用运动副的约束模式和自由度模式，并说明它们的含义。

5.3　采用几何法分析图 5-59 中物体的自由度。

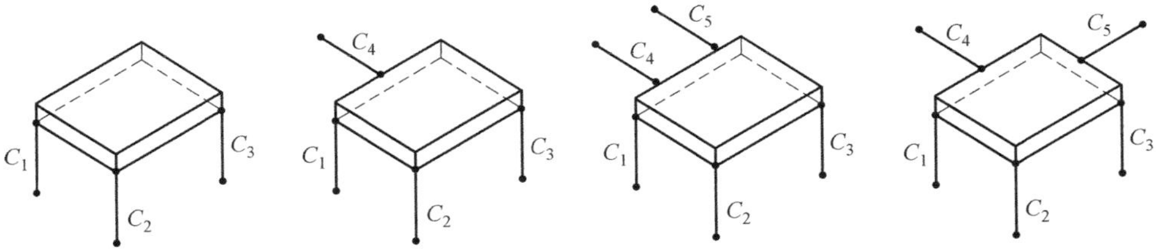

图 5-59　物体的约束模式

5.4 构造一个具有1个转动自由度（R）和1个平动自由度（T）的并联机构，且转动自由度线与平动自由度线平行。

5.5 采用几何法分析3-UPU并联机构的约束和自由度。

5.6 采用几何法分析反射镜架的约束和自由度。

参考文献

[1] PHILLIPS J. Freedom in Machinery. Vol. 1. Introducing Screw Theory [M]. Cambridge: Cambridge University Press, 1984.

[2] PHILLIPS J. Freedom in Machinery. Vol. 2. Screw Theory Exemplified [M]. Cambridge: Cambridge University Press, 1990.

[3] BLANDING D L. Exact Constraint: Machine Design Using Kinematic Principles [M]. New York: ASME Press, 1999.

[4] HOPKINS J B. Design of Parallel Flexure Systems Via Freedom and Constraint Topologies (FACT) [D]. Massachusette: Massachusetts Institute of Technology, 2007.

[5] HOPKINS J B, CULPEPPER M L. Synthesis of Multi-degree of Freedom, Parallel Flexure System Concepts Via Freedom and Constraint Topology (FACT)-part Ⅰ: Principles [J]. Precision Engineering, 2010, 34 (2): 259-270.

[6] HOPKINS J B, CULPEPPER M L. Synthesis of Multi-degree of Freedom, Parallel Flexure System Concepts Via Freedom and Constraint Topology (FACT)-part Ⅱ: Practice [J]. Precision Engineering, 2010, 34 (2): 271-278.

第6章

挠性机构运动学设计

任何材料在外力的作用下均会产生不同程度的变形。挠性（Flexure）、柔性（Compliance）和弹性（Elasticity）是指物体在外力作用下发生变形的性质。有许多利用材料的挠性（弹性或柔性）工作的机械元件，例如挠性联轴器（图 6-1a）、汽车板簧（图 6-1b）以及文件夹（图 6-1c）等。

a)

b)

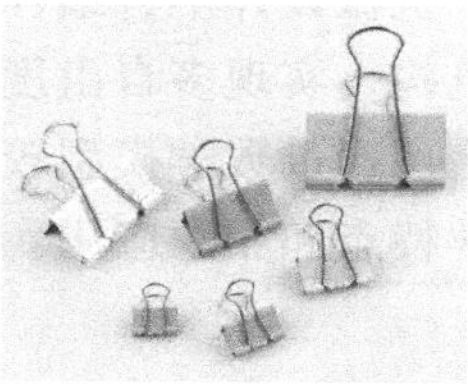

c)

图 6-1　挠性联轴器、汽车板簧、文件夹

a）挠性联轴器　b）汽车板簧　c）文件夹

挠性机构（Flexure Mechanisms）又称为弹性机构（Elastic Mechanisms）或柔性机构（Compliant Mechanisms），是利用材料挠性和变形传递运动和力的一类机构。材料力学中，常用挠性、挠度等概念来描述和度量梁和薄板的变形，因此本书采用“挠性机构”称呼这类机构。与刚性机构相比，挠性机构具有无间隙、无摩擦、免润滑以及可实现高分辨率运动等优点，尤其适合小行程、精密运动的生成和传递，在精密工程领域具有重要应用。

柔性铰链、细杆以及薄板等为常用的挠性机构元件。柔性铰链可以看成柔性运动副，主要包括柔性转动副和柔性球面副，分别如图 6-2 和图 6-3 所示。柔性转动副中间具有对称的圆弧缺口，在力的作用下，一端相对另一端转动。柔性球面副中间是一个细颈，两端刚性部件在力的作用下具有各向同性，可在各个方向转动。图 6-4 所示为采用柔性转动副的挠性机构。

细杆和薄板在某些方向具有良好的刚性，而在某些方向具有良好的柔性，兼具刚性和柔性二元特点。例如，细杆的轴向刚度较大，而横向刚度较小；薄板的平面刚度较大，而在垂直板面方向和弯曲方向刚度较小，分别如图 6-5 和图 6-6 所示。

图 6-2　柔性转动副

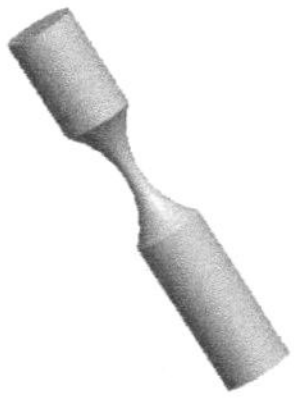

图 6-3　柔性球面副

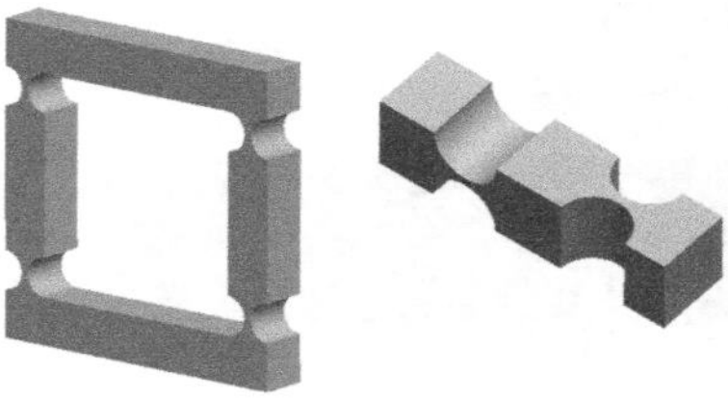

图 6-4　采用柔性转动副的挠性机构

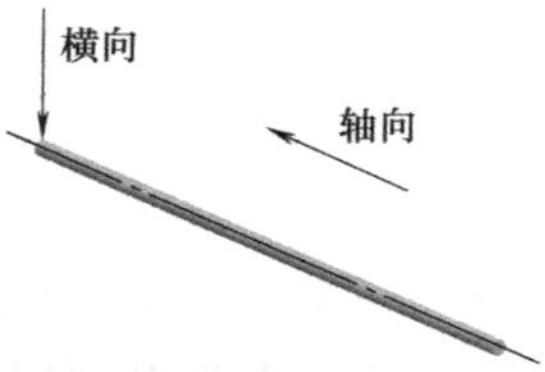

图 6-5　细杆

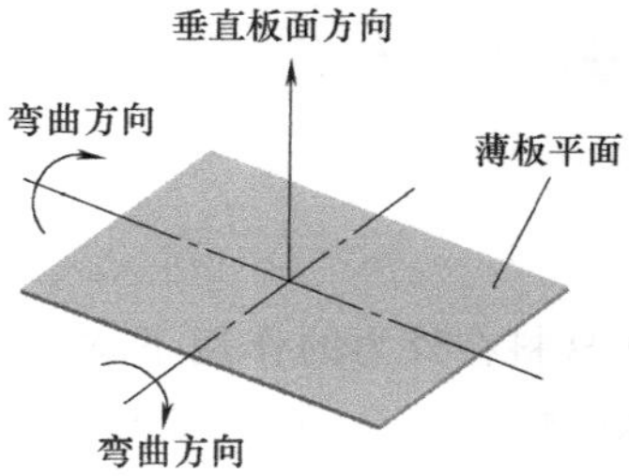

图 6-6　薄板

机械设计中，细杆和薄板主要用于约束零件自由度，对其进行支撑和定位，或者构造挠性机构，实现多自由度、高分辨率运动。与柔性铰链相比，细杆和薄板结构简单，便于加工，可通过数学模型较为准确地掌握其力学特点和运动性能。本章主要介绍细杆和薄板的运动学特点和相关应用。

6.1　细杆

一般而言，杆件抗拉压能力较强，抗弯曲能力较弱。因此在机械结构中，通常力求使杆件处于拉压状态，而避免弯曲。例如桁架中的杆件主要承受拉力或压力，它充分发挥了杆件的性能特点，是工程中一种典型的轻重量、高刚度结构。细杆是指具有较大的长度和横向尺寸比的杆件。它在轴向具有良好的刚度，而在横向具有良好的柔性。自行车辐条就属于细杆，其长度和横向尺寸比可达 100，如图 6-7a 所示。自行车轮是采用细杆构造的轻重量、高刚度的典型结构，如图 6-7b 所示。

下面对比细杆在相同外力作用下轴向变形量和横向变形量的大小。

如图 6-8 所示，细杆一端固定，另一端处于自由状态，它在轴向力 F 的作用下处于压缩状态，轴向变形量为 ΔL；图 6-9 表示杆件受横向力 F 的作用下处于弯曲状态，横向变形量为 Δx。

设细杆长为 L，直径为 D，长径比 $L/D=100$，弹性模量为 E。根据材

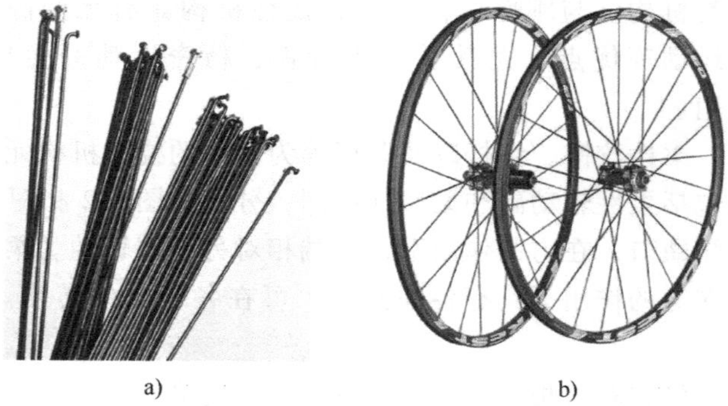

a)　　b)

图 6-7　辐条和自行车轮

a）辐条　b）自行车轮

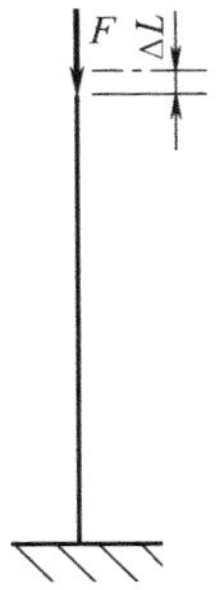

图 6-8　压缩状态

图 6-9　弯曲状态

料力学的知识，细杆的轴向变形量为

$$\Delta L=\frac{FL}{EA}$$

式中，$A=\frac{\pi D^2}{4}$表示细杆的截面面积。

细杆的横向变形量为

$$\Delta x=\frac{FL^3}{3EI}$$

式中，$I=\frac{\pi D^4}{64}$表示杆件的惯性矩。

细杆的横向变形量 Δx 和轴向变形量 ΔL 之比为

$$\frac{\Delta x}{\Delta L}=\frac{16}{3}\left(\frac{L}{D}\right)^2=\frac{16}{3}\times100^2\approx5.3\times10^4$$

由此可知，在相同外力的作用下，细杆的横向变形量与轴向变形量之比与其长径比（L/D）的平方成正比。当长径比 $L/D=100$ 时，变形比为万倍量级。这说明细杆的轴向刚度远大于它的弯曲刚度。

综上所述，细杆的运动学特点可以表述为：细杆为轴向刚性，横向挠性。它提供一条沿杆件轴向的力约束线，对物体施加一个约束力。

从运动学角度，细杆与点接触、U-P-S 运动链的约束功能等价。如图 6-10a 所示，细杆的一端固定在基座 B 上，另一端与物体 A 固连。细杆约束了物体 A 的平动自由度 T_Z，而保留 T_X、T_Y、R_X、R_Y 和 R_Z 这 5 个自由度，如图 6-10b 所示细杆的力约束线。

物体 A 在细杆约束下被限制的自由度和保留的自由度见表 6-1。

利用细杆可以构造具有不同自由度的挠性机构，实现小范围、高分辨率运动。如图 6-11a 所示，挠性机构的台体和底座通过 3 个空间平行的细杆进行连接，每个细杆对台体施加 1 个沿轴向的约束力，

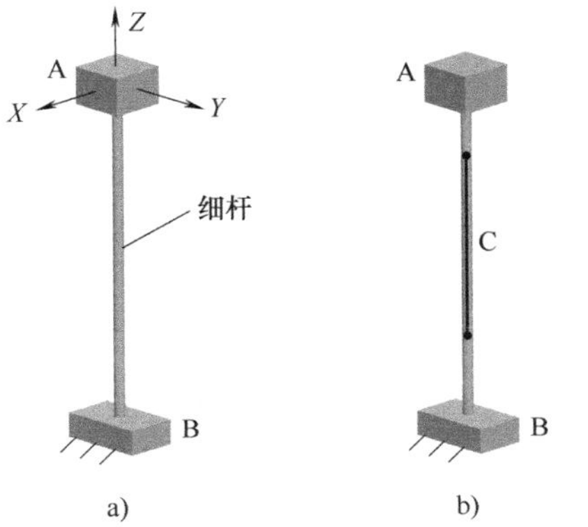

图 6-10　细杆约束的物体和细杆的约束
a）细杆约束的物体　b）细杆的约束

表 6-1 物体 A 在细杆约束下被限制的自由度和保留的自由度

自由度	T_X	T_Y	T_Z	R_X	R_Y	R_Z
限制			√			
保留	√	√		√	√	√

台体共受到 3 个空间平行的约束力 C_1、C_2、C_3。根据约束与自由度互补原理，台体具有 3 个自由度，包括两个平动自由度 T_1、T_2 和 1 个绕竖直方向的转动自由度 R，如图 6-11b 所示。

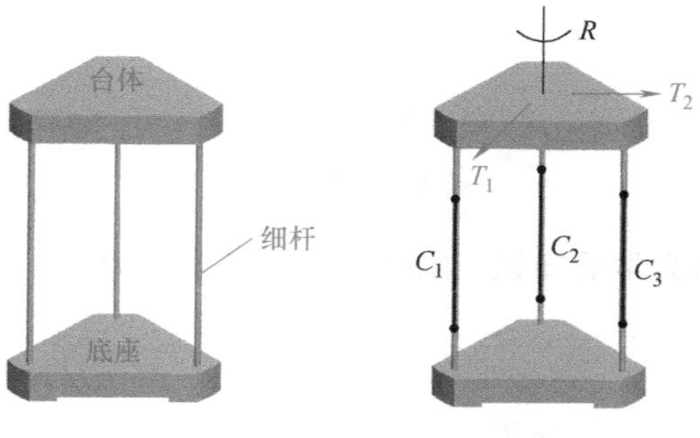

a)　　b)

图 6-11 平行约束挠性平台和约束与自由度

a）平行约束挠性平台 b）约束与自由度

如图 6-12a 所示，台体通过 4 个细杆与底座相连，且这 4 个细杆的轴向交于一点。每个细杆对台体施加 1 个约束力，台体共受到 4 个交于一点的约束力 C_1、C_2、C_3、C_4，存在 1 个冗余约束力，假设选为 C_4。它不影响台体自由度，但可以提高机构负载能力、刚度及改善结构对称性。根据约束与自由度互补原理，台体具有 3 个转动自由度 R_1、R_2、R_3，如图 6-12b 所示。

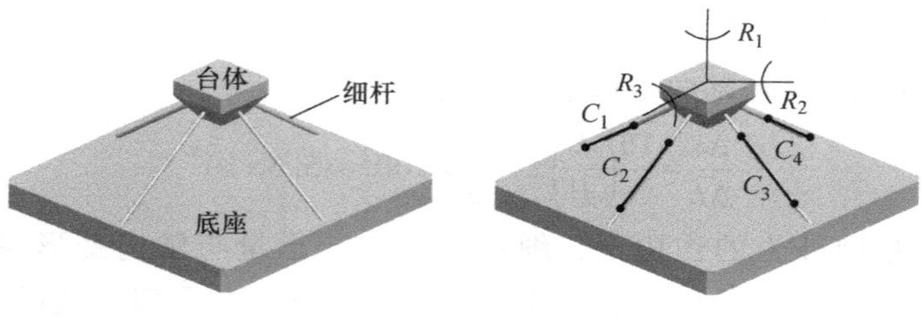

a)　　b)

图 6-12 相交约束挠性平台和约束与自由度

a）相交约束挠性平台 b）约束与自由度

6.2 薄板

薄板是指厚度远小于其平面尺寸的板，材料通常为不锈钢、铍青铜以及碳纤维等。图 6-13a 和 b 所示为矩形薄板和圆形薄板，矩形薄板的平面尺寸是指其长度和宽度，圆形薄板的平面尺寸是指其直径。

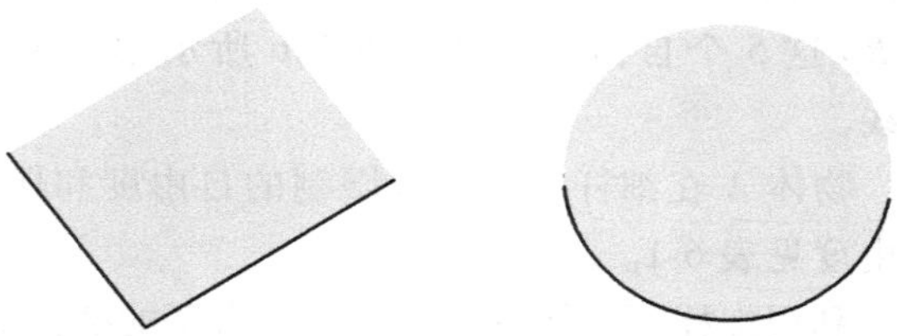

a)　　b)

图 6-13 矩形薄板和圆形薄板

a）矩形薄板 b）圆形薄板

如果在薄板所在平面施加拉压或扭转作用，可以发现薄板不发生明显变形，即薄板在平面上是刚性的，如图 6-14a 所示的 3 个刚性方向。如果弯曲薄板或沿垂直薄板方向施力，则薄板容易发生较大变形，即薄板在平面外是挠性的，如图 6-14b 所示薄板的 3 个挠性方向。

如图 6-15 所示，将薄板的一端与物体 B 固连，另一端与物体 A 固连。薄板对物体 A 施加沿 X 轴、Y 轴以及绕 Z 轴的约束，限制其平动自由度 T_X、Y_Y 以及转动自由度 R_Z，而保留其平动自由度 T_Z，转动自由度 R_X、R_Y。

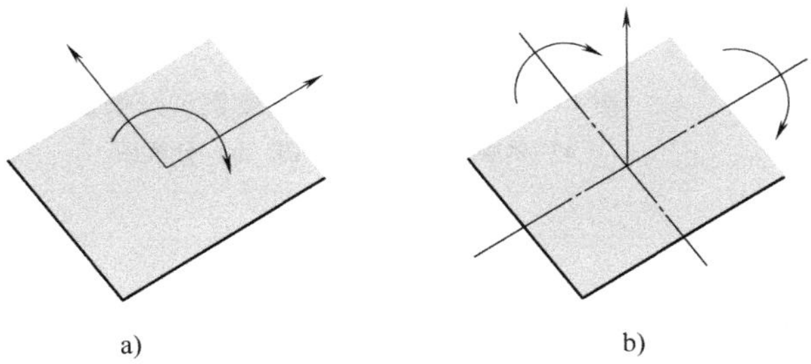

图 6-14 薄板的刚性方向和挠性方向
a）薄板的刚性方向 b）薄板的挠性方向

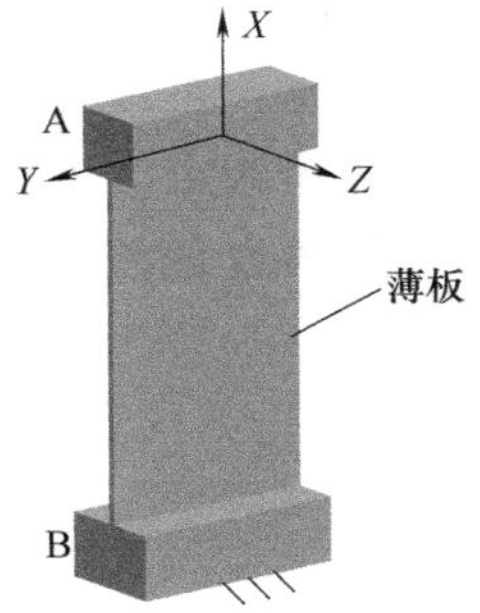

图 6-15 薄板约束的物体

物体 A 在薄板约束下被限制的自由度和保留的自由度见表 6-2。

表 6-2 物体 A 在薄板约束下被限制的自由度和保留的自由度

自由度	T_X	T_Y	T_Z	R_X	R_Y	R_Z
限制	√	√				√
保留			√	√	√	

综上所述，薄板的运动学特点可以表述为：薄板沿 X 轴、Y 轴以及绕 Z 轴方向是刚性的（平面上），可以提供沿 X 轴、沿 Y 轴和绕 Z 轴的约束，限制物体沿 X 轴、Y 轴的平动自由度和绕 Z 轴的转动自由度，而在绕 X 轴、Y 轴以及沿 Z 轴方向是柔性的（平面外），保留物体绕 X 轴、Y 轴的转动自由度和沿 Z 轴的平动自由度。

从运动学角度，薄板相当于一个力约束线平面（C 平面），可以提供平面上的 3 个非冗余约束力 C_1、C_2、C_3，如图 6-16a 所示。薄板的自由度模式是平面上两个相交的转动自由度 R_1、R_2 和 1 个垂直于板面的平动自由度 T，如图 6-16b 所示。

膜片联轴器是利用薄板刚柔二元特性的典型机械元件。它利用膜片的平面刚度传递运动，通过膜片平面外的挠性补偿被连接两轴之间的偏差。图 6-17a 所示为单膜片联轴器实物图，图 6-17b 所示为分解图。膜片是一个中间有孔的正方形，四角有 4 个小孔，以对角的两个小孔为一组，通过螺钉将膜片分别紧固在两端的轴套上。

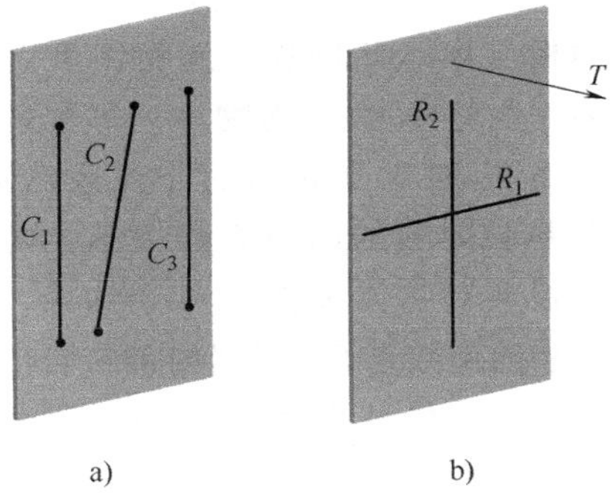

图 6-16 薄板的约束模式和自由度模式
a）薄板的约束模式 b）薄板的自由度模式

单膜片联轴器提供 1 个绕轴线的转动约束和两个沿径向的约束力。根据薄板的约束和自由度特点，它可以补偿被连接两轴的角度偏差和轴向偏差，但不能补偿径向偏差。因此在使用时应保证两轴具有较好的同轴度。

图 6-18a 所示为双膜片联轴器实物图，图 6-18b 所示为分解图。它使用两个膜片，在连接的两轴间仅提供 1 个转动约束，可以完全补偿两轴之间的角度偏差、轴向偏差和径向偏差。

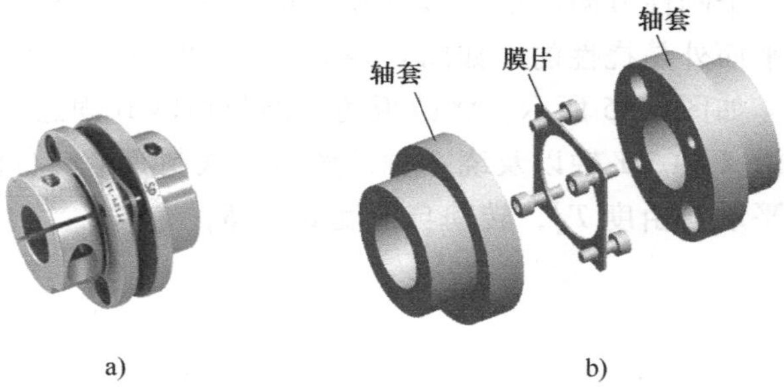

图 6-17 单膜片联轴器实物图和分解图

a）单膜片联轴器实物图 b）分解图

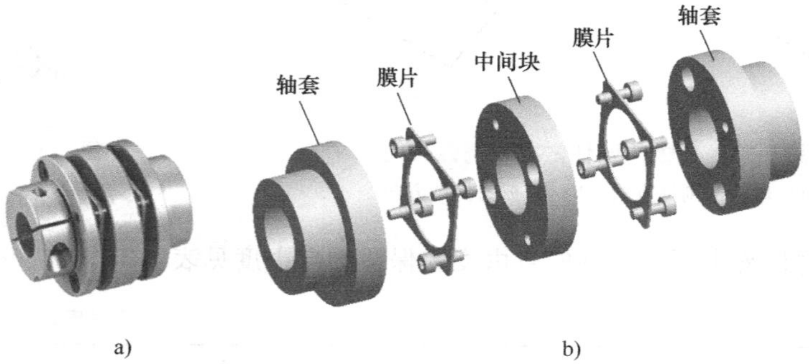

图 6-18 双膜片联轴器实物图和分解图

a）双膜片联轴器实物图 b）分解图

6.3 并联薄板

并联薄板包括并联平行薄板和并联相交薄板两类，主要用于生成高分辨率、小行程的平动或转动。并联薄板是闭式结构，约束满足叠加关系，即并联薄板施加在物体上的约束是每个薄板对该物体所施加约束之和（要考虑约束的冗余性）。

如图 6-19a 所示，物体 A 通过两个平行薄板与物体 B 固连。选物体 B 为固定物体，物体 A 为活动物体，每个薄板对物体 A 施加 3 个共面的非冗余约束力。按照并联薄板的约束叠加关系，两个平行薄板共对物体 A 施加 6 个约束，其中非冗余约束数是 5。根据约束与自由度互补原理，物体 A 具有 1 个与两个薄板平面垂直的平动自由度 T。

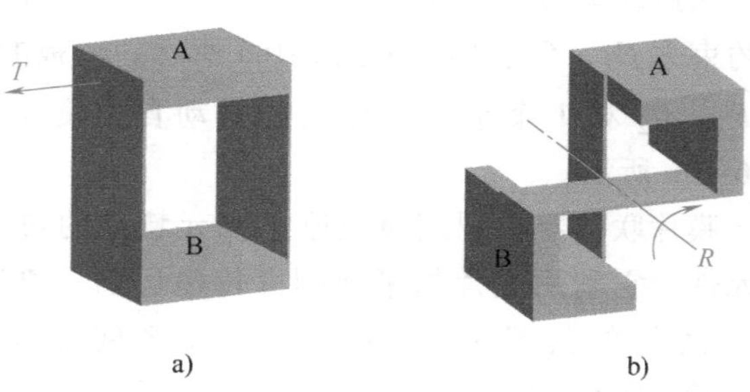

图 6-19 并联平行薄板和并联相交薄板

a）并联平行薄板 b）并联相交薄板

如图 6-19b 所示，物体 A 通过两个相交薄板固定在物体 B 上，根据并联薄板的约束叠加关系，两个相交薄板共对物体 A 施加 6 个约束，其中非冗余约束数是 5，物体 A 具有 1 个位于两薄板平面交线的转动自由度 R。

综上所述，并联薄板具有以下自由度特点：

1）并联平行薄板提供 1 个垂直于薄板平面的平动自由度。

2）并联相交薄板提供 1 个绕两薄板交线的转动自由度。

图 6-20 所示为一种接触式测量头原理图。探头通过 3 组并联平行薄板连接到机架，每组并联平行薄板提供 1 个平动自由度，则探头具有 3 个平动自由度 T_1、T_2、T_3，从而使其在被测物体表面运动时，可以适应被测物体表面各点坐标的变化。

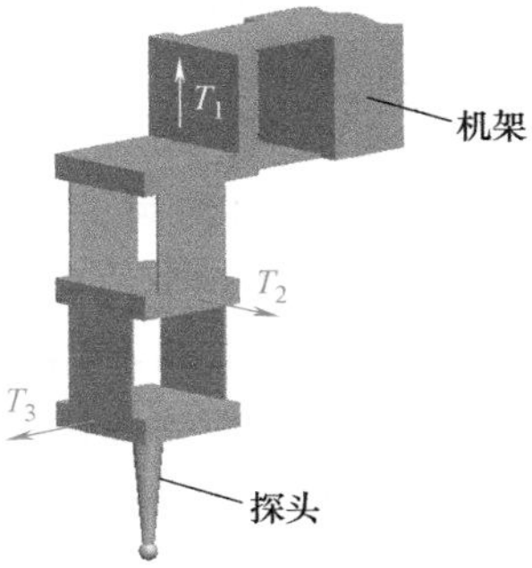

图 6-20　接触式测量头原理图

6.4　串联薄板

串联薄板分为串联平行薄板和串联相交薄板两类，分别用于提供约束力偶或约束力。串联薄板是开式结构，自由度满足叠加关系，即串联薄板提供的自由度是每个薄板的自由度之和（要考虑自由度的冗余性）。

图 6-21a 所示为串联平行薄板，选物体 B 为固定物体，物体 A 为活动物体，物体 A 通过一块薄板与中间体连接，中间体通过另一块薄板与物体 B 连接。每个薄板提供共面的两个转动自由度和 1 个垂直于板面的平动自由度，按照串联薄板的自由度叠加关系，物体 A 具有 5 个自由度。根据约束与自由度互补原理，物体 A 受到 1 个与这两个薄板平面垂直的约束力偶矩 M，约束物体 A 绕约束力偶矩 M 方向的转动自由度。图 6-21b 所示为另一种形式的串联平行薄板，它也提供 1 个垂直于薄板平面的约束力偶矩 M。

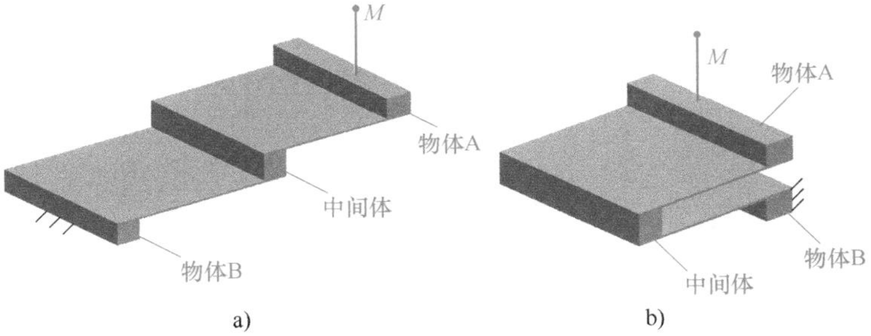

图 6-21　串联平行薄板

如图 6-22a 所示，这种串联相交薄板可以看成由一块大的薄板弯折 90°而成，其折线上每一点都与折线上其他各点保持刚性连接，因此折角薄板提供一条沿折线（两平面交线）的力约束线 C，则物体 A 相对物体 B 具有 5 个自由度。类似地，如图 6-22b 所示，串联正交薄板对物体 A 施加 1 个沿两薄板平面交线的力约束线 C。

综上所述，串联薄板具有以下约束特点：

1）串联的两个平行薄板提供 1 个垂直于薄板平面的约束力偶。

2）串联的两个相交薄板提供 1 个沿两薄板平面交线的约束力。

如图 6-23a 所示，镜头通过 3 点支撑在底板上，底板通过支杆的球头对镜头施加 3 个轴向约束，通过 3 个折角薄板对镜头施加 3 个侧向约束，如图 6-23b 所示。两者对镜头施加 6 个约束，使其自由度为零。这种安装方式具有结构简单、稳定性高以及环境适应性强等优点。

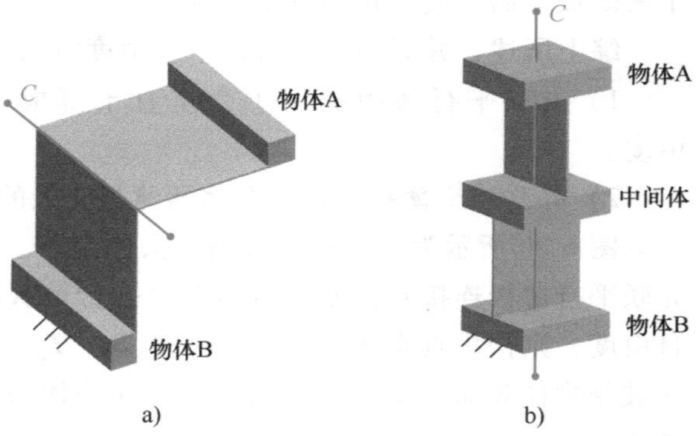

图 6-22 折角薄板和串联正交薄板

a）折角薄板 b）串联正交薄板

反射镜的支撑结构主要用于反射镜的定位和卸载，以减小热应力、装配应力以及振动、冲击对反射镜面形的影响，它是对反射镜面形精度和稳定性影响最突出的环节之一。Bipod（两脚架）柔性支撑具有轴向刚度大、负载能力强和环境适应性好等特点，目前广泛应用于大口径反射镜支撑。例如美国国家航空航天局（NASA）2013 年发射的高分辨紫外相机的九块反射镜都采用 Bipod 柔性支撑结构。如图 6-24 所示，其中包含圆形、矩形和多边形反射镜。

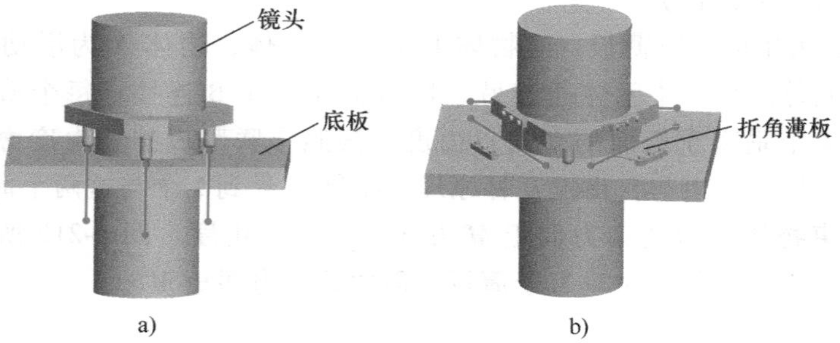

图 6-23 镜头的轴向约束和侧向约束

a）镜头的轴向约束 b）镜头的侧向约束

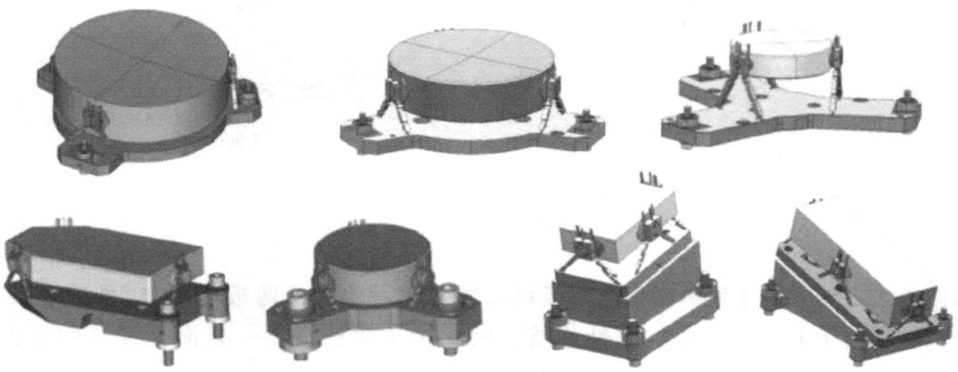

图 6-24 NASA 紫外相机反射镜 Bipod 柔性支撑

Bipod 柔性支撑由两个串联正交薄板组成三角形承力结构。每个串联正交薄板提供 1 个约束力，两个串联正交薄板提供两个相交的约束力 C_1、C_2，如图 6-25 所示。

折角薄板、串联正交薄板和细杆均可提供一个约束力。它们具有相同的约束特性，但结构特性不同。根据这一特点，可以设计功能相同，动力学和结构特性更好的机构。下面以投影光刻机对准平台为例介绍等价约束的应用。

集成电路芯片制作需多次曝光，每曝一层图形都需要用一块掩膜版，而每一块掩膜版在曝光前都需要和前面已经曝光的图形进行对准，保证曝光图形之间具有精确的相对位置。图 6-26 所示为对准原理图，{A} 表示掩膜坐标系，{B} 表示硅片坐标系。所谓“对准”是通过调整硅片坐标系 {B} 的两个平动自由度 T_1、T_2 和 1 个转动自由度 R 使其与掩膜坐标系 {A} 重合。

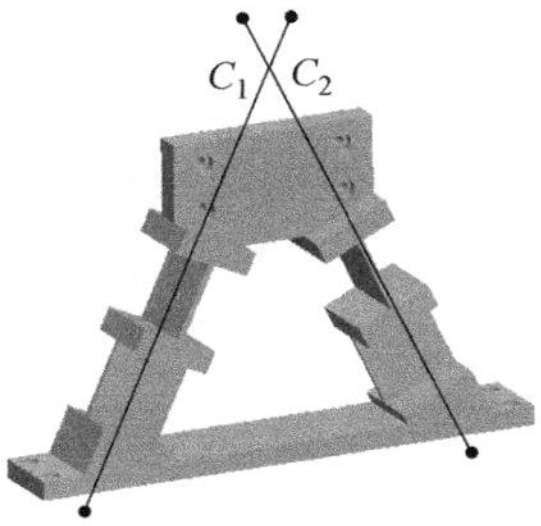

图 6-25　Bipod 柔性支撑

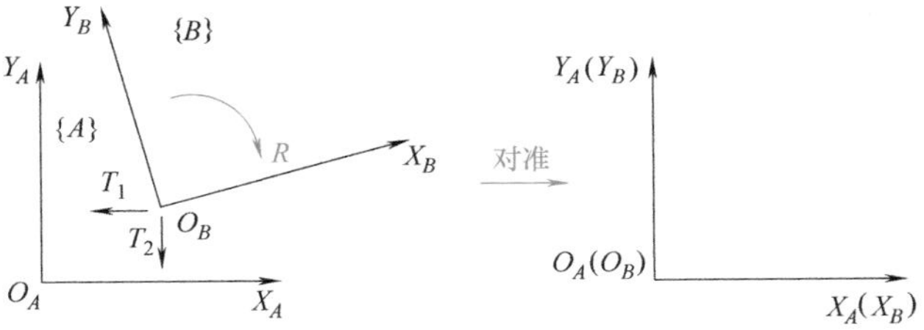

图 6-26　对准原理图

对准平台是掩膜和硅片对准的执行机构。按照对准原理，动平台应具有 3 个自由度，包括两个平动自由度 T_1、T_2 和 1 个转动自由度 R，如图 6-27 所示。根据约束与自由度互补原理，动平台应受到 3 个平行的约束力 C_1、C_2、C_3，如图 6-28 所示。

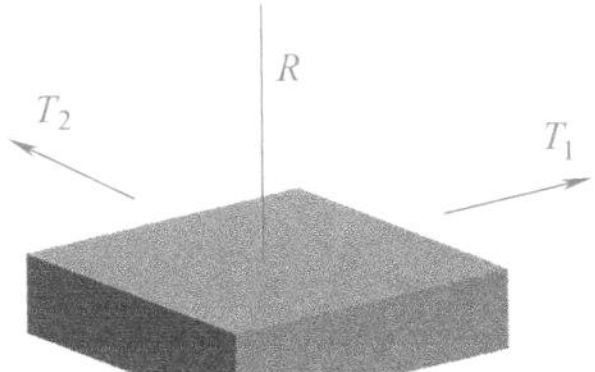

图 6-27　对准平台的自由度

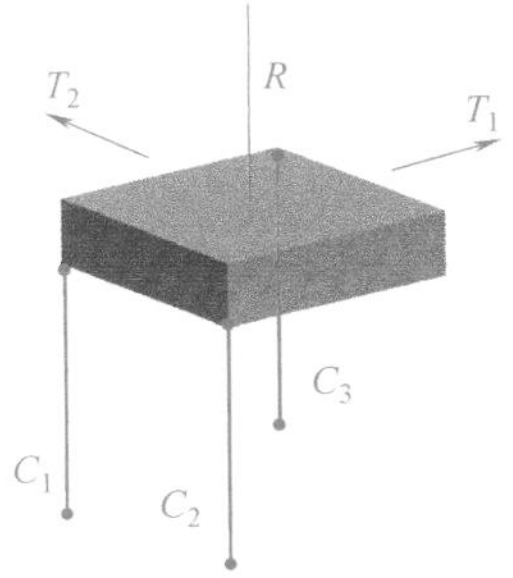

图 6-28　对准平台的约束与自由度

约束力 C_1、C_2、C_3 可通过 3 个平行的细杆提供，如图 6-29a 所示。图 6-29b 通过添加

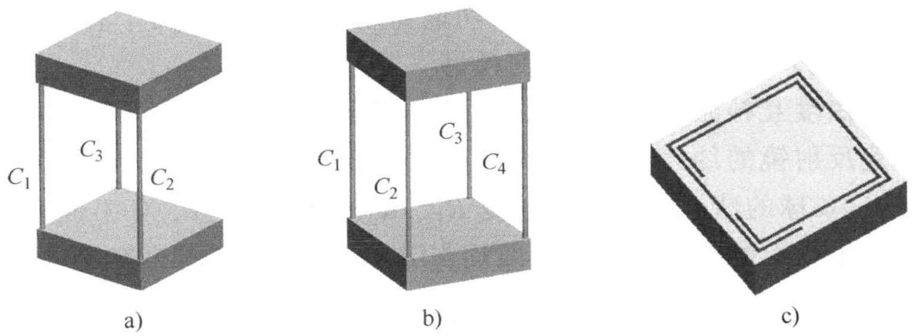

图 6-29　三细杆支撑、四细杆支撑和折角薄板结构

a）三细杆支撑　b）四细杆支撑　c）折角薄板结构

冗余约束，改善结构对称性，提高台体的负载能力，其中 C_4 与 C_1、C_2、C_3 平行，属于冗余约束。不难发现，该结构松散，横向和扭转刚度小，为此用折角薄板代替细杆，改善动平台的动态性能和结构特性，折角薄板和细杆的约束特性相同，替换之后动平台的自由度不变，如图 6-29c 所示。该平台可整体加工，结构紧凑，易于保证运动精度。

6.5 快速反射镜机构综合

快速反射镜是一种具有高响应速度的可动反射镜，是复合轴光电跟踪设备的关键部件，通常与主跟踪架组合构成大动态范围、高精度的跟踪系统。图 6-30 所示为两种快速反射镜实物图。

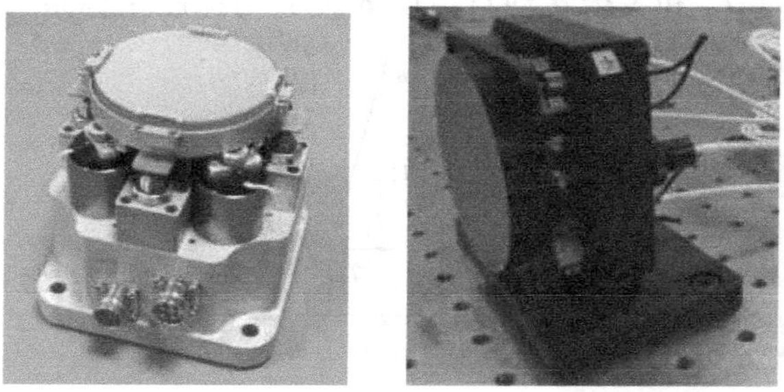

图 6-30 两种快速反射镜实物图

挠性支撑具有零间隙、免润滑、响应速度快以及运动分辨率高等优点，近年来在快速反射镜中逐步得到应用。本节主要从运动学角度研究快速反射镜挠性支撑的结构型式，为快速反射镜机构的选型、优化和工程设计提供参考。

如图 6-31 所示，快速反射镜主要包括基座、反射镜、镜框、音圈电动机以及挠性支撑。它以相对的两个音圈电动机为一组，通过推拉的方式驱动反射镜绕两轴线转动。

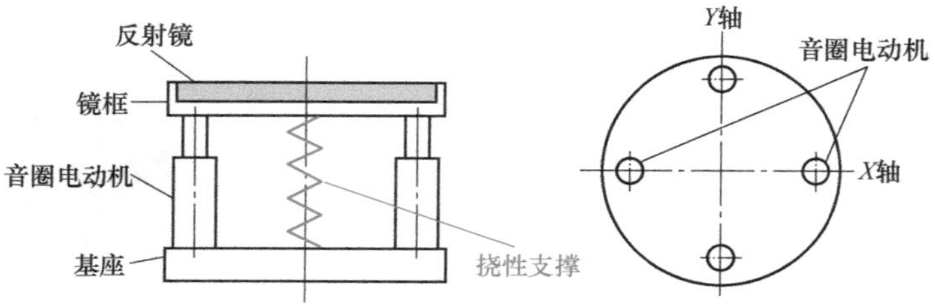

图 6-31 快速反射镜原理图

根据光的反射定律，反射光线随反射面法线的方向变化而变化。反射镜法线方向通过两个转动进行调整，进而改变反射光线方向。快速反射镜的挠性支撑主要用于承载反射镜，并约束其运动，使之具有需要的自由度。根据功能需求，它应具有两个相交的转动自由度 R_1 和 R_2，图 6-32 所示为反射镜的自由度几何模型。

按照约束与自由度互补原理，反射镜应受到 4 个约束，根据力约束线与转动自由度线相交，由此可以确定反射镜的约束几何模型。它包括一个力约束线球（C 球）和一个力约束线平面（C 平面）。C 球的球心与转动自由度 R_1、R_2 的交点重合，C 平面与 R_1、R_2 所在平面重合，C 球和 C 平面上的任意一条约束线均与 R_1、R_2 相交。图 6-33 所示为反射镜约束几何模型。

从 C 球和 C 平面取出的任意 4 条非冗余力约束线均可作为反射镜的 1 种约束模式，一共可选出 4 种不同的约束模式，对应 4 种不同构型的挠性支撑。

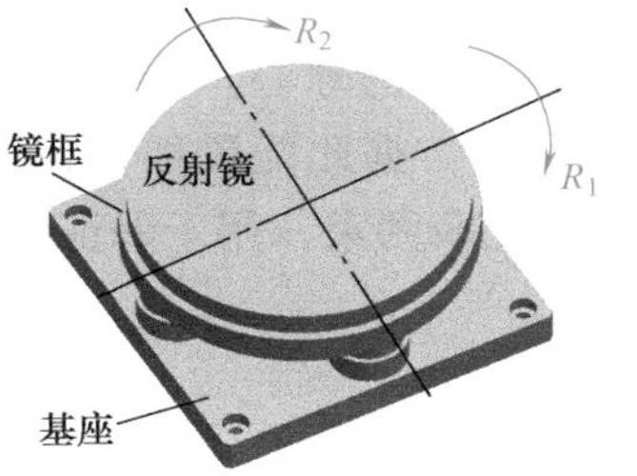

图 6-32　反射镜的自由度几何模型

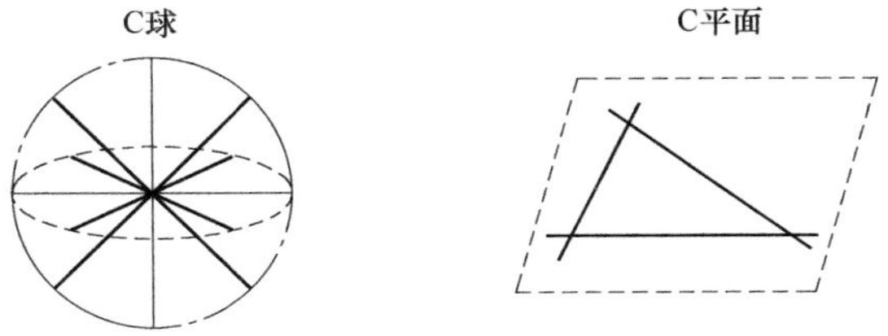

图 6-33　反射镜约束几何模型

（1）构型 1　从 C 球中取出 1 条力约束线 C_1，且 C_1 不在 C 平面上，再从 C 平面上取出 3 条力约束线 C_2、C_3、C_4，且 C_2、C_3、C_4 不在 C 球上，如图 6-34a 所示。这 4 条力约束线 C_1、C_2、C_3、C_4 是反射镜的第一种约束模式，据此配置细杆，可得反射镜挠性支撑的第一种构型，如图 6-34b 所示。

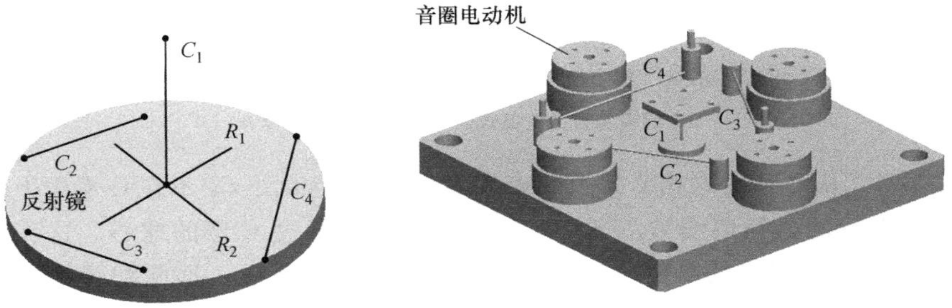

a)　　　　b)

图 6-34　约束与自由度模式 1 和挠性支撑构型 1

a）约束与自由度模式 1　b）挠性支撑构型 1

（2）构型 2　从 C 球中取出 3 条力约束线 C_1、C_2、C_3，且 C_1、C_2、C_3 不在 C 平面上，再从 C 平面中取出 1 条力约束线 C_4，且 C_4 不过 C 球的球心。这 4 条力约束线 C_1、C_2、C_3、C_4 是反射镜的第二种约束模式，如图 6-35a 所示。图 6-35b 所示为反射镜挠性支撑的第二种构型，其中 C_5、C_6 是为实现结构对称添加的冗余约束。

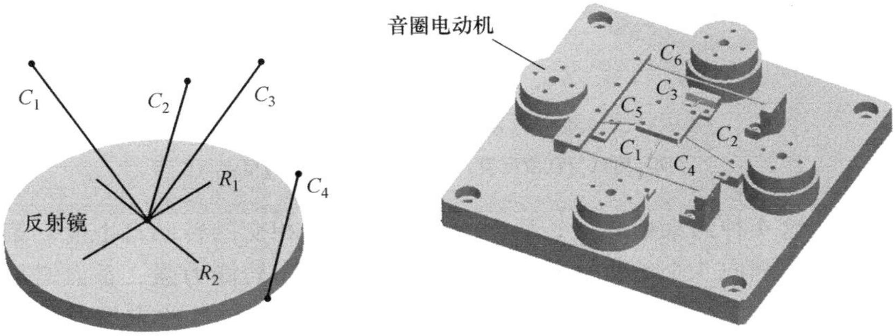

a)　　　　b)

图 6-35　约束与自由度模式 2 和挠性支撑构型 2

a）约束与自由度模式 2　b）挠性支撑构型 2

（3）构型3　从C球中取出2条力约束线 C_1、C_2，且 C_1、C_2 不在C平面上，再从C平面上取出2条相交的力约束线 C_3、C_4，且 C_3、C_4 均不通过C球的球心。这4条力约束线 C_1、C_2、C_3、C_4 是反射镜的第三种约束模式，如图6-36a所示。据此配置细杆，可得反射镜挠性支撑的第三种构型，如图6-36b所示，其中 C_5、C_6 是冗余约束，用于保证结构对称。

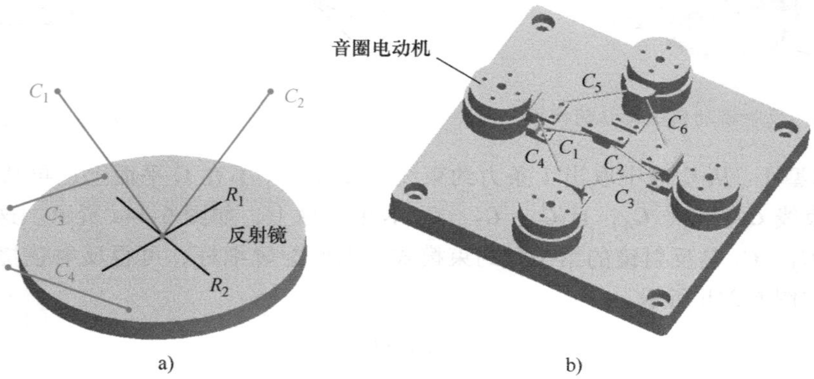

图6-36　约束与自由度模式3和挠性支撑构型3

a）约束与自由度模式3　b）挠性支撑构型3

（4）构型4　从C球中取出2条力约束线 C_1、C_2，且 C_1、C_2 不在C平面上，再从C平面上取出2条平行的力约束线 C_3、C_4，且 C_3、C_4 均不通过C球的球心。这4条力约束线 C_1、C_2、C_3、C_4 是反射镜的第四种约束模式，如图6-37a所示。据此配置细杆，可得反射镜挠性支撑的第四种构型，如图6-37b所示。

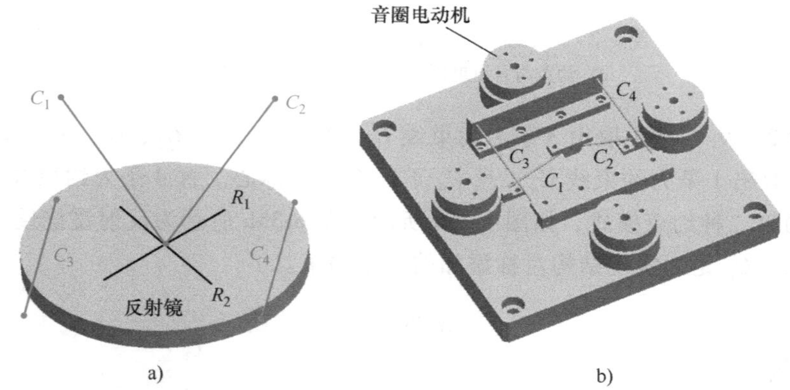

图6-37　约束与自由度模式4和挠性支撑构型4

a）约束与自由度模式4　b）挠性支撑构型4

综上所述，在这4种约束模式下，反射镜均具有2个相交的转动自由度。第1种约束模式按轴向1个约束和侧向3个约束分布，侧向刚度大，抗扭转能力强，重点需要考虑轴向负载能力，文献［4］所述快速反射镜采用的就是这种构型。第2种约束模式具有3个交于一点的约束，侧向1个约束，负载能力强，但需注意侧向刚度和抗扭转能力，文献［5］所述快速反射镜采用了这种构型（利用球面副提供3个相交约束）。第3，4种约束模式在轴向和侧向均具有2条力约束线，负载能力、侧向刚度和抗扭转能力比较均衡，属于新获得的构型，尚未见文献报道。总体比较，构型 1 和构型 4 的约束模式对称，结构简单，便于模块化设计，具有较好的综合优势，实际设计中可作为优选方案。

运动学是机构具有良好性能的必要条件，也是机构动力学分析与控制的基础。本节以细杆为约束元件构造了反射镜挠性支撑的 4 种构型，提供了快速反射镜机构设计的运动学基础，为统一认识各种挠性支承结构特点提供参考。

思考与练习

6.1　简述细杆、薄板、并联薄板、串联薄板的约束和自由度特性。

6.2　列举与细杆等价的约束结构并说明它们的特点。

6.3　列举细杆或薄板在精密机械中的应用案例，并阐述运动学原理。

6.4　简述单膜片联轴器和双膜片联轴器的约束和自由度特性。

6.5　阅读文献，简述现有快速反射镜挠性支撑的结构型式。

参考文献

[1]　HOWELL L L. Compliant Mechanisms [M]. New York: wiley, 2001.

[2]　BLANDING D L. Exact Constraint: Machine Design Using Kinematic Principles [M]. New York: ASME Press, 1999.

[3]　HOPKINS J B, CULPEPPER M L. Synthesis of Precision Serial Flexure Systems Using Freedom and Constraint Topology (FACT) [J]. Precision Eng, 2011, 35 (4): 638-649.

[4]　GREGORY C, LONEY. High Bandwidth Steering Mirror Research [R]. Project Report IRP-15, MIT Lincoln Laboratories, Lexing, MA, January 1992.

[5]　徐新行，王兵，韩旭东. 音圈电机驱动的球面副支撑式快速控制反射镜设计 [J]. 光学精密工程，2011，19 (6): 1320-1326.

第7章 机械连接运动学设计

正确的运动学设计是机械连接具有良好性能的必要条件。本章从约束和自由度角度介绍机械连接的设计，主要内容如下：

1）滚动轴承的基本概念、约束特点以及轴承的组合结构设计。

2）轴系和导轨的约束模式分析。

3）丝杠-导轨传动连接的运动学设计。

4）典型运动学支撑及演化形式。

7.1 滚动轴承

滚动轴承主要通过滚动接触支承轴，具有摩擦阻力小，效率高，能够高速转动等优点，在机器及仪器中具有广泛应用，图 7-1 所示为滚动轴承实物图。

图 7-1 滚动轴承实物图

滚动轴承是标准件，主要由专业厂家制造。因此，在实际中设计师更多是根据工作条件和性能要求选择合适的轴承进行组合结构设计。滚动轴承的基本结构如图 7-2 所示，主要包括外圈、内圈、滚动体和保持架 4 部分。

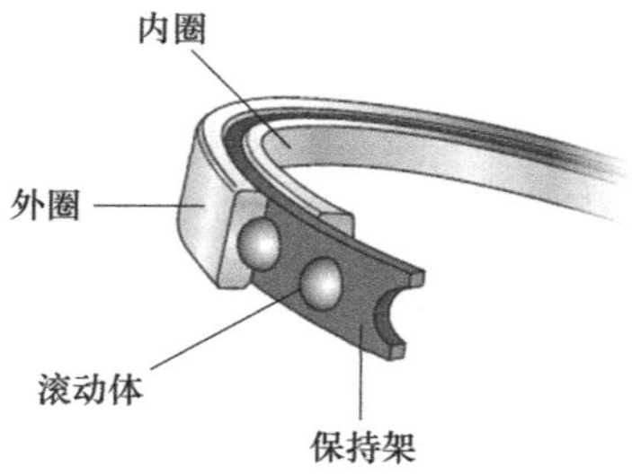

图 7-2 滚动轴承的基本结构

滚动轴承的内圈和轴颈配合，外圈和轴承孔配合。当内、外圈相对转动时，滚动体在内、外圈的滚道间滚动。保持架的主要作用是均匀地隔开滚动体，避免滚动体相互碰撞和磨损。滚动体有球、圆柱滚子、滚针以及圆锥滚子等。按照滚动体的类型，滚动轴承可分为：

1）球轴承。滚动体是球，有向心球轴承、向心推力球轴承以及推力球轴承等。

2）滚子轴承。滚动体是圆柱滚子、圆锥滚子或滚针。

7.1.1　基本概念

（1）接触结构　滚动轴承的接触结构是指轴承内、外圈的滚道与滚动体之间的接触形式。对于球轴承，滚道的曲率半径一般为球滚动体半径的 1.03～1.05 倍，因此球滚动体与滚道之间不是完全密接，而是点接触。图 7-3a～c 分别为深沟球轴承、角接触球轴承以及推力球轴承这 3 种轴承的接触结构。可以看出，球滚动体和内、外圈滚道均是点接触。

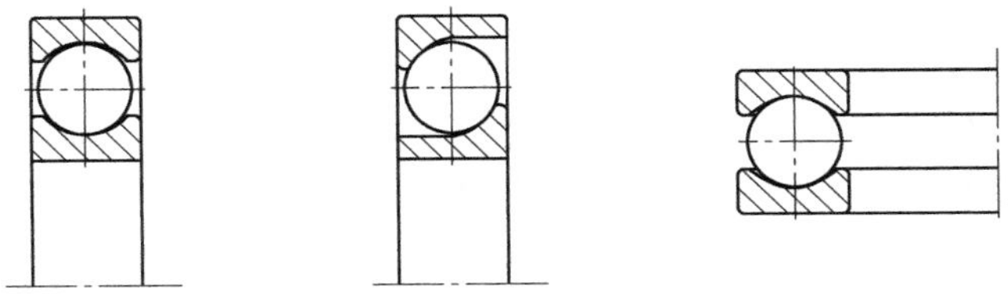

a)　　b)　　c)

图 7-3　深沟球轴承、角接触球轴承和推力球轴承

a）深沟球轴承　b）角接触球轴承　c）推力球轴承

滚动体和滚道之间的密接程度采用密合度衡量，它是指球滚动体的曲率半径与滚道曲率半径的比值。如图 7-4 所示，R_b 是球滚动体半径，R_g 是滚道半径，则密合度 $\varepsilon=\dfrac{R_b}{R_g}$。

（2）接触角　接触角是指滚动体与滚道在接触点处的法线与轴承径向的夹角，如图 7-5 所示。

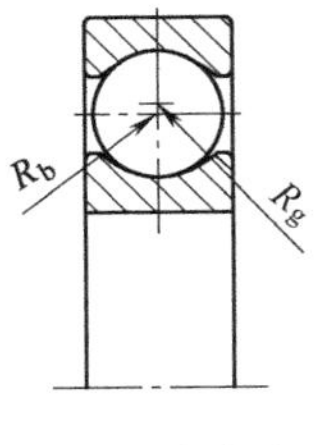

图 7-4　密合度

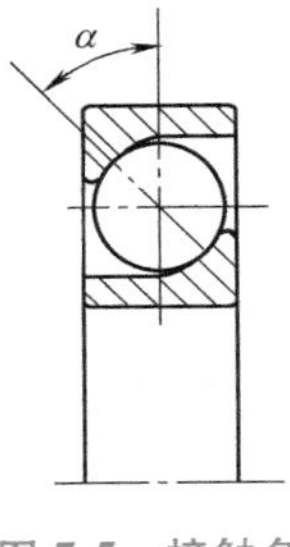

图 7-5　接触角

接触角越大，轴承承受轴向载荷的能力越大。按照承受载荷的方向，滚动轴承可分为向心轴承、推力轴承和向心推力轴承 3 类。如图 7-6a 所示，主要承受径向载荷 F_r 的轴承称为向心轴承，例如深沟球轴承。如图 7-6b 所示，只能承受轴向载荷 F_a 的轴承称为推力轴承，例如推力球轴承。如图 7-6c 所示，能同时承受径向载荷 F_r 和轴向载荷 F_a 的轴承叫作向心推力轴承，例如角接触球轴承。

（3）游隙　游隙是指当轴承的内圈（或外圈）固定时，外圈（或内圈）沿径向或轴向的最大位移量。按照移动方向，游隙分为径向游隙和轴向游隙。如图 7-7 所示，u_r 表示径向

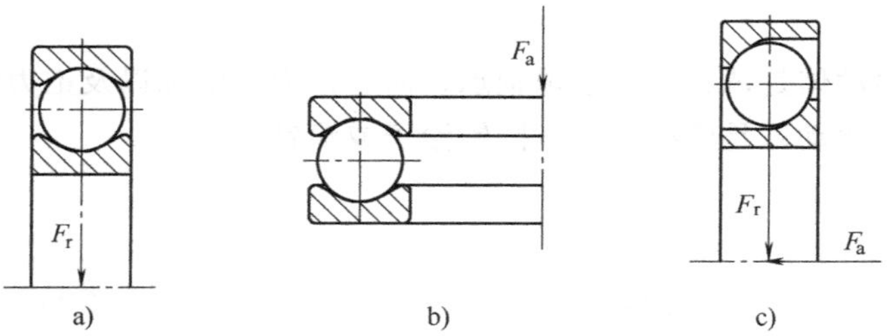

图 7-6　向心轴承、推力轴承和向心推力轴承

a）向心轴承　b）推力轴承　c）向心推力轴承

游隙，u_a 表示轴向游隙。

游隙是轴承的重要参数，对轴承的寿命、精度、极限转速以及噪声等均有很大影响。选择游隙时主要考虑：轴承与轴和轴承孔的配合是否影响游隙大小；轴承工作时，内、外圈的温度变化或负载作用后因变形而引起的间隙变化；轴承和外壳材料的线膨胀系数不同而导致的游隙变化。精密轴承的游隙较小，游隙大的轴承，精度不高，但游隙小的轴承并不一定精度就高，游隙只是轴承精度的一项指标。除此之外，还有轴承尺寸精度、几何精度等。

由于存在游隙，在自然状态下，轴承内、外圈之间会发生微小倾斜，如图 7-8 所示。

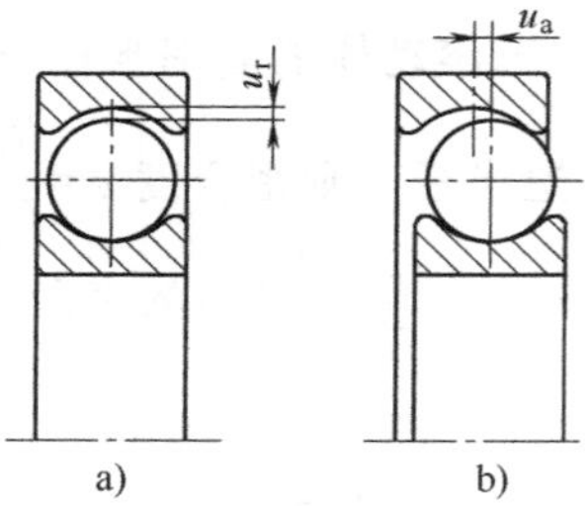

图 7-7　径向和轴向游隙

a）径向游隙　b）轴向游隙

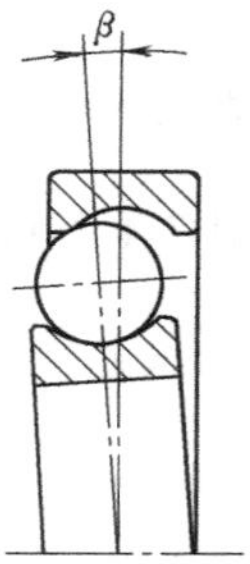

图 7-8　倾斜角

由于轴承游隙产生的内、外圈倾角可以在一定程度上补偿轴与轴承孔之间的不同轴误差，使其具有一定的调心作用，但当倾斜量过大时，会造成运动卡滞，甚至导致轴承损坏或失效。因此，两轴承孔的同轴度应满足一定的精度要求。如果轴承孔的不同轴度较大，可以使用调心球轴承。这种轴承的外圈滚道是以轴承中心点为球心的球面，故能自动调心，即便内、外圈相对倾斜 2°~3°，仍然可以正常工作。

（4）预紧　滚动轴承承受负载时，接触处会产生微小变形，轴承的负载与相应变形量的比值称为轴承的刚度，单位是 N/mm。这种微小变形对普通机械的性能影响不明显，通常无需考虑，但对精密、高速机械的影响不可忽略。预紧是通过在轴承中产生并保持一定的轴向力，使滚动体和内、外圈的接触处产生微小变形以消除游隙。预紧后的轴承受到工作载荷时，内外圈的径向和轴向相对位移量要比未预紧的轴承大大减少。通过预紧可以消除轴承游隙、增大刚度，进而提高轴的旋转精度，改善轴的动态性能。如图 7-9 所示，深沟球轴承未预紧前，轴承存在游隙，然后沿轴承内圈施加一个轴向力，使内圈沿轴向运动消除游隙，此时深沟球轴承相当于一个小接触角的角接触轴承。

（5）极限转速　极限转速是指轴承的最大允许转速。它和轴承的工作温度和工作载荷均有关系，不同的工况下，极限转速会发生变化。轴承手册中的极限转速均是在一定工况条件下得到的试验数据。一般而言，球轴承比滚子轴承极限转速高，故在高速时，优先选用球轴承。

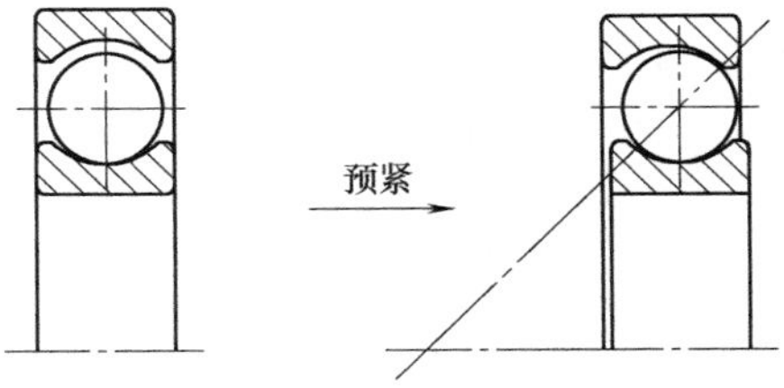

图 7-9　深沟球轴承的预紧

（6）精度等级　滚动轴承公差国家标准 GB/T 307.1—2017 规定了轴承的内外径公差、宽度公差、径向圆跳动、轴向圆跳动、内圈端面对内径的垂直度，外圈外表面对端面的垂直度以及端面平行度等。按照公称尺寸（基本尺寸）精度和旋转精度不同，滚动轴承的精度等级共分为 B 级、C 级、D 级、E 级和 G 级五级，并以此由高到低，即 B 级精度最高，G 级精度最低。

G 级为普通级轴承，机械制造中应用最为广泛，使用量最大。

E 级、D 级、C 级通常称为精密级轴承。精密仪器、航空航海仪表等精密机械和高速机械常采用 C 级轴承，普通机床主轴前轴承多用 D 级、后轴承多用 E 级。

7.1.2　组合结构

机器中的轴是用轴承支撑的，为了保证轴具有良好性能，必须根据支撑结构的特点和要求，进行轴承的组合结构设计，其中要考虑轴的支撑点、定位、回转精度以及热变形等。一般来说，一根轴使用两个支点支撑，每个支点至少使用 1 个轴承。图 7-10 所示为采用一个轴承支撑的悬臂轴。由于轴承的游隙，轴会随轴承内圈发生微小晃动，其回转精度低，动态性能差，这种设计是不合理的。

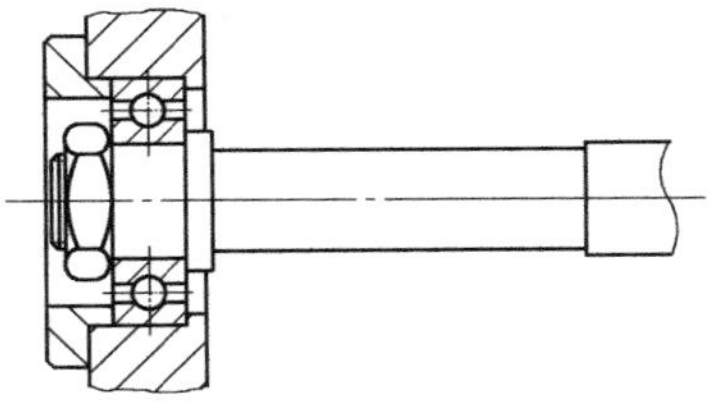

图 7-10　采用一个轴承支撑的悬臂轴

如图 7-11 所示，轴的左右两端各用一个轴承支撑，左端轴承通过螺母和轴承盖双向固定，右端轴承可在轴承孔内轴向游动。这种支撑结构的优点是右端游动，可以避免由于轴的伸缩产生的卡死问题，但未消除轴承的游隙，轴在径向和轴向均存在小运动，轴的回转精度和刚度较差。如图 7-12 所示，轴的左右两端通过螺母和止口双向固定，通过转动左端螺母，可将两个轴承的内圈向内拉紧消除游隙，但当轴的跨距较大时，容易因为温度变化导致卡死。

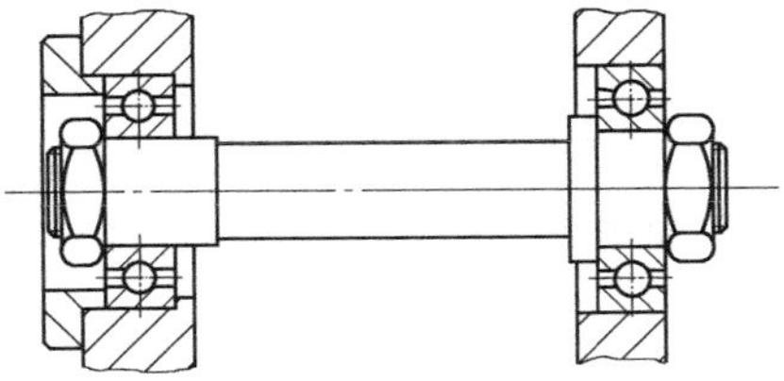

图 7-11　两端支撑

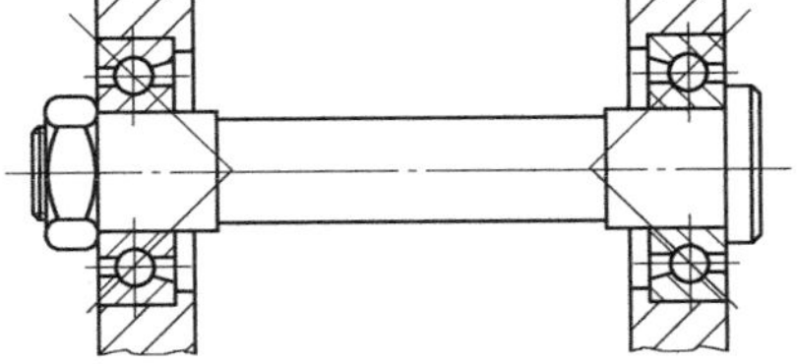

图 7-12　带预紧两端支撑

如图 7-13 所示，支撑结构的 2 个轴承通过中间垫圈隔开，轴承间距较小，对温度变化不敏感，通过转动轴端的螺母可对轴承预紧，消除轴承游隙。为进一步提高支撑刚度，可在轴的右端增加 1 个游动支撑，如图 7-14 所示。

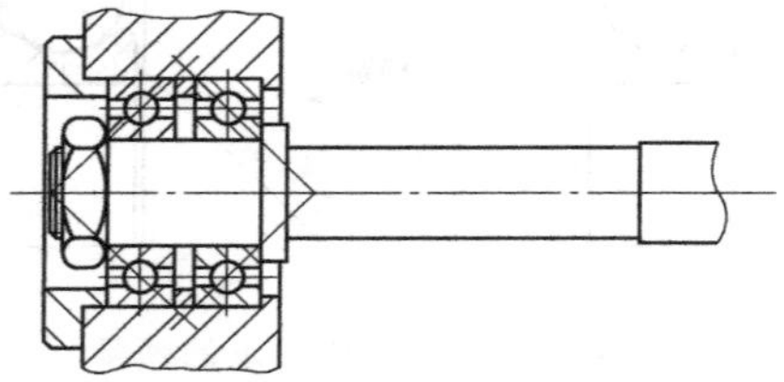

图 7-13　双轴承悬臂支撑

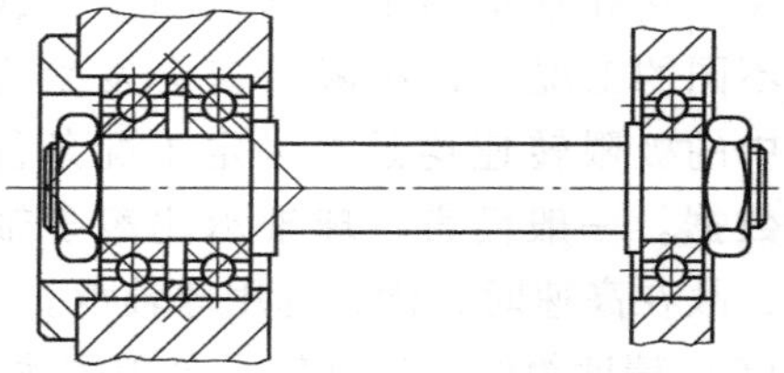

图 7-14　双轴承两端支撑

7.2　轴系

轴系是很多精密仪器及机械的关键部件，主要由轴、轴承、轴套以及传动件等组成。它应能在一定的负载和转速下保证相应的精度，主要性能要求如下：

（1）回转精度　回转精度用轴系的实际转动轴线相对理想转动轴线的位置偏差和角度偏差来衡量。不同的仪器设备对轴系的位置偏差和角度偏差的要求可能不同。例如在圆刻机中，竖直轴系是分度运动的基准部件，要求在旋转时轴心在基准平面内的位置偏差较小，而在经纬仪中，竖直轴系是方位旋转的基准部件，要求轴系在旋转时轴线指向的角度偏差较小。

（2）刚度　在轴系上某点施加外力 F，该点产生位移 X，力 F 与位移 X 的比值 F/X 称为轴系的刚度。轴系的刚度表示轴系产生单位变形所需力的大小。该值越大，表明轴系刚度越大。轴系刚度不好，会产生较大的变形和振动，从而直接影响回转精度。轴系刚度是轴、轴承、轴承座以及机架等刚度的综合反映。在实际中，必须深入分析影响轴系刚度的因素，以采取针对性的措施，提高轴系刚度。

（3）耐磨性　磨损会直接影响轴系的回转精度、运行稳定性以及使用寿命等。对于滑动轴系，要求轴颈和轴套工作表面耐磨，滚动轴系的耐磨性主要取决于滚动轴承。为了提高耐磨性，除了设计合理的轴承组合结构，还需选择耐磨材料，并进行正确的热处理。

（4）温度敏感性　温度变化会造成轴系热胀冷缩，产生变形。设计时，应保证轴系在温度变化较大时仍能正常工作，不出现精度降低、运动卡滞或卡死等问题。这需要在结构设计、材料选择以及热源隔离等方面进行考虑。

一个自由物体在空间具有 6 个自由度，包括 3 个平动自由度和 3 个转动自由度。如果限制物体的 3 个平动自由度和两个转动自由度，那么物体只剩下 1 个转动自由度。从运动学角度，轴可以理解为具有 1 个转动自由度的物体。轴系的运动学设计是指通过合理设置约束，消除轴的 3 个平动自由度和两个转动自由度，使之具有 1 个转动自由度。下面以圆柱轴系、圆锥轴系、圆柱-圆锥轴系以及平面止推轴系为例，分析轴系的约束模式，这对理解轴系的运动原理进而正确设计和使用轴系具有意义。

7.2.1　圆柱轴系

圆柱轴系主要由轴、轴套以及钢球组成，轴套和钢球分别承受径向载荷和轴向载荷，如

图 7-15a 所示。从运动学角度，轴套对轴施加 4 个非冗余约束力 C_1、C_2、C_3、C_4，限制轴沿径向的两个平动自由度以及绕径向的两个转动自由度，钢球对轴施加 1 个轴向约束 C_5，限制轴沿竖直方向的平动自由度，此时轴仅具有 1 个绕竖直方向的转动自由度，图 7-15b 所示为圆柱轴的约束模式。

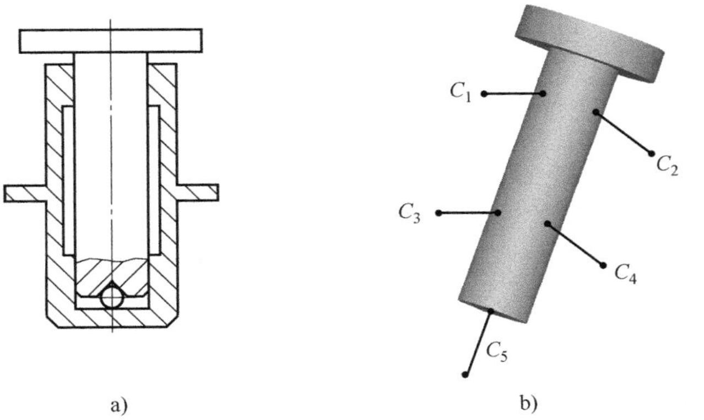

图 7-15　圆柱轴系简图及圆柱轴的约束模式

a）圆柱轴系简图　b）圆柱轴的约束模式

圆柱轴系的优点是结构简单、易于加工制造，缺点是存在严重的过约束，对轴套和轴的加工制造精度要求高，否则容易出现配合过松或过紧的现象，导致轴的晃动或运动卡滞等。

7.2.2　圆锥轴系

如图 7-16a 所示，圆锥轴系由圆锥轴和具有相同锥角的圆锥轴套组成。圆锥轴套既承受径向载荷，又承受轴向载荷，因此转动时的摩擦力大。图 7-16b 所示为圆锥轴的约束模式，其中 C_1、C_2、C_3 是 3 个非冗余约束力，限制轴的 3 个平动自由度，此时轴具有 3 个转动自由度，C_4、C_5 约束轴的 2 个转动自由度，此时轴具有 1 个转动自由度。

与圆柱轴系类似，圆锥轴系也存在大量过约束。相对圆柱面，圆锥面的高精度加工的难度更大，因此过约束导致的问题更突出。

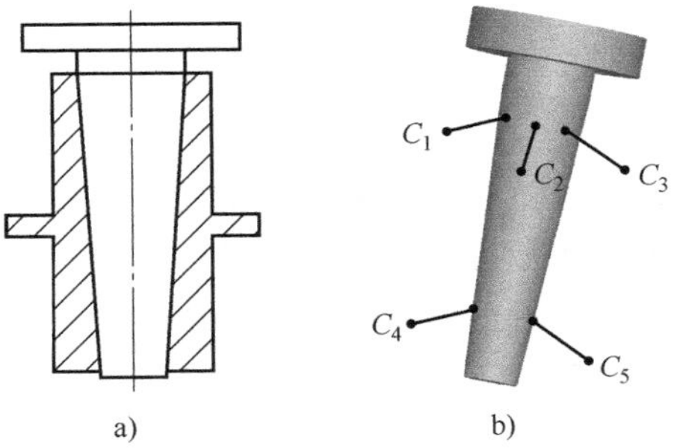

图 7-16　圆锥轴系简图和圆锥轴的约束模式

a）圆锥轴系简图　b）圆锥轴的约束模式

7.2.3　圆柱-圆锥轴系

如图 7-17a 所示，圆柱-圆锥轴系主要由轴、钢球以及带有锥面的轴套组成。图 7-17b 所示为圆柱-圆锥轴系的约束模式，其中轴套锥面上的钢球提供 3 个相交的非冗余约束力 C_1、C_2、C_3，限制轴的 3 个平动自由度，实现轴的定位；轴套下端的通孔对轴施加两个非冗余径向约束力 C_4、C_5，约束轴的两个转动自由度，实现轴的定向。轴在这 5 个约束力的作用下仅具有 1 个转动自由度。

与圆柱轴系和圆锥轴系比较，这种轴系过约束程度较小，轴的定位和定向约束作用相互独立，即通过锥面处的钢球对轴定位，通过圆柱面对轴定向，并且钢球与锥面、钢球与轴之间是滚动摩擦，摩擦力矩小，转动灵活，磨损小。

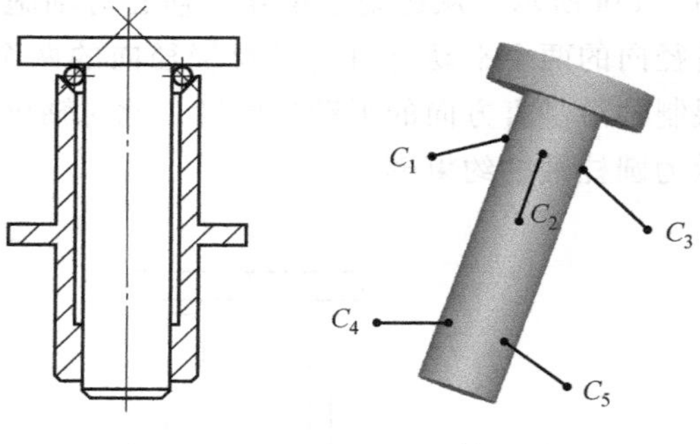

a) b)

图 7-17 圆柱-圆锥轴系简图和约束模式

a）圆柱-圆锥轴系简图 b）圆柱-圆锥轴系的约束模式

7.2.4 平面止推轴系

如图 7-18a 所示，平面止推轴系主要由轴、钢球和底座构成。轴上端的法兰面称为上止推面，通过钢球支撑。钢球置于底座的上端面，这表面称为下止推面。底座的通孔与轴下端的圆柱面配合，用于承受径向力，对轴施加 2 个相交的径向非冗余约束力 C_4、C_5，限制轴沿径向的两个平动自由度。钢球支撑轴的上止推面，用于承受轴向力，并对轴施加 3 个平行的非冗余约束力 C_1、C_2、C_3，限制轴沿竖直方向的平动自由度和绕径向的两个转动自由度。图 7-18b 所示为轴系的约束模式。

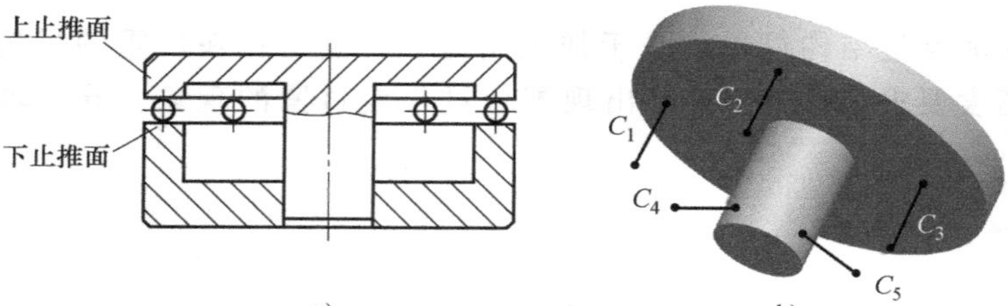

a) b)

图 7-18 平面止推轴系及约束模式

a）平面止推轴系 b）平面止推轴系的约束模式

上、下止推面和钢球主要决定轴的指向精度，因此光电经纬仪、天文望远镜等设备对止推面的平面度、端面圆跳动以及钢球的尺寸、圆度均有较高的要求。底座的通孔和轴的配合主要决定轴的置中精度，两者应有一定程度的预紧，以消除径向间隙，提高径向刚度。当然，过盈量不宜过大，避免卡死，以保证轴的灵活转动，或者采用滚动轴承，减小摩擦。这里需要注意，底座上的通孔是圆柱孔，轴端是圆柱面，两者的配合构成圆柱副。如果改为圆锥孔-锥面配合，则会导致严重的过约束，如图 7-19 所示。

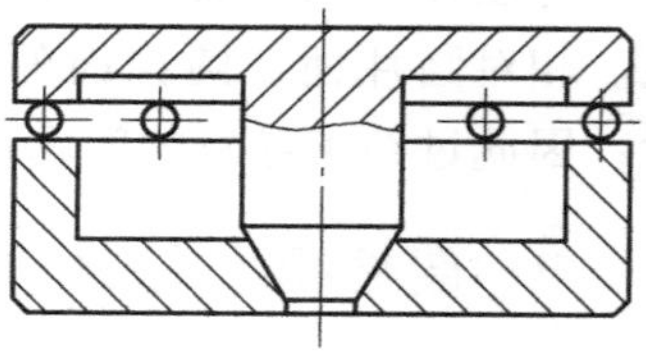

图 7-19 平面止推轴系的过约束

锥孔在竖直方向对轴定位，钢球也在竖直方向对轴定位，因此轴在竖直方向的平动自由度被过约束，由此可能产生以下问题：

1）如果钢球尺寸较大，装配时，上止推面与钢球首先接触，从而产生锥面间隙 Δ，导致轴发生径向跳动，影响轴的置中精度，如图 7-20a 所示。

2）如果钢球尺寸较小，在装配时，轴下端的锥面与锥孔首先接触，从而产生止推面间隙 Δ，导致轴的支撑刚度和负载能力降低，影响轴的指向精度，如图 7-20b 所示。

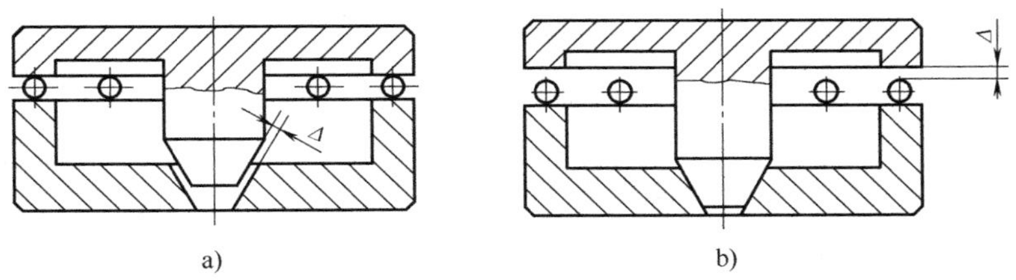

图 7-20 锥面间隙和止推面间隙
a）锥面间隙 b）止推面间隙

7.3 导轨

7.3.1 基本概念

直线运动导轨简称导轨，主要用于承载和引导负载做直线运动，包括滑块和承导件两个基本组成部分。滑块是导轨上做直线运动的零件，承导件是导轨的导向零件。按照摩擦的性质，导轨可分为滑动摩擦导轨和滚动摩擦导轨两种。

（1）滑动摩擦导轨的工作面之间是滑动摩擦 它的优点是结构简单、负载能力强、刚度大。缺点是摩擦阻力大、磨损快、动静摩擦系数差别大，低速时易出现速度不均匀的现象。

（2）滚动摩擦导轨在滑块和承导件之间加入了滚动体 如球滚子、圆柱滚子等，导轨工作面之间是滚动摩擦，摩擦阻力小，运动灵活。滚动导轨多由专业厂家生产，设计师可根据厂家技术手册选用，如图 7-21 所示。

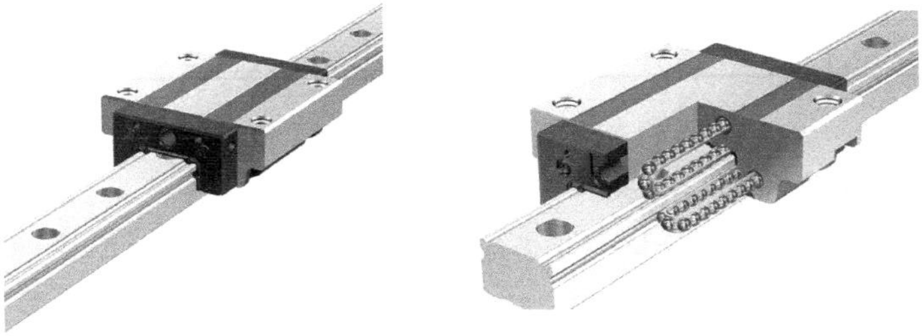

图 7-21 滚动摩擦导轨

导轨的基本性能要求如下：

（1）导向精度 导向精度是指运动件沿给定方向做直线运动的准确程度。运动件实际运动方向相对给定方向的偏差越小，导轨的精度越高。它主要取决于导轨承导面的形状精度和导轨副的配合间隙。滚动摩擦导轨的精度等级通常分为普通级、高级、精密级、超精密级以及超高精密级等级别。不同的精度等级规定了导轨行走平行度及尺寸公差等。行走平行度是指将导轨的承导件固定在基准面上，使导轨滑块在承导件上运动，滑块与基准面之间的平行度误差如图 7-22 所示。

（2）空回、预紧与刚度 滑块相对承导件的间隙，称为空回或游隙。滑块相对承导件在横向产生的微小线位移，称为横向空回，如图 7-23 所示。滑块相对承导件在扭转方向产生的微小角位移称为角向空回，如图 7-24 所示。

导轨的刚度是指在外力作用下导轨抵抗变形的能力，它与导轨类型、结构尺寸、材料及其热处理等因素有关。通过预紧可以消除空回，提高刚度和运动精度。滚动摩擦导轨的空回在不同型号的产品中已经标准化，可根据使用条件选择。滚动摩擦导轨的预紧通常分为普通预紧、轻预紧和中预紧 3 类。表 7-1 列出了某品牌滚动摩擦导轨预紧与间隙之间的关系，其中负值是通常所说的“负间隙”，表示接触面之间的压缩量。

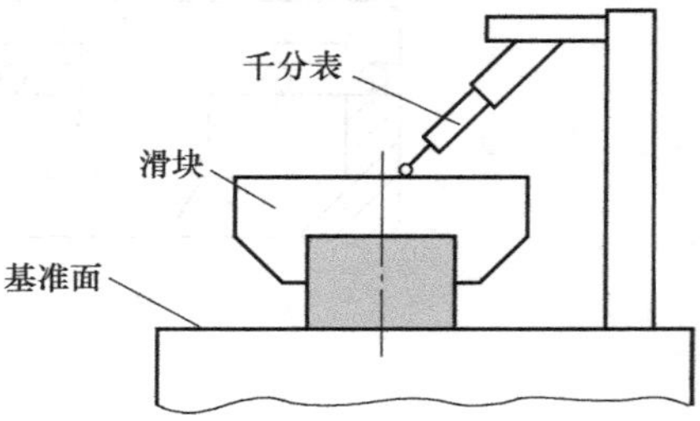

图 7-22　导向精度

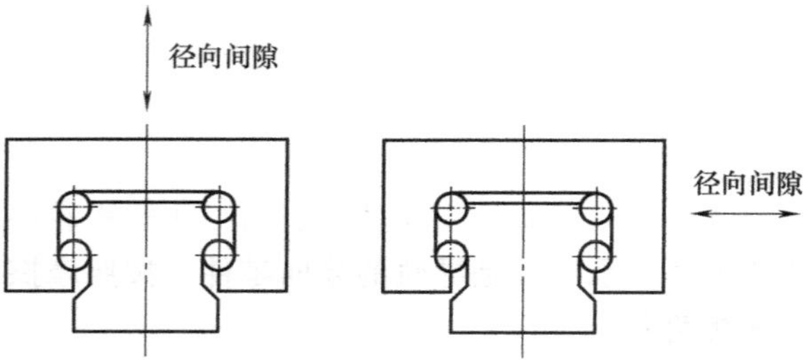

图 7-23　横向空回

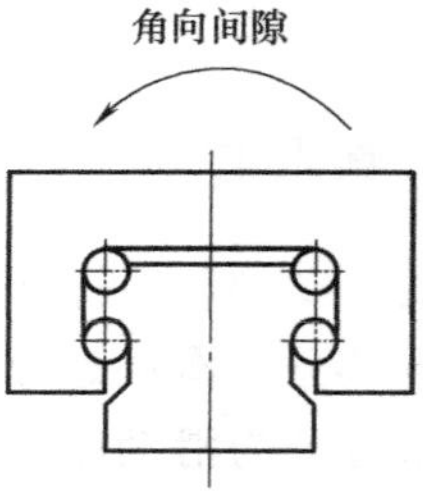

图 7-24　角向空回

表 7-1　某品牌滚动摩擦导轨预紧与间隙之间的关系　（单位：μm）

导轨型号	普通预紧	轻预紧	中预紧
HSR 20	−5～+2	−14～−5	−23～−14
HSR 25	−6～+3	−16～−6	−26～−16
HSR 30	−7～+4	−19～−7	−31～−19
HSR 35	−8～+4	−22～−8	−35～−22

（3）**耐磨性**　耐磨性是指导轨在长期使用后不降低原设计精度。它与导轨的型式、材料、表面粗糙度值、硬度和润滑有关。

（4）**温度敏感性**　温度敏感性是指导轨在温度变化较大的情况下，仍能正常工作，既不出现运动卡滞或卡死，又不出现过大的间隙。它主要取决于导轨的结构型式、材料和配合间隙。

（5）**结构工艺性**　结构工艺性是指导轨在满足功能和性能要求的条件下，结构简单，加工和装调方便，易于维修。

7.3.2　约束分析

从运动学角度，导轨的承导件需要约束滑块的 3 个转动自由度和两个平动自由度，使其仅具有 1 个平动自由度。下面通过平动物体的约束模式介绍导轨的运动学原理。

1）如图 7-25a 所示，滑块底面有 3 个钢球，侧面有两个钢球。底面的 3 个钢球限制滑块的 1 个平动自由度和两个转动自由度，侧面的两个钢球限制滑块的 1 个平动自由度和 1 个转动自由度，这样滑块仅具有 1 个平动自由度。

2）如图 7-25b 所示，滑块和底板均开有 V 形槽，每个钢球通过滑块的 V 形槽对其施加两个约束，两个钢球对滑块共施加 4 个约束，限制滑块的两个平动自由度和两个转动自由度，右侧平面上的钢球与滑块接触形成点接触，限制滑块的 1 个转动自由度，使其仅具有 1 个平动自由度。

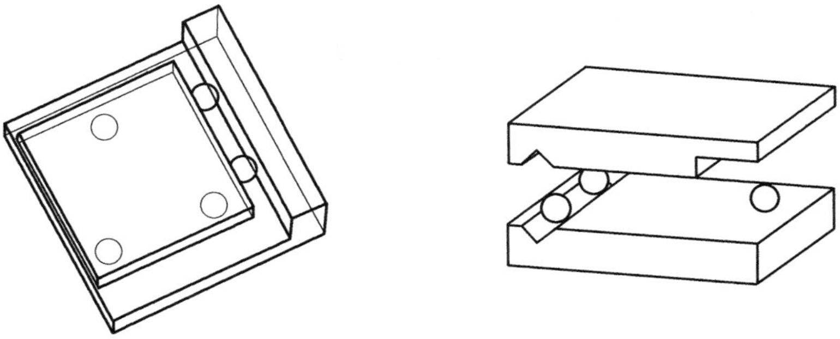

a)　　　　b)

图 7-25　平面导轨、V 形槽-平面导轨

a）平面导轨　b）V 形槽-平面导轨

这两种导轨的滑块和承导件通过自重保持相互接触。实际设计中，也可以通过弹簧将滑块和底板拉紧，使两者保持接触。这种通过自重或外力使两物体保持接触的方法称为力封闭，如图 7-26 所示。

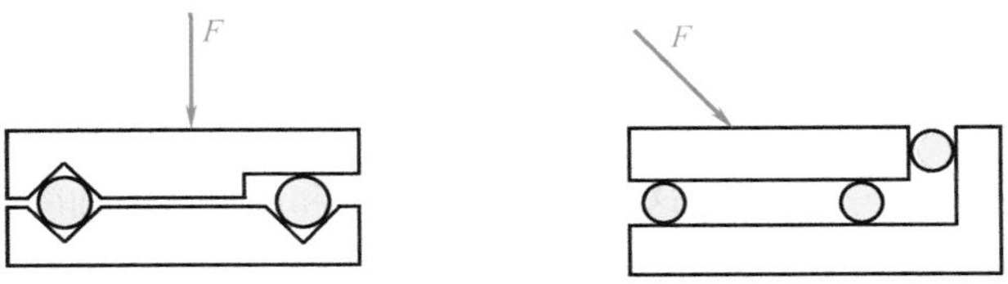

图 7-26　力封闭

此外，很多导轨通过特定结构实现封闭。这种通过几何结构使两物体保持接触的方法称为结构封闭。结构封闭的导轨无论怎样放置，均可以保证滑块不发生脱落，图 7-27a 所示为圆柱导轨，图 7-27b 所示为燕尾槽导轨。

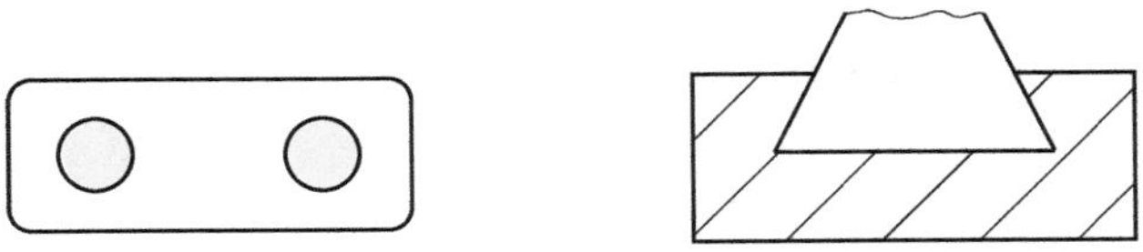

a)　　　　b)

图 7-27　圆柱导轨和燕尾槽导轨

a）圆柱导轨　b）燕尾槽导轨

图 7-28 所示为两种滚动摩擦导轨的约束模式，可见滑块处于过约束状态，这要求滚动摩擦导轨的加工制造、标准化和一致性要达到较高的水平，否则难以保证功能和性能要求。

下面分析圆柱导轨的过约束问题。如图 7-29 所示，圆柱导轨主要包括机架、圆柱 1、圆柱 2 以及滑块等，滑块通过两个圆柱孔与圆柱 1 和圆柱 2 连接。

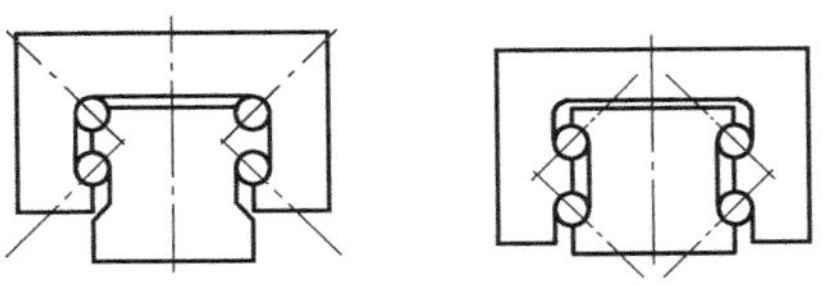

a)　　　　b)

图 7-28　两种滚动摩擦导轨的约束模式

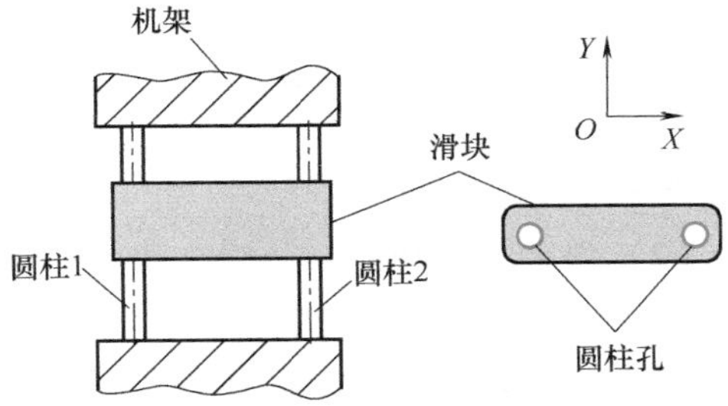

图 7-29　圆柱导轨的过约束分析

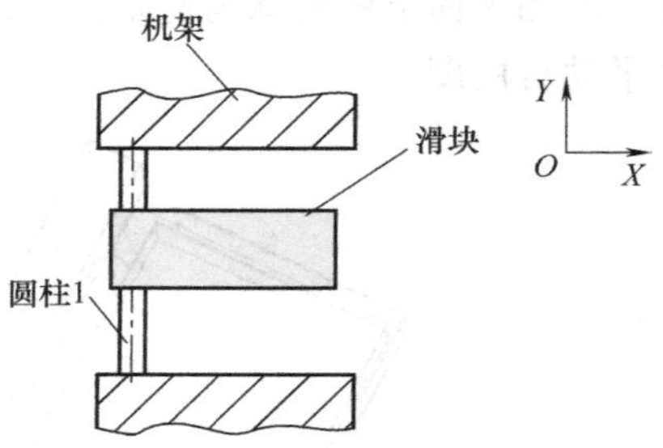

图 7-30 滑块与圆柱 1 连接

约束分析如下：

1）假设滑块首先和圆柱 1 连接，圆柱 1 约束了滑块沿 X 轴的平动自由度 T_x、沿 Z 轴的平动自由度 T_z、绕 X 轴的转动自由度 R_x 以及绕 Z 轴的转动自由度 R_z，此时滑块具有沿 Y 轴的平动自由度和绕 Y 轴的转动自由度，如图 7-30 所示。

2）当滑块进一步和圆柱 2 连接后，圆柱 2 除了约束滑块绕 Y 轴的转动自由度，还重复约束了 T_x、T_z、R_x、R_z 这 4 个自由度，因此滑块受到了严重的过约束，见表 7-2。

表 7-2 圆柱导轨的约束与自由度

	滑块的自由度					
	T_x	T_y	T_z	R_x	R_y	R_z
圆柱 1	√		√	√		√
圆柱 2	√		√	√	√	√

由于过约束，这种导轨对圆柱 1 和圆柱 2 的轴间距误差、平行度误差以及外界的温度变化等比较敏感，容易出现运动卡滞或晃动，因此不适合对运动性能和精度要求高的场合应用。

7.4 传动连接

伺服电动机、步进电动机、电动推杆、测微头和压电驱动器等驱动元件主要用于驱动工作机运动和做功，其中伺服电动机、步进电动机属于转动驱动元件，电动推杆、测微头和压电驱动器属于直线驱动元件。传动连接是指驱动元件和工作机之间用于传递运动的机械连接，主要包括以下几类：

1）电动机轴与工作机轴之间的转动传动连接，即联轴器。

2）直线驱动元件与直线运动台体之间的直线传动连接。

3）丝杆-螺母机构与直线运动台体之间的螺旋传动连接。

本节从约束和自由度角度介绍各种传动连接的特点，重点讨论螺旋传动连接的构型综合，为传动连接的选型和设计提供运动学依据。

7.4.1 转动传动连接

联轴器是典型的转动传动连接，它主要有以下两方面的功能：

（1）运动传递功能 连接电动机轴和工作机轴，将电动机的旋转运动传递到工作机，如图 7-31 所示。

（2）误差补偿功能 补偿电动机轴和工作机轴之间的位置和角度误差，改善工作机的运动性能。由于制造及安装误差，电动机轴与工作机轴往往不能保证严格对中，而存在轴向偏移（图 7-32a）、径向偏移（图 7-32b）以及角度偏移（图 7-32c）等。在实际问题中，这 3 种偏移往往同时出现，形成综合偏移（图 7-32d）。

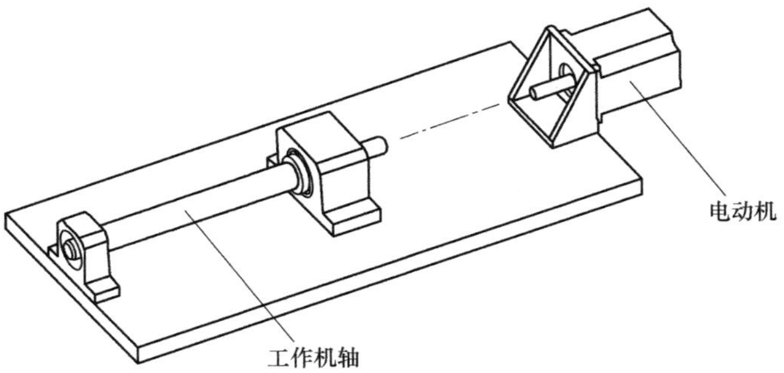

图 7-31　联轴器的功能

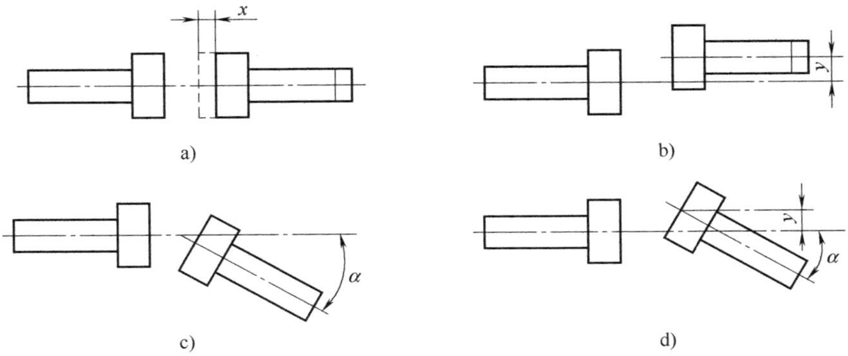

图 7-32　轴向、径向、角度、综合偏移

a）轴向偏移　b）径向偏移　c）角度偏移　d）综合偏移

联轴器是标准件，可根据负载、转速以及缓冲减振等使用要求进行选择。这部分从约束和自由度角度讨论联轴器的选型问题，现分析如下：

1）电动机轴和工作机轴均只有 1 个转动自由度。联轴器的作用是将电动机轴的转动传递给工作机轴。因此联轴器对工作机轴仅需施加 1 个绕轴线的转动约束 M，这个转动约束 M 使电动机轴和工作机轴在该方向刚性连接，以传递运动。除此之外，联轴器无需再对工作机轴施加其他约束，否则会造成工作机轴的过约束，如图 7-33 所示。

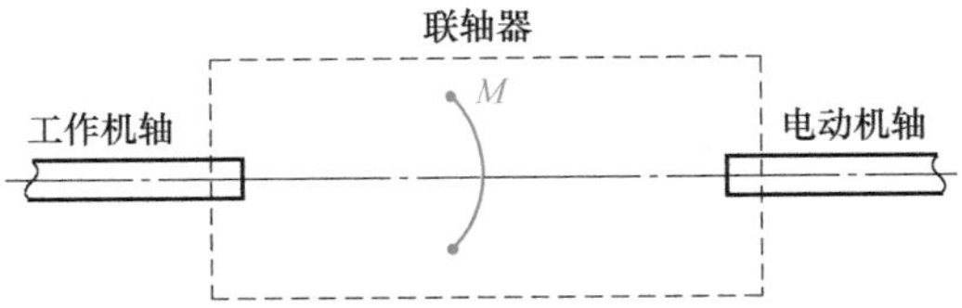

图 7-33　轴间的转动约束

2）联轴器对工作机轴施加 1 个转动约束。从约束和自由度角度，联轴器可以看成一个具有 5 个自由度的机械连接，包括两个转动自由度 R_x、R_z 和 3 个平动自由度 T_x、T_y、T_z，如图 7-34 所示。

按照这种运动学特点，可以构造采用圆柱副和移动副的联轴器，将 T_x、T_y、T_z、R_x 和 R_z 这 5 个自由度分为 3 组，即（R_x、T_x）、（R_z、T_z）以及 T_y，其中（R_x、T_x）表示绕 X 轴的转动自由度和沿 X 轴的平动自由度组合，（R_z、T_z）表示绕 Z 轴的转动自由度和沿 Z 轴的平动自由度组合，T_y 表示 1 个沿 Y 轴的平动自由度。（R_x、T_x）和（R_z、T_z）采用圆柱副 C 实现，T_y 采用移动副 P 实现，据此可得到圆柱副-移动副联轴器，见表 7-3。

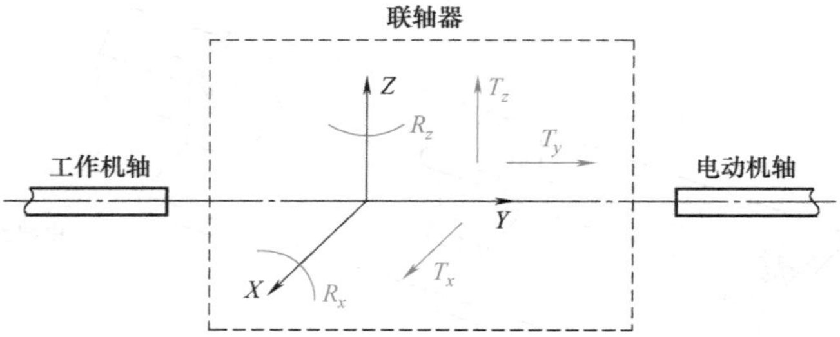

图 7-34　联轴器的自由度

表 7-3　圆柱副-移动副联轴器

自由度	含义	运动副实现形式	联轴器运动链形式
(R_x、T_x)	绕 X 轴的转动自由度 沿 X 轴的平动自由度	C	C-C-P
(R_z、T_z)	绕 Z 轴的转动自由度 沿 Z 轴的平动自由度	C	
T_y	沿 Y 轴的平动自由度	P	

图 7-35a 所示为这种联轴器的三维模型，图 7-35b 所示为分解图。

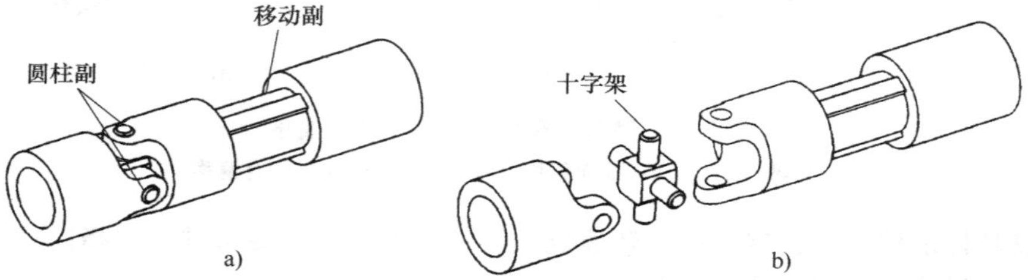

图 7-35　联轴器的三维模型和分解图

a）三维模型　b）分解图

此外，还可以采用其他运动副构造具有这 5 个自由度的联轴器，图 7-36a 所示为十字滑块联轴器三维模型，图 7-36b 所示为分解图。它主要包括两个具有凹槽的轴套 1 和轴套 2 以及 1 个带凸牙的滑块，滑块与两轴套分别构成平面副，每个平面副可以补偿 1 个转动自由度和 2 个自由度，通过这两个平面副可以实现 5 个自由度的补偿。

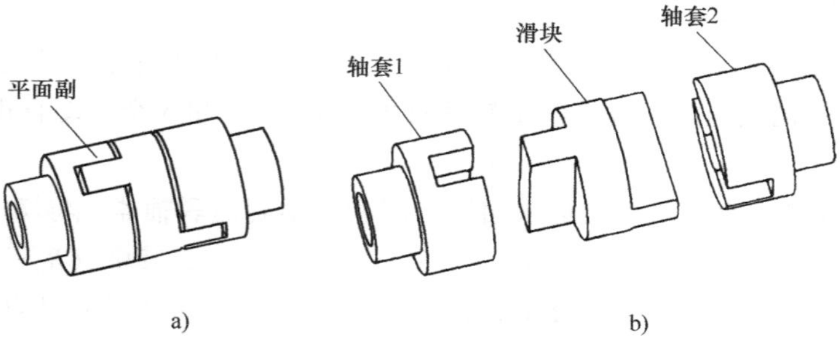

图 7-36　十字滑块联轴器三维模型及分解图

a）十字滑块联轴器三维模型　b）分解图

可伸缩双万向节联轴器是常用的一种可以补偿 5 个自由度的联轴器，尤其适合远距离、大角度偏移两轴之间的连接。它是一个 U-P-U 运动链，两端是万向节，中间的移动副采用伸缩杆实现，图 7-37 所示为可伸缩双万向节联轴器实物图。

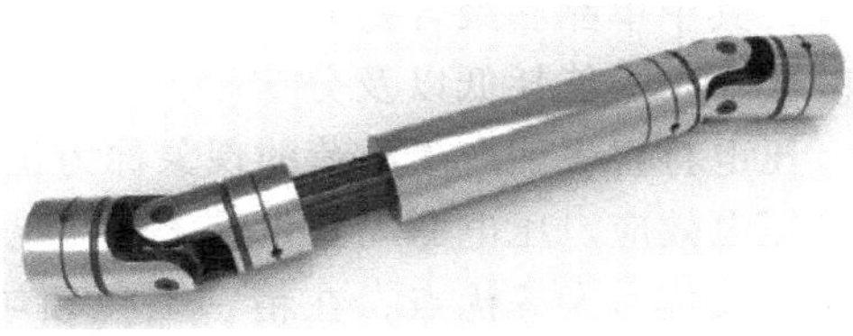

图 7-37　可伸缩双万向节联轴器实物图

上面介绍的几种联轴器均具有 5 个自由度。它们的优点是可以完全补偿两轴之间的位置和角度偏移，缺点是结构复杂、尺寸较大。在有些情况下，可不必完全补偿两轴之间的偏移，这样可以减少一些自由度，从而简化结构。图 7-38 所示为单万向节联轴器，图 7-39 所示为双万向节联轴器。

图 7-38　单万向节联轴器

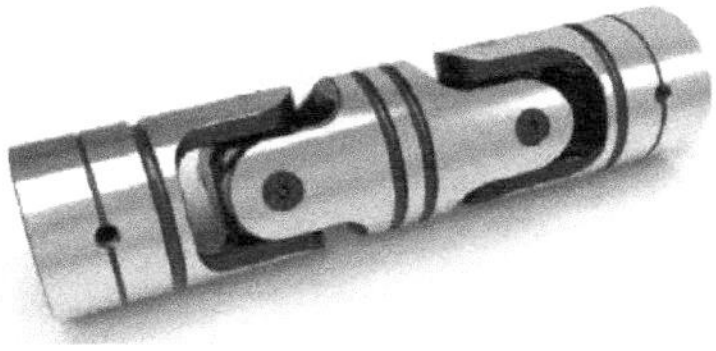

图 7-39　双万向节联轴器

单万向节联轴器只有 1 个万向节，具有两个转动自由度，可以补偿两个角偏移，不能补偿径向偏移和轴向偏移。双万向节联轴器包括两个万向节，中间不带伸缩杆。它具有 4 个转动自由度，可以补偿两轴间的角偏移和径向偏移，不能补偿轴向偏移。这两种联轴器可以结合轴间的偏差特点合理选用。

7.4.2　直线传动连接

电动推杆、螺旋测微头以及压电驱动器等属于直线驱动元件。电动推杆是一种将电动机的旋转运动转换为推杆的直线运动的机电一体化装置。测微头是一种精密螺旋副，通常用作精密小型平动平台的驱动元件，固定螺母，转动螺杆，螺杆在转动的同时沿直线运动。图 7-40 所示为电动推杆，图 7-41 所示为螺旋测微头。

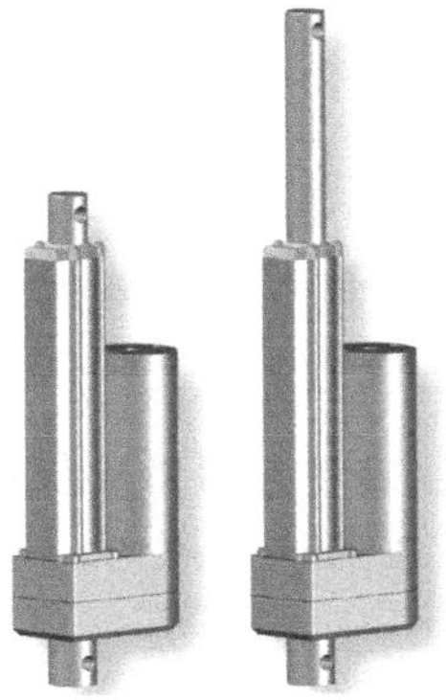

图 7-40　电动推杆

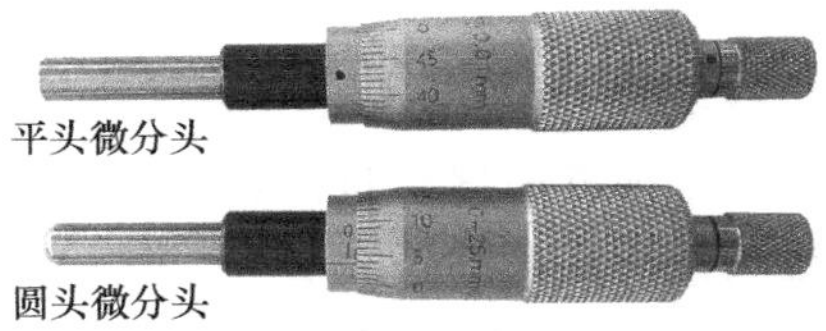

图 7-41　螺旋测微头

压电材料是可以将电能转换成位移的功能材料。它通常分为单晶、压电陶瓷、聚合物三大类，其中单晶和聚合物的压电效应较弱，主要用于传感器，而压电陶瓷的压电效应强，且具有体积小、能耗低以及分辨率高等优点，是制作压电驱动器的理想材料。在外力的作用下，压电材料表面产生电荷的现象称为正压电效应，在外加电压的作用下产生变形的现象称为逆压电效应。压电驱动器是基于逆压电效应的直线微位移器件。它具有分辨率高、响应速度快以及推力大等优点，在精密工程领域具有重要应用。图 7-42 所示为压电叠堆实物图，压电驱动器是通过外壳、底座、驱动头以及预紧结构将压电叠堆封装制成的，如图 7-43 所示。

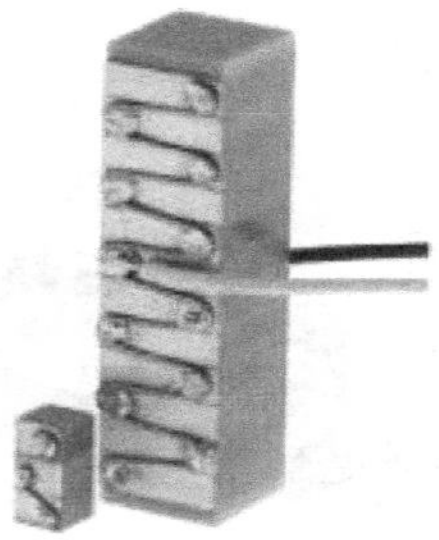

图 7-42　压电叠堆实物图

图 7-43　压电驱动器实物图

压电驱动器承受轴向压力的能力较强，而承受横向、扭转和弯曲的能力较弱，因此在使用中最好使压电驱动器只承受轴向力，而禁止承受如图 7-44 所示的几种受力。

与伺服电动机、步进电动机等转动驱动元件类似，直线驱动器与直线运动平台也涉及采用何种连接方式的问题。例如图 7-45 所示电动推杆与工作台直接固连，如果电动推杆的运动轴线与工作台运动方向不严格平行，两者的运动将互相干扰，从而对设备性能造成不利影响。

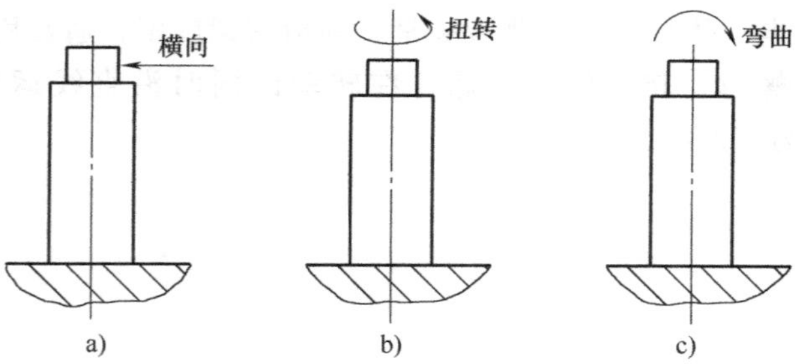

图 7-44　横向受力、扭转受力、弯曲受力

a）横向受力　b）扭转受力　c）弯曲受力

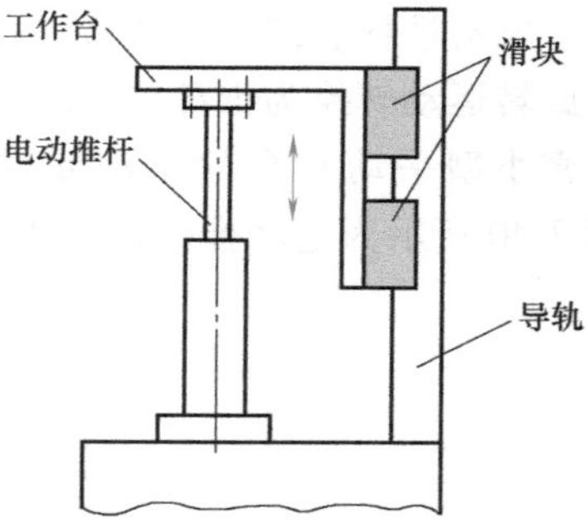

图 7-45　电动推杆与工作台

直线驱动器和直线运动平台均只有 1 个平动自由度，连接时，两者应仅在轴向保持刚性，而在其他方向保持自由，以使直线驱动器仅受轴向力。按照这一原则，分析图 7-46 中几种直线传动连接的特点。

图 7-46a 中直线驱动器与平台直接固连。除轴向外，直线驱动器在其他 5 个方向受到过约束，使其受到较大横向力、弯矩和转矩，易于损坏。

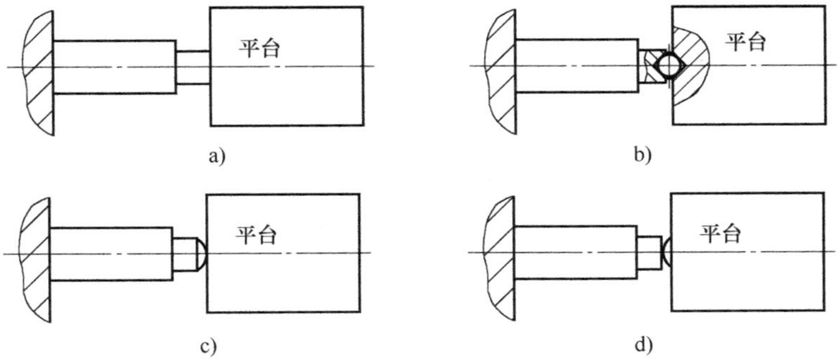

图 7-46　直接连接、球-锥孔副连接、球-平面连接、平面-球连接

a）直接连接　b）球-锥孔副连接　c）球-平面连接　d）平面-球连接

图 7-46b 直线驱动器和平台采用球-锥孔副连接。相比图 7-46a，直线驱动器不受弯矩和转矩的作用，受力条件有所改善，但它在两个平动方向仍受到过约束，受到较大的横向力，易于损坏。

图 7-46c 和图 7-46d 直线驱动器和平台之间是点接触，直线驱动器主要受轴向力，基本不受横向力，符合运动学原理，是较为合理的设计。这里需要注意，由于点接触是单向受力结构，实际设计中应利用弹性元件使驱动器和平台保持封闭。

7.4.3　螺旋传动连接

直线运动平台在机械工程领域具有广泛应用。这类装置主要由导轨、丝杠-螺母、底座以及轴承等机械元件组成。图 7-47 所示为精密定位平台实物图。

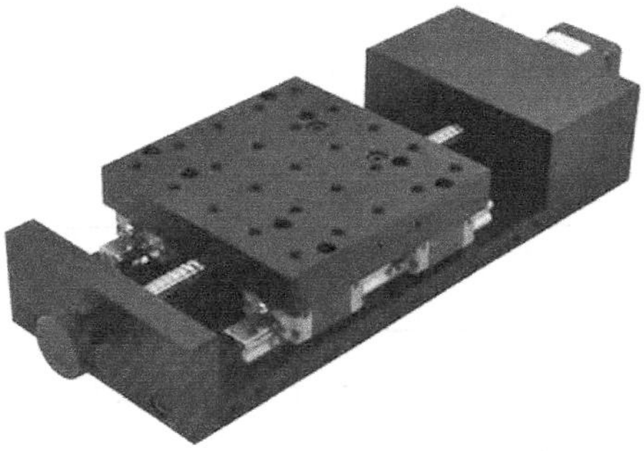

图 7-47　精密定位平台实物图

螺母与台体的连接结构是这类装置设计的关键问题之一。如图 7-48 所示，螺母和台体直接固连。这种连接方式的优点是结构简单、刚度好，缺点是螺母受到严重的过约束，其运动方向与台体运动方向需严格平行，否则会造成台体运动卡滞，甚至卡死。下面对螺母进行约束分析，

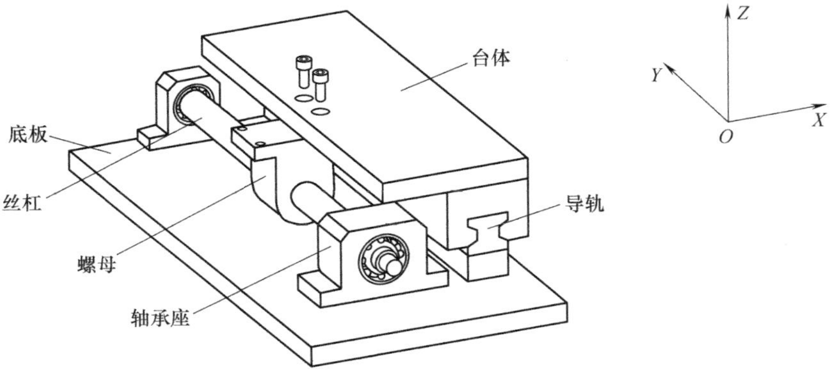

图 7-48　螺母和台体直接固连

进而设计符合运动学原理的螺旋传动连接。为了便于论述，建立与底板固连的坐标系 *OXYZ*，坐标原点 *O* 取为丝杠轴线上一点，*Y* 轴沿丝杠轴线，*Z* 轴过点 *O* 垂直于台体平面，*X* 轴按右手规则确定。

1. 螺母的约束分析

以螺母为研究对象，将直线运动平台划分为 2 个支链。一个是轴承座-丝杠-螺母支链，如图 7-49 所示；另一个是导轨-台体支链，如图 7-50 所示。

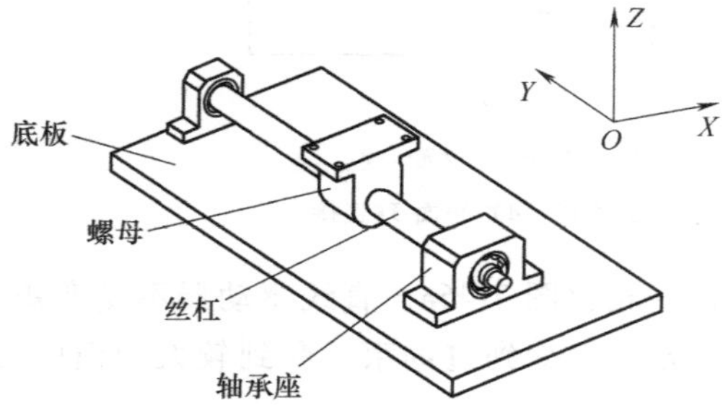

图 7-49　轴承座-丝杠-螺母支链

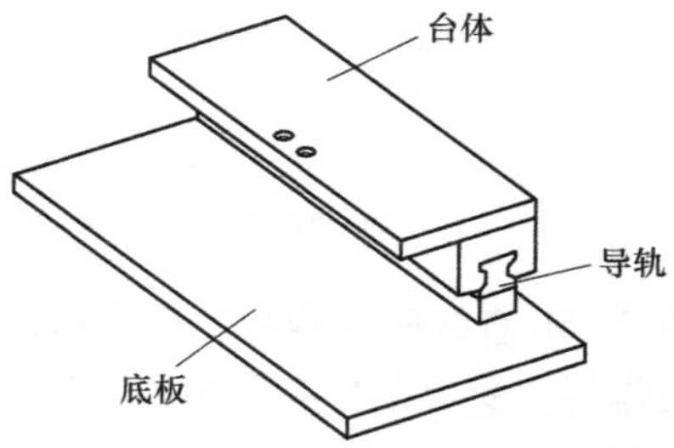

图 7-50　导轨-台体支链

轴承座-丝杠-螺母支链实际是一个 H-R 串联连接，由第 4.5.2 节可知，螺母具有 1 个绕 *Y* 轴的转动自由度和 1 个沿 *Y* 轴的平动自由度，而其他的 4 个自由度受到约束。螺母余下的自由度和被约束的自由度见表 7-4，其中 T_x、T_y、T_z 分别表示沿 *X* 轴、*Y* 轴、*Z* 轴的平动自由度，R_x、R_y、R_z 分别表示绕 *X* 轴、*Y* 轴、*Z* 轴的转动自由度。

表 7-4　螺母的自由度

自由度	T_x	T_y	T_z	R_x	R_y	R_z
余下的		√			√	
被约束的	√		√	√		√

在导轨-台体支链中，台体具有 1 个沿 *Y* 轴的平动自由度，而其他的 5 个自由度受到约束，见表 7-5。

表 7-5　台体的自由度

自由度	T_x	T_y	T_z	R_x	R_y	R_z
余下的		√				
被约束的	√		√	√	√	√

当台体与螺母直接固连时，螺母在表 7-4 中已被约束掉的 4 个自由度 T_x、T_z、R_x 和 R_z 被台体重复约束，使螺母过约束。由于加工制造误差，螺母和台体的运动方向难以严格平行，从而使两者的运动互相干扰，容易造成运动卡滞，甚至卡死，如图 7-51 所示。

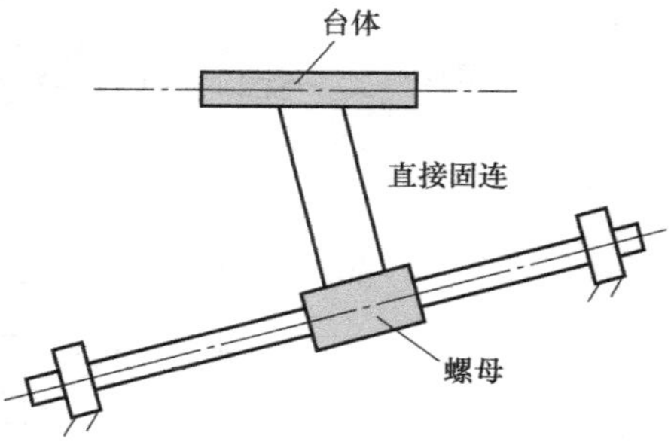

图 7-51　螺母和台体的运动方向不平行

2. 运动学螺旋传动连接

运动学螺旋传动连接可以消除台体对螺母的过约束，保证两者的运动互不干扰，从而以经济的加工制造精度获得较好的运动性能。根据直线运动平台的工作原理，螺旋传动连接应对螺母施加 2 个约束力 C_1 和 C_2，如图 7-52a 所示，其中约束力 C_1 限制螺母的转动自由度 R_y，使螺母做直线运动；约束力 C_2 限制螺母的平动自由度 T_y，保持螺母和台体在运动方向的刚性连接，从而将螺母的直线运动传递到台体。这 2 个相交的约束力 C_1 和 C_2 定义一个约束线圆（C 圆），如图 7-52b 所示。

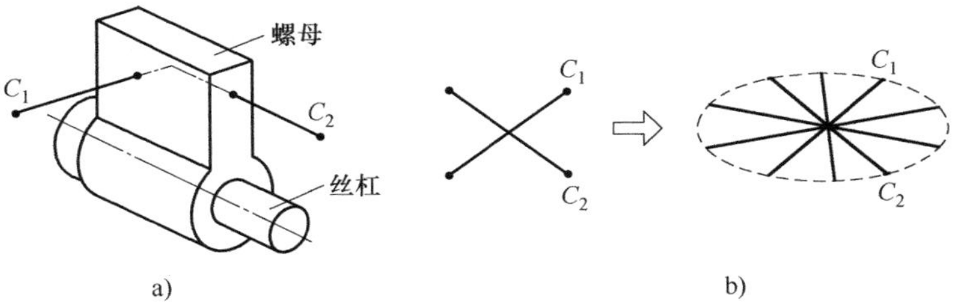

图 7-52　螺母的约束模式和约束线圆

a）螺母的约束模式　b）螺母的约束线圆

按照约束与自由度互补原理，螺母相对台体具有 4 个自由度，其自由度几何模型包括 1 个转动自由度球（R 球）、1 个转动自由度平面（R 平面）以及 1 条平动自由度线（T 线），且 R 球的球心与 C 圆的圆心重合，R 平面与 C 圆所在平面重合，T 线与 C 圆所在平面垂直，如图 7-53 所示。

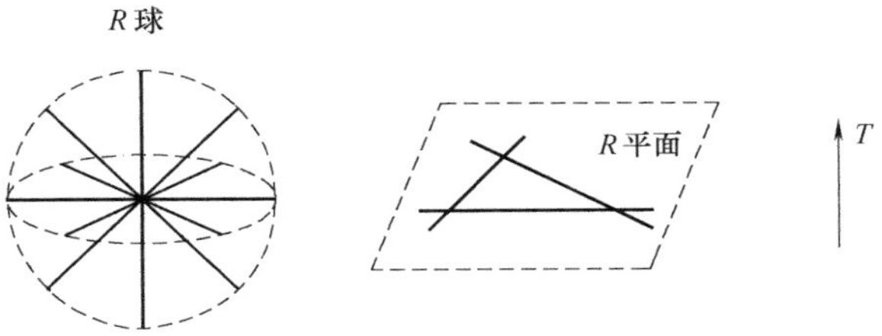

图 7-53　螺母自由度几何模型

螺母自由度几何模型中的任意 4 条非冗余自由度线均可作为螺母的自由度模式，据此可以对螺旋传动连接进行构型综合。

（1）第 1 种运动学螺旋传动连接　从 R 球中取出 3 条转动自由度线 R_1、R_2、R_3，然后加上平动自由度线 T。这 4 条自由度线构成螺旋传动连接的第 1 种自由度模式，如图 7-54a 所示。平动自由度线 T 可以用 1 个移动副实现，3 条转动自由度线 R_1、R_2、R_3 可以用 1 个球面副实现。球面副和移动副可以合并为球-圆柱孔运动副，这样螺母和台体可以采用球-圆柱孔连接，如图 7-54b 所示。

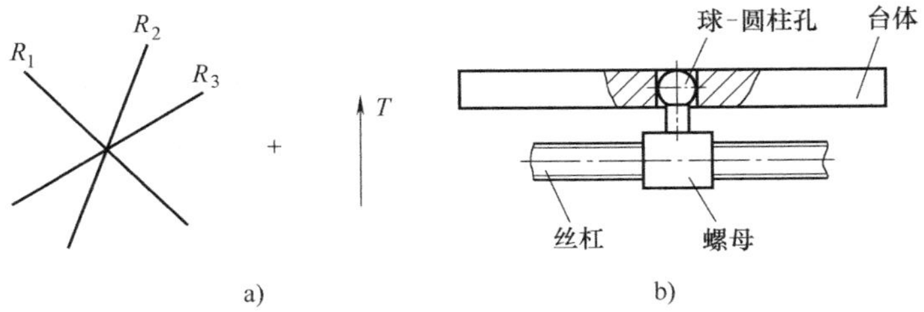

图 7-54　自由度模式 1 和螺旋传动连接构型 1

a）自由度模式 1　b）螺旋传动连接构型 1

（2）第 2 种运动学螺旋传动连接　从 R 球上取出 3 条转动自由度线 R_1、R_2、R_3，从 R 平面上取出 1 条转动自由度线 R_4。这 4 条自由度线构成螺旋传动连接的第 2 种自由度模式，如图 7-55a 所示。转动自由度线 R_1、R_2、R_3 可以用 1 个球面副实现，转动自由度 R_4 可以用 1 个转动副实现，如图 7-55b 所示。

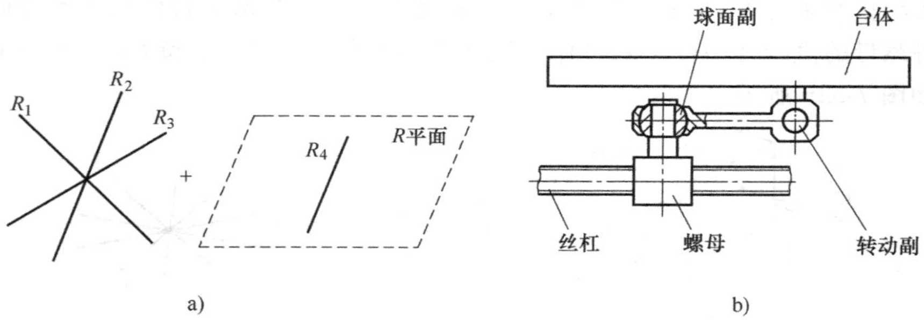

图 7-55　自由度模式 2 和螺旋传动连接构型 2

a）自由度模式 2　b）螺旋传动连接构型 2

（3）第 3 种运动学螺旋传动连接　从 R 球中取出 1 条转动自由度线 R_1，从 R 平面上取出 3 条转动自由度线 R_2、R_3、R_4。这 4 条自由度线构成螺旋传动连接的第 3 种自由度模式，如图 7-56a 所示。转动自由度线 R_1 通过 1 个转动副实现，转动自由度线 R_2、R_3、R_4 可以采用薄板实现，如图 7-56b 所示。

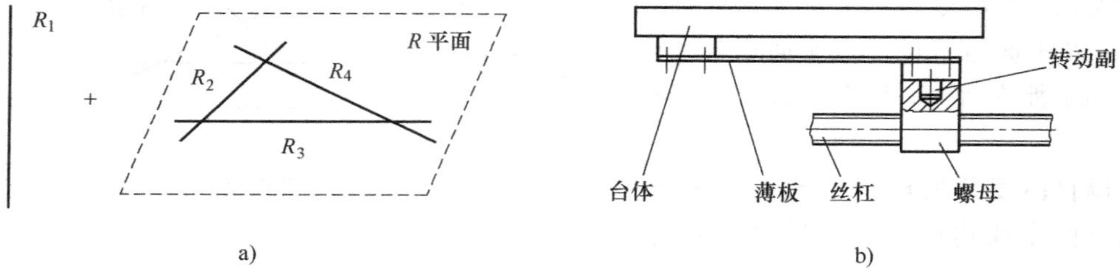

图 7-56　自由度模式 3 和螺旋传动连接构型 3

a）自由度模式 3　b）螺旋传动连接构型 3

（4）第 4 种运动学螺旋传动连接　从 R 球中取出 1 条转动自由度线 R_1，从 R 平面中取出 2 条相交的转动自由度线 R_2 和 R_3，再加上平动自由度线 T。这 4 条自由度线构成螺旋传动连接的第 4 种自由度模式，如图 7-57a 所示。转动自由度线 R_1 可以用 1 个转动副实现，平动自由度线 T 可以用 1 个移动副实现，两者可以合并为一个圆柱副；R 平面上两个相交的

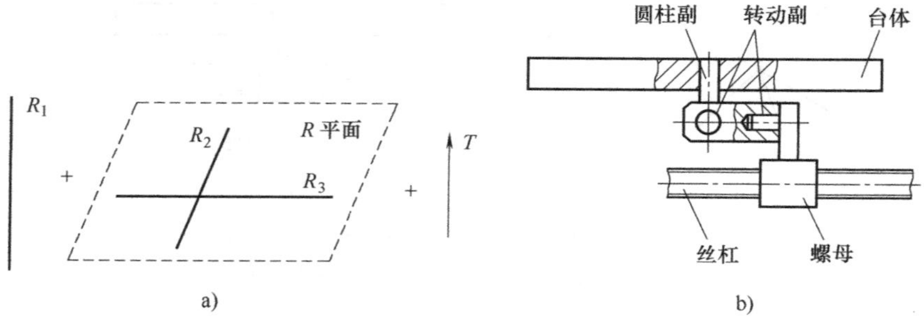

图 7-57　自由度模式 4 和螺旋传动连接构型 4

a）自由度模式 4　b）螺旋传动连接构型 4

转动自由度线 R_1、R_2 可以用两个轴线相交的转动副实现，如图 7-57b 所示。

（5）第 5 种运动学螺旋传动连接　从 R 球中取出 2 条转动自由度线 R_1、R_2，且 R_1、R_2 不在 R 平面上，再从 R 平面上取出两条相交的转动自由度线 R_3、R_4，且 R_3、R_4 均不过 R 球的球心。这 4 条自由度线构成螺旋传动连接的第 5 种自由度模式，如图 7-58 所示。

（6）第 6 种运动学螺旋传动连接　从 R 球中取出两条转动自由度线 R_1、R_2，且 R_1、R_2 不在 R 平面上，再从 R 平面上取出两条平行的转动自由度线 R_3、R_4，且 R_3、R_4 均不过 R 球的球心。这 4 条自由度线构成螺旋传动连接的第 6 种自由度模式，如图 7-59 所示。

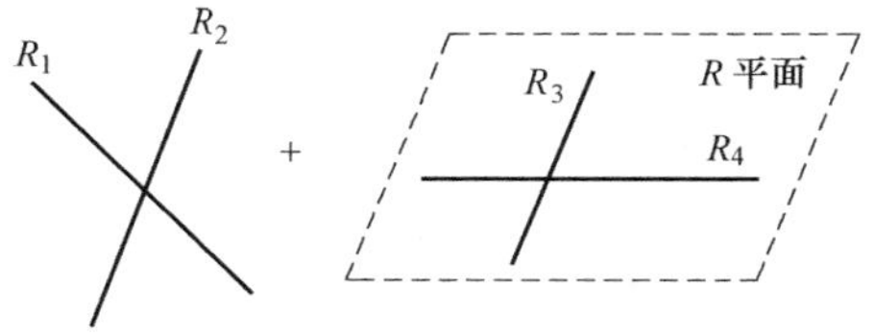

图 7-58　自由度模式 5

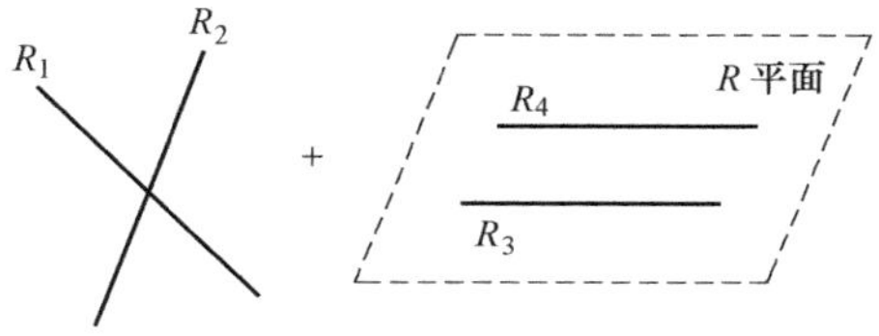

图 7-59　自由度模式 6

第 5、6 种自由度模式需要使用 4 个转动副，连接结构和空间布局均较复杂，预期实际价值不大，概念设计阶段就可将其排除，为此不再给出这两种情况的结构草图，有兴趣的读者可以自行设计。

本节讨论了螺旋传动连接的运动学设计，通过螺母的自由度模式构造了不同的连接方案。通过比较、择优可进行后续工程设计，避免设计的盲目性和不确定性。例如第 1 种构型是球-圆柱孔连接，由于高精度球头难于加工，考虑结构工艺性，可以采用调心球轴承+圆孔结构，如图 7-60 所示。

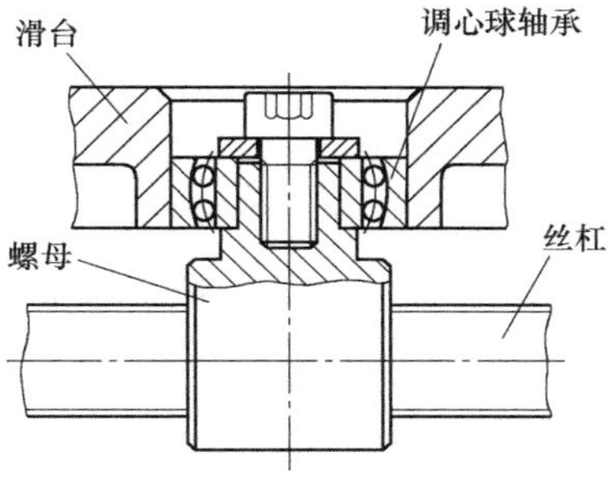

图 7-60　螺旋传动连接实例

最后需说明的是，螺母与台体的直连方式并非禁止使用，但需保证足够的加工和装调精度，可结合工作条件、加工制造精度以及任务需求综合确定。

7.5　运动学支撑

运动学支撑符合运动学原理，被支撑物体自由度为零，且不存在欠约束和过约束。它具有稳定性好、运动确定以及重复定位精度高等特点，在精密仪器及机械中具有广泛应用。Kelvin 支撑和 Maxwell 支撑是两种经典的运动学支撑。图 7-61a 所示为 Kelvin 运动学支撑，台体按圆周均布 3 个球头，底板上的锥孔、V 形槽和平面分别与台体上的球头连接形成球-锥孔副、球-V 形槽以及球-平面副。锥孔对台体施加 3 个非冗余约束，限制台体的 3 个平动自由度；V 形槽对台体施加两个

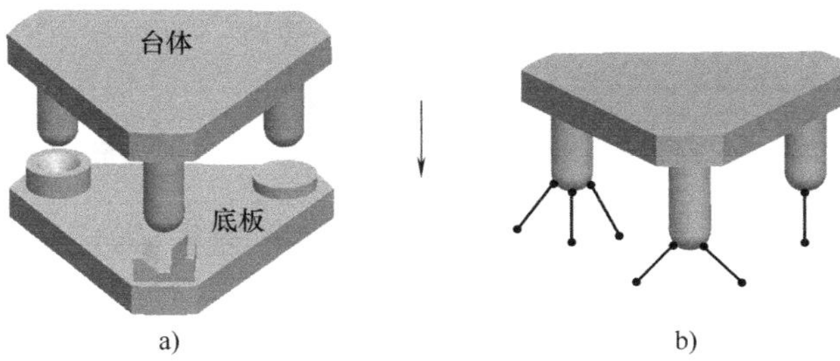

图 7-61　Kelvin 运动学支撑和约束模式

a）Kelvin 运动学支撑　b）Kelvin 运动学支撑约束模式

非冗余约束，限制台体的 2 个转动自由度；平面对台体施加 1 个约束，限制台体的 1 个转动自由度。这 6 个约束共限制台体的 6 个自由度，使其自由度为零，图 7-61b 所示为 Kelvin 运动学支撑约束模式。

图 7-62a 所示为 Maxwell 运动学支撑，台体按圆周均布 3 个球头，底板上的 3 个 V 形槽分别与台体的球头连接形成 3 个球-V 形槽，3 个 V 形槽对台体施加 6 个非冗余约束，共限制台体的 6 个自由度，使其自由度为零，图 7-62b 所示为 Maxwell 运动学支撑约束模式。

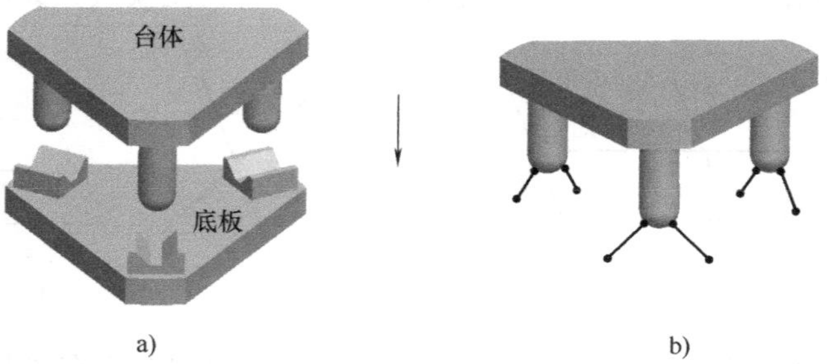

图 7-62　Maxwell 运动学支撑和约束模式

a）Maxwell 运动学支撑　b）Maxwell 运动学支撑约束模式

如图 7-63a 所示，六杆支撑采用了与 Maxwell 支撑类似的约束模式，其杆件主要承受拉力或压力。这种结构可以充分发挥材料性能，具有重量轻、刚度大的优点。图 7-63b 所示为六杆支撑的实物图。

Kelvin 运动学支撑和 Maxwell 运动学支撑结构对称，便于加工制造，应用最广，称为标准运动学连接。此外，还有采用其他结构型式的运动学连接。例如反射镜架采用直角 Kelvin 支撑，即锥孔、V 形槽和平面构成直角三角形，如图 7-64 所示。

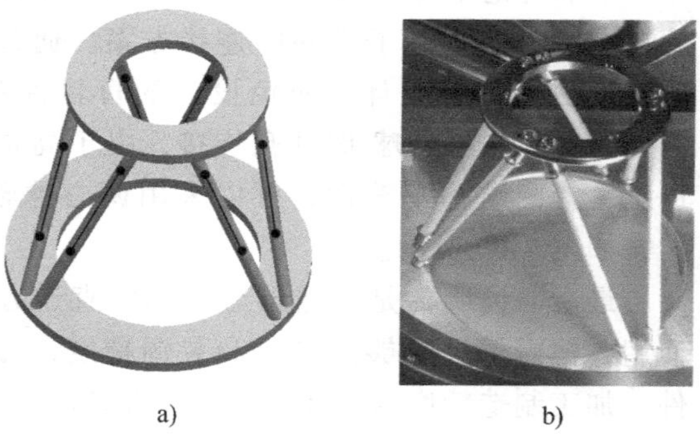

图 7-63　六杆支撑及其实物图

a）六杆支撑　b）六杆支撑实物图

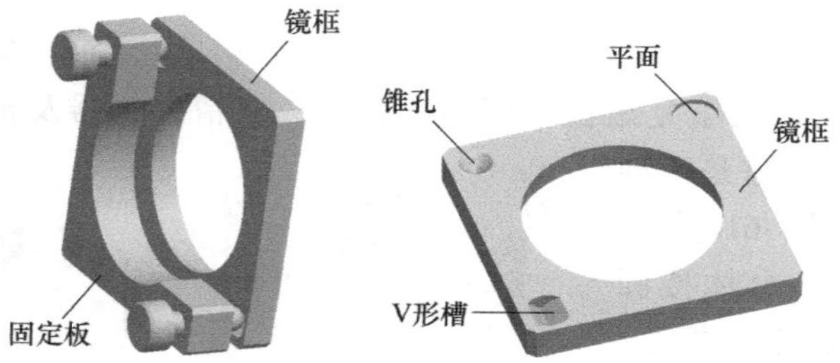

图 7-64　直角 Kelvin 运动学支撑

图 7-65 所示为等腰 Kelvin 运动学支撑，底板上的锥孔、V 形槽和平面按等腰三角形配置。它适用于支撑长宽比较大的物体，例如长方体激光器。

如图 7-66 所示，悬挂式 Kelvin 运动学支撑的球头 1 和球头 2 分别和锥孔、V 形槽接触，此时活动板具有 1 个绕球头 1 和球头 2 球心连线的转动自由度，球头 3 与固定板接触形成球-平面副，对活动板施加 1 个约束，限制这个转动自由度，使活动板自由度为零。

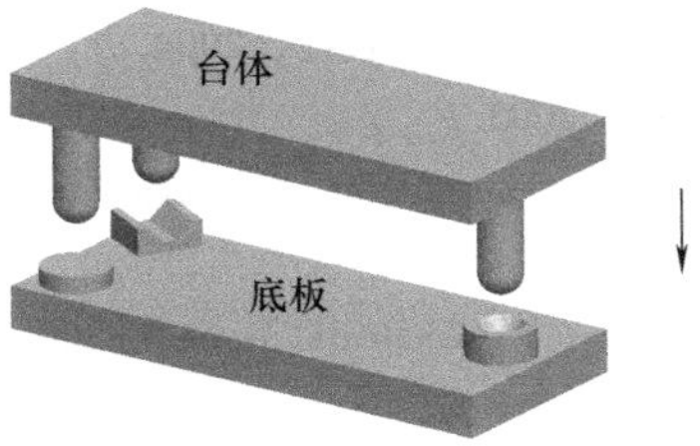

图 7-65 等腰 Kelvin 运动学支撑

图 7-66 悬挂式 Kelvin 运动学支撑

运动学支撑的结构型式多样，总的设计原则是使被支撑的物体自由度为零，同时避免欠约束和过约束，在设计中可根据需要进行构造。

思考与练习

7.1 简述传动连接的分类、特点以及设计时的注意事项。

7.2 通过实例简述过约束的优缺点。

7.3 对图 7-67 所示两种导轨进行约束分析。

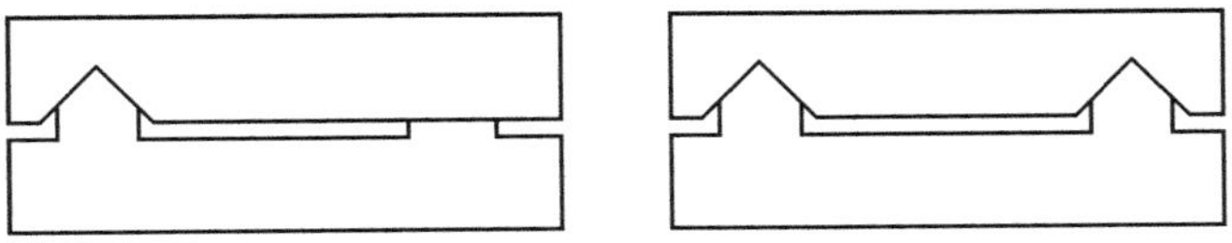

图 7-67 V 形槽-平面导轨、V 形槽-V 形槽导轨

a) V 形槽-平面导轨 b) V 形槽-V 形槽导轨

7.4 建立螺旋传动连接直线运动平台三维模型，并进行运动仿真。

7.5 在第 7.4.3 节螺旋传动连接的设计中，采用两个约束力 C_1、C_2 限制螺母的转动和轴向移动。如果用力偶约束 M 限制螺母的转动，用约束力 C 限制螺母的轴向移动，如图 7-68 所示。试确定螺母的自由度几何模型，据此综合判断螺旋传动连接的构型。

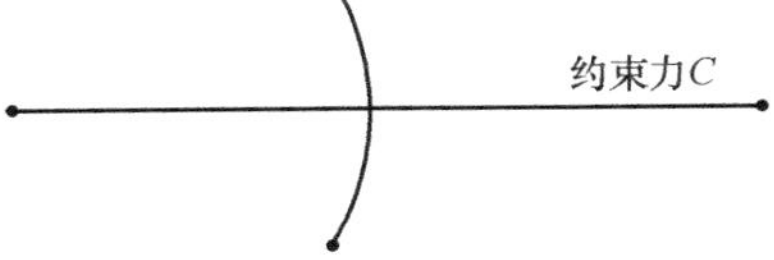

图 7-68 螺母的约束模式

参考文献

[1] 刘泽九. 滚动轴承应用手册［M］. 北京：机械工业出版社，2006.

[2] 濮良贵，纪名刚. 机械设计［M］. 北京：高等教育出版社，2001.

[3] 盛鸿亮. 精密机构与结构设计［M］. 北京：北京理工大学出版社，1993.

[4] 李庆祥，王东生，李玉和. 现代精密仪器设计［M］. 北京：清华大学出版社，2004.

[5] 王大珩. 现代仪器仪表技术与设计［M］. 北京：科学出版社，2003.

[6] SLOCUM A H. Kinematic Couplings for Precision Fixturing-Part Ⅰ: Formulation of Design Parameters [J]. Precision Engineering，1988，10（2）：85-91.

[7] SLOCUM A H. Kinematic Couplings for Precision Fixturing-part Ⅱ: Experimental Determination of Repeatability and Stiffness [J]. Precision Engineering，1988，10（2）：115-122.

[8] 傅学农，陈晓娟，吴文凯，等. 大口径反射镜组件设计及稳定性研究［J］. 光学精密工程，2008，16（2）：179-183.

[9] 陈晓娟，吴文凯，傅学农，等. 精确约束支承结构在惯性约束聚变装置中的应用与研究［J］. 机械科学与技术，2009，28（8）：1111-1114.

第8章

调平机构运动学设计

调平是指调整一个平面与一个基准平面平行。大地测量通常以水平面作为基准平面，调平就是调整一个平面与水平面平行。水平面与重力方向垂直，如图 8-1 所示。放在桌子上的一杯水，杯子中的水面就是自然形成的水平面，如图 8-2 所示。

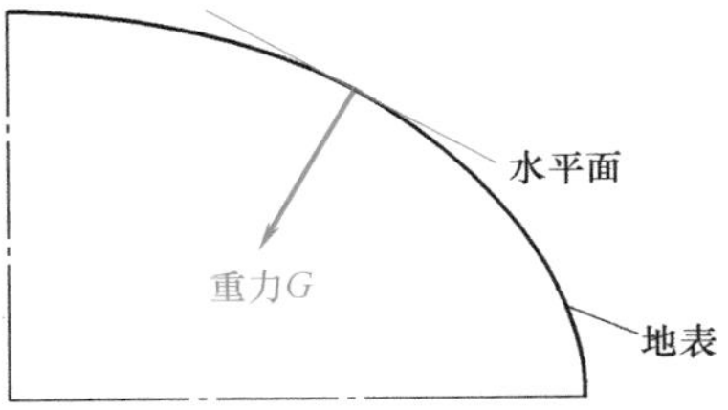

图 8-1　水平面示意图

图 8-2　水平面

水平面是经纬仪、陀螺经纬仪以及水准仪等测量仪器的工作基准。例如经纬仪的方位角和高低角均基于水平面进行定义。因此无论早期的游标经纬仪，还是后来的光学经纬仪、电子经纬仪以及全站仪都需要“先调平，后工作”。图 8-3 所示为经纬仪实物图，图 8-4 所示为调平机构实物图。

图 8-3　经纬仪实物图

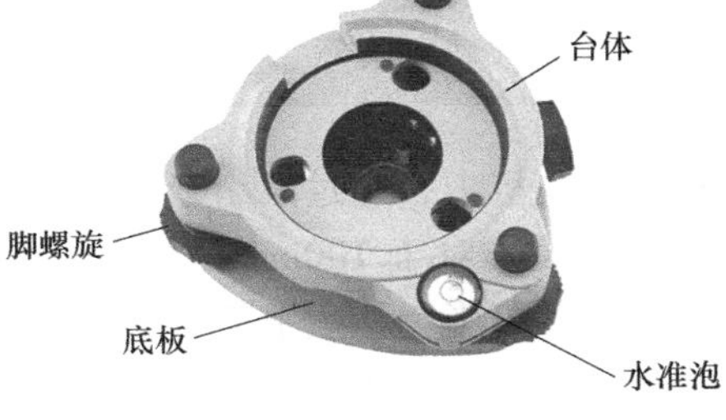

图 8-4　调平机构实物图

调平机构主要用于安放测量仪器主体，建立水平工作基准，其性能直接影响仪器设备的测量精度、工作效率和稳定性。从机构组成的角度，它属于结构对称的并联机构，主要包括台体、底板、水准泡以及 3 个按圆周均匀分布的脚螺旋。

脚螺旋用于调整台体的支撑高度，主要包括螺杆和螺母两部分，两者可以自锁，以使台体调整到位后，保持相应状态。测量仪器对脚螺旋的要求是：螺杆和螺母能均匀平稳地转动，在任何位置不能过松或过紧。因此螺纹加工要精细，配合要严密，有时甚至需要配对研磨。

螺杆的球头和底板的不同连接结构对台体的约束不同。如果两者连接不当，会导致台体欠约束或过约束，调平机构的很多性能缺陷均与此有关。球-平面副（S-E）、球-V 形槽副（S-V）和球-锥孔副（S-C）是常用的 3 种连接方式，如图 8-5 所示。

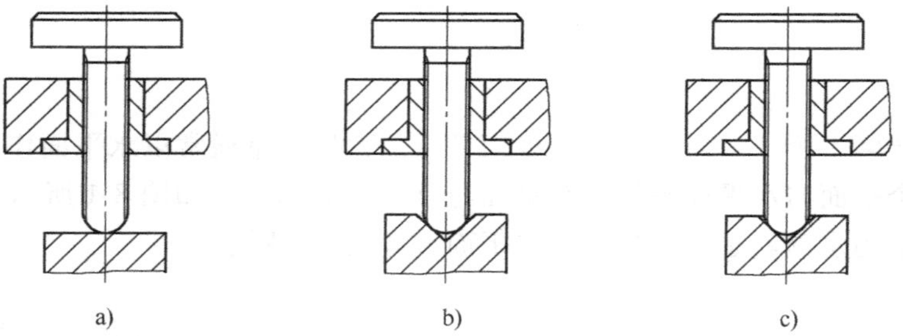

图 8-5　球-平面副连接、球-V 形槽副连接、球-锥孔副连接

a）球-平面副连接　b）球-V 形槽副连接　c）球-锥孔副连接

调平机构在自然放置状态下应具有确定的位姿，在输入状态下，应保持运动几何确定，并具有所需的自由度。这些均是调平机构运动学设计中的关键问题。

在微电子制造领域，调平的基准平面通常是光学系统的焦平面或基板平面等。例如倒装键合设备的调平是调整芯片平面与基板平面平行。由于加工装配误差，芯片和基板存在倾斜角度，如图 8-6a 所示。为降低芯片与基板不平行导致的不利影响，倒装键合设备需通过调平机构对芯片和基板之间的平行度进行调整，使两者平行，如图 8-6b 所示。

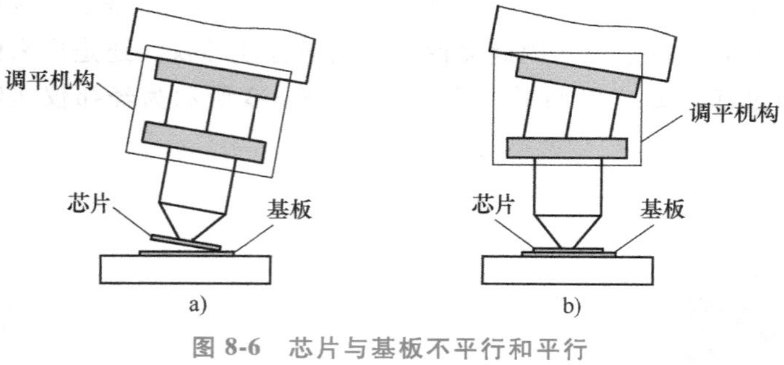

图 8-6　芯片与基板不平行和平行

a）芯片与基板不平行　b）芯片与基板平行

投影光刻机中，通过减小曝光波长 λ 和增大数值孔径 D 可以提高分辨率 δ，但这同时导致焦深 Δ 下降。对于 100nm 分辨率的投影光刻机，其焦深约为 400nm。硅片的厚度偏差、面形起伏以及投影物镜焦平面位置的不准确性等均会造成硅片相对物镜焦平面产生离焦或倾斜。如果硅片的离焦或倾斜使曝光视场内某些区域处于有效焦深之外，将严重影响集成电路的成品率和质量。因此，必须测量硅片表面相对物镜焦平面的距离和倾斜角，通过执行机构

对硅片进行调平调焦，图 8-7 所示为光刻机调平调焦示意图。

从运动学角度，调焦是对物体 1 个平动自由度的调整，调平是对物体 2 个转动自由度的调整，调平调焦是对这 3 个自由度的调整。

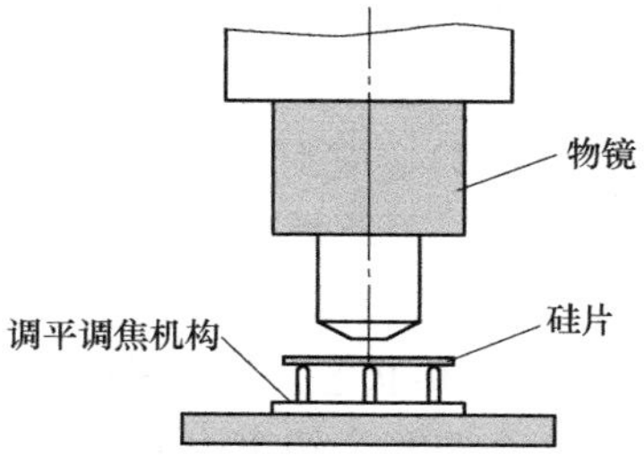

图 8-7　光刻机调平调焦示意图

调平机构是运动学设计的经典案例，用它可以说明很多运动学概念，展示运动学原理在机构设计、优化和新机构发明中的应用。本章主要围绕如何设计既没有欠约束，也没有过约束的调平机构展开讨论，分析目前常见调平机构的约束和自由度，证明两点调平算法，据此揭示调平的二自由度姿态运动本质。最后，从调平过渡到跟踪，讨论目标跟踪运动学方程、跟踪盲区形成机理以及并联跟踪架的构型综合等问题。

8.1　三螺旋调平机构

按照脚螺旋数，调平机构可分为三螺旋调平机构和四螺旋调平机构两类。四螺旋调平机构操作比较麻烦，容易变形或晃动，脚螺旋的螺杆和螺母之间应力大、易磨损，设计上不符合运动学原理，现在已很少使用。附录 A 中图 A-2 是采用四螺旋调平机构的经纬仪。

现代测量仪器普遍使用三螺旋调平机构。它基于“三点确定一个平面”的几何概念设计，通过调整 3 个螺杆的支撑高度对台体进行调平，主要包括 3-HSE 调平机构、3-HSC 调平机构、3-HSV 调平机构、HSC-HSV-HSE 调平机构共四种类型，见表 8-1。

表 8-1　螺杆与底板的连接结构

调平机构类型	螺杆与底板的连接结构
3-HSE 调平机构	球-平面副(S-E)
3-HSC 调平机构	球-锥孔副(S-C)
3-HSV 调平机构	球-V 形槽副(S-V)
HSC-HSV-HSE 调平机构	球-锥孔副(S-C)、球-V 形槽副(S-V)和球-平面副(S-E)

本书附录列出了使用这几种调平机构的测量仪器。虽然有些仪器现在已不再使用，但它们对了解调平机构的技术发展、改进和优化现有设计仍具有借鉴意义。

螺杆自锁与否台体受到的约束不同，这使调平机构表现出不同的运动学特点。下面分情况讨论：①螺杆自锁时，台体是否存在欠约束和过约束；②转动螺杆时，台体是否运动几何确定，以及是否存在运动干涉或附加运动。可以发现，这几种调平机构均存在不同程度的运动学缺陷。这些问题有时表现并不明显，在实际中常被忽略，甚至未被察觉，但高精度、高性能的调平机构需更加严格、细致设计，对此需要重视。

8.1.1　3-HSE 调平机构

如图 8-8 所示，3-HSE 调平机构主要包括台体、底板以及按圆周均匀分布的 3 个螺杆。螺杆与台体通过螺旋副（H）连接，螺杆的球头与底板接触形成球-平面副（S-E）。其中 S_1、S_2、S_3 分别表示螺杆 1、螺杆 2 以及螺杆 3 的球头球心。附录 A 中图 A-3 水准仪和图 A-4 经纬仪使用的就是这种调平机构。

3-HSE 调平机构包括 3 个 H-S-E 支链。当 H-S-E 自锁时，H-S-E 支链相当于一个球-平面副（S-E），它对台体施加 1 个约束力。转动螺杆，H-S-E 支链具有 6 个自由度，不对台体施加约束。因此螺杆自锁与否，H-S-E 支链对台体的约束不同，由此导致台体的自由度不同。下面分类进行讨论：

1）0-状态。3 个螺杆均保持自锁状态，此时 H-S-E 支链仅有球-平面副起作用，台体受到 3 个非冗余约束力 C_1、C_2、C_3，因此具有 3 个自由度，分别为绕竖直方向的转动自由度 R 和底面上的 2 个平动自由度 T_1、T_2，如图 8-9 所示。

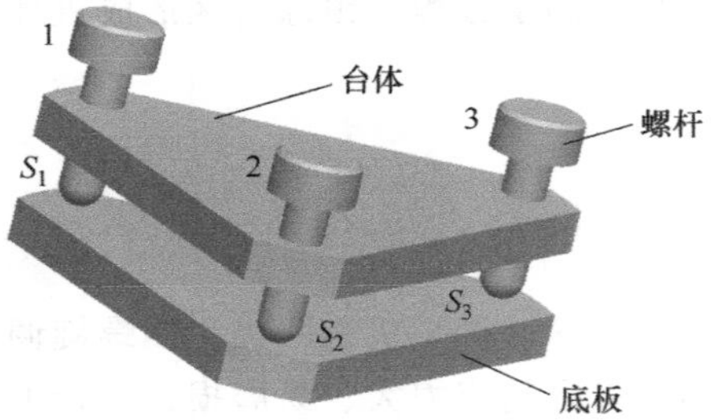

图 8-8　3-HSE 调平机构

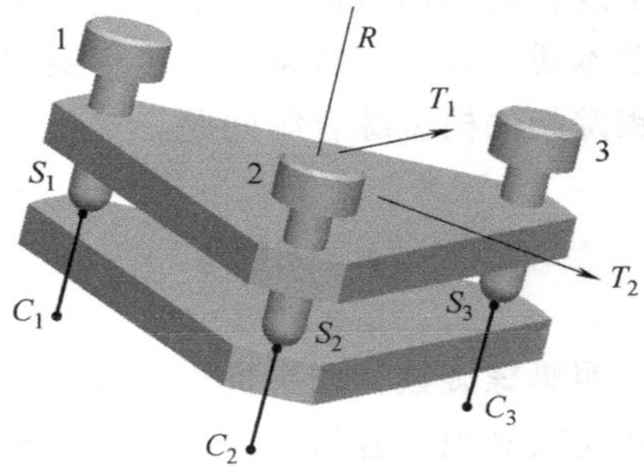

图 8-9　0-状态约束与自由度

2）1-状态。转动 1 个螺杆，另外 2 个螺杆自锁。假设转动螺杆 3，螺杆 1 和螺杆 2 自锁，螺杆 1 和螺杆 2 所在支链对台体施加 2 个非冗余约束力 C_1 和 C_2，螺杆 3 所在支链不产生约束，因此台体具有 4 个自由度，分别为绕竖直方向的转动自由度 R_1、绕球心连线 S_1S_2 的转动自由度 R_2 以及平动自由度 T_1 和 T_2，如图 8-10 所示。

3）2-状态。同时转动 2 个螺杆，剩下的 1 个螺杆自锁。假设转动螺杆 2、3，螺杆 1 自锁，此时螺杆 2、3 所在支链不产生约束，螺杆 1 所在支链对台体施加 1 个约束 C_1，台体在 S_1 处受到 1 个约束 C，因此具有 5 个自由度，分别为平面上的 2 个平动自由度 T_1、T_2 和过球心 S_1 的 3 个转动自由度 R_1、R_2、R_3，如图 8-11 所示。

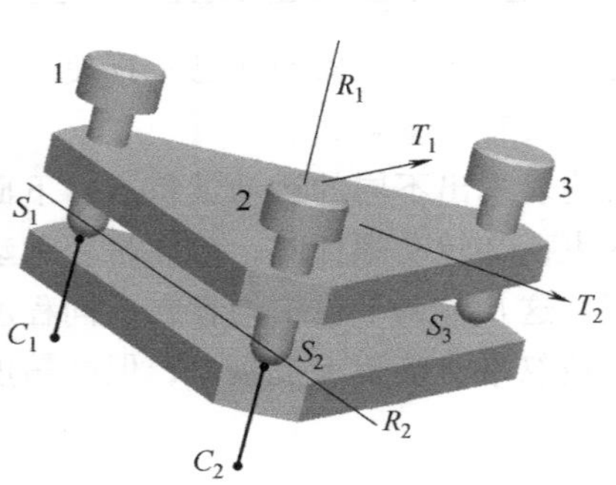

图 8-10　1-状态约束与自由度

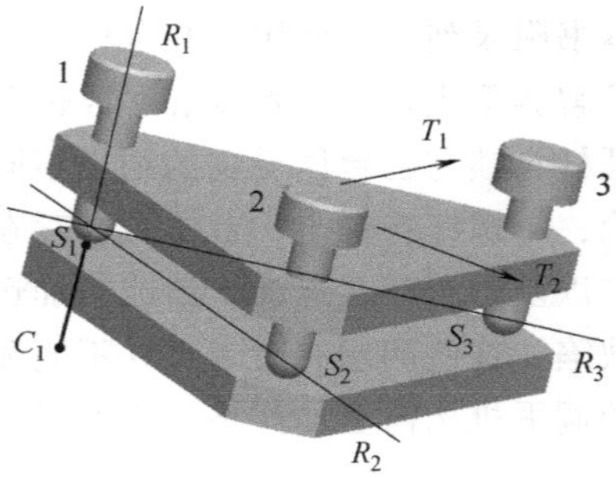

图 8-11　2-状态约束与自由度

4）3-状态。同时转动 3 个螺杆，此时 3 个 H-S-E 运动链对台体均不施加约束，台体具有 6 个自由度，包括 3 个转动自由度和 3 个平动自由度。

3-HSE 调平机构在不同状态下的约束和自由度见表 8-2，其中 R 表示转动自由度，T 表示平动自由度。

表 8-2　3-HSE 调平机构的约束与自由度

状态	转动螺杆数	自锁螺杆数	约束数	自由度
0-状态	0	3	3	3(1R2T)
1-状态	1	2	2	4(2R2T)
2-状态	2	1	1	5(3R2T)
3-状态	3	0	0	6(3R3T)

综上所述，3-HSE 调平机构是一种欠约束调平机构。自然放置时（0-状态），台体具有 3 个自由度，在外界的扰动下易于发生相对运动。例如将它放在光滑底板上，然后转动螺杆进行调平，整个机构可能在底板上“打滑”，从而影响正常的调平工作。在输入状态下，其运动几何不确定，不能仅通过输入几何参数对台体的位姿进行控制，并且由于摩擦和负载等变化，其调平精度和效率具有很大不确定性。因此，这种调平机构多用在普通手动场合。因为人是个智能系统，可以根据不同情况进行决策和修正，这在一定程度上弥补了欠约束带来的问题。然而，计算机不具备人类智能，难于处理随机问题，因此这类机构难以实现高性能自动调平。为此有研究人员采用神经网络、模糊控制等控制算法，致使问题越发复杂，实际效果并不理想。

与 3-HSE 调平机构类似的还有 4-HSE 调平机构，其台体和底板通过 4 个 H-S-E 支链连接形成封闭结构，如图 8-12a 所示。这种调平机构的优点是可以获得较大的支撑面，抗倾覆能力强，在大型车辆平台中较为常见。螺杆自锁时，每个球-平面副（S-E）对台体施加 1 个约束力，假设底板是个刚性平面，台体受到 4 个平行的约束力 C_1、C_2、C_3 和 C_4，其中 C_4 是冗余约束，如图 8-12b 所示。

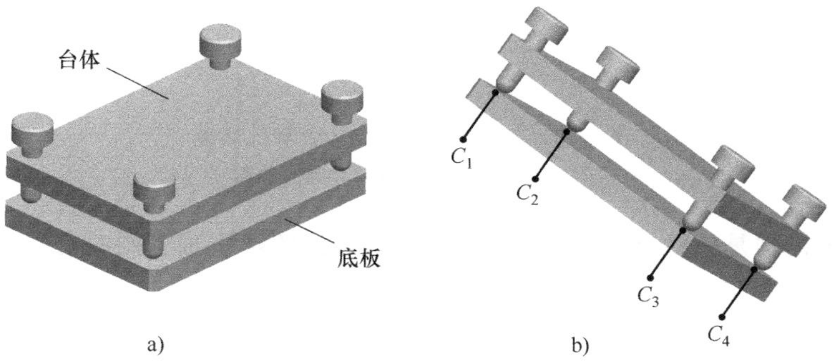

图 8-12　4-HSE 调平机构和约束模式

a）4-HSE 调平机构　b）约束模式

这种调平机构具有“整体欠约束、局部过约束”的特点。所谓“整体欠约束”是指在自然状态下台体的 6 个自由度没有全部被约束，而仍具有 3 个自由度（1R2T）；所谓“局部过约束”是指 C_1、C_2、C_3、C_4 中存在 1 个冗余约束，对台体造成了过约束。因此它既存在欠约束导致的运动几何不确定问题，又存在过约束导致的“虚支撑”问题。

8.1.2 3-HSC 调平机构

如图 8-13 所示，3-HSC 调平机构包括 3 个 H-S-C 支链，螺杆球头和底板通过球-锥孔副（S-C）连接。附录 A 中图 A-5 所示磁悬浮陀螺经纬仪采用的是这种调平机构。

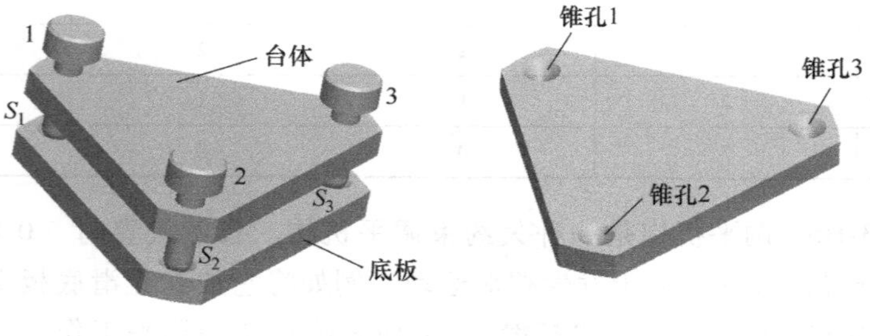

图 8-13 3-HSC 调平机构

螺杆自锁时，H-S-C 支链相当于球-锥孔副（S-C）。首先，锥孔 1 通过螺杆 1 的球头对台体施加 3 个非冗余约束力，台体具有 3 个转动自由度 R_1、R_2、R_3，如图 8-14a 所示；然后，锥孔 2 与螺杆 2 的球头配合，此时台体具有 1 个绕球心连线 S_1S_2 的转动自由度 R，如图 8-14b 所示；最后，锥孔 3 与螺杆 3 的球头配合，台体的 6 个自由度均被约束，自由度为零。

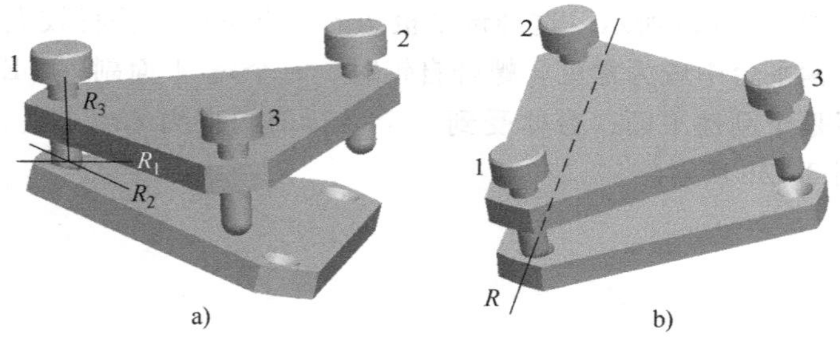

图 8-14 1 个锥孔接触和 2 个锥孔接触

a）1 个锥孔接触 b）2 个锥孔接触

3-HSC 调平机构是一种过约束调平机构，3 个螺杆的球头难于同时与底板上的 3 个锥孔保持良好配合，对加工装配精度要求高，环境适应性差，在高低温环境下容易出现转动不灵活的现象。

由于过约束的原因，这种调平机构易于磨损和变形。如果不考虑其中的运动学设计缺陷，而仅从材料角度解决这一问题，效果通常不理想。此外，这种机构还存在运动干涉问题，例如转动螺杆 1，台体具有绕球心连线 S_2S_3 的转动趋势，球心 S_1 随台体也具有这种转动趋势，但锥孔 1 和球头的配合会对这种转动产生限制，如图 8-15 所示。

通过上述分析可知，这种机构在理论上无法运动，但由于螺旋副间隙以及零件变形等因素，台体可以做小范围运动，从而使调平得以进行，但随着调平角度的增大，螺旋副的间隙逐渐减小，螺杆的转动会变得越来越不灵活。当间隙被全部“吃掉”后，此时继续转动螺杆会使其发生弯曲变形，使机构运动卡滞，甚至卡死。因此这种机构不适于大角度范围和精密调平场合。

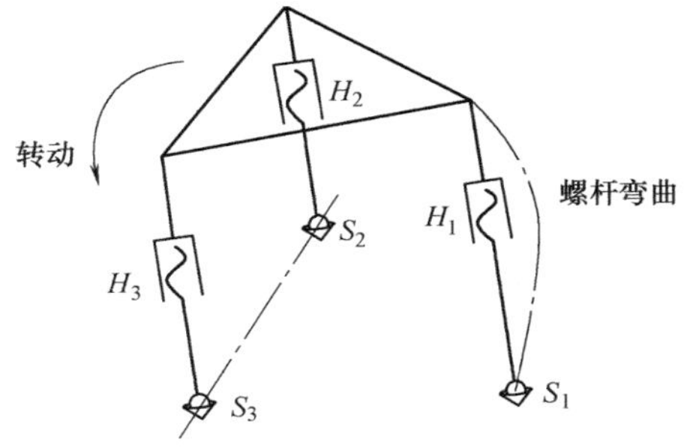

图 8-15　3-HSC 调平机构的运动干涉

8.1.3　3-HSV 调平机构

如图 8-16a 所示，3-HSV 调平机构包含 3 个 H-S-V 支链，螺杆球头与底板采用球-V 形槽（S-V）连接。如图 8-16b 所示，底板上的 3 个 V 形槽按圆周均匀分布。附录 A 中图 A-6 所示水准仪和图 A-7 所示经纬仪使用的是这种调平机构。

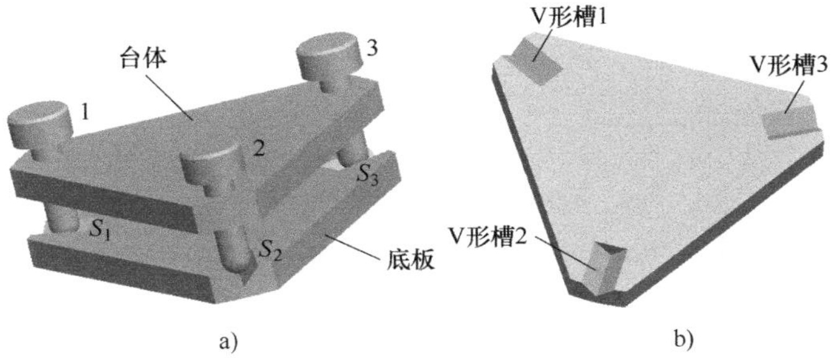

图 8-16　3-HSV 调平机构和底板结构
a）3-HSV 调平机构　b）底板结构

螺杆自锁时，H-S-V 运动链相当于一个球-V 形槽副（S-V），台体和底板构成 Maxwell 连接。每个 V 形槽通过螺杆的球头对台体施加 2 个非冗余约束力，3 个 V 形槽恰好对台体施加 6 个非冗余约束力，使其自由度为零。由于物体被约束的自由度（6 个）与物体受到的约束数（6 个）相同，因此台体处于精确约束状态，不存在欠约束和过约束。

下面研究转动螺杆时台体的运动情况。假设在初始状态下，球心三角形 $S_1S_2S_3$ 是等边三角形，如图 8-17a 所示。首先，转动螺杆 1，台体绕 S_2S_3 转动，球心 S_1 沿 V 形槽 1 运动到 S_1'，此时球心三角形为 $S_1'S_2S_3$，如图 8-17b 所示；然后，转动螺杆 2，则台体应绕 $S_1'S_3$ 转动，而 S_2 应沿 $S_1'S_3$ 的垂直方向运动，但由于 V 形槽 2 的方向（垂直于球心连线 S_1S_3）与该垂直方向不一致，从而使 S_2 的运动与 V 形槽 2 干涉，如图 8-17c 所示。

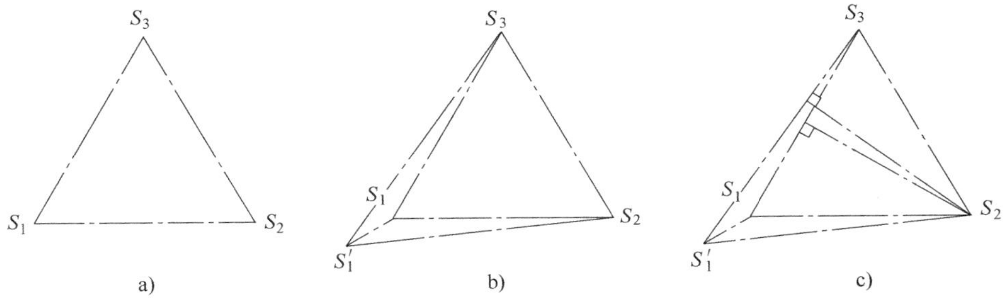

图 8-17　初始状态、转动螺杆 1 和 2
a）初始状态　b）转动螺杆 1　c）转动螺杆 2

综上所述，3-HSV 调平机构在自然放置下处于精确约束状态，调平时，螺杆球头的运动方向与 V 形槽的方向不一致，由此产生运动干涉。随着调平的进行，螺杆球头会逐渐脱离 V 形槽，导致台体欠约束，机构稳定性变差。由于调平通常是小范围运动，这种现象在实际中表现并不明显，因此不容易察觉。

8.1.4 HSC&HSV&HSE 调平机构

如图 8-18a 所示，HSC&HSV&HSE 调平机构的台体和底板通过 H-S-C、H-S-V 以及 H-S-E 支链连接，3 个螺杆的球头分别与底边上的平面、V 形槽和锥孔接触。如图 8-18b 所示，底板按圆周均匀分布锥孔、V 形槽和平面。附录 A 中图 A-8 摆式陀螺经纬仪使用的是这种调平机构。

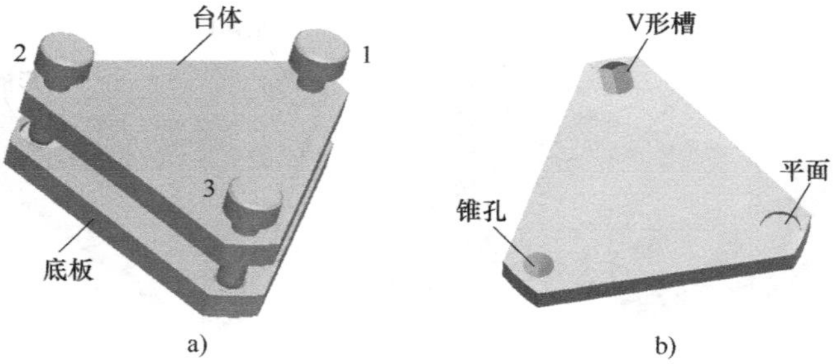

图 8-18 HSC&HSV&HSE 调平机构和底板结构

a）HSC&HSV&HSE 调平机构 b）底板结构

当 3 个螺杆均自锁时，台体和底板构成 Kelvin 运动学支撑，台体受到 6 个非冗余约束力，自由度为零。这种调平机构结构对称，不存在欠约束和过约束，稳定性好，缺点是在调平过程中存在附加运动。如图 8-19a 所示，S_1、S_2、S_3 分别表示螺杆 1、螺杆 2、螺杆 3 球头的球心。设在初始状态下球心三角形 $S_1S_2S_3$ 是等边三角形。首先，转动螺杆 1，台体绕球心连线 S_2S_3 转动，球心 S_1 沿 S_2S_3 的垂直方向运动到 S_1'，球心三角形由 $S_1S_2S_3$ 变为 $S_1'S_2S_3$，如图 8-19b 所示。

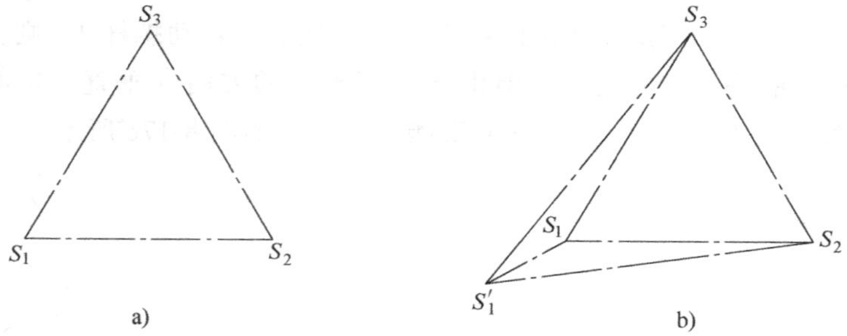

图 8-19 初始转动和转动螺杆 1

a）初始转动 b）转动螺杆 1

然后，转动螺杆 2，台体绕 $S_1'S_3$ 转动，球心 S_2 沿 V 形槽方向运动到 S_2'，如图 8-20a 所示。在此过程中，球心 S_1'变化到 S_1''，球心三角形由 $S_1'S_2S_3$ 变为 $S_1''S_2'S_3$，相应的台体转过角度 θ，如图 8-20b 所示。

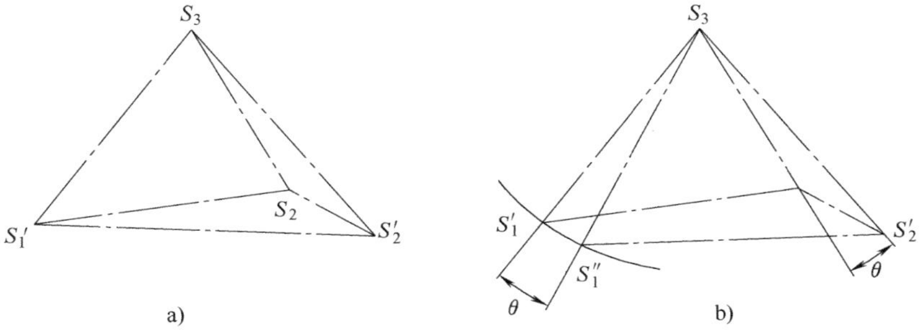

图 8-20 转动螺杆 2 和台体转角

a）转动螺杆 2 b）台体转角

设球心三角形 $S_1S_2S_3$ 的边长 $l=180\text{mm}$，$S_2'S_3 \approx S_2S_3=180\text{mm}$，球心 S_2 的运动距离 $S_2S_2'=2\text{mm}$，则

$$\theta \approx \sin\theta = S_2S_2'/l = 2/180\text{rad} = 0.64°$$

在球心三角形由 $S_1'S_2S_3$ 变为 $S_1''S_2'S_3$ 的过程中，台体绕竖直方向转动。这个运动不是调平需要的运动，因此称为附加运动。它增加了调平的不确定性，不利于高精度、高效率的自动调平。

8.2 两螺旋调平机构

HSC&HSV&HSE 调平机构底板上的锥孔-V 形槽-平面按圆周均匀分布，且 V 形槽的方向沿径向。调平过程中，由于螺杆球头的运动方向和 V 形槽的方向不一致，使台体产生附加运动。直观上，如果将锥孔-V 形槽-平面按直角配置，且 V 形槽沿直角边方向，则可能消除附加运动。此外，为进一步简化结构，将锥孔处螺杆改为支杆，由此提出直角 SC&HSV&HSE 调平机构。与 HSC&HSV&HSE 调平机构相比，它具有以下两个特点：

1）采用直角 Kelvin 运动学支撑。

2）采用两个螺杆进行调平。

本节首先介绍直角 SC&HSV&HSE 调平机构构型、约束和自由度，然后证明两螺旋调平原理，最后引出标准 SC&HSV&HSE 调平机构。

8.2.1 直角 SC&HSV&HSE 调平机构

如图 8-21a 所示，直角 SC&HSV&HSE 调平机构包括台体、底板、两个螺杆以及 1 个支杆。底板上按直角三角形设置锥孔、V 形槽和平面，其中锥孔位于直角顶点，平面和 V 形槽分别位于两直角边，如图 8-21b 所示。支杆球头与锥孔接触构成球-锥孔副（S-C），螺杆 1 的球头与 V 形槽配合构成球-V 形槽副（S-V），螺杆 2 的球头与平面接触构成球-平面副（S-E）。

下面分析不同状态下，台体的约束和自由度。

1）0-状态。2 个螺杆均处于自锁状态。锥孔通过支杆球头对台体施加 3 个非冗余约束力 C_1、C_2、C_3，V 形槽通过螺杆 1 的球头对台体施加 2 个约束 C_4、C_5，平面通过螺杆 2 的球头对台体施加 1 个约束力 C_6，台体在这 6 个约束的限制下自由度为零，图 8-22 所示为

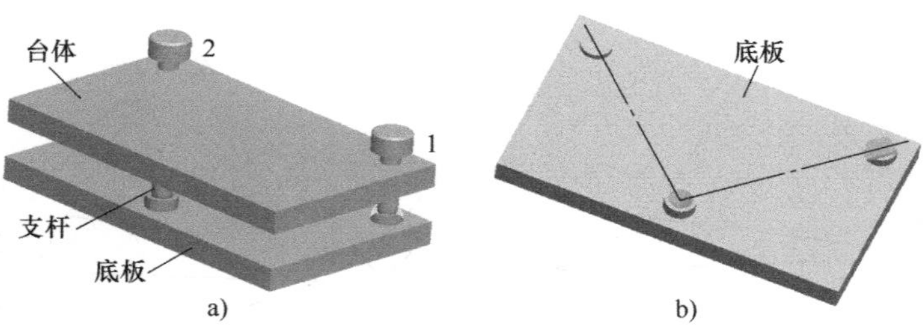

图 8-21 直角 SC&HSV&HSE 调平机构和底板
a）直角 SC&HSV&HSE 调平机构 b）底板

0-状态约束模式，其中 S_1、S_2 表示螺杆 1、螺杆 2 球头的球心，S_3 表示支杆球头的球心。

2）1-状态。转动 1 个螺杆，另一个螺杆处于自锁状态。若转动螺杆 1，而保持螺杆 2 自锁，锥孔通过支杆的球头仍对台体施加 3 个约束 C_1、C_2、C_3，H-S-V 运动链对台体提供 1 个约束 C_4，H-S-E 运动链对台体提供 1 个约束 C_5，台体具有 1 个转动自由度 R，如图 8-23a 所示。类似地，若转动螺杆 2，而保持螺杆 1 自锁，锥孔通过支杆的球头对台体施加 3 个约束 C_1、C_2、C_3，H-S-V 支链对台体施加 2 个约束 C_4、C_5，H-S-E 运动链对台体不施加约束，台体具有 1 个转动自由度 R，如图 8-23b 所示。

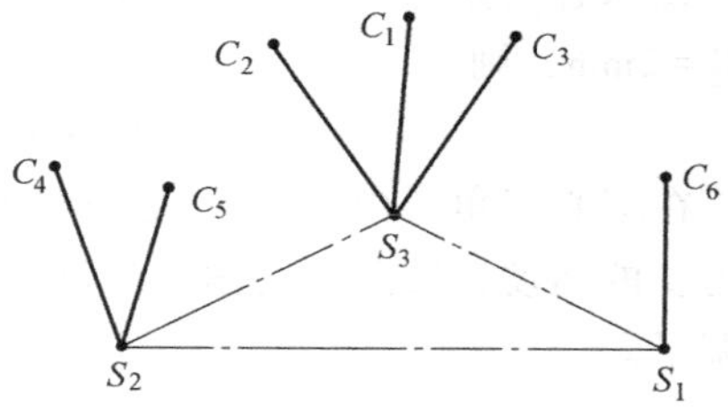

图 8-22 0-状态约束模式

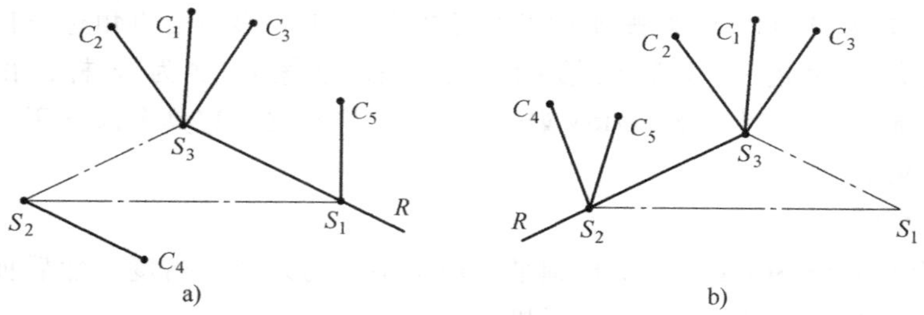

图 8-23 1-状态约束与自由度

3）2-状态。同时转动螺杆 1 和螺杆 2，锥孔通过支杆球头对台体施加 3 个非冗余约束力 C_1、C_2、C_3，H-S-V 运动链对台体施加 1 个约束力 C_4，H-S-E 对台体不施加约束，过支杆球头的球心 S_3，且在球心三角形 $S_1S_2S_3$ 平面上的任意两条直线均可表示台体的自由度，如图 8-24 所示。

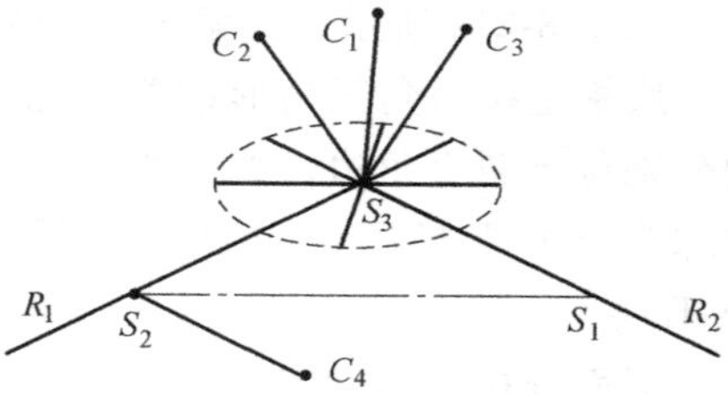

图 8-24 2-状态约束与自由度

综上所述，在 0-状态下，台体自由度为零；在 1-状态下，台体具有 1 个转动自由度；在 2-状态下，台体具有 2 个转动自由度。台体在不同状态下的约束和自由度见表 8-3。

表 8-3　SC&HSV&HSE 调平机构的约束与自由度

状态	驱动状态	约束	自由度
0-状态	2 个螺杆均自锁	6	0
1-状态	1 个螺杆驱动，1 个螺杆自锁	5	1*R*
2-状态	2 个螺杆均自锁	4	2*R*

8.2.2　两螺旋调平原理

三螺旋调平基于“三点确定一个平面”的几何概念，通过改变 3 个螺杆的支撑高度进行调平。该方法简单直观，实际中具有广泛应用。如图 8-25 所示，假设点 C 为参考点，点 A 和点 B 为调整点，通过调整点 A 和点 B 的高度使被调整平面与底面平行。

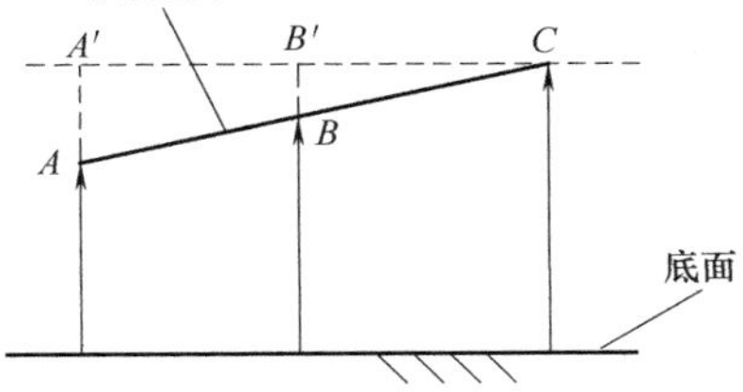

图 8-25　三点调平示意图

与三螺旋调平不同，直角 SC&HSV&HSE 调平机构采用两个螺杆和 1 个支杆支撑台体，那么通过 2 个螺旋能否实现调平？如前所述，调平是指将 1 个平面调整到与基准平面平行，此时两平面的法线矢量重合。从这个角度，可以研究台体法线矢量和基准平面法线矢量是否重合，由此可以将调平问题转化为法线矢量的旋转问题。

设台面（被调整平面）法线矢量为 $\boldsymbol{N}$，基准平面法线矢量为 $\widetilde{\boldsymbol{N}}$。图 8-26a 和 b 分别表示台面与基准平面平行和不平行状态。两者不平行时，台面法线矢量 $\boldsymbol{N}$ 与基准平面法线矢量 $\widetilde{\boldsymbol{N}}$ 之间存在夹角 ϕ。

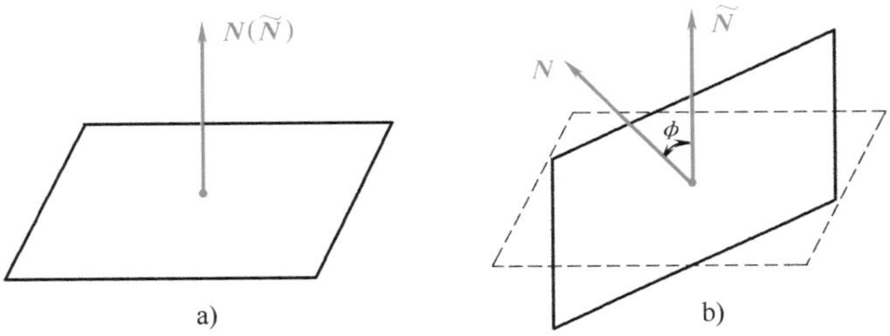

图 8-26　平行状态和不平行状态

a）平行状态　b）不平行状态

与底板固连建立直角坐标系 $OXYZ$，坐标原点 O 选为支杆球头的球心，X 轴和 Y 轴分别沿直角三角形的两条直角边，Z 轴按右手规则确定，如图 8-27 所示。

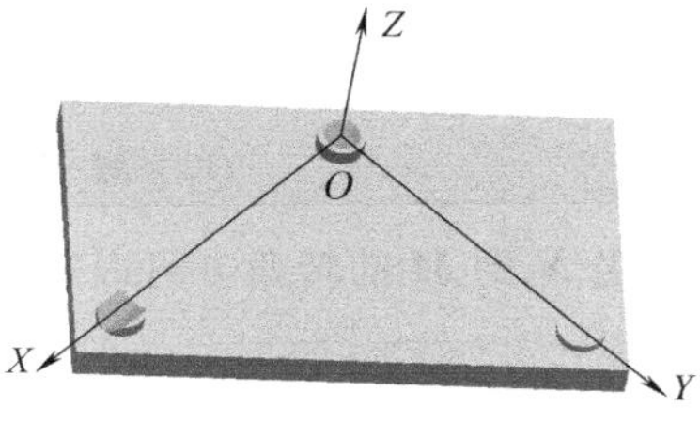

图 8-27　底板坐标系

台面单位法线矢量可以表示为

$$\boldsymbol{N}=\begin{bmatrix} n_1 \\ n_2 \\ n_3 \end{bmatrix}$$

基准平面单位法线矢量可以表示为

$$\widetilde{\boldsymbol{N}}=\begin{bmatrix}\widetilde{n}_1\\ \widetilde{n}_2\\ \widetilde{n}_3\end{bmatrix}$$

设存在过渡单位矢量为

$$\boldsymbol{M}=\begin{bmatrix}m_1\\ m_2\\ m_3\end{bmatrix}$$

$\boldsymbol{N}$ 绕 X 轴转动 θ 与 $\boldsymbol{M}$ 重合，然后 $\boldsymbol{M}$ 绕 Y 轴转动 φ 与 $\widetilde{\boldsymbol{N}}$ 重合，由此实现调平，如图 8-28 所示。

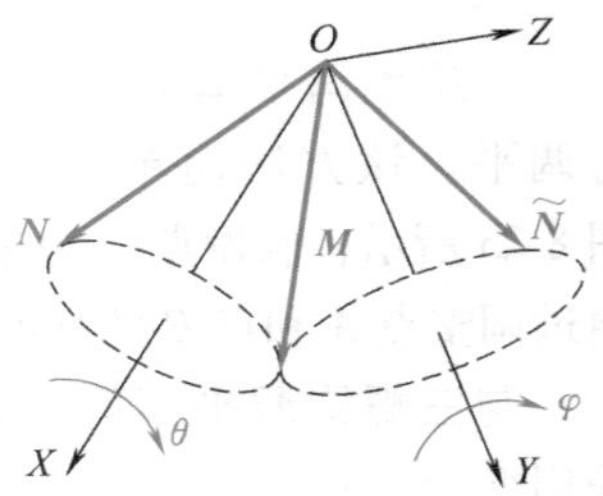

图 8-28　矢量旋转示意图

令 $\boldsymbol{X}_0$ 和 $\boldsymbol{Y}_0$ 分别表示沿 X 轴和 Y 轴的单位矢量，则

$$\boldsymbol{X}_0=\begin{bmatrix}1\\0\\0\end{bmatrix},\ \boldsymbol{Y}_0=\begin{bmatrix}0\\1\\0\end{bmatrix}$$

台面法线矢量 $\boldsymbol{N}$ 和过渡单位矢量 $\boldsymbol{M}$ 在 X 轴上的投影分别为 $\boldsymbol{X}_0^{\mathrm{T}}\boldsymbol{N}$ 和 $\boldsymbol{X}_0^{\mathrm{T}}\boldsymbol{M}$，过渡单位矢量 $\boldsymbol{M}$ 和基准平面法线矢量 $\widetilde{\boldsymbol{N}}$ 在 Y 轴上的投影分别为 $\boldsymbol{Y}_0^{\mathrm{T}}\boldsymbol{M}$ 和 $\boldsymbol{Y}_0^{\mathrm{T}}\widetilde{\boldsymbol{N}}$。又 $\boldsymbol{N}$ 和 $\boldsymbol{M}$ 在 X 轴上的投影相等，$\boldsymbol{M}$ 和 $\widetilde{\boldsymbol{N}}$ 在 Y 轴上的投影相等，则

$$\boldsymbol{X}_0^{\mathrm{T}}N=\boldsymbol{X}_0^{\mathrm{T}}\boldsymbol{M}\rightarrow m_1=n_1$$

$$\boldsymbol{Y}_0^{\mathrm{T}}M=\boldsymbol{Y}_0^{\mathrm{T}}\widetilde{\boldsymbol{N}}\rightarrow m_2=\widetilde{n}_2$$

过渡单位矢量 $\boldsymbol{M}$ 的坐标分量为

$$m_1=n_1$$

$$m_2=\widetilde{n}_2$$

$$m_3=\sqrt{1-n_1^2-\widetilde{n}_2^2}$$

过渡单位矢量 $\boldsymbol{M}$ 可以表示为

$$\boldsymbol{M}=(n_1\quad \widetilde{n}_2\quad \sqrt{1-n_1^2-\widetilde{n}_2^2})$$

设 $\boldsymbol{N}$ 和 $\boldsymbol{M}$ 在 X 轴上的分量分别为 N_X、M_X，则

$$N_X=\boldsymbol{X}_0^{\mathrm{T}}\boldsymbol{N}\boldsymbol{X}_0$$

$$M_X=\boldsymbol{X}_0^{\mathrm{T}}\boldsymbol{M}\boldsymbol{X}_0$$

设 P_X 与 Q_X 分别是 $\boldsymbol{N}$ 和 $\boldsymbol{M}$ 在垂直于 X 轴平面上的投影，则

$$P_X=\boldsymbol{N}-N_X=\boldsymbol{N}-\boldsymbol{X}_0^{\mathrm{T}}\boldsymbol{N}\boldsymbol{X}_0=(0\quad n_2\quad n_3)^{\mathrm{T}}$$

$$Q_X=\boldsymbol{M}-M_X=\boldsymbol{M}-\boldsymbol{X}_0^{\mathrm{T}}\boldsymbol{M}\boldsymbol{X}_0=(0\quad \widetilde{n}_2\quad \sqrt{1-n_1^2-\widetilde{n}_2^2})^{\mathrm{T}}$$

由 $\boldsymbol{N}$ 到 $\boldsymbol{M}$ 的转角 θ 可以表示为

$$\cos\theta=\frac{P_X^{\mathrm{T}}Q_X}{|P_X|\cdot|Q_X|}=\frac{n_2\widetilde{n}_2+n_3\sqrt{1-n_1^2-\widetilde{n}_2^2}}{\sqrt{1-n_1^2}\cdot\sqrt{n_2^2+n_3^2}}$$

类似地，设 $\boldsymbol{M}$ 和 $\widetilde{\boldsymbol{N}}$ 在 Y 轴上的分量分别为 M_Y、$\widetilde{N}_Y$，则

$$M_Y = \boldsymbol{Y}_0^{\mathrm{T}} \boldsymbol{M} \boldsymbol{Y}_0$$

$$\widetilde{N}_Y = \boldsymbol{Y}_0^{\mathrm{T}} \widetilde{\boldsymbol{N}} \boldsymbol{Y}_0$$

设 P_Y 和 Q_Y 分别是 $\boldsymbol{M}$ 和 $\widetilde{\boldsymbol{N}}$ 在垂直于 Y 轴平面上的投影，则

$$P_Y = \boldsymbol{M} - M_Y = \boldsymbol{M} - \boldsymbol{Y}_0^{\mathrm{T}} \boldsymbol{M} \boldsymbol{Y}_0 = \begin{pmatrix} n_1 & 0 & \sqrt{1-n_1^2-\widetilde{n}_2^2} \end{pmatrix}^{\mathrm{T}}$$

$$Q_Y = \widetilde{\boldsymbol{N}} - \widetilde{N}_Y = \widetilde{\boldsymbol{N}} - \boldsymbol{Y}_0^{\mathrm{T}} \widetilde{\boldsymbol{N}} \boldsymbol{Y}_0 = \begin{pmatrix} \widetilde{n}_1 & 0 & \widetilde{n}_3 \end{pmatrix}^{\mathrm{T}}$$

由 $\boldsymbol{M}$ 到 $\widetilde{\boldsymbol{N}}$ 的转角 φ 可以表示为

$$\cos\varphi = \frac{P_Y^{\mathrm{T}} Q_Y}{|P_Y| \cdot |Q_Y|} = \frac{n_1 \widetilde{n}_1 + \widetilde{n}_3 \sqrt{1-n_1^2-\widetilde{n}_2^2}}{\sqrt{1-\widetilde{n}_2^2} \cdot \sqrt{\widetilde{n}_1^2+\widetilde{n}_3^2}}$$

θ 和 φ 表示使台面单位法线矢量 $\boldsymbol{N}$ 和基准平面单位法线矢量 $\widetilde{\boldsymbol{N}}$ 重合的转动角度，即台面和基准平面平行的转动角度。它们与两个螺杆的高度具有确定的对应关系，这表明通过改变两个螺杆的高度可以实现调平。

两螺旋调平方法物理概念清晰，数学模型严格，可准确计算驱动控制量，利于自动调平。由此还可以得到结论：三点可以确定一个平面，但调平不一定使用 3 个螺杆。两者是不同的两个问题。从运动学角度，调平是物体的二自由度姿态控制问题，调平机构属于二自由度球面并联机构。

8.2.3 标准 SC-HSV-HSE 调平机构

采用第 8.2.2 节类似方法还可以证明，若两转动轴线不垂直，台面仍可调平，这说明两螺旋调平不要求转动轴线垂直。因此直角 SC-HSV-HSE 调平机构底板上的锥孔-V 形槽-平面可以不按直角配置，而采用圆周对称分布，由此得到标准 SC-HSV-HSE 调平机构，如图 8-29 所示，它实际上就是第 5.8.1 节介绍的二自由度球面并联机构。

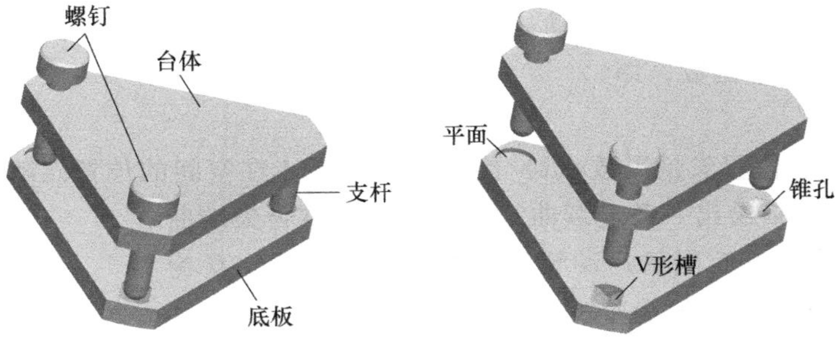

图 8-29 标准 SC-HSV-HSE 调平机构

标准 SC-HSV-HSE 调平机构和直角 SC-HSV-HSE 调平机构均通过两个螺杆调平，采用的运动副数目和类型也相同，但前者是圆周对称结构，底板上的锥孔-V 形槽-平面按等边三角形分布。后者是左右对称结构，底板上的锥孔-V 形槽-平面按直角三角形分布。此外，这两种调平机构仍存在附加运动，可采用第 8.1.4 节介绍的方法进行分析。

与三螺旋调平机构相比，两螺旋调平机构的驱动元件数更少，结构和控制更为简单，因此更适合在电动调平中应用，表 8-4 列出了各类调平机构的特点和适用场合。

表 8-4　几种调平机构的比较

类型	调平方式	结构特点	球头与底板连接结构	自然放置状态	台体运动状态	适用场合
3-HSE 调平机构	三螺旋调平	圆周对称	球-平面	欠约束	运动几何不确定	手动
3-HSC 调平机构			球-锥孔	过约束	运动干涉	
3-HSV 调平机构			球-V 形槽	精确约束	运动干涉	
HSC&HSV&HSE 调平机构			球-锥孔、球-V 形槽、球-平面	精确约束	附加运动	
直角 SC&HSV&HSE 调平机构	两螺旋调平	左右对称	球-锥孔、球-V 形槽、球-平面	精确约束	附加运动	手动/电动
标准 SC&HSV&HSE 调平机构		圆周对称	球-锥孔、球-V 形槽、球-平面	精确约束	附加运动	

8.3　从调平到跟踪

在天文观测、靶场测量以及火力控制等系统中，需采用跟踪设备发现并锁定目标。从运动学角度，跟踪与调平均属于物体的二自由度姿态控制问题。为此本节从调平过渡到跟踪，介绍目标矢量和光轴矢量描述，并以两轴地平式跟踪架为例，分析目标跟踪的运动学关系，建立目标跟踪运动学方程，阐述跟踪盲区的形成机理和影响因素，最后讨论并联跟踪架的构型综合问题，为新型跟踪架的设计提供参考和借鉴。

8.3.1　目标矢量

跟踪问题中，目标自身的尺寸相对跟踪站点的距离通常很小，因此可以把目标抽象成一个几何点，称为目标点。为了确定目标点 A 的位置，需选择一个参考体，然后在参考体上任意选取一点 O 作为参考点，自参考点 O 向目标点 A 做矢量 $\boldsymbol{r}$，称 $\boldsymbol{r}$ 为目标点 A 相对参考点 O 的位置矢量。随着目标点 A 的运动，位置矢量 $\boldsymbol{r}$ 的大小和方向随时间发生变化，它是一个关于时间 t 的连续矢量函数，即

$$\boldsymbol{r}=\boldsymbol{r}(t)$$

在某一瞬时 t，位置矢量函数 $\boldsymbol{r}(t)$ 给出了目标点 A 在空间的位置。随着时间 t 的变化，$\boldsymbol{r}(t)$ 的末端在空间描绘出一条连续曲线，这条曲线称为矢端曲线。它表示目标点 A 在空间的运动轨迹。如图 8-30 所示，O 为参考点 A 为目标点，C_r 为矢端曲线。

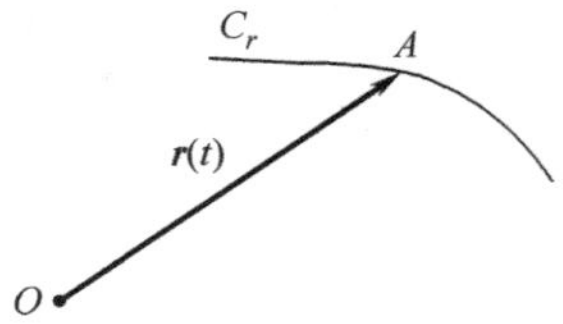

图 8-30　目标点的运动轨迹

位置矢量 $\boldsymbol{r}$ 既有大小，又有方向，可以表示为

$$\boldsymbol{r}=L\boldsymbol{r}_0$$

式中，L 为标量，表示目标点 A 的距离；$\boldsymbol{r}_0$ 为 $\boldsymbol{r}$ 的单位矢量，表示目标点 A 的方向。

目标点 A 在运动过程中，位置矢量 $\boldsymbol{r}$ 的大小和方向均发生变化，因此 L 和 $\boldsymbol{r}_0$ 是关于时间 t 的函数。目标点 A 的速度矢量可以表示为

$$\boldsymbol{v}=\frac{\mathrm{d}\boldsymbol{r}}{\mathrm{d}t}=\frac{\mathrm{d}L}{\mathrm{d}t}\boldsymbol{r}_0+L\frac{\mathrm{d}\boldsymbol{r}_0}{\mathrm{d}t}$$

目标点 A 的速度矢量 $\boldsymbol{v}$ 沿位置矢量 $\boldsymbol{r}$ 的矢端曲线的切线，即沿目标点 A 运动轨迹的切线，并与该点的运动方向一致。它包括两个部分，其中 $\frac{\mathrm{d}L}{\mathrm{d}t}\boldsymbol{r}_0$ 由目标点 A 的距离变化产生，沿单位矢量 $\boldsymbol{r}_0$ 方向，称为径向速度，记为 $\boldsymbol{v}_l$；$L\frac{\mathrm{d}\boldsymbol{r}_0}{\mathrm{d}t}$由目标点 A 的方向变化产生，它与单位矢量 $\boldsymbol{r}_0$ 垂直，称为横向速度，记为 $\boldsymbol{v}_t$，如图 8-31 所示。

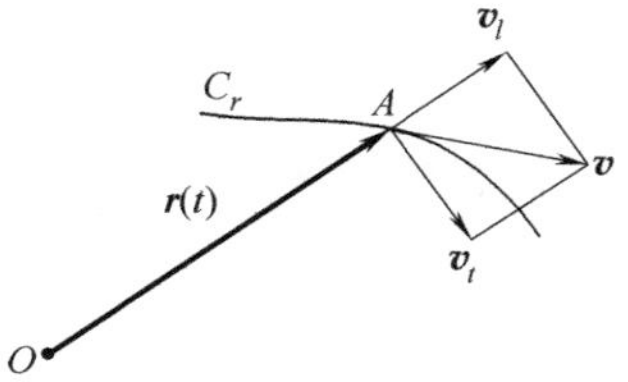

图 8-31 目标点的速度

综上所述，目标点 A 的速度矢量 $\boldsymbol{v}$ 是径向速度 $\boldsymbol{v}_l$ 和横向速度 $\boldsymbol{v}_t$ 的矢量和，即

$$\boldsymbol{v}=\boldsymbol{v}_l+\boldsymbol{v}_t$$

对于单位矢量 $\boldsymbol{r}_0$，因为

$$\boldsymbol{r}_0\cdot\boldsymbol{r}_0=1$$

对该式两边求导，可得

$$\frac{\mathrm{d}\boldsymbol{r}_0}{\mathrm{d}t}\cdot\boldsymbol{r}_0+\boldsymbol{r}_0\cdot\frac{\mathrm{d}\boldsymbol{r}_0}{\mathrm{d}t}=2\boldsymbol{r}_0\cdot\frac{\mathrm{d}\boldsymbol{r}_0}{\mathrm{d}t}=0$$

即

$$\boldsymbol{r}_0\cdot\frac{\mathrm{d}\boldsymbol{r}_0}{\mathrm{d}t}=0$$

式中，$\frac{\mathrm{d}\boldsymbol{r}_0}{\mathrm{d}t}$表示单位矢量 $\boldsymbol{r}_0$ 的矢端速度，它与 $\boldsymbol{r}_0$ 的数量积为零，因此$\frac{\mathrm{d}\boldsymbol{r}_0}{\mathrm{d}t}$与 $\boldsymbol{r}_0$ 垂直，即单位矢量的矢端速度与该单位矢量垂直。单位矢量 $\boldsymbol{r}_0$ 的模为 1，其径向速度为零，因此单位矢量的矢端速度就是它的横向速度，它反映矢量的方向变化，是矢量方向变化的度量。从几何上看，$\boldsymbol{r}_0$ 的矢端总在一个单位球面上，$\frac{\mathrm{d}\boldsymbol{r}_0}{\mathrm{d}t}$位于单位球面在 $\boldsymbol{r}_0$ 矢端的切平面上，称为速度切平面，如图 8-32 所示，$\boldsymbol{r}_0$ 为单位矢量，C_r 为单位矢量 $\boldsymbol{r}_0$ 的矢端曲线。

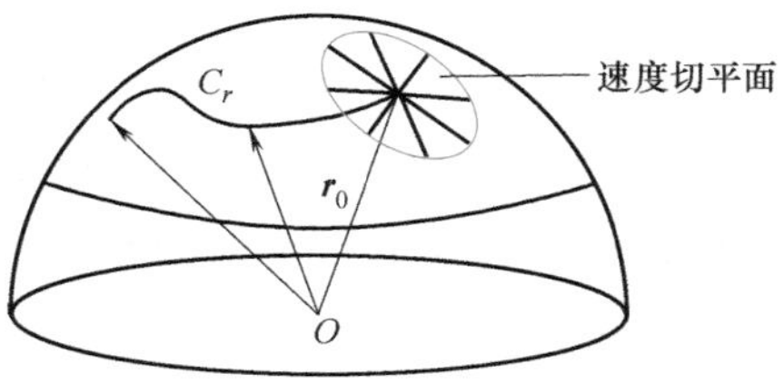

图 8-32 速度切平面

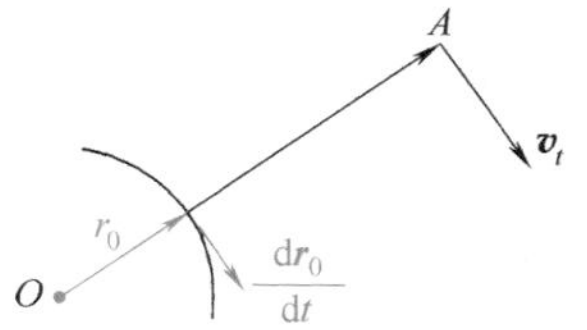

图 8-33 单位矢量的矢端速度

如图 8-33 所示，目标点 A 的横向速度为 $\boldsymbol{v}_t$，点 A 到参考点 O 的距离为 L，$\boldsymbol{r}_0$ 为 OA 的单位矢量。

$\boldsymbol{r}_0$ 矢端速度的方向与目标点 A 的横向速度 $\boldsymbol{v}_t$ 相同，大小与距离参考点 O 的距离成正比，则 $\boldsymbol{r}_0$ 的矢端速度为

$$\frac{\mathrm{d}\boldsymbol{r}_0}{\mathrm{d}t}=\frac{v_t}{L}$$

例 8-1　如图 8-34 所示，目标点 A 在某瞬时与点 O 的距离为 $L=10$，速度大小为 1，方

向沿 X 轴正向，写出目标点 A 的位置矢量和速度矢量，并计算横向速度矢量和径向速度矢量。

解：目标点 A 的单位矢量为

$$\boldsymbol{r}_0=\begin{bmatrix}\cos30^\circ\\ \cos60^\circ\end{bmatrix}=\begin{bmatrix}\dfrac{\sqrt{3}}{2}\\ \dfrac{1}{2}\end{bmatrix}$$

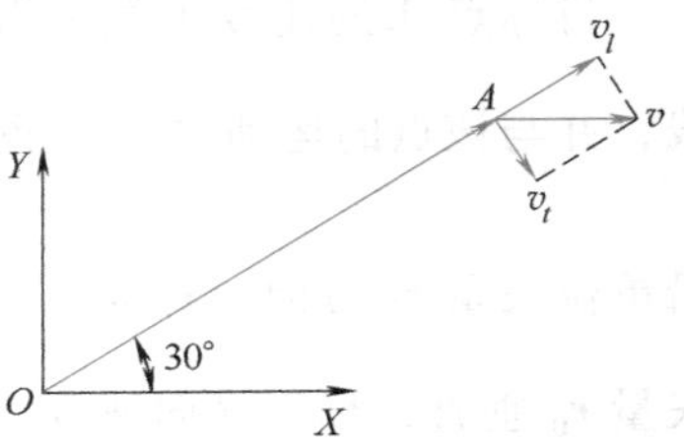

图 8-34　动点的运动参数计算

位置矢量 $\boldsymbol{r}$ 为

$$\boldsymbol{r}=L\boldsymbol{r}_0=\begin{bmatrix}5\sqrt{3}\\ 5\end{bmatrix}$$

目标点 A 的速度矢量 $\boldsymbol{v}$ 为

$$\boldsymbol{v}=\begin{bmatrix}1\\ 0\end{bmatrix}$$

目标点 A 的径向速度矢量 $\boldsymbol{v}_l$ 为

$$\boldsymbol{v}_l=(\boldsymbol{v}^{\mathrm{T}}\boldsymbol{r}_0)\boldsymbol{r}_0=\left(\frac{\sqrt{3}}{2}\right)\begin{bmatrix}\dfrac{\sqrt{3}}{2}\\ \dfrac{1}{2}\end{bmatrix}=\begin{bmatrix}\dfrac{3}{4}\\ \dfrac{\sqrt{3}}{4}\end{bmatrix}$$

目标点 A 的横向速度矢量 $\boldsymbol{v}_t$ 为

$$\boldsymbol{v}_t=\boldsymbol{v}-\boldsymbol{v}_t=\begin{bmatrix}1\\ 0\end{bmatrix}-\begin{bmatrix}\dfrac{3}{4}\\ \dfrac{\sqrt{3}}{4}\end{bmatrix}=\begin{bmatrix}\dfrac{1}{4}\\ -\dfrac{\sqrt{3}}{4}\end{bmatrix}$$

8.3.2　光轴矢量

如图 8-35 所示，地平式跟踪架主要由探测组件、外框以及底座等组成。横轴、竖轴和探测组件的光轴交于一点 O，点 O 称为跟踪架的转动中心。跟踪架属于二转动自由度串联机构，探测组件运动由两个转动复合而成，一个是绕横轴的俯仰运动，另一个是随外框一起绕竖轴的方位运动。它通过绕点 O 的二自由度定点运动改变光轴方向，实现空间扫描。

为了便于论述，首先定义地平式跟踪架的坐标系，坐标原点选为跟踪架的转动中心 O。

1）外框坐标系 $OX_aY_aZ_a$（a 系）。与外框固连，OX_a 轴沿横轴，OZ_a 轴沿竖轴指天，OY_a 轴按右手规则确定。

2）探测组件坐标系 $OX_pY_pZ_p$（p 系）。与探测组件固连，OX_p 轴沿横轴，OY_p 轴沿光轴向外，OZ_p 轴按右手规则确定。

3）底座坐标系 $OX_mY_mZ_m$（m 系）。与底座固连，OX_m 轴沿横轴，OZ_m 轴沿竖轴指天，OY_m 轴按右手规则确定。

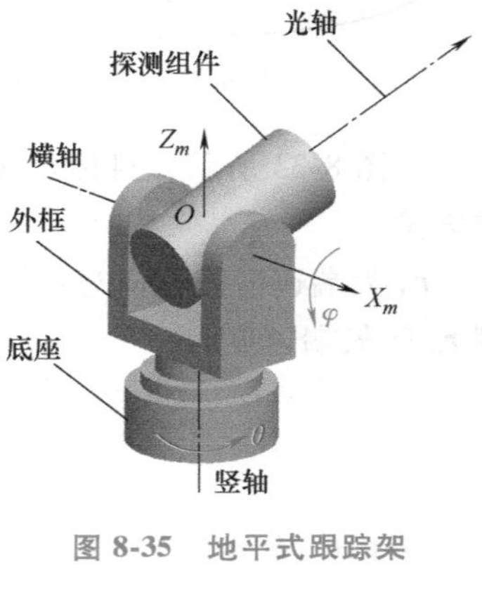

图 8-35　地平式跟踪架

设在开始时刻，底座坐标系（m 系）、外框坐标系（a 系）以及探测组件坐标系（p 系）的各坐标轴重合，且指向一致。光轴沿底座坐标系 OY_m 轴的正向，用单位矢量 $\boldsymbol{s}_0$ 表示为

$$\boldsymbol{s}_0=\begin{bmatrix}0\\1\\0\end{bmatrix}$$

设外框绕竖轴的转角为 θ，θ 称为方位角，探测组件绕横轴的转角为 φ，φ 称为俯仰角。探测组件的姿态矩阵为

$$\boldsymbol{R}_{mp}=\boldsymbol{R}_{ma}(\theta)\boldsymbol{R}_{ap}(\varphi)=\begin{bmatrix}\cos\theta & -\sin\theta\cos\varphi & \sin\theta\sin\varphi\\ \sin\theta & \cos\theta\cos\varphi & -\cos\theta\sin\varphi\\ 0 & \sin\varphi & \cos\varphi\end{bmatrix}$$

式中，$\boldsymbol{R}_{ma}(\theta)$ 为外框相对底座的姿态矩阵；$\boldsymbol{R}_{ap}(\varphi)$ 为探测组件相对外框的姿态矩阵，且

$$\boldsymbol{R}_{ma}(\theta)=\begin{bmatrix}\cos\theta & -\sin\theta & 0\\ \sin\theta & \cos\theta & 0\\ 0 & 0 & 1\end{bmatrix},\ \boldsymbol{R}_{ap}(\varphi)=\begin{bmatrix}1 & 0 & 0\\ 0 & \cos\varphi & -\sin\varphi\\ 0 & \sin\varphi & \cos\varphi\end{bmatrix}$$

光轴矢量在当前状态下记为 $\boldsymbol{r}_0$，则

$$\boldsymbol{r}_0=\boldsymbol{R}_{mp}\boldsymbol{s}_0=\begin{bmatrix}\cos\theta & -\sin\theta\cos\varphi & \sin\theta\sin\varphi\\ \sin\theta & \cos\theta\cos\varphi & -\cos\theta\sin\varphi\\ 0 & \sin\varphi & \cos\varphi\end{bmatrix}\begin{bmatrix}0\\1\\0\end{bmatrix}=\begin{bmatrix}-\sin\theta\cos\varphi\\ \cos\theta\cos\varphi\\ \sin\varphi\end{bmatrix}$$

在任意时刻，光轴矢量 $\boldsymbol{s}$ 由跟踪架方位角 θ 和高低角 φ 确定，通过控制这 2 个角度即可改变光轴方向。图 8-36 所示为光轴矢量 $\boldsymbol{r}_0$，其中 r_0'为 $\boldsymbol{r}_0$ 在底座坐标系 OX_mY_m 平面上的投影；θ 为方位角；φ 为俯仰角。

光轴矢量 $\boldsymbol{r}_0$ 的矢端总在一个单位球上运动，将这个单位球称为跟踪单位球。将目标点 A 和跟踪架转动中心 O 的连线 OA 称为目标视线。设目标视线 OA 与跟踪单位球的交点为 A'，$\boldsymbol{OA'}$称为目标单位矢量，简称目标矢量，用 $\boldsymbol{a}$ 表示，$\boldsymbol{a}$ 的矢端也在跟踪单位球上。在跟踪过程中，光轴矢量 $\boldsymbol{r}_0$ 的矢端在跟踪单位球上描绘出一条运动轨迹 c_r，如图 8-37 所示。

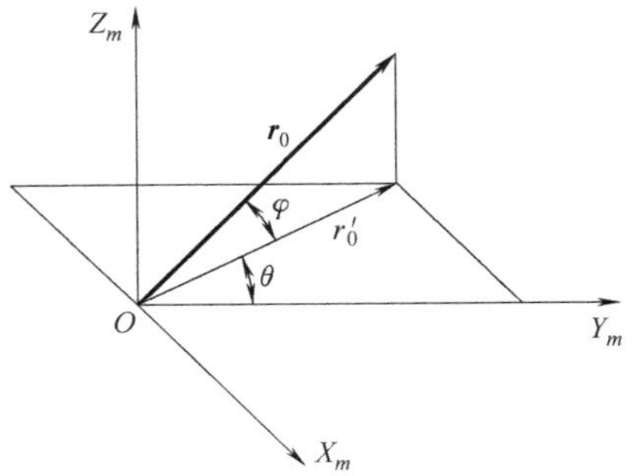

图 8-36　光轴矢量

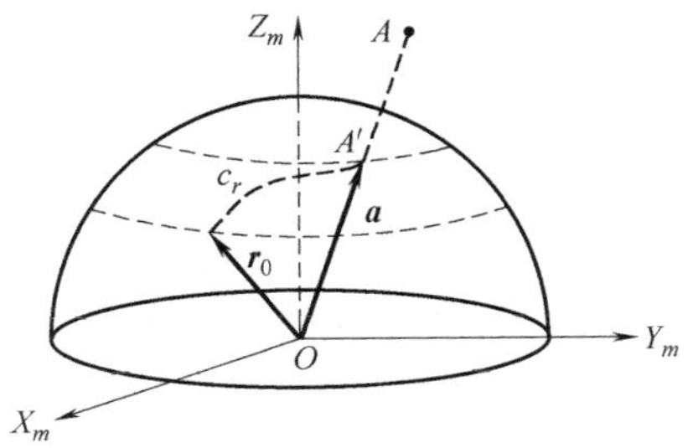

图 8-37　跟踪单位球

跟踪是利用探测组件测量光轴与目标视线的角度偏差，然后通过控制系统驱动跟踪架转动，使光轴指向目标。在跟踪单位圆上，表现为光轴矢量逼近目标矢量，进而保持两者同步

运动的过程。

8.3.3 目标跟踪运动学方程

下面通过两个简单例子讨论目标跟踪运动学关系，然后推导到一般情况。

1）如图 8-38a 所示，两辆汽车 A 和 B 沿直线同向行驶，A 车在前，B 车在后。如果 B 车速度大于 A 车速度，那么经过一段时间后，B 车总能追上 A 车，此时若要求两车保持同步运动，则 B 车的速度应保持与 A 车的速度相等，即 $v_B=v_A$，如图 8-38b 所示。

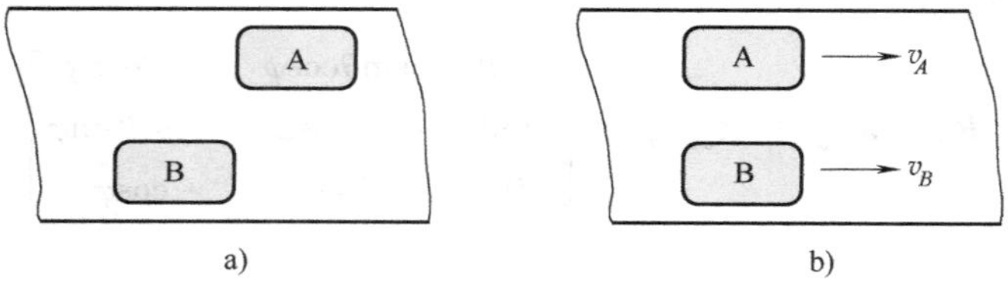

图 8-38 直线跟踪和直线同步运动

a）直线跟踪 b）直线同步运动

2）如图 8-39 所示，两辆汽车 A 和 B（忽略车的大小）绕点 O 做圆周运动，设在某一时刻，两车到点 O 的连线 OA 和 OB 重合，已知 A 车和 B 车的切向速度分别为 v_A 和 v_B，A 车和 B 车到点 O 的距离分别为 R_A 和 R_B，分析两车保持同步运动的条件。

A 车的角速度为

$$\omega_A=\frac{v_A}{R_A}$$

B 车的角速度为

$$\omega_B=\frac{v_B}{R_B}$$

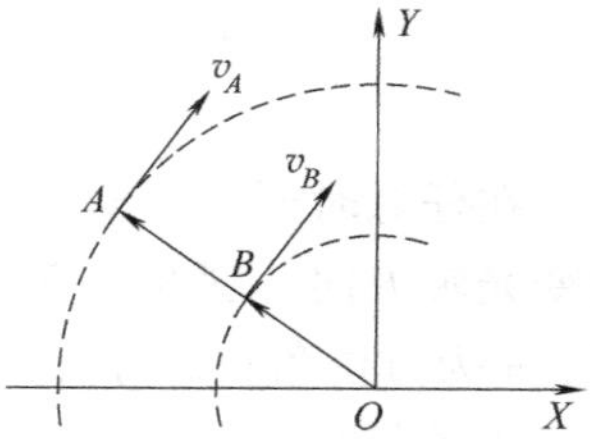

图 8-39 圆周同步运动

若两车保持同步运动，两者的角速度应相等，则

$$\omega_A=\omega_B$$

进一步

$$\frac{v_A}{R_A}=\frac{v_B}{R_B}$$

3）如图 8-40 所示，平面上有一动点 A，坐标原点 O 处有一微小的激光笔（可忽略大小），它可以绕点 O 转动。令 $\boldsymbol{r}_0$ 为激光束单位矢量。动点 A 的位置矢量为 $\boldsymbol{r}_A$，速度矢量为 $\boldsymbol{v}_A$。动点 A 到点 O 的距离为 $OA=l$，OA 与单位圆的交点为 A_0，OA_0 表示沿位置矢量 $\boldsymbol{r}_A$ 方向的单位矢量，分析激光束实时指向动点 A 的角速度。

激光笔在转动过程中，激光束单位矢量 $\boldsymbol{r}_0$ 的矢端总在单位圆上运动，其矢端速度沿单位圆在该点的切线方向，记为 $\boldsymbol{v}_0$。动点 A 的速度 $\boldsymbol{v}$ 可以分解径向速度 $\boldsymbol{v}_l$ 和横向速度 $\boldsymbol{v}_t$，如图 8-41 所示。

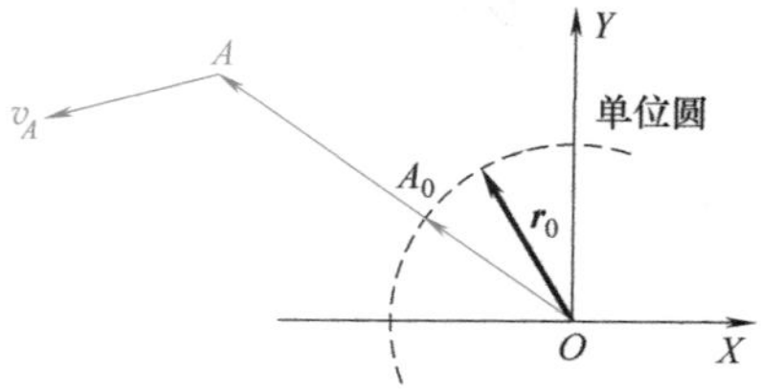

图 8-40 动点 A 位置矢量与激光束单位矢量

设激光束指向动点 A 时，激光束单位矢量 $\boldsymbol{r}_0$ 与 Y 轴正向的夹角为 θ，则

$$\boldsymbol{r}_0=\begin{bmatrix}-\sin\theta\\ \cos\theta\end{bmatrix}$$

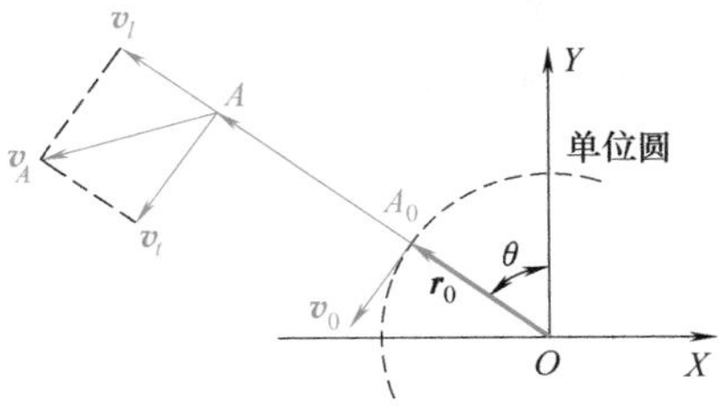

图 8-41 动点 A 的速度分析

激光束单位矢量 $\boldsymbol{r}_0$ 的矢端速度可以表示为

$$\boldsymbol{v}_0=\frac{\mathrm{d}\boldsymbol{r}_0}{\mathrm{d}t}=\begin{bmatrix}-\cos\theta\dot{\theta}\\ -\sin\theta\dot{\theta}\end{bmatrix}$$

动点 A 的速度为

$$\boldsymbol{v}_A=\frac{\mathrm{d}\boldsymbol{r}_A}{\mathrm{d}t}=\begin{bmatrix}v_1\\ v_2\end{bmatrix}$$

式中，v_1 和 v_2 分别为动点 A 的速度在 X 轴和 Y 轴上的分量。

动点 A 的径向速度为

$$\boldsymbol{v}_l=(\boldsymbol{v}_A^{\mathrm{T}}\boldsymbol{r}_0)\boldsymbol{r}_0=\begin{bmatrix}v_1\sin^2\theta-v_2\sin\theta\cos\theta\\ -v_1\sin\theta\cos\theta+v_2\cos^2\theta\end{bmatrix}$$

动点 A 的横向速度为

$$\boldsymbol{v}_t=\boldsymbol{v}_A-\boldsymbol{v}_l=\begin{bmatrix}v_1\cos^2\theta+v_2\sin\theta\cos\theta\\ v_1\sin\theta\cos\theta+v_2\sin^2\theta\end{bmatrix}$$

目标单位矢量 $\boldsymbol{OA}_0$ 的矢端速度可以表示为

$$\frac{\mathrm{d}\boldsymbol{OA}_0}{\mathrm{d}t}=\frac{v_t}{l}=\frac{1}{l}\begin{bmatrix}v_1\cos^2\theta+v_2\sin\theta\cos\theta\\ v_1\sin\theta\cos\theta+v_2\sin^2\theta\end{bmatrix}$$

当激光束指向动点 A 时，激光束单位矢量 $\boldsymbol{r}_0$ 与动点 A 的位置矢量 $\boldsymbol{r}_A$ 方向重合。若激光束单位矢量的矢端速度 $\boldsymbol{v}_0$ 与目标单位矢量 $\boldsymbol{OA}_0$ 的矢端速度$\frac{\mathrm{d}\boldsymbol{OA}_0}{\mathrm{d}t}$保持相等，则激光束实时指向动点 A，即

$$\boldsymbol{v}_0=\frac{\mathrm{d}\boldsymbol{OA}_0}{\mathrm{d}t}$$

进一步

$$\begin{bmatrix}-\cos\theta\dot{\theta}\\ -\sin\theta\dot{\theta}\end{bmatrix}=\frac{1}{l}\begin{bmatrix}v_1\cos^2\theta+v_2\sin\theta\cos\theta\\ v_1\sin\theta\cos\theta+v_2\sin^2\theta\end{bmatrix}$$

激光笔的角速度为

$$\dot{\theta}=-\frac{v_1\cos\theta+v_2\sin\theta}{l}$$

综上所述，跟踪可以定义为光轴指向目标，且两者保持同步运动的过程。它关注的是光轴矢量和目标矢量的方向变化，而与目标的径向速度无关。下面进一步研究目标做一般运动时，目标跟踪的运动学关系。

如图 8-42 所示，点 O 为跟踪架的转动中心，曲线 C_r 为目标点 A 的运动轨迹，$\boldsymbol{r}_0$ 为光轴矢量，$\boldsymbol{r}_A$ 为目标点 A 的位置矢量，A_p 为点 A 在 OX_mY_m 平面上的投影，OA_p 与 Y_m 轴的夹角为方位角 θ，$\boldsymbol{r}_A$ 与 $\boldsymbol{OA}_p$ 的夹角为俯仰角 φ。

当光轴矢量 $\boldsymbol{r}_0$ 和目标点 A 的位置矢量 $\boldsymbol{r}_A$ 重合时，光轴指向目标点 A，此时光轴矢量 $\boldsymbol{r}_0$ 可以写为

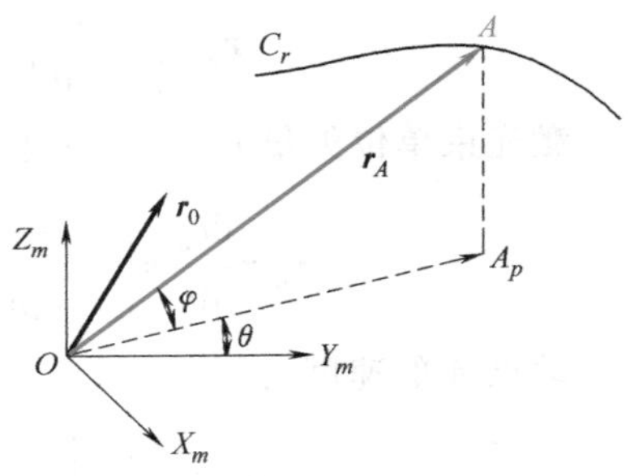

图 8-42　目标跟踪示意图

$$\boldsymbol{r}_0=\begin{bmatrix}-\sin\theta\cos\varphi\\ \cos\theta\cos\varphi\\ \sin\varphi\end{bmatrix}$$

光轴矢量 $\boldsymbol{r}_0$ 的矢端速度可以表示为

$$\frac{\mathrm{d}\boldsymbol{r}_0}{\mathrm{d}t}=\begin{bmatrix}-\cos\theta\cos\varphi\dot{\theta}+\sin\theta\sin\varphi\dot{\varphi}\\ -\sin\theta\cos\varphi\dot{\theta}-\cos\theta\sin\varphi\dot{\varphi}\\ \cos\varphi\dot{\varphi}\end{bmatrix}$$

在底座坐标系 $OX_mY_mZ_m$ 下，目标点 A 的速度矢量记为

$$\boldsymbol{v}_A=\frac{\mathrm{d}\boldsymbol{r}_A}{\mathrm{d}t}=\begin{bmatrix}v_1\\ v_2\\ v_3\end{bmatrix}$$

式中，v_1、v_2、v_3 分别为目标点 A 的速度在 X 轴、Y 轴、Z 轴上的分量。

目标点 A 的径向速度矢量为

$$\boldsymbol{v}_l=(\boldsymbol{v}_A^{\mathrm{T}}\boldsymbol{r}_0)\boldsymbol{r}_0=\begin{bmatrix}v_1\sin^2\theta\cos^2\varphi-v_2\sin\theta\cos\theta\cos^2\varphi-v_3\sin\theta\sin\varphi\cos\varphi\\ -v_1\sin\theta\cos\theta\cos^2\varphi+v_2\cos^2\theta\cos^2\varphi+v_3\cos\theta\sin\varphi\cos\varphi\\ -v_1\sin\theta\sin\varphi\cos\varphi+v_2\cos\theta\sin\varphi\cos\varphi+v_3\sin^2\varphi\end{bmatrix}$$

目标点 A 的横向速度矢量为

$$\boldsymbol{v}_t=\boldsymbol{v}_A-\boldsymbol{v}_l$$

即

$$\boldsymbol{v}_t=\begin{bmatrix}v_1-v_1\sin^2\theta\cos^2\varphi+v_2\sin\theta\cos\theta\cos^2\varphi+v_3\sin\theta\sin\varphi\cos\varphi\\ v_2+v_1\sin\theta\cos\theta\cos^2\varphi-v_2\cos^2\theta\cos^2\varphi-v_3\cos\theta\sin\varphi\cos\varphi\\ v_1\sin\theta\sin\varphi\cos\varphi-v_2\cos\theta\sin\varphi\cos\varphi+v_3\cos^2\varphi\end{bmatrix}$$

设 L 为目标点 A 到点 O 的距离，$\boldsymbol{A}_0$ 为沿 $\boldsymbol{r}_A$ 方向的单位矢量，$\boldsymbol{A}_0$ 的矢端速度为

$$\frac{\mathrm{d}\boldsymbol{A}_0}{\mathrm{d}t}=\frac{\boldsymbol{v}_t}{L}$$

若光轴矢量 $\boldsymbol{r}_0$ 的矢端速度与 $\boldsymbol{A}_0$ 的矢端速度保持相等，则光轴实时指向目标点 A，即

$$\frac{\mathrm{d}\boldsymbol{r}_0}{\mathrm{d}t}=\frac{\mathrm{d}\boldsymbol{A}_0}{\mathrm{d}t}$$

进一步

$$\frac{\mathrm{d}\boldsymbol{r}_0}{\mathrm{d}t}=\frac{\boldsymbol{v}_t}{L}$$

该式称为目标跟踪运动学方程。进一步，求得方位角速度为

$$\dot{\theta}=-\frac{v_1\cos\theta+v_2\sin\theta}{d}$$

俯仰角速度为

$$\dot{\varphi}=\frac{(v_1\sin\theta-v_2\cos\theta)\sin\varphi\cos\varphi+v_3\cos^2\varphi}{d}$$

式中，$d=L\cos\varphi$ 表示 OA_p 的长度，称为水平距离。

本节以地平式跟踪架为例，建立了目标一般运动情况下，跟踪架角速度和目标距离、速度等运动参数之间的数学关系，为深入理解目标跟踪运动机理、制订跟踪与瞄准技术要求提供参考和借鉴。

8.3.4　跟踪盲区运动学分析

地平式跟踪架具有良好的综合性能，应用最为广泛。它的主要缺陷是存在过顶盲区，即目标进入竖轴上方一定区域后，跟踪架角速度发生剧烈变化，跟踪误差迅速增大，会造成跟踪不平稳，甚至目标丢失等问题。下面利用目标跟踪运动学方程，分析跟踪盲区的成因。

根据跟踪架方位角速度、俯仰角速度与目标点速度之间的关系可知，跟踪架方位角速度 $\dot{\theta}$ 主要和目标点的两个水平速度分量 $\boldsymbol{v}_1$、$\boldsymbol{v}_2$ 有关，目标点的竖直速度分量 $\boldsymbol{v}_3$ 不影响方位角速度，而跟踪架的俯仰角速度 $\dot{\varphi}$ 与目标点的 3 个速度分量 $\boldsymbol{v}_1$、$\boldsymbol{v}_2$ 和 $\boldsymbol{v}_3$ 均相关。图 8-43 和图 8-44 分别为方位角速度和俯仰角速度曲面，图中方位角的变化范围是 $0\sim2\pi$，俯仰角的变化范围是 $0\sim\frac{\pi}{2}$。

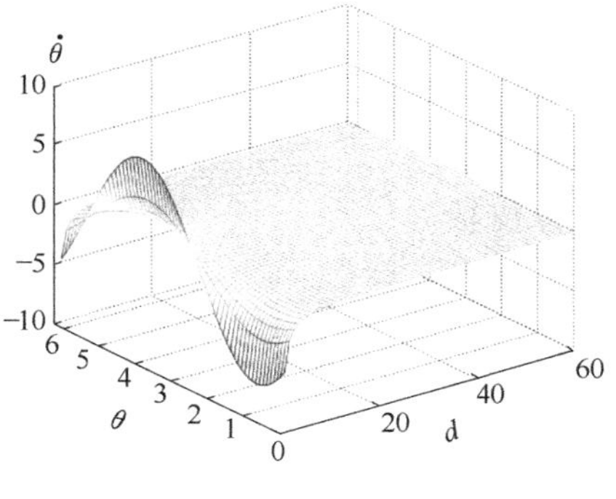

图 8-43　方位角速度曲面

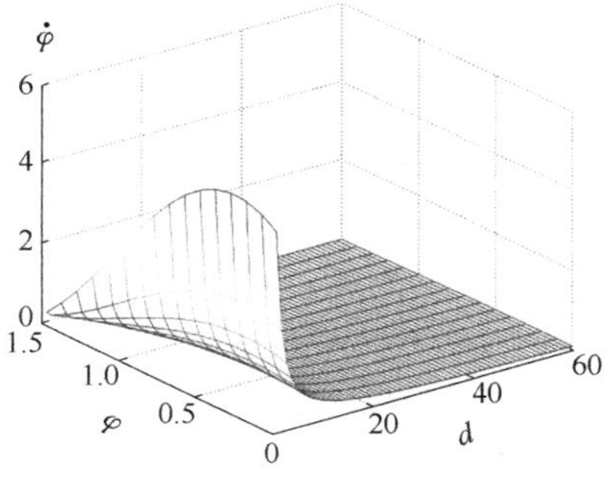

图 8-44　俯仰角速度曲面

当水平距离 d 较大时，方位角速度和俯仰角速度曲面平坦，它们在这个区域变化不大。当水平距离 d 较小时，两个角速度曲面变得陡峭，它们在这个区域迅速增大。即在一定的目标点速度下，随着目标点靠近跟踪站点，跟踪架保持稳定指向所需的方位角速度 $\dot{\theta}$ 和俯仰角速度 $\dot{\varphi}$ 越来越大。在 $d\to0$ 的极限情况下，要求方位角速度和俯仰角速度趋于无穷。然而，由于驱动跟踪架转动的电动机都有速度极限，不能无限增大，由此导致光轴的方向变化比目标点的方向变化慢，进而造成动态滞后增大，跟踪不平稳，甚至目标丢失，形成“跟踪盲区”。跟踪盲区的大小由目标点的速度和电动机的极限转速综合决定。在一定的目标速度下，根据电动机的极限转速可以确定水平距离 d。由这个水平距离 d 确定的圆柱形区域就是跟踪盲区，如图 8-45 所示。

盲是“看不见”的意思，但跟踪盲区既不是探测器“看不到”目标的区域，也不是跟踪架扫描不到的区域，而是光轴横向速度小于目标点横向速度的区域。在这个区域，光轴的方向变化速度比目标的方向变化速度慢，好像光轴“追不上”目标，由此导致跟踪误差增大，甚至目标丢失。

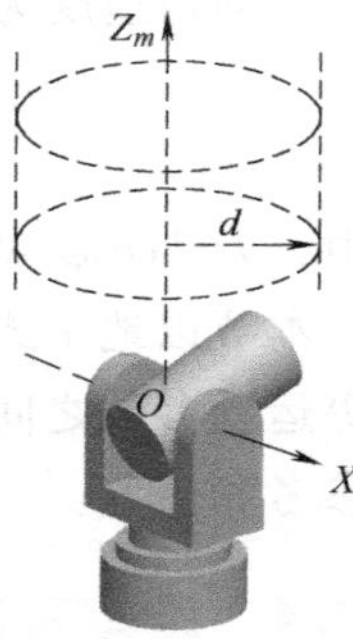

图 8-45 跟踪盲区

跟踪盲区是两轴跟踪架的固有缺陷，难以消除。实际中，通常采用楔型转台或三轴转台进行过顶跟踪，但这些方法增加了系统复杂性和硬件成本。因此，针对应用需求，探索和研制新型实用的跟踪伺服机构，有效实现目标的过顶跟踪仍是未来有意义的研究课题。

8.3.5 并联跟踪架综合

跟踪架是跟踪设备的伺服执行机构，主要用于承载探测组件，并在控制系统的驱动下产生跟踪目标所需要的运动。不同的跟踪系统对跟踪架的结构型式、运动范围、精度以及响应速度等具有不同的要求。实际设计中，需要根据使用条件、用途和性能等选择合适的跟踪架类型。

按照机构的组成形式，跟踪架可分为串联跟踪架和并联跟踪架。串联跟踪架发展较早，应用最为广泛，包括两轴、三轴以及四轴等多种型式。从几何的角度，跟踪设备的光轴在空间的指向可通过两个角度确定。通过控制跟踪架的两个转动自由度，即可改变光轴的方向。光轴的指向控制本质上属于两轴跟踪架的姿态控制问题。因此两轴串联跟踪架是最基本的形式。它主要包括地平式跟踪架、水平式跟踪架和偏心式跟踪架 3 种类型。

1）地平式跟踪架具有良好的综合性能（体积、重量、负载能力等），是跟踪系统的首选执行机构，实际应用最为广泛，如图 8-46 所示。

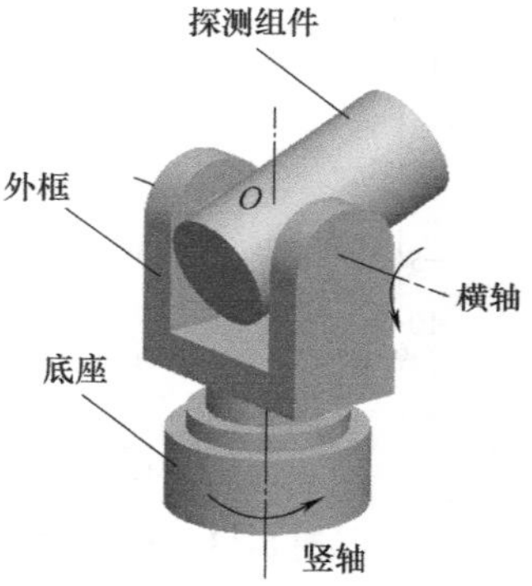

图 8-46 地平式跟踪架

地平式跟踪架的两个轴分别称为俯仰轴（横轴）和方位轴（竖轴）。两轴垂直相交于一点，该点称为跟踪架的转动中心。探测组件绕俯仰轴的运动称为俯仰运动，外框绕方位轴的运动称为方位运动。探测组件的运动由这两个运动复合而成。

2）水平式跟踪架包括 X 轴和 Y 轴两个水平轴，两轴的交点为探测组件的转动中心。探测组件的运动由绕 X 轴的转动和绕 Y 轴的转动复合而成。水平式跟踪架的综合性能（体积、重量、负载能力等）不如地平式跟踪架，不适于大型跟踪设备，实际应用相对较少。它的优点是没有天顶盲区，能够进行过顶跟踪，如图 8-47 所示。

3）偏心式跟踪架的两个转动轴线异面垂直，一些发射架和相控阵雷达采用的是这种跟踪架，如图 8-48 所示。

并联跟踪架是近年来提出的概念，通常具有负载能力强、刚度大以及累积误差小等优点，尤其适合小角度范围跟踪。它与串联跟踪架优势互补，为跟踪架的设计提供了更多的可能方案，对研制新型、高性能跟踪系统具有重要意义。例如美国 Draper 实验室、欧洲空间局、北京航空航天大学、国家天文台以及中国科学院长春光学精密机械与物理研究所等研制了 6 自由并联精密跟踪平台。天津大学的刘峰、王向军等人研究了 3 自由度马鞍型并联跟踪平台。浙江大学的程佳提出了 4 自由度 4UPS-PS 舰载并联稳定平台。华中光电技术研究所

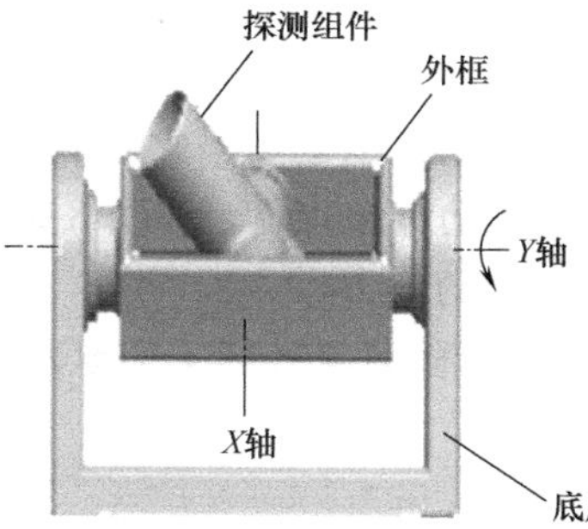

图 8-47　水平式跟踪架

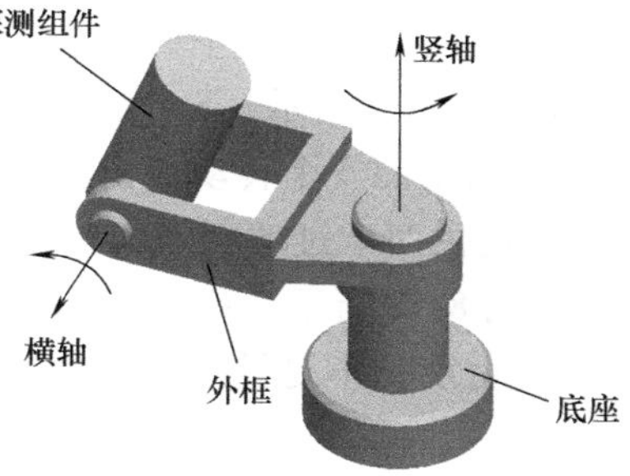

图 8-48　偏心式跟踪架

的刘攀研究了 4UPS-1U 并联光电稳定平台，其动平台通过 4 条结构相同的 UPS 支链和 1 个万向节与底座连接，通过 4 个支链驱动实现动平台的姿态调整。从运动学的角度，通过两个转动自由度即可控制光轴方向。对于光轴的方向控制，上述机构存在多余自由度或驱动链，运动副类型和数目多，结构复杂，不便于实际应用。因此设计精确具有两个转动自由度，且结构简单的并联跟踪架仍具有重要意义。本节主要使用 U-U、U-P-U、U-P-S 和 S-P 这 4 种运动链构造并联跟踪架，其中 U 表示万向节，P 表示移动副，S 表示球面副。下面首先介绍这几种运动链的约束和自由度：

1）如图 8-49a 所示，U-U 运动链的两个万向节的十字架平面垂直相交，每个万向节 U 提供两个转动自由度，则 U-U 运动链具有 4 个转动自由度 $R_1 \sim R_4$。根据约束与自由度互补原理，U-U 运动链可以提供 1 个沿轴向的约束力和 1 个沿两十字架平面交线的约束力，如图 8-49b 所示。

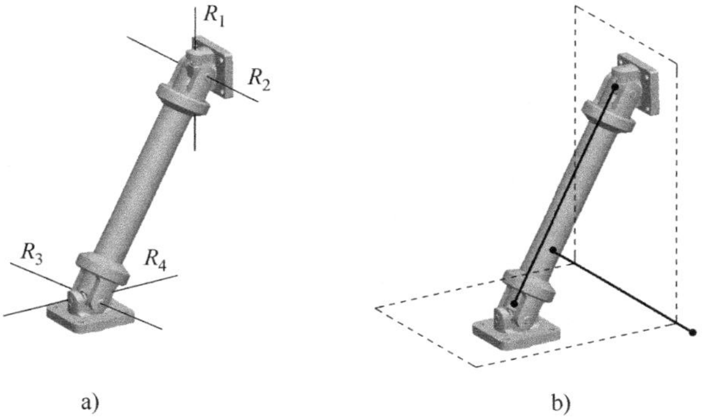

图 8-49　U-U 运动链的自由度和约束
a）U-U 运动链的自由度　b）U-U 运动链的约束

2）如图 8-50a 所示，U-P-U 运动链的两个万向节的十字架平面垂直相交，它具有 5 个自由度，包括两个万

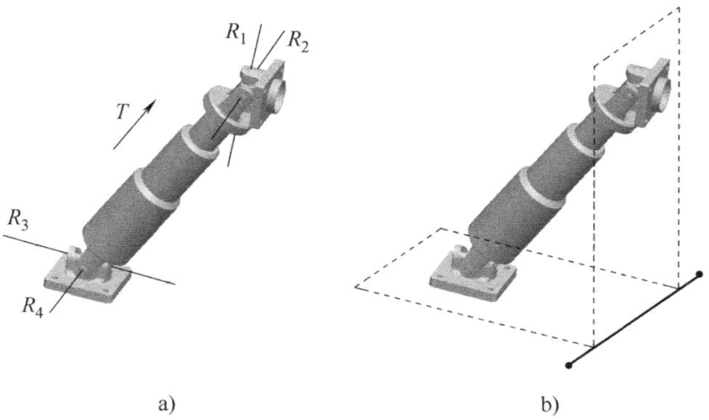

图 8-50　U-P-U 运动链的自由度和约束
a）U-P-U 运动链的自由度　b）U-P-U 运动链的约束

向节的 4 个转动自由度 $R_1 \sim R_4$ 和 1 个移动副的平动自由度 T。如图 8-50b 所示，U-P-U 运动链提供 1 个沿两个十字架平面交线的约束力。

3）如图 8-51a 所示，S-P 运动链包括 1 个球面副 S 和 1 个移动副 P，它具有 4 个自由度，包括球面副的 3 个转动自由度 $R_1 \sim R_3$ 和移动副的 1 个平动自由度 T。如图 8-51b 所示，S-P 运动链提供两个过球面副球心且与平动自由度垂直的两个约束力。

4）如图 8-52 所示，U-P-S 运动链包括 1 个万向节 U、1 个移动副 P 和 1 个球面副 S。它具有 6 个自由度，不提供约束，属于零终端约束运动链。

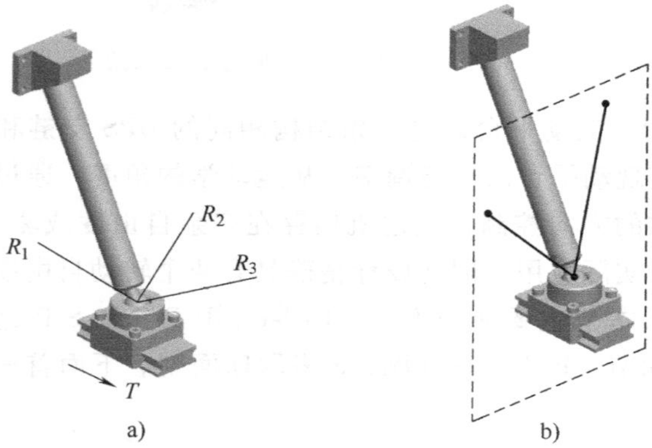

图 8-51 S-P 运动链的自由度和约束

a）S-P 运动链的自由度 b）S-P 运动链的约束

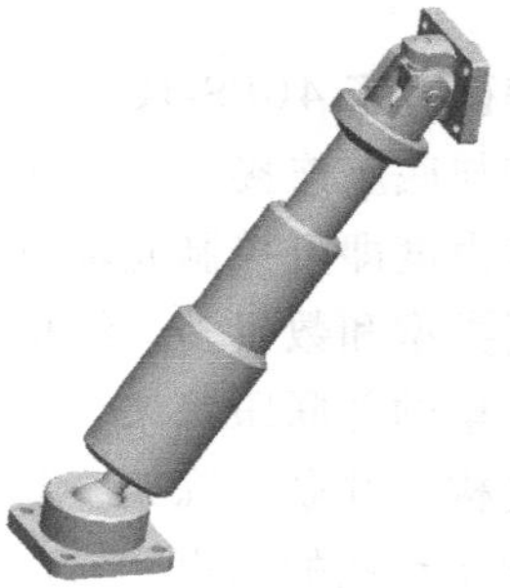

图 8-52 U-P-S 运动链

并联跟踪架属于二自由度球面并联机构，台体具有两个转动自由度 R_1 和 R_2，如图 8-53a 所示。根据台体的自由度模式，可以确定台体的约束几何模型，如图 8-53b 所示。它包括一个力约束线球（C 球）和一个力约束线平面（C 平面）。C 球的球心与转动自由度 R_1、R_2 的交点重合，C 平面与 R_1、R_2 所在平面重合，则 C 球和 C 平面上的任意一条约束线均与 R_1、R_2 相交。

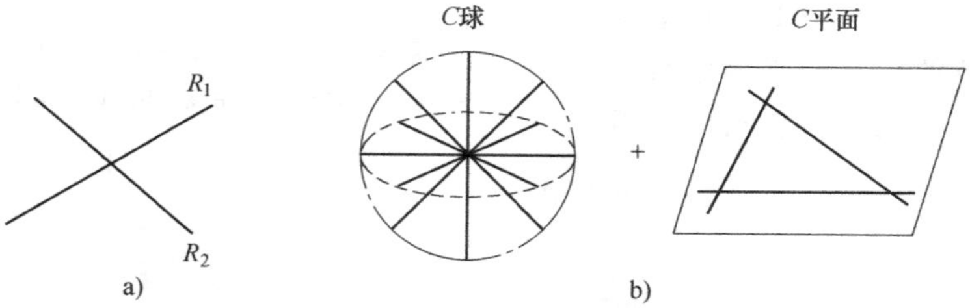

图 8-53 台体的自由度和约束

a）台体的自由度 b）台体的约束

从 C 球和 C 平面取出的任意 4 条非冗余力约束线均可作为台体的约束模式，据此选择合适的运动链构造相应的并联跟踪架构型。

构型 1：从 C 球中取出 1 条力约束线 C_1，且 C_1 不在 C 平面上，再从 C 平面上取出 3 条力约束线 C_2、C_3、C_4，且 C_2、C_3、C_4 不在 C 球上。这 4 条力约束线 $C_1 \sim C_4$ 构成台体的第 1 种约束模式，如图 8-54 所示，其中 R_1、R_2 表示台体的 2 个转动自由度。

力约束线 C_1、C_2 由 1 个 U-U 运动链提供，C_3 和 C_4 分别由两个 U-P-U 运动链提供，如图 8-55a 所示。将台体与这 3 个运动链相连，得到第 1 种并联跟踪架，如图 8-55b 所示。它包括 1 个 U-U 运动链和两个 U-P-U 运动链，称为 UU&2UPU 并联跟踪架。

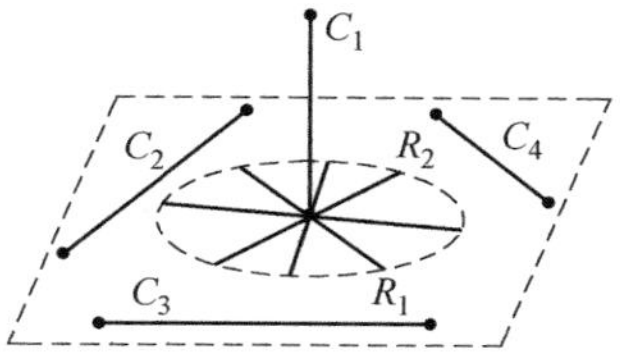

图 8-54　约束与自由度模式 1

构型 2：从 C 球中取出 3 条力约束线 C_1、C_2、C_3，且 C_1、C_2、C_3 不在 C 平面上，再从 C 平面中取出 1 条力约束线 C_4，且 C_4 不在 C 球上。这 4 条力约束线 C_1 ~ C_4 构成台体的第 2 种约束模式，如图 8-56 所示，其中 R_1、R_2 表示台体的 2 个转动自由度。

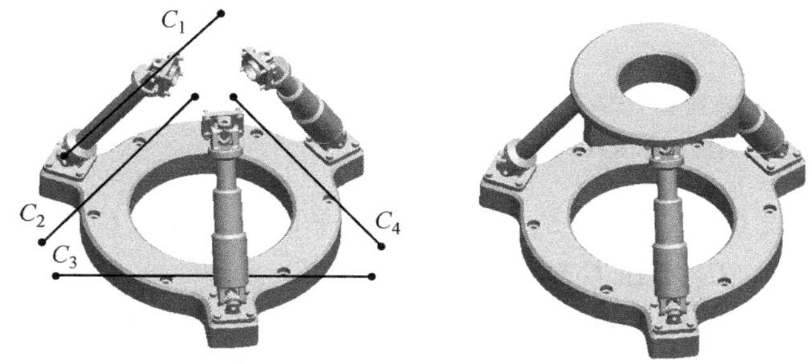

a)　　b)

图 8-55　运动链和 UU&2UPU 并联跟踪架

a）运动链　b）UU&2UPU 并联跟踪架

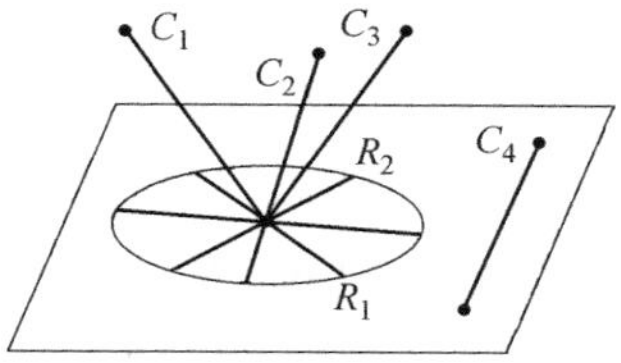

图 8-56　约束与自由度模式 2

C_1、C_2、C_3 是 3 条相交的力约束线，可以由 1 个球面副提供，C_4 由 1 个 U-P-U 运动链提供。为保证结构对称和支撑能力，再添加 1 个 U-P-S 运动链，如图 8-57a 所示，其中 U-P-S 运动链对台体不施加约束，不改变台体的自由度。将这 3 个运动链连接到台体可得第 2 种并联跟踪架，如图 8-57b 所示。它包括 1 个球面副 S、1 个 U-P-U 支链和 1 个 UPS 支链，称为 S&UPU&UPS 并联跟踪架。

构型 3：从 C 球中取出 2 条力约束线 C_1、C_2，且 C_1、C_2 不在 C 平面上，再从 C 平面上取出两条相交的力约束线 C_3、C_4，且 C_3、C_4 不在 C 球上。这 4 条力约束线 C_1 ~ C_4 构成台体的第 3 种约束模式，如图 8-58 所示，其中 R_1、R_2 表示台体的两个转动自由度。

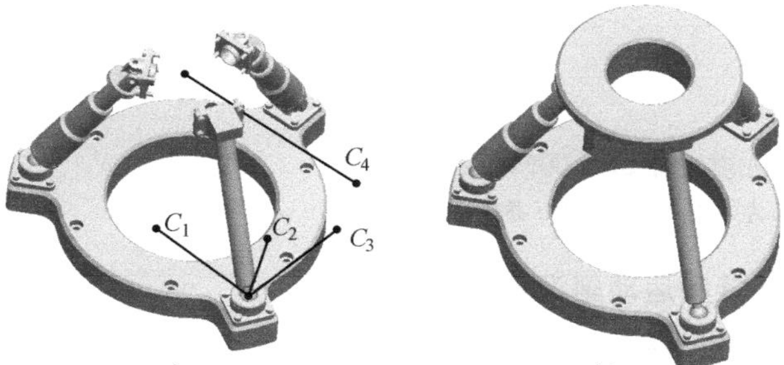

a)　　b)

图 8-57　运动链和 S&UPU&UPS 并联跟踪架

a）运动链　b）S&UPU&UPS 并联跟踪架

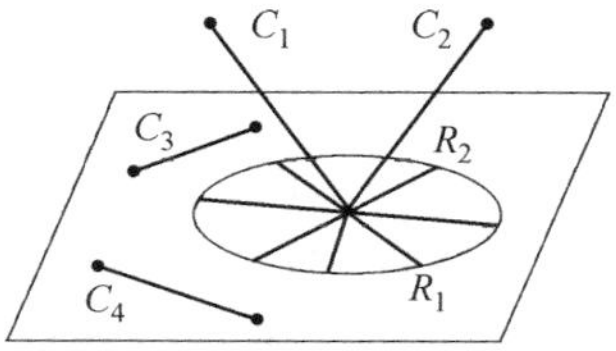

图 8-58　约束与自由度模式 3

C_1、C_2 两条相交的力约束线由 1 个 S-P 运动链提供，C_3、C_4 分别由两个 U-P-U 运动链提供，如图 8-59a 所示。将这 3 个运动链连接到台体，可得到第 3 种并联跟踪架，如图 8-59b 所示。它包括 1 个 S-P 支链、两个 U-P-U 支链，称为 SP&2UPU 并联跟踪架。

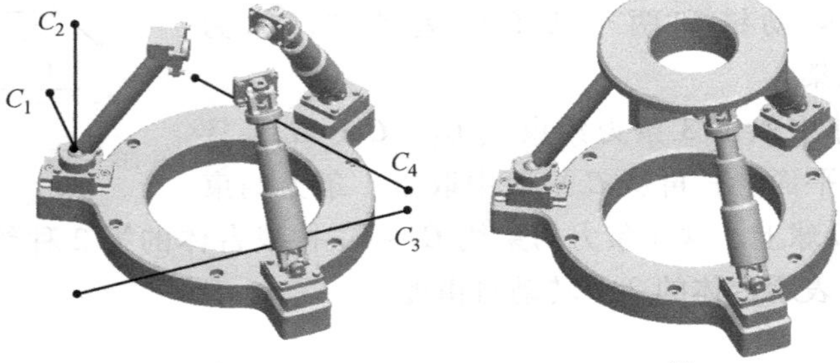

图 8-59　运动链和圆周对称 SP&2UPU 并联跟踪架

a）运动链　b）圆周对称 SP&2UPU 并联跟踪架

构型 4：从 C 球中取出两条力约束线 C_1、C_2，且 C_1、C_2 不在 C 平面上，再从 C 平面上取出两条平行的力约束线 C_3、C_4，且 C_3、C_4 不在 C 球上。这 4 条力约束线构成台体的第 4 种约束模式，如图 8-60 所示，其中 R_1、R_2 表示台体的两个转动自由度。

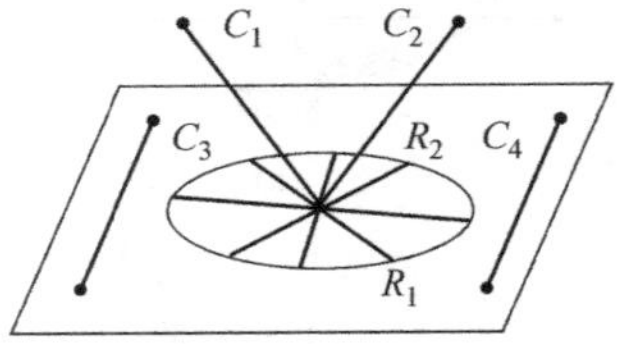

图 8-60　约束与自由度模式 4

C_1、C_2 两条相交的力约束线由 S-P 运动链提供，C_3、C_4 分别由两个 U-P-U 运动链提供，注意在配置 UPU 运动链时，要使这两个支链的力约束线 C_3、C_4 平行，如图 8-61a 所示。将这 3 个运动链连接到台体，可得第 4 种并联跟踪架。如图 8-61b 所示，它与第 3 种构型具有相同的运动链数目和类型，也属于 SP&2UPU 并联跟踪架，但两者的结构布局不同。构型 3 是圆周对称结构，构型 4 是左右对称结构。

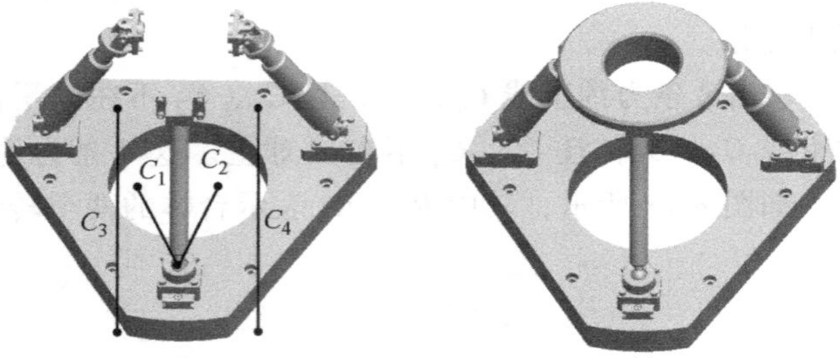

图 8-61　运动链和左右对称 SP&2UPU 并联跟踪架

a）运动链　b）左右对称 SP&2UPU 并联跟踪架

这 4 种并联跟踪架的结构特点、运动链和运动副类型见表 8-5。

一个简单、实用的并联跟踪架至少应满足以下两个要求：

1）台体仅具有两个转动自由度，不存在多余自由度。

2）结构简单、运动副数目和类型少，便于加工制造。

综合比较，构型 2、构型 3、构型 4 使用转动副、移动副和球面副 3 种运动副，构型 1 仅使用转动副和移动副两种运动副，运动副类型少，结构简单，具有综合优势。

表 8-5　4 种并联跟踪架的结构特点、运动链和运动副类型

类型	结构特点	运动链类型	运动副类型
UU&2UPU 并联跟踪架	圆周对称	U-U 支链/U-P-U 支链	转动副、移动副
S&UPU&UPS 并联跟踪架	圆周对称	S 支链/U-P-U 支链/U-P-S 支链	转动副、移动副、球面副
圆周对称 SP&2UPU 并联跟踪架	圆周对称	S-P 支链/U-P-U 支链	转动副、移动副、球面副
左右对称 SP&2UPU 并联跟踪架	左右对称	S-P 支链/ U-P-U 支链	转动副、移动副、球面副

思考与练习

8.1　举例说明常见调平机构的运动学特点。

8.2　过约束调平机构有什么优缺点?

8.3　采用图示方法分析标准 SC&HSV&HSE 调平机构的附加运动。

8.4　选择第 8.3.5 节中的跟踪架构型进行运动仿真。

参 考 文 献

[1]　苏瑞祥，聂恒庄，石干元，等. 大地测量仪器 [M]. 北京：测绘出版社，1979.

[2]　戴树煌. 光学仪器设计 [M]. 北京：国防工业出版社，1991.

[3]　姚汉民，胡松，刑廷文. 光学投影曝光微纳加工技术 [M]. 北京：北京工业大学出版社，2006.

[4]　王向朝，戴凤钊. 集成电路与光刻机 [M]. 北京：科学出版社，2020.

[5]　王大志. 应用运动学原理的双驱动六点支承平台设计与调平方法研究 [D]. 北京：中国科学院研究生院，2012.

[6]　吉桐伯，陈娟，杨秀华，等. 地平式光电望远镜天顶盲区影响因素 [J]. 光学精密工程，2003，11 (3)：296-300.

[7]　刘兴法. 高仰角目标光电跟踪技术研究 [D]. 北京：中国科学院研究生院，2006.

[8]　MAC DONNELL D. Occultation Pointing Maintenance and FOV for SAGE-Ⅲ on the Express Pallet [C]. AIAA Conference and Exhibit on International Space Station Utilization，2001，5008：1-8.

[9]　HENDERSON T. Desing and Testing of a Broadband Active Vibration Isolation System Using Stiff Actuators [C]. Proceedings of the 19th Annual AAS Guidance and Control Conference，1996.

[10]　DEFENDINI A，VAILLON L，TROUVE F. Technology Predevelopment for Active Control of Vibration & Very High Accuracy Pointing Systems [C]. ESA 4th Spacecraft Guidance，Navigation and Control Systems Conference，1999.

[11]　李伟鹏，黄海. 基于 Hexapod 的精密跟瞄平台研究 [J]. 宇航学报，2010，31 (3)：681-686.

[12]　徐振邦，朱德勇，贺帅. 空间微振动模拟平台优化 [J]. 光学精密工程，2019，27 (12)：2590-2601.

[13]　刘峰，王向军，许薇. 马鞍型并联跟踪台的仿真设计 [J]. 光学精密工程，2008，16 (8)：1389-1395.

[14]　程佳. 并联 4-TPS-1PS 型电动稳定跟踪平台的特性及控制研究 [D]. 杭州：浙江大学，2008.

[15]　刘攀. 并联型光电设备稳定平台运动控制研究 [J]. 光学与光电技术，2013，11 (4)：55-59.

附录

附录A　实　物　图

图 A-1　两个反射镜架的实物图

图 A-2　经纬仪（1910，Stanley，英国）

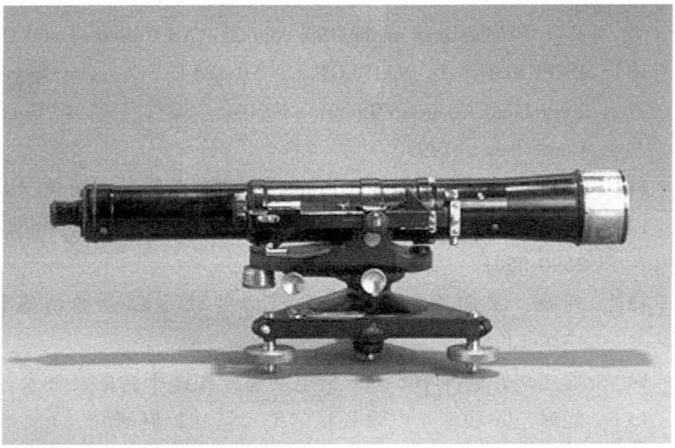

图 A-3　水准仪（1924，E. R. Watts&Son，England）

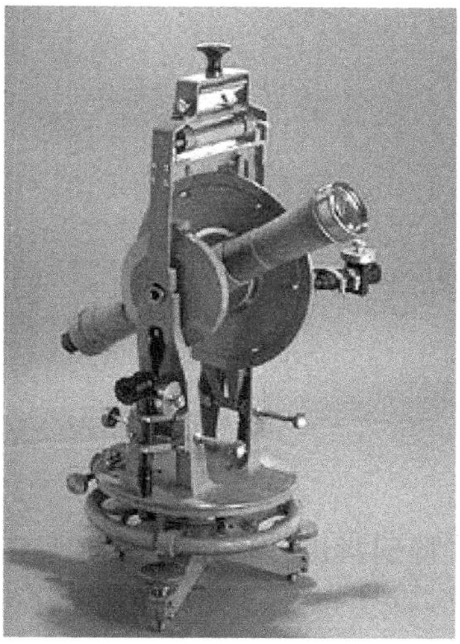

图 A-4　经纬仪（1924，E. R. Watts&Son，England）

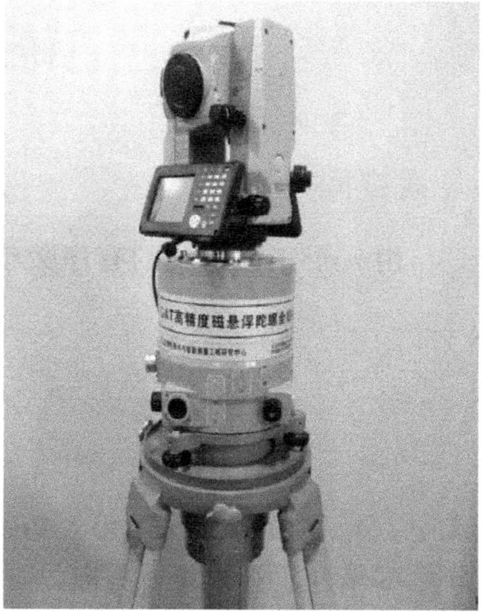

图 A-5　磁悬浮陀螺经纬仪

图 A-6　水准仪（1950，Higler&Watts Ltd，England）

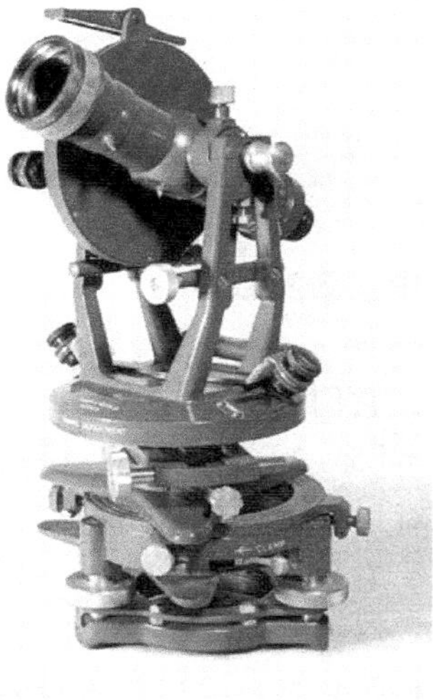

图 A-7　经纬仪（1948，Higler&Watts Ltd，England）

图 A-8　摆式陀螺经纬仪

附录B　线性代数基本概念

向量空间

由 n 个实数组成的有序数组 $\boldsymbol{\alpha}$ 称为 n 维向量，记作

$$\boldsymbol{\alpha}=[a_1 \quad a_2 \quad \cdots \quad a_n]^{\mathrm{T}}=\begin{bmatrix} a_1 \\ a_2 \\ \vdots \\ a_n \end{bmatrix}$$

式中，a_i 称为向量 $\boldsymbol{\alpha}$ 的第 i（$i=1, 2, \cdots, n$）个分量或坐标。特别指出，如果向量的所有分量都是0，则称其为零向量。

下面规定向量的加法和数乘两个线性运算。

两个 n 维向量 $\boldsymbol{\alpha}=[a_1 \quad a_2 \quad \cdots \quad a_n]^{\mathrm{T}}$，$\boldsymbol{\beta}=[b_1 \quad b_2 \quad \cdots \quad b_n]^{\mathrm{T}}$ 的和记为 $\boldsymbol{\alpha}+\boldsymbol{\beta}$，且

$$\boldsymbol{\alpha}+\boldsymbol{\beta}=[a_1+b_1 \quad a_2+b_2 \quad \cdots \quad a_n+b_n]^{\mathrm{T}}$$

设 n 维向量 $\boldsymbol{\alpha}=[a_1 \quad a_2 \quad \cdots \quad a_n]^{\mathrm{T}}$，$k$ 是实数，定义实数 k 与向量 $\boldsymbol{\alpha}$ 的数乘 $k\boldsymbol{\alpha}$ 为

$$k\boldsymbol{\alpha}=[ka_1 \quad ka_2 \quad \cdots \quad ka_n]^{\mathrm{T}}$$

设 $\boldsymbol{V}$ 是 n 维向量集合，①若 $a\in\boldsymbol{V}$，$b\in\boldsymbol{V}$，则 $a+b\in\boldsymbol{V}$，即 $\boldsymbol{V}$ 中两个向量的和仍是 $\boldsymbol{V}$ 中的一个向量；②若 $a\in\boldsymbol{V}$，λ 为实数，则 $\lambda a\in\boldsymbol{V}$，即 $\boldsymbol{V}$ 中向量的数乘仍是 $\boldsymbol{V}$ 中的一个向量。③若集合 $\boldsymbol{V}$ 满足①和②，则称 $\boldsymbol{V}$ 对加法和数乘运算封闭。

若集合 $\boldsymbol{V}$ 对加法和数乘运算封闭，则集合 $\boldsymbol{V}$ 称为向量空间。容易知道，全体3维向量构成3维向量空间 $\boldsymbol{R}^3$，全体6维向量构成6维向量空间 $\boldsymbol{R}^6$。

给定一个向量空间 $\boldsymbol{V}$，常会用到在 $\boldsymbol{V}$ 上定义的运算下，$\boldsymbol{V}$ 的子集 $\boldsymbol{S}$ 构成的向量空间。也就是说，$\boldsymbol{S}$ 中两个元素的和仍为 $\boldsymbol{S}$ 中的元素，且 $\boldsymbol{S}$ 中一个元素的数乘仍为 $\boldsymbol{S}$ 中的元素。

若 $\boldsymbol{S}$ 为向量空间 $\boldsymbol{V}$ 的子集，且 $\boldsymbol{S}$ 满足以下条件：

1）对于任意实数 λ，若 $a\in\boldsymbol{S}$，则 $\lambda a\in\boldsymbol{S}$。

2）若 $a\in\boldsymbol{S}$，$b\in\boldsymbol{S}$，则 $a+b\in\boldsymbol{S}$。

则 $\boldsymbol{S}$ 称为 $\boldsymbol{V}$ 的子空间。

例1　设 $\boldsymbol{V}$ 是一个2维向量集合，记为

$$\boldsymbol{V}=\{[a \quad 1]\}\text{，其中 } a \text{ 为实数}$$

那么 $\boldsymbol{V}$ 是否是向量空间？

① 任取 $\boldsymbol{V}$ 中的2个元素 $[2 \quad 1]$ 和 $[3 \quad 1]$，它们的和

$$[2 \quad 1]+[3 \quad 1]=[5 \quad 2]$$

向量的和 $[5 \quad 2]$ 不属于集合 $\boldsymbol{V}$，这表明 $\boldsymbol{V}$ 对加法运算不封闭。

② 设实数 $\lambda=3$，取 $\boldsymbol{V}$ 中的两个元素（2　1），它们的数乘

$$3[2 \quad 1]=[6 \quad 3]$$

这个数乘的结果 $[6 \quad 3]$ 不属于集合 $\boldsymbol{V}$，这表明 $\boldsymbol{V}$ 对数乘运算不封闭。

由①和②可知，集合 $\boldsymbol{V}$ 对加法和数乘运算均不封闭，因此，集合 $\boldsymbol{V}=\{[a \quad 1]\}$ 不是向

量空间。

线性相关与线性无关

设 n 维向量 $\boldsymbol{\alpha}_1$、$\boldsymbol{\alpha}_2$、…、$\boldsymbol{\alpha}_s$，实数 λ_1、λ_2、…、λ_s，记

$$\boldsymbol{\beta}=\lambda_1\boldsymbol{\alpha}_1+\lambda_2\boldsymbol{\alpha}_2+\cdots+\lambda_s\boldsymbol{\alpha}_s$$

称 $\boldsymbol{\beta}$ 是 $\boldsymbol{\alpha}_1$、$\boldsymbol{\alpha}_2$、…、$\boldsymbol{\alpha}_s$ 的线性组合，或 $\boldsymbol{\beta}$ 可由 $\boldsymbol{\alpha}_1$、$\boldsymbol{\alpha}_2$、…、$\boldsymbol{\alpha}_s$ 线性表出。

例 2　设 $\boldsymbol{\alpha}_1=\begin{bmatrix}1\\0\end{bmatrix}$、$\boldsymbol{\alpha}_2=\begin{bmatrix}1\\1\end{bmatrix}$、$\boldsymbol{\beta}=\begin{bmatrix}-3\\2\end{bmatrix}$，$\boldsymbol{\beta}$ 是否能由 $\boldsymbol{\alpha}_1$ 和 $\boldsymbol{\alpha}_2$ 线性表出？

容易知道，$\boldsymbol{\beta}=-5\boldsymbol{\alpha}_1+2\boldsymbol{\alpha}_2$ 是 $\boldsymbol{\alpha}_1$、$\boldsymbol{\alpha}_2$ 的一个线性组合，$\boldsymbol{\beta}$ 可由 $\boldsymbol{\alpha}_1$、$\boldsymbol{\alpha}_2$ 线性表出。

线性相关与无关是讨论向量组中各个向量是否独立的概念。所谓向量组中各个向量独立，是指其中任意一个向量不能用其他向量线性表出，反之，意味着不独立。

给定 k 个 n 维向量 $\boldsymbol{\alpha}_1$、$\boldsymbol{\alpha}_2$、…、$\boldsymbol{\alpha}_k$，如果存在不全为零的实数 λ_1、λ_2、…、λ_k，使

$$\lambda_1\boldsymbol{\alpha}_1+\lambda_2\boldsymbol{\alpha}_2+\cdots+\lambda_k\boldsymbol{\alpha}_k=\boldsymbol{0}$$

称向量 $\boldsymbol{\alpha}_1$、$\boldsymbol{\alpha}_2$、…、$\boldsymbol{\alpha}_k$ 线性相关。反之，当且仅当 $\lambda_1=\lambda_2=\cdots=\lambda_k=0$ 时，

$$\lambda_1\boldsymbol{\alpha}_1+\lambda_2\boldsymbol{\alpha}_2+\cdots+\lambda_k\boldsymbol{\alpha}_k=\boldsymbol{0}$$

称向量 $\boldsymbol{\alpha}_1$，$\boldsymbol{\alpha}_2$，…，$\boldsymbol{\alpha}_k$ 线性无关。

向量组线性相关与无关的判定可转化为齐次线性方程组是否有非零解的问题。设 k 个 n 维向量分别为

$$\boldsymbol{\alpha}_1=\begin{bmatrix}a_{11}\\a_{21}\\\vdots\\a_{n1}\end{bmatrix},\ \boldsymbol{\alpha}_2=\begin{bmatrix}a_{12}\\a_{22}\\\vdots\\a_{n2}\end{bmatrix}\cdots\boldsymbol{\alpha}_k=\begin{bmatrix}a_{1k}\\a_{2k}\\\vdots\\a_{nk}\end{bmatrix}$$

那么 $\lambda_1\boldsymbol{\alpha}_1+\lambda_2\boldsymbol{\alpha}_2+\cdots+\lambda_k\boldsymbol{\alpha}_k=0$ 可以等价表示为齐次线性方程组 $\boldsymbol{A}\boldsymbol{\lambda}=\boldsymbol{0}$，其中

$$\boldsymbol{A}=\begin{bmatrix}a_{11}&a_{12}&\cdots&a_{1k}\\a_{21}&a_{22}&\cdots&a_{2k}\\\vdots&\vdots&&\vdots\\a_{n1}&a_{n2}&\cdots&a_{nk}\end{bmatrix},\ \boldsymbol{\lambda}=\begin{bmatrix}\lambda_1\\\lambda_2\\\vdots\\\lambda_k\end{bmatrix}$$

向量 $\boldsymbol{\alpha}_1$、$\boldsymbol{\alpha}_2$、…、$\boldsymbol{\alpha}_k$ 线性无关的充要条件是齐次线性方程组 $\boldsymbol{A}\boldsymbol{\lambda}=\boldsymbol{0}$ 只有零解。特别指出，n 个 n 维向量 $\boldsymbol{\alpha}_1$、$\boldsymbol{\alpha}_2$、…、$\boldsymbol{\alpha}_n$ 线性无关的充要条件是 $|\boldsymbol{A}|\neq0$。

例 3　讨论向量 $\boldsymbol{\alpha}_1=\begin{bmatrix}1\\1\\1\end{bmatrix}$，$\boldsymbol{\alpha}_2=\begin{bmatrix}2\\3\\1\end{bmatrix}$，$\boldsymbol{\alpha}_3=\begin{bmatrix}3\\1\\2\end{bmatrix}$ 的线性相关性。

设存在实数 λ_1、λ_2、λ_3，使

$$\lambda_1\boldsymbol{\alpha}_1+\lambda_2\boldsymbol{\alpha}_2+\lambda_3\boldsymbol{\alpha}_3=\boldsymbol{0}$$

进一步

$$\lambda_1\begin{bmatrix}1\\1\\1\end{bmatrix}+\lambda_2\begin{bmatrix}2\\3\\1\end{bmatrix}+\lambda_3\begin{bmatrix}3\\1\\2\end{bmatrix}=\boldsymbol{0}$$

即

$$\lambda_1+2\lambda_2+3\lambda_3=\mathbf{0}$$
$$\lambda_1+3\lambda_2+\lambda_3=\mathbf{0}$$
$$\lambda_1+\lambda_2+2\lambda_3=\mathbf{0}$$

讨论 $\boldsymbol{\alpha}_1$、$\boldsymbol{\alpha}_2$、$\boldsymbol{\alpha}_3$ 是否线性相关等价于该齐次线性方程组是否具有非零解。

1）如果具有非零解，那么这 3 个向量线性相关。

2）如果仅具有零解，那么这 3 个向量线性无关。

该齐次线性方程组的系数行列式

$$\begin{vmatrix}1 & 2 & 3\\ 1 & 3 & 1\\ 1 & 1 & 2\end{vmatrix}=-3\neq\mathbf{0}$$

该方程组仅有零解，这说明 $\boldsymbol{\alpha}_1$、$\boldsymbol{\alpha}_2$、$\boldsymbol{\alpha}_3$ 线性无关。

例 4　向量 $\begin{bmatrix}1\\1\end{bmatrix}$ 和向量 $\begin{bmatrix}2\\2\end{bmatrix}$ 线性相关，设

$$\lambda_1\begin{bmatrix}1\\1\end{bmatrix}+\lambda_2\begin{bmatrix}2\\2\end{bmatrix}=\mathbf{0}$$

假设取 $\lambda_1=-2$，$\lambda_2=1$，这两个向量线性相关。

张成与张集

向量 $\boldsymbol{\alpha}_1$、$\boldsymbol{\alpha}_2$、…、$\boldsymbol{\alpha}_s$ 的所有线性组合构成的集合，称为 $\boldsymbol{\alpha}_1$、$\boldsymbol{\alpha}_2$、…、$\boldsymbol{\alpha}_s$ 的张成 (span)，记为 span($\boldsymbol{\alpha}_1$，$\boldsymbol{\alpha}_2\cdots\boldsymbol{\alpha}_s$)，即

$$\text{span}(\boldsymbol{\alpha}_1,\boldsymbol{\alpha}_2,\cdots,\boldsymbol{\alpha}_s)=\{\boldsymbol{\beta}\,|\,\boldsymbol{\beta}=\lambda_1\boldsymbol{\alpha}_1+\lambda_2\boldsymbol{\alpha}_2+\cdots+\lambda_s\boldsymbol{\alpha}_s\}$$

式中，λ_1、λ_2、…、λ_s 为实数。

例 5　设 3 维向量空间 R^3 中的 3 个向量

$$\boldsymbol{e}_1=[1\quad 0\quad 0]$$
$$\boldsymbol{e}_2=[0\quad 1\quad 0]$$
$$\boldsymbol{e}_3=[0\quad 0\quad 1]$$

$\boldsymbol{e}_1$ 和 $\boldsymbol{e}_2$ 的张成 span（e_1，e_2）$=\{\boldsymbol{\beta}\,|\,\boldsymbol{\beta}=\lambda_1\boldsymbol{e}_1+\lambda_2\boldsymbol{e}_2\}=\{\boldsymbol{\beta}\,|\,\boldsymbol{\beta}=[\lambda_1\quad\lambda_2\quad 0]\}$，它表示 OXY 平面上所有点构成的集合。

$\boldsymbol{e}_1$、$\boldsymbol{e}_2$ 和 $\boldsymbol{e}_3$ 的张成 span($\boldsymbol{e}_1$，$\boldsymbol{e}_2$，$\boldsymbol{e}_3$)$=\{\boldsymbol{\beta}\,|\,\boldsymbol{\beta}=\lambda_1\boldsymbol{e}_1+\lambda_2\boldsymbol{e}_2+\lambda_3\boldsymbol{e}_3=[\lambda_1\quad\lambda_2\quad\lambda_3]\}$，它构成 3 维向量空间 $\boldsymbol{R}^3$，即 span($\boldsymbol{e}_1\quad\boldsymbol{e}_2\quad\boldsymbol{e}_3$)$=R^3$。

令 $\boldsymbol{V}$ 是一个向量空间，如果 span($\boldsymbol{\alpha}_1$，$\boldsymbol{\alpha}_2$，…，$\boldsymbol{\alpha}_s$)$=\boldsymbol{V}$，称向量 $\boldsymbol{\alpha}_1$，$\boldsymbol{\alpha}_2$，…，$\boldsymbol{\alpha}_s$ 张成 $\boldsymbol{V}$，或称 {$\boldsymbol{\alpha}_1$，$\boldsymbol{\alpha}_2$，…，$\boldsymbol{\alpha}_s$} 是 $\boldsymbol{V}$ 的一个张集。

若 $\boldsymbol{\alpha}_1$、$\boldsymbol{\alpha}_2$、…、$\boldsymbol{\alpha}_s$ 线性无关，并张成 $\boldsymbol{V}$，则 {$\boldsymbol{\alpha}_1$，$\boldsymbol{\alpha}_2$，…，$\boldsymbol{\alpha}_s$} 是 $\boldsymbol{V}$ 的最小张集。最小张集是张成 $\boldsymbol{V}$ 所需的最少数目向量的集合。

例 6　考虑 3 维向量空间 $\boldsymbol{R}^3$ 中的向量为

$$\boldsymbol{\alpha}_1=\begin{bmatrix}1\\-1\\2\end{bmatrix},\ \boldsymbol{\alpha}_2=\begin{bmatrix}-2\\3\\2\end{bmatrix},\ \boldsymbol{\alpha}_3=\begin{bmatrix}-1\\3\\8\end{bmatrix}$$

令 $S=\mathrm{span}(\boldsymbol{\alpha}_1, \boldsymbol{\alpha}_2, \boldsymbol{\alpha}_3)$，则 S 表示 $\boldsymbol{\alpha}_1$、$\boldsymbol{\alpha}_2$、$\boldsymbol{\alpha}_3$ 的张成。

因为 $\boldsymbol{\alpha}_1$、$\boldsymbol{\alpha}_2$、$\boldsymbol{\alpha}_3$ 满足 $3\boldsymbol{\alpha}_1+2\boldsymbol{\alpha}_2-\boldsymbol{\alpha}_3=\mathbf{0}$，那么任何 $\boldsymbol{\alpha}_1$、$\boldsymbol{\alpha}_2$、$\boldsymbol{\alpha}_3$ 的线性组合均可以用其中两个向量的线性组合表示，即

$$\lambda_1\boldsymbol{\alpha}_1+\lambda_2\boldsymbol{\alpha}_2+\lambda_3\boldsymbol{\alpha}_3=(\lambda_1+3\lambda_3)\boldsymbol{\alpha}_1+(\lambda_2+2\lambda_3)\boldsymbol{\alpha}_2$$

或

$$\lambda_1\boldsymbol{\alpha}_1+\lambda_2\boldsymbol{\alpha}_2+\lambda_3\boldsymbol{\alpha}_3=\left(-\frac{2}{3}\lambda_1+\lambda_2\right)\boldsymbol{\alpha}_2+\left(\frac{1}{3}\lambda_1+\lambda_3\right)\boldsymbol{\alpha}_3$$

或

$$\lambda_1\boldsymbol{\alpha}_1+\lambda_2\boldsymbol{\alpha}_2+\lambda_3\boldsymbol{\alpha}_3=\left(\lambda_1-\frac{3}{2}\lambda_2\right)\boldsymbol{\alpha}_1+\left(\frac{1}{2}\lambda_2+\lambda_3\right)\boldsymbol{\alpha}_3$$

因此 $S=\mathrm{span}(\boldsymbol{\alpha}_1, \boldsymbol{\alpha}_2, \boldsymbol{\alpha}_3)=\mathrm{span}(\boldsymbol{\alpha}_1, \boldsymbol{\alpha}_2)=\mathrm{span}(\boldsymbol{\alpha}_2, \boldsymbol{\alpha}_3)=\mathrm{span}(\boldsymbol{\alpha}_1, \boldsymbol{\alpha}_3)$，这表明 $\{\boldsymbol{\alpha}_1, \boldsymbol{\alpha}_2\}$，$\{\boldsymbol{\alpha}_2, \boldsymbol{\alpha}_3\}$，$\{\boldsymbol{\alpha}_1, \boldsymbol{\alpha}_3\}$ 均是 S 的张集。容易知道 $\boldsymbol{\alpha}_1$ 和 $\boldsymbol{\alpha}_2$，$\boldsymbol{\alpha}_2$ 和 $\boldsymbol{\alpha}_3$，$\boldsymbol{\alpha}_1$ 和 $\boldsymbol{\alpha}_3$ 之间不能再进一步相互表示，即不存在这样的实数 λ，使 $\boldsymbol{\alpha}_1=\lambda\boldsymbol{\alpha}_2$ 或 $\boldsymbol{\alpha}_2=\lambda\boldsymbol{\alpha}_3$ 或 $\boldsymbol{\alpha}_1=\lambda\boldsymbol{\alpha}_3$，因此，张集 $\{\boldsymbol{\alpha}_1, \boldsymbol{\alpha}_2\}$，$\{\boldsymbol{\alpha}_2, \boldsymbol{\alpha}_3\}$，$\{\boldsymbol{\alpha}_1, \boldsymbol{\alpha}_3\}$ 不能再进一步“缩小”，它们均是 S 的最小张集。

维数与秩

一个向量空间最小张集的元素是构造该向量空间的基础，称为向量空间的基，即当且仅当向量空间 $\boldsymbol{V}$ 中的向量 $\boldsymbol{\alpha}_1$、$\boldsymbol{\alpha}_2$，…，$\boldsymbol{\alpha}_k$ 满足：① $\boldsymbol{\alpha}_1$，$\boldsymbol{\alpha}_2$，…，$\boldsymbol{\alpha}_k$ 线性无关；② $\boldsymbol{\alpha}_1$，$\boldsymbol{\alpha}_2$，…，$\boldsymbol{\alpha}_k$ 张成 $\boldsymbol{V}$，称它们为向量空间的基。

$\boldsymbol{V}$ 是一个向量空间，$\boldsymbol{V}$ 的基中所含向量的个数 n，称为 $\boldsymbol{V}$ 的维数，记作 $\dim\boldsymbol{V}=n$。

简单而言，最小张集中的向量称为向量空间的基，最小张集中向量的个数称为向量空间的维数。

下面进一步引出最大线性无关组和秩的概念。

在 k 个向量 $\boldsymbol{\alpha}_1$、$\boldsymbol{\alpha}_2$、…，$\boldsymbol{\alpha}_k$ 中，若其中的 s 个矢量线性无关，且 $s\leqslant k$，而再加进任意一个矢量 $\boldsymbol{\alpha}_j$ 就线性相关，则称这 s 个向量是这 k 个向量 $\boldsymbol{\alpha}_1$、$\boldsymbol{\alpha}_2$、…、$\boldsymbol{\alpha}_k$ 的一个最大线性无关组；最大线性无关组中所含向量的个数 k 称为这个向量组的秩，记作 $r[\boldsymbol{\alpha}_1, \boldsymbol{\alpha}_2, \cdots, \boldsymbol{\alpha}_k]=k$。

例 7 给定 3 个向量 $\boldsymbol{\alpha}_1=\begin{bmatrix}1\\1\\1\end{bmatrix}$、$\boldsymbol{\alpha}_2=\begin{bmatrix}2\\3\\1\end{bmatrix}$、$\boldsymbol{\alpha}_3=\begin{bmatrix}4\\5\\3\end{bmatrix}$，其中 $\boldsymbol{\alpha}_1$ 和 $\boldsymbol{\alpha}_2$ 线性无关，而 $\boldsymbol{\alpha}_3=2\boldsymbol{\alpha}_1+\boldsymbol{\alpha}_2$，则 $\boldsymbol{\alpha}_1$、$\boldsymbol{\alpha}_2$、$\boldsymbol{\alpha}_3$ 线性相关，因此 $\boldsymbol{\alpha}_1$ 和 $\boldsymbol{\alpha}_2$ 是极大线性无关组，其中包括两个向量，则向量组 $\boldsymbol{\alpha}_1$、$\boldsymbol{\alpha}_2$、$\boldsymbol{\alpha}_3$ 的秩 $r[\boldsymbol{\alpha}_1, \boldsymbol{\alpha}_2, \boldsymbol{\alpha}_3]=2$。

向量组的秩是反映向量线性相关性质的不变量。一个矩阵既可以看作是由列向量组构成的，也可以看作是由行向量组构成的。矩阵的秩反映矩阵列向量组或行向量组的线性相关性。

n 维向量。

$$\boldsymbol{\alpha}=\begin{bmatrix}a_1\\a_2\\\vdots\\a_n\end{bmatrix}$$

是一个列向量，m 个 n 维向量构成的向量组可以看成是一个 $n \times m$ 阶矩阵 $\boldsymbol{A}$，则

$$\boldsymbol{A}=[\boldsymbol{\alpha}_1,\boldsymbol{\alpha}_2,\cdots,\boldsymbol{\alpha}_m]=\begin{bmatrix} a_{11} & a_{12} & \cdots & a_{1m} \\ a_{21} & a_{22} & \cdots & a_{2m} \\ \vdots & \vdots & \vdots & \vdots \\ a_{n1} & a_{n2} & \cdots & a_{nm} \end{bmatrix}$$

其中

$$\boldsymbol{\alpha}_i=\begin{bmatrix} a_{1i} \\ a_{2i} \\ \vdots \\ a_{ni} \end{bmatrix},i=1,2,\cdots,m$$

矩阵 $\boldsymbol{A}$ 可以看成由列向量组 $\boldsymbol{\alpha}_1$、$\boldsymbol{\alpha}_2$、…、$\boldsymbol{\alpha}_m$ 构成，称列向量组 $\boldsymbol{\alpha}_1$、$\boldsymbol{\alpha}_2$、…、$\boldsymbol{\alpha}_m$ 的秩为矩阵 $\boldsymbol{A}$ 的列秩。

如果将矩阵 $\boldsymbol{A}$ 看成由行向量组成，即

$$\boldsymbol{A}=\begin{bmatrix} \boldsymbol{\beta}_1 \\ \boldsymbol{\beta}_2 \\ \vdots \\ \boldsymbol{\beta}_n \end{bmatrix}=\begin{bmatrix} a_{11} & a_{12} & \cdots & a_{1m} \\ a_{21} & a_{22} & \cdots & a_{2m} \\ \vdots & \vdots & \vdots & \vdots \\ a_{n1} & a_{n2} & \cdots & a_{nm} \end{bmatrix}$$

式中，$\boldsymbol{\beta}_i=[\alpha_{i1},\ \alpha_{i2},\ \cdots,\ \alpha_{im}]$，称行向量组 $\boldsymbol{\beta}_1$、$\boldsymbol{\beta}_2$、…、$\boldsymbol{\beta}_n$ 的秩为矩阵 $\boldsymbol{A}$ 的行秩。

矩阵的行秩与列秩相等，两者统称为矩阵的秩，记为 $r(\boldsymbol{A})$。

综上所述，基和维数是相对向量空间而言的，而秩是相对向量组或矩阵而言的。线性方程组中，矩阵的秩表示独立方程的数目。如果齐次线性方程组未知数的个数为 n，要使它具有非零解，独立方程的数目必须小于未知数的数目，即矩阵的秩必须小于未知数的个数。